STC 大学计划推荐教材

全国大学生电子设计竞赛参考教材

"蓝桥杯" 全国软件专业人才设计与创业大赛参考教材

单片微机原理与接口技术
——基于可仿真的 STC8 系列单片机

丁向荣　编著

姚永平　主审

电子工业出版社
Publishing House of Electronics Industry
北京·BEIJING

内 容 简 介

本书以 STC8 系列单片机中的 STC8A8K64S4A12 单片机为介绍对象，采用"汇编语言+C 语言"双语言教学，精选工程训练实例，设计类型多样化的习题。教材内容包括微型计算机基础、STC8A8K64S4A12 单片机增强型 8051 内核、STC 系列单片机的应用系统的开发工具、STC8A8K64S4A12 单片机的指令系统与汇编语言程序设计、C51 与 C51 程序设计、STC8A8K64S4A12 单片机的存储器与应用编程、STC8A8K64S4A12 单片机的定时/计数器、STC8A8K64S4A12 单片机中断系统、STC8A8K64S4A12 单片机的串行接口、人机对话接口的应用设计、STC8A8K64S4A12 单片机的比较器、STC8A8K64S4A12 单片机的 A/D 转换模块、STC8A8K64S4A12 单片机的 PCA 模块、STC8A8K64S4A12 单片机的增强型 PWM 模块、STC8A8K64S4A12 单片机的 SPI 接口、STC8A8K64S4A12 单片机的 I²C 通信接口，以及 STC8A8K64S4A12 单片机的低功耗设计与可靠性设计等内容。

本书可作为高等学校电子信息类、电子通信类、自动化类、计算机应用类专业"单片机原理与应用"或"微机原理"课程的教材，也可作为电子设计竞赛、单片机应用工程师考证的培训教材。此外，本书也是传统 8051 单片机应用工程师升级转型的参考书籍。

图书在版编目（CIP）数据

单片微机原理与接口技术：基于可仿真的 STC8 系列单片机 / 丁向荣编著. —北京：电子工业出版社，2020.3

ISBN 978-7-121-38723-4

Ⅰ．①单… Ⅱ．①丁… Ⅲ. ①单片微型计算机－基础理论－高等学校－教材 ②单片微型计算机－接口－高等学校－教材 Ⅳ．①TP368.1

中国版本图书馆 CIP 数据核字（2020）第 041184 号

责任编辑：郭乃明　　　　特约编辑：田学清
印　　刷：北京盛通数码印刷有限公司
装　　订：北京盛通数码印刷有限公司
出版发行：电子工业出版社
　　　　　北京市海淀区万寿路 173 信箱　　　　邮编：100036
开　　本：787×1092　　1/16　　印张：30.5　　字数：780.8 千字
版　　次：2020 年 3 月第 1 版
印　　次：2025 年 2 月第 7 次印刷
定　　价：79.00 元

前　言

单片机技术是现代电子系统设计、智能控制的核心技术，与其相关的专业有应用电子、电子信息、电子通信、物联网技术、机电一体化、电气自动化、工业自动化、计算机应用等。本书是作者以其三十余年单片机应用经历和教学经验为基础，精心打造的以 STC 系列单片机中的 STC8A8K64S4A12 单片机为介绍对象的单片机课程教材。

STC 系列单片机传承于 8051 单片机，其在传统 8051 单片机的基础上注入了新鲜血液，焕发了新的"活力"。STC 的创造者深圳市宏晶科技有限公司（以下简称宏晶科技），对 8051 单片机进行了全面的技术改革与创新：采用了 Flash 技术（可反复编程 10 万次以上）和 ISP/IAP（在系统可编程/在应用可编程）技术；针对抗干扰进行了专门设计，增强了产品抗干扰能力；进行了特别加密设计；全面提升了工作速度，指令运行速度提高为原来的 24 倍；大幅提高了集成度，集成了 A/D 功能模块、CCP/PCA/PWM（PWM 还可当成 DAC 使用）功能模块、SPI 接口、I²C 接口，以及更多的 UART、更多的定时器、WDT、内部高精准时钟源（±1%温漂，工作温度为-40～+85℃，可省掉昂贵的外部晶振）、内部高可靠复位电路（可省掉外部复位电路）、大容量 SRAM、大容量 EEPROM、大容量 Flash 程序存储器等。STC 系列单片机的在线下载编程、在线仿真功能，以及分系列的资源配置，增加了单片机型号的可选择性，使用户可根据单片机应用系统的功能要求选择合适的单片机，从而降低了单片机应用系统的开发难度与开发成本，使得单片机应用系统的开发更加简单、高效，提高了单片机应用产品的性能价格比。

作者根据多年单片机教学经验发现，学生在学习单片机课程时普遍存在一个现象，即明白单片机课程很重要，但觉得很难，不知道怎么学。对此，作者认为学生在学习单片机课程前要明白如下三件事。

（1）有什么用？单片机技术是现代电子系统设计的核心技术，学习单片机就是利用单片机设计具有智能化、自动化功能的单片机应用系统。

（2）要学什么？简单地说，就是学习单片机有哪些资源，以及如何使用这些资源。

（3）怎么学？单片机的学习应该分为三个方面：一是掌握一种编程语言（C 语言或者汇编语言）；二是掌握单片机应用系统的开发工具及辅助工具（Keil C 集成开发环境、STC-ISP在线编程软件与 Proteus 仿真软件）；三是学习单片机的各种资源特性与编程技巧。

本书将 STC8 系列单片机中的 STC8A8K64S4A12 单片机作为主讲机型，系统地介绍了

STC8A8K64S4A12 单片机的硬件结构、指令系统与应用编程。本书力求体现实用性、应用性与易学性，以提高读者的工程设计能力与实践能力为目标，主要具有以下几方面特点。

（1）选用的单片机机型贴近生产实际：STC 系列单片机在我国 8 位单片机市场中占有率极高，STC8A8K64S4A12 单片机更是其中的佼佼者。

（2）采用双语言编程：本书的应用编程大部分采用了汇编语言和 C 语言（C51 语言）。学习汇编语言更有利于加强学生对单片机的理解，但 C 语言的功能、结构，以及用其编写的程序的可读性、可移植性、可维护性相对而言都有非常明显的优势。

（3）理论联系实际：本书第 3 章专门介绍了单片机应用系统的开发工具，这些开发工具的应用贯穿了程序的编辑、编译、下载与调试过程。本书在讲述相关知识时，强调单片机知识的应用性与实践性，不论是一条指令，还是一个程序段，都可以用开发工具进行仿真调试或在线联机调试。

（4）强化单片机应用系统的概念：学习单片机就是为了能够开发与制作有具体意义的单片机应用系统，因此，本书在大多数章节中都配置了工程训练实例。

（5）为了便于读者更好地理解教学内容与教学要求，本书设置了多样化的习题，如填空、选择、判断、问答与程序设计。

（6）为便于读者学习与应用开发，本书在附录中提供了实用的技术资料。

（7）本书所含的工程训练实例是基于 STC 官方发布的 STC8 学习板开发的，本书是宏晶科技 STC 大学推广计划的指定教材。

本书由丁向荣编著，宏晶科技在技术上给予了大力支持和帮助，在教材的编写过程中，作者与 STC 单片机的创始人姚永平先生进行了沟通与交流，并且邀请姚永平先生担任了本书的主审，对全书进行了认真审阅，提出了宝贵意见，确保了教材内容的系统性与正确性。在此，对所有提供过帮助的人表示感谢！

由于编者水平有限，书中难免有疏漏和不妥之处，敬请读者不吝指正！相关勘误或更新信息也会动态地公布在 STC 官网上。如需程序源代码或有其他建议，可发电子邮件到 dingxiangrong65@163.com，与作者进行沟通与交流。

编者

2019.10 于广州

目 录

目录

第1章

微型计算机基础

1.1 数制与编码

数制与编码是微型计算机的基本数字逻辑，是学习微型计算机的必备知识。数制与编码的知识一般会在相关课程中讲解，但由于数制与编码知识与当前课程的联系并不密切，所以在微型计算机原理或单片机的教学中，教师普遍感觉到学生这方面的知识不太扎实。因此，我们在下文将对相关知识进行梳理。

1.1.1 数制及其转换方法

数制就是计数的方法，通常采用进位计数制，在学习与应用微型计算机的过程中，常用的数制有二进制、十进制和十六进制。在日常生活中采用的是十进制计数方法；微型计算机只能识别和处理数字信息，因此，微型计算机硬件电路采用的是二进制计数方法，但为了更好地记忆与描述微型计算机的地址、程序及运算数字，一般采用十六进制计数方法。

1. 各种数制及其表示方法

二进制、十进制与十六进制的计数规则与表示方法如表 1.1 所示。

表 1.1　二进制、十进制与十六进制的计数规则与表示方法

数制	计数规则	基数	各位的权	数码	权值展开式	表示法	
						后缀字符	下标
二进制	逢二进一借一当二	2	2^i	0、1	$(b_{n-1}\cdots b_1b_0.b_{-1}\cdots b_{-m})_2 = \sum\limits_{i=-m}^{n-1} b_i \times 2^i$	B	$()_2$
十进制	逢十进一借一当十	10	10^i	0、1、2、3、4、5、6、7、8、9	$(d_{n-1}\cdots d_1d_0.d_{-1}\cdots d_{-m})_{10} = \sum\limits_{i=-m}^{n-1} d_i \times 10^i$	D	$()_{10}$
							通常默认表示
十六进制	逢十六进一借一当十六	16	16^i	0、1、2、3、4、5、6、7、8、9、A、B、C、D、E、F	$(h_{n-1}\cdots h_1h_0.h_{-1}\cdots h_{-m})_{16} = \sum\limits_{i=-m}^{n-1} h_i \times 16^i$	H	$()_{16}$

注：i 是各进制数码在数字中的位置，i 值以小数点为界，往左依次为 0,1,2,3,$\cdots$，往右依次为 -1,-2,-3,$\cdots$。

2．数制之间的转换

数值在任意进制之间的相互转换，其整数部分和小数部分必须分开进行。各进制数的相互转换关系如图 1.1 所示。

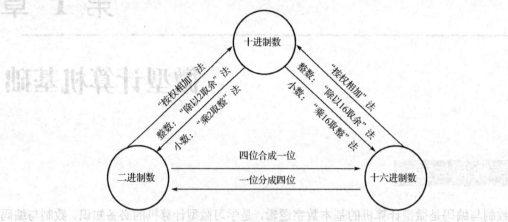

图 1.1　各进制数的相互转换关系

1）二进制数、十六进制数转换成十进制数

将二进制数、十六进制数按权值展开式展开，所得数相加，即十进制数。

2）十进制数转换成二进制数

十进制数转换成二进制数要将数值分成整数部分与小数部分进行转换，整数部分和小数部分的转换方法是完全不同的。

（1）十进制数的整数部分转换成二进制数的整数部分——"除以 2 取余"法，将所得余数倒序排列即可得到二进制数的整数部分，如下所示：

			余数	二进制数码
2	84		0	b_0
2	42		0	b_1
2	21		1	b_2
2	10		0	b_3
2	5		1	b_4
2	2		0	b_5
2	1		1	b_6
	0			

$\therefore (84)_{10}=(1010100)_2$。

（2）十进制数的小数部分转换成二进制数的小数部分——"乘 2 取整"法，将整数部分顺序排列，即可得到二进制数的小数部分，如下所示：

整数　　　0.6875
　　　　　× 2
b_{-1}　1 ← [1].3750
　　　　　× 2
b_{-2}　0 ← [0].7500
　　　　　× 2
b_{-3}　1 ← [1].5000
　　　　　× 2
b_{-4}　1 ← [1].0000

$\therefore (0.6875)_{10}=(0.1011)_2$。

将上述两部分合起来，则有

$$(84.6875)_{10}=(1010100.1011)_2$$

3）二进制数与十六进制数相互转换

（1）二进制数转换成十六进制数。

以小数点为界，往左、往右每 4 位二进制数为一组，每 4 位二进制用 1 位十六进制数表示，往左高位不够用 0 补齐，往右低位不够用 0 补齐，如：

$$(111101.011101)_2=(\underline{0011}\;\underline{1101}.\underline{0111}\;\underline{0100})_2=(3D.74)_{16}$$

（2）十六进制数转换成二进制数。

先将每位十六进制数用 4 位二进制数表示，再将整数部分最高位的 0 去掉，小数部分最低位的 0 去掉，如：

$$(3C20.84)_{16}=(\underline{0011}\;\underline{1100}\;\underline{0010}\;\underline{0000}.\underline{1000}\;\underline{0100})_2=(11110000100000.100001)_2$$

3．数制转换工具

利用计算机附件中的计算器（科学型）可实现各数制之间的相互转换。单击任务栏中的"开始"按钮，依次单击"所有程序"→"附件"→"计算器"，即可打开"计算器"窗口，单击菜单栏中的"查看"菜单，选择"科学型"，此时计算器界面即科学型计算器界面，如图 1.2 所示。

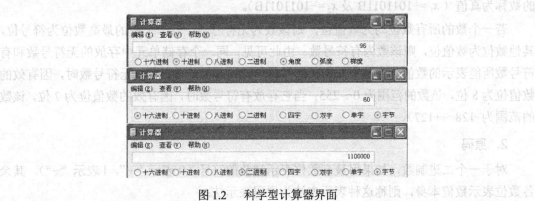

图 1.2　科学型计算器界面

转换方法：先选择被转换数制类型，并在文本框中输入要转换的数字，再选择目标转换数制类型，此时，文本框中的数字就是转换后的数字。例如，将 96 转换为十六进制数、二进制数的步骤为，先选择数制类型为十进制，再在文本框中输入 96，然后选择数制类型为十六进制，此时，文本框中看到的数字即转换后的十六进制数 60；再选择数制类型为二进制，此时，文本框中看到的数字即转换后的二进制数 1100000，如图 1.2 所示。

4．二进制数的运算规则

1）加法运算规则

$$0+0=0,\;0+1=1,\;1+1=0（有进位）$$

2）减法运算规则

$$0-0=0,\;1-0=1,\;1-1=0,\;0-1=1（有借位）$$

3）乘法运算规则

$$0×0=0,\;1×0=1,\;1×1=1$$

1.1.2 微型计算机中数的表示方法

1. 机器数与真值

数学中数的正和负用符号"+"和"−"表示,计算机中如何表示数的正和负呢?在计算机中数据是存放在存储单元内的。每个存储单元是由若干二进制位组成的,其中每一数位或是 0 或是 1,而数的符号或为"+"或为"−",因此,可用一个数位来表示数的符号。在计算机中规定用"0"表示"+",用"1"表示"−"。用来表示数的符号的数位被称为"符号位"(通常为最高数位),于是数的符号在计算机中就被数码化了,但从表示形式上看,符号位与数值位没有区别。

设有两个数 x_1, x_2:

$$x_1 = +1011011B, \quad x_2 = -1011011B$$

它们在计算机中分别表示为

$$x_1 = \underline{0}1011011B, \quad x_2 = \underline{1}1011011B$$

其中,带下画线部分为符号位,字长为 8 位。为了区分这两种形式的数,我们把机器中以数码形式表示的数称为机器数($x_1 = \underline{0}1011011B$ 及 $x_2 = \underline{1}1011011B$),把原来以一般书写形式表示的数称为真值($x_1 = +1011011B$ 及 $x_2 = -1011011B$)。

若一个数的所有数位均为数值位,则该数为无符号数;若一个数的最高数位为符号位,其他数位为数值位,则该数为有符号数。由此可见,同一个存储单元中存放的无符号数和有符号数所能表示的数值范围是不同的(如存储单元为 8 位,当它存放无符号数时,因有效的数值位为 8 位,该数的范围为 0~255;当它存放有符号数时,因有效的数值位为 7 位,该数的范围为−128~+127)。

2. 原码

对于一个二进制数,如果用最高数位表示该数的符号(0 表示"+",1 表示"−"),其余各数位表示数值本身,则称这种表示方法为原码表示法:

若 $x = \pm x_1 x_2 \cdots x_{n-1}$,则 $[x]_原 = x_0 x_1 x_2 \cdots x_{n-1}$。其中,$x_0$ 为原机器数的符号位,它满足:

$$x_0 = \begin{cases} 0, & x \geq 0 \\ 1, & x < 0 \end{cases}$$

3. 反码

如果 $[x]_原 = 0 x_1 x_2 \cdots x_{n-1}$,则 $[x]_反 = [x]_原$。

如果 $[x]_原 = 1 x_1 x_2 \cdots x_{n-1}$,则 $[x]_反 = 1 \overline{x_1 x_2} \cdots \overline{x_{n-1}}$。

也就是说,正数的反码与其原码相同,而负数的反码保持原码的符号位不变,各数值位按位取反。

4. 补码

1) 补码的引进

首先以日常生活中经常遇到的钟表对时为例来说明补码的概念,假定现在是北京时间 8 点整,而一只表却指向 10 点整。为了校正此表,可以采用倒拨和顺拨两种方法:倒拨就是逆时针减少 2 小时,把倒拨视为减法,相当于 10-2=8,时钟指向 8;顺拨就是将时钟顺时针拨 10 小时,时钟同样指向 8,把顺拨视为加法,相当于 10+10=12(自动丢失)+8=8,其中自动丢失的数(12)就称为模(mod),上述加法称为"按模 12 的加法",用数学式可表示为

$$10+10=12+8=8(\bmod 12)$$

因时针转一圈会自动丢失一个数 12,故 10-2 与 10+10 是等价的,称 10 和-2 对模 12 互补,10 是-2 对模 12 的补码。引进补码概念后,就可以将原来的减法 10-2=8 转化为加法 10+10=12(自动丢失)+8=8(mod12)了。

2)补码的定义

通过上面的例子不难理解计算机中负数的补码表示法。设寄存器(或存储单元)的位数为 n,则它能表示的无符号数最大值为 2^n-1,逢 2^n 进 1(2^n 自动丢失)。换句话说,在字长为 n 的计算机中,数 2^n 和 0 的表示形式一样。若机器中的数以补码表示,则数的补码以 2^n 为模,即

$$[x]_{补} = 2^n + x(\bmod 2^n)$$

若 x 为正数,则 $[x]_{补}=x$;若 x 为负数,则 $[x]_{补} = 2^n + x = 2^n - |x|$,即负数 x 的补码等于 2^n(模)加上其真值或减去其真值的绝对值。

在补码表示法中,0 只有一种表示形式,即 0000…0。

3)求补码的方法

根据上述介绍可知,正数的补码等于原码。下面介绍求负数补码的 3 种方法。

(1)根据真值求补码。

根据真值求补码就是根据定义求补码,即

$$[x]_{补} = 2^n + x = 2^n - |x|$$

负数的补码等于 2^n(模)加上其真值,或者等于 2^n(模)减去其真值的绝对值。

(2)根据反码求补码(推荐使用方法)。

$$[x]_{补} = [x]_{反} + 1$$

(3)根据原码求补码。

负数的补码等于其反码加 1,这也可以理解为负数的补码等于其原码各位(除符号位外)取反并在最低位加 1。如果反码的最低位是 1,则它加 1 后就变成 0,并产生向次低位的进位。如果反码的次低位也为 1,则它同样变成 0,并产生向其高位的进位(这相当于在传递进位),依次类推,进位一直传递到第 1 个为 0 的位为止,于是得到这样的转换规律:从反码的最低位起直到第一个为 0 的位之前(包括第一个为 0 的位),一定是 1 变 0,第一个为 0 的位以后的位都保持不变。由于反码是由原码求得的,所以可得从原码求补码的规律为:从原码的最低位开始到第 1 个为 1 的位之间(包括此位)的各位均不变,此后各位取反,但符号位保持不变。

特别要指出的是,在计算机中凡是带符号的数一律用补码表示且符号位参加运算,其运算结果也用补码表示,若结果的符号位为"0",则表示结果为正数,此时可以认为该结果是以原码形式表示的(正数的补码即原码);若结果的符号位为"1",则表示结果为负数,此时可以认为该结果是以补码形式表示的,若用原码来表示该结果,还需要对结果求补(除符

号位外"取反加 1"），即

$$[[x]_{补}]_{补}=[x]_{原}$$

1.1.3 微型计算机中常用编码

由于微型计算机不但要处理数值计算问题，还要处理大量非数值计算问题，因此，除非直接给出二进制数，否则不论是十进制数还是英文字母、汉字及某些专用符号都必须编成二进制代码才能被计算机识别、接收、存储、传送及处理。

1．十进制数的编码

在微型计算机中，十进制数除了可以转换成二进制数，还可以用二进制数对其进行编码：用 4 位二进制数表示 1 位十进制数，使它既具有二进制数的形式又具有十进制数的特点。二-十进制码又称为 BCD 码（Binary-Coded Decimal），它有 8421 码、5421 码、2421 码、余 3 码等编码，其中最常用的是 8421 码。8421 码与十进制数的对应关系如表 1.2 所示，每位二进制数位都有固定的权，各数位的权从左到右分别为 2^3、2^2、2^1、2^0，即 8、4、2、1，这与自然二进制数的位权完全相同，故 8421 码又称为自然权 BCD 码。其中，1010～1111 这 6 个编码属于非法 8421 码，是不允许出现的。

表 1.2 8421 码与十进制数的对应关系

十进制数	8421 码	十进制数	8421 码
0	0000	5	0101
1	0001	6	0110
2	0010	7	0111
3	0011	8	1000
4	0100	9	1001

由于 BCD 码低位与高位之间是"逢十进一"，而 4 位二进制数（十六进制数）低位与高位之间是"逢十六进一"，因此在用二进制加法器进行 BCD 码运算时，如果 BCD 码运算的低位、高位的和都在 0～9，则其加法运算规则与二进制加法运算规则完全一样；如果相加后某位（BCD 码位，低 4 位或高 4 位）的和大于 9 或产生了进位，则此位应进行"加 6 调整"。在微型计算机中，通常设置了 BCD 码的调整电路，每执行一条十进制调整指令，就会自动根据二进制加法结果进行修正。由于 BCD 码低位向高位借位是"借一当十"，而 4 位二进制数（十六进制数）是"借一当十六"，因此在进行 BCD 码减法运算时，如果某位（BCD 码位）有借位，那么必须在该位进行"减 6 调整"。

2．字符编码

由于微型计算机需要进行非数值处理（如指令、数据、文字的输入及处理等），因此必须对英文字母、汉字及某些专用符号进行编码。微型计算机系统的字符编码多采用美国信息交换标准代码——ASCII 码（American Standard Code for Information Interchange），ASCII 码是 7 位代码，共有 128 个字符，详见附录 A，其中有 94 个字符是图形字符，可通过字符印刷或显示设备打印出来，包括数字 10 个、英文大小写字母 52 个，以及其他字符 32 个；另外 34 个字符是控制字符，包括传输字符、格式控制字符、设备控制字符、信息分隔符和其他控制字符，这类字符不可打印、不可显示，但其编码可进行存储，在信息交换中起控制作用。其中，数字 0～9 对应的 ASCII 码为 30H～39H，英文大写字母 A～Z 对应的 ASCII 码为 41H～5AH，英文小写字母 a～z 对应的 ASCII 码为 61H～7AH，这些规律对今后的码制转换的编程非常有用。

我国于 1980 年制定了国家标准 GB1988—80《信息处理交换用的七位编码字符集》，其中除用人民币符号"¥"代替美元符号"$"以外，其余字符与 ASCII 码的字符相同。

1.2 微型计算机原理

1946 年 2 月，第一台电子数字计算机 ENIAC（Electronic Numerical Integrator and Computer）问世，这标志着计算机时代的到来。

ENIAC 是电子管计算机，体积庞大，时钟频率仅有 100kHz。与现代计算机相比，ENIAC 各方面的性能都较差，但它的问世开创了计算机科学的新纪元，对人类的生产和生活方式产生了巨大的影响。

1946 年 6 月，美籍匈牙利数学家冯·诺依曼提出了"程序存储"和"二进制运算"的思想，构建了由运算器、控制器、存储器、输入设备和输出设备组成的电子计算机的冯·诺依曼经典结构，如图 1.3 所示。

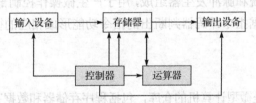

图 1.3　电子计算机的冯·诺依曼经典结构

电子计算机技术的发展，相继经历了电子管计算机、晶体管计算机、集成电路计算机、大规模集成电路计算机和超大规模计算机五个时代，但是，电子计算机的结构始终没有突破冯·诺依曼提出的电子计算机的经典结构框架。

1.2.1 微型计算机的基本组成

随着集成电路技术的飞速发展，1971 年 1 月 Intel 公司的德·霍夫将运算器、控制器及一些寄存器集成在一块芯片上，组成了微处理器或中央处理单元（以下简称 CPU），形成了以 CPU 为核心的总线结构框架。

微型计算机组成框图如图 1.4 所示。微型计算机由 CPU、存储器（ROM、RAM）、输入/输出接口（I/O 口）和连接它们的总线组成。微型计算机配上相应的 I/O 设备（如键盘、显示器等）就构成了微型计算机系统。

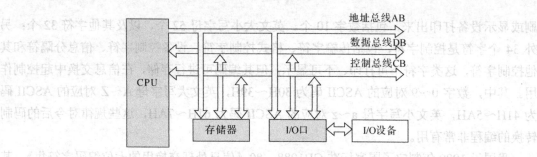

图 1.4　微型计算机组成框图

1. CPU

CPU 由运算器和控制器两部分组成，是计算机的控制核心。

1）运算器

运算器由算术逻辑单元（ALU）、累加器（ACC）和寄存器等部分组成，主要负责数据的算术运算和逻辑运算。

2）控制器

控制器是发布指令的"决策机构"，可协调和指挥整个计算机系统的操作。控制器由指令部件、时序部件和微操作控制部件三部分组成。

指令部件是一种能对指令进行分析、处理和产生控制信号的逻辑部件，是控制器的核心部件。指令部件通常由程序计数器（Program Counter，PC）、指令寄存器（Instruction Register，IR）和指令译码器（Instruction Decode，ID）三部分组成。

时序部件由时钟系统和脉冲发生器组成，用于产生微操作控制部件所需的定时脉冲信号。

微操作控制部件根据指令译码器判断出的指令功能形成相应的微操作控制信号，用以完成该指令所规定的功能。

2. 存储器

通俗来讲，存储器是微型计算机的仓库，包括程序存储器和数据存储器两部分。程序存储器用于存储程序和一些固定不变的常数和表格数据，一般由只读存储器（ROM）组成；数据存储器用于存储运算中的输入数据、输出数据或中间变量数据，一般由随机存取存储器（RAM）组成。

3. I/O 口

微型计算机的 I/O 设备（如键盘、显示器等）有高速的也有低速的，有机电结构的也有全电子式的，由于其种类繁多且速度各异，所以它们不能直接和高速工作的 CPU 相连。I/O 口是 CPU 与 I/O 设备连接的桥梁，它的作用相当于一个转换器，保证 CPU 与 I/O 设备协调工作。不同的 I/O 设备需要的 I/O 口不同。

4. 总线

CPU 与存储器和 I/O 口是通过总线相连的，总线包括地址总线（AB）、数据总线（DB）与控制总线（CB）。

1）地址总线

地址总线用于 CPU 寻址，地址总线的多少标志着 CPU 寻址能力的大小。若地址总线的根数为 16，则 CPU 的最大寻址能力为为 $2^{16} = 64KB$。

2）数据总线

数据总线用于 CPU 与外围元器件（如存储器、I/O 口）交换数据，数据总线的多少标志着 CPU 一次交换数据的能力大小，决定了 CPU 的运算速度。通常所说的 CPU 的位数就是指数据总线的宽度，如 16 位机，就是指计算机的数据总线为 16 位。

3）控制总线

控制总线用于确定 CPU 与外围元器件交换数据的类型，主要分为读和写两种类型。

1.2.2　指令、程序与编程语言

一个完整的计算机是由硬件和软件两部分组成的。上文所述为计算机的硬件部分，是看得到、摸得着的实体部分，但计算机硬件只有在软件的指挥下，才能发挥其效能。计算机采取"存储程序"的工作方式，即事先把程序加载到计算机的存储器中，当启动运行后，计算机便自动地按照程序进行工作。

指令是规定计算机完成特定任务的指令，CPU 就是根据指令指挥与控制计算机各部分进行协调工作的。

程序是指令的集合，是解决某个具体任务的一组指令。在用计算机完成某工作任务之前，人们必须事先将计算方法和步骤编制成由指令组成的程序，并预先将它以二进制代码（机器代码）的形式存放在程序存储器中。

编程语言分为机器语言、汇编语言和高级语言。

- 机器语言是用二进制代码表示的，是机器能直接识别和执行的语言，因此用机器语言编写的程序称为目标程序。机器语言具有灵活、可直接执行和速度快的优点，但机器语言的可读性、移植性及重用性较差，编程难度较大。

- 汇编语言是用英文助记符来描述指令的，是面向机器的程序设计语言。采用汇编语言编写程序，既保持了机器语言的一致性，又增强了程序的可读性，并且降低了程序的编写难度。但使用汇编语言编写的程序，机器不能直接识别，还要由汇编程序（又称汇编语言编译器）转换成机器指令。

- 高级语言是采用自然语言描述指令功能的，与计算机的硬件结构及指令系统无关，它有更强的表达能力，可以方便地表示数据的运算和程序的控制结构，能更好地描述各种算法，而且容易学习和掌握。但用高级语言编写的程序一般比用汇编语言编写的程序长，执行的速度也慢。高级语言并不是特指某一种具体的语言，其包括很多编程语言，如目前流行的 Java、C、C++、C#、Pascal、Python、LISP、Prolog、FoxPro、VC 等，这些语言的语法、指令格式都不相同。目前，在单片机、嵌入式系统应用编程中，主要采用 C 语言编程，在具体应用中还增加了面向单片机、嵌入式系统硬件操作的程序语句，如 keil C51（或称为 C51）。

1.2.3 微型计算机的工作过程

微型计算机的工作过程就是程序的执行过程,计算机执行程序是一条指令一条指令执行的。执行一条指令的过程分为三个阶段,即取指令、指令译码与执行指令,执行完一条指令后,自动转向执行下一条指令。

1)取指令

取指令是根据 PC 中的地址,在程序存储器中取出指令代码,并将其送到 IR 中。之后,PC 自动加 1,指向下一指令(或指令字节)地址。

2)指令译码

指令译码是 ID 对 IR 中的指令进行译码,判断出当前指令的工作任务。

3)执行指令

执行指令是在判断出当前指令的工作任务后,控制器自动发出一系列微指令,指挥计算机协调地动作,从而完成当前指令指定的工作任务。

微型计算机工作过程示意图如图 1.5 所示,程序存储器从 0000H 地址开始存放了如下所示的指令。

```
ORG   0000H        ;伪指令,指定下列指令从 0000H 地址开始存放
MOV   A, #0FH      ;对应的机器代码为 740FH
ADD   A, 20H       ;对应的机器代码为 2520H
MOV   P1, A        ;对应的机器代码为 F590H
SJMP  $            ;对应的机器代码为 80FEH
```

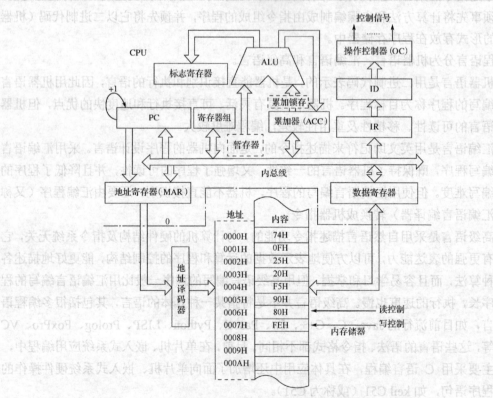

图 1.5 微型计算机工作过程示意图

下面分析微型计算机工作过程。

（1）将 PC 内容 0000H 送地址寄存器（MAR）；

（2）PC 值自动加 1，为获取下一个指令字节的机器代码做准备；

（3）地址寄存器中的地址经地址译码器找到程序存储器的 0000H 单元；

（4）CPU 发出读指令；

（5）CPU 将 0000H 单元内容 74H 读出，并送至数据寄存器中；

（6）将 74H 送至 IR 中；

（7）经 ID 译码，判断指令所代表的功能，操作控制器（OC）发出相应的微操作控制信号，完成指令操作；

（8）根据指令功能要求，将 PC 内容 0001H 送至地址寄存器；

（9）PC 值自动加 1，为获取下一个指令字节的机器代码做准备；

（10）地址寄存器中的地址经地址译码器找到程序存储器的 0001H 单元；

（11）CPU 发出读指令；

（12）CPU 将 0001H 单元内容 0FH 读出，并送至数据寄存器中；

（13）数据读出后根据指令功能直接送累加器（ACC），至此，完成该指令操作。

1.2.4　微型计算机的应用形态

微型计算机从应用形态上主要可分为系统机与单片机。

1. 系统机

系统机将 CPU、存储器、I/O 口电路和总线接口组装在一块主机板（微机主板）上，再通过系统总线和多块适配卡连接键盘、显示器、打印机、硬盘驱动器及光驱等 I/O 设备。

目前人们广泛使用的计算机就是典型的系统机，它具有人机界面友好、功能强、软件资源丰富的特点，通常用于办公或家庭的事务处理及科学计算，属于通用计算机。

系统机的发展追求的是高速度、高性能。

2. 单片机

将 CPU、存储器、I/O 口电路和总线接口集成在一块芯片上，即可构成单片微型计算机，简称单片机。

单片机的应用是嵌入控制系统（或设备）中的，因此属于专用计算机，也称为嵌入式计算机。单片机应用讲究的是高性能价格比，需要针对控制系统任务的规模、复杂性选择合适的单片机，因此，高、中、低档单片机是并行发展的。

 本章小结

数制与编码是微型计算机的基本数字逻辑，是学习微型计算机的必备知识。在计算机的学习与应用中，主要涉及二进制、十进制与十六进制；在计算机中，同样存在数据的正负问题，用数据位的最高位来表示数据的正负，0 表示"+"，1 表示"–"，并且是用补码形式来表示有符号数的。

在计算机中，编码与译码是常见的数据处理工作，最常见的计算机编码有两种，一是 BCD 码，二是 ASCII 码。

冯·诺依曼提出了"程序存储"和"二进制运算"的思想，并构建了由运算器、控制器、存储器、输入设备和输出设备所组成的电子计算机的冯·诺依曼经典结构。

将运算器、控制器及各种寄存器集成在一块芯片上可组成 CPU，CPU 配上存储器、I/O 口便构成了微型计算机，微型计算机配以 I/O 设备，即可构成微型计算机系统。

一个完整的计算机包括硬件与软件两部分，硬件是指看得见、摸得着的实体部分，也就是计算机结构中所阐述的部分；软件是指挥计算机的指令的集合。简单来说，计算机的工作过程很简单，就是机械地按照取指令→指令译码→执行指令的顺序逐条执行指令。

单片机与系统机分属微型计算机的两个发展方向，均发展迅速，如今分别在嵌入式系统、科学计算与数据处理等领域起着至关重要的作用。

 习题与思考题

1. 将下列十进制数转换成二进制数。

（1）67　　　　　（2）35　　　　　（3）41.75　　　　　（4）100

2. 将下列二进制数转换成十进制数和十六进制数。

（1）10101010B　　（2）11100110B　　（3）0.0101B　　（4）01111111B

3. 已知原码如下，写出各数的反码和补码。

（1）10100110　　（2）11111111　　（3）10000000　　（4）01111111

4. 将下列十进制数转换为 8421 码。

（1）25　　　　　（2）1024　　　　　（3）688　　　　　（4）100

5. 将下列字符转换为 ASCII 码。

（1）STC　　　　（2）Compute　　　　（3）MCU　　　　（4）IAP15W4K58S4

6. 微型计算机的基本组成部分是什么？从微型计算机的地址总线、数据总线来看，能确认微型计算机哪几方面的性能？

7. 与计算机的经典结构相比，微型计算机的结构有哪些改进？

8. 简述微型计算机的工作过程。

第 2 章

STC8A8K64S4A12 单片机
增强型 8051 内核

2.1 单片机概述

2.1.1 单片机的概念

将微型计算机的基本组成部分（CPU、存储器、I/O 口，以及连接它们的总线）集成在一块芯片上而构成的计算机，称为单片机。考虑到它的实质是用作控制，现已普遍改用微控制器（Micro Controller Unit）一词来命名，缩写为 MCU。

由于单片机是嵌入式应用，故又称为嵌入式微控制器。根据单片机数据总线的宽度不同，单片机主要可分为 4 位机、8 位机、16 位机和 32 位机。虽然在高端控制应用（如图形、图像处理与通信等）中，32 位机的应用已越来越普及，但在中、低端控制应用中，在将来较长一段时间内，8 位机仍是单片机的主流机种。近期推出的增强型单片机内部普遍集成了丰富的 I/O 口，而且集成了 ADC、DAC、PWM、WDT（看门狗定时器）等接口或功能部件，并在低电压、低功耗、串行扩展总线、程序存储器类型、存储器容量和开发方式等方面都有较大的发展。

由于单片机具有较高的性能价格比、良好的控制性能和灵活的嵌入特性，所以它在众多领域获得了广泛的应用。

2.1.2 常见单片机

1. 8051 内核单片机

8051 内核单片机应用比较广泛，常见的 8051 内核单片机有以下几种。

（1）Intel 公司的 MCS-51 系列单片机。

MCS-51 系列单片机是美国 Intel 公司研发的，该系列有 8031、8032、8051、8052、8751、8752 等多种产品。8051 是 MCS-51 系列单片机中典型的产品，其构成了 8051 单片机的标准。MCS-51 系列单片机的资源配置如表 2.1 所示。

表 2.1　MCS-51 系列单片机的资源配置

型号	程序存储器	数据存储器	定时/计数器/个	并行 I/O 口/个	串行接口/个	中断源/个
8031	无	128B	2	32	1	5
8032	无	256B	3	32	1	6
8051	4KB ROM	128B	2	32	1	5
8052	8KB ROM	256B	3	32	1	6
8751	4KB EPROM	128B	2	32	1	5
8752	8KB EPROM	256B	3	32	1	6

　　由于 Intel 公司发展战略的重点并不在单片机方向，因此 Intel 公司已不生产 MCS-51 系列单片机，现在应用的 8051 单片机已不再是传统的 MCS-51 系列单片机。获得 8051 内核的厂商，在该内核基础上进行了功能扩展与性能改进。

　　（2）深圳市宏晶科技有限公司的 STC 系列单片机。

　　（3）荷兰 PHILIPS 公司的 8051 内核单片机。

　　（4）美国 Atmel 公司的 89 系列单片机。

2．其他单片机

　　除了 8051 内核单片机，比较有代表性的单片机还有以下几种。

　　（1）Freescale 公司的 MC68 系列单片机、MC9S08 系列单片机（8 位）、MC9S12 系列单片机（16 位）及 32 位单片机。

　　（2）美国 Microchip 公司的 PIC 系列单片机。

　　（3）美国 TI 公司的 MSP430 系列单片机（16 位）。

　　（4）日本 National 公司的 COP8 系列单片机。

　　（5）美国 Atmel 公司的 AVR 系列单片机。

　　随着单片机技术的发展，产品也趋于多样化和系列化，用户可以根据自己的实际需求进行选择。

　　虽然单片机技术缺乏统一的标准，但单片机的基本工作原理都是一样的，它们之间的区别主要在于包含的资源不同、编程语言的格式不同。当使用 C 语言进行编程时，编程语言的差别就更小了。因此，只要学好了一种单片机，在使用其他单片机时，只需仔细阅读相应的技术文档就可以进行项目或产品的开发了。

2.1.3　STC8 系列单片机

1．概述

　　STC 系列单片机是深圳市宏晶科技有限公司研发的增强型 8051 内核单片机，相对于传统的 8051 内核单片机，增强型 8051 内核单片机在片内资源、性能及工作速度方面都有很大的改进，采用了基于 Flash 的在线系统编程（ISP）技术，使得单片机应用系统的开发变得简单，无需仿真器或专用编程器就可以进行单片机应用系统的开发，同样方便了人们对单片机的学习。

STC 系列单片机有很多种类,现有超过百种单片机,能满足不同单片机应用系统的控制需求。按照工作速度与片内资源配置不同 STC 系列单片机可分为若干个系列。按照工作速度不同 STC 系列单片机可分为 12T/6T 型单片机和 1T 型单片机:12T/6T 是指每个机器周期可设置为 12 个时钟或 6 个时钟,12T/6T 型单片机包括 STC89 和 STC90 两个系列;1T 是指每个机器周期只有 1 个系统时钟,IT 型单片机包括 STC11/10 和 STC12/15/8 等系列。STC89、STC90 和 STC11/10 系列属于基本配置;STC12/15 系列相应地增加了 PCA、PWM、A/D 和 SPI 等模块;STC8 系列则在 STC15 系列的基础上增加了 I²C 模块,其 A/D 转换模块扩展到 12 位。在每个系列中包含若干产品,其差异主要是片内资源数量上的差异。在应用选型时,应根据控制系统的实际需求,选择合适的单片机,即单片机内部资源要尽可能地满足控制系统的要求而减少外部接口电路,同时,在选择片内资源时,应遵循"够用"原则,这保证单片机应用系统的高性能价格比和高可靠性。

STC8 系列单片机采用 STC-Y6 超高速 CPU 内核,在相同频率下,其速度比传统 8051 单片机约快 12 倍。STC8 系列单片机的子系列资源配置如表 2.2 所示。

表 2.2　STC8 系列单片机的子系列资源配置

子系列	UART	定时器	ADC	增强型 PWM	PCA	比较器	SPI	I²C
STC8A8K64S4A12	√	√	√	√	√	√	√	√
STC8F8K64S4A12	√	√	√	√	√	√	√	√
STC8A2K64S4	√	√	√		√	√	√	√

STC8 系列单片机的命名规则如图 2.1 所示。

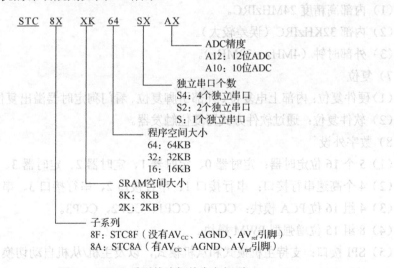

图 2.1　STC8 系列单片机的命名规则

2. STC8A8K64S4A12 系列单片机资源配置与功能

1)内核

(1)超高速 8051CPU(1T 型),即每个机器周期只有 1 个系统时钟,速度比传统 8051 单片机约快 12 倍。

（2）指令完全兼容传统 8051 单片机。

（3）有 22 个中断源，中断优先级为 4 级。

（4）支持在线仿真。

2）工作电压

（1）工作电压为 2.0～5.5V。

（2）内建 LDO。

3）工作温度

工作温度为-40～85℃。

4）Flash 存储器

（1）Flash ROM 空间最大为 64KB，用于存储用户指令。

（2）支持用户配置 EEPROM 的大小，按扇区（512B）擦除，擦写次数可达 10 万次以上。

（3）支持以 ISP 方式更新用户程序，无需专用编程器。

（4）支持单芯片仿真，无需专用仿真器，理论断点个数无限制。

5）SRAM

（1）128B 内部直接访问 RAM（DATA）。

（2）128B 内部间接访问 RAM（IDATA）。

（3）8192B 内部扩展 RAM（内部 XDATA）。

（4）外部最大可扩展 RAM 为 64KB（外部 XDATA）。

6）时钟源

（1）内部高精度 24MHzIRC。

（2）内部 32KHzIRC（误差较大）。

（3）外部时钟（4MHz～33MHz）。

7）复位

（1）硬件复位：内部上电复位、外部引脚复位、看门狗定时器溢出复位与低压检测复位。

（2）软件复位：通过软件方式写复位触发器。

8）数字外设

（1）5 个 16 位定时器：定时器 0、定时器 1、定时器 2、定时器 3、定时器 4。

（2）4 个高速串行接口：串行接口 1、串行接口 2、串行接口 3、串行接口 4。

（3）4 组 16 位 PCA 模块：CCP0、CCP1、CCP2、CCP3。

（4）8 组 15 位增强型 PWM 模块。

（5）SPI 接口：支持主机模式和从机模式，以及主机/从机自动切换。

（6）I²C 接口：支持主机模式和从机模式。

9）模拟 I/O 设备

（1）A/D 转换模块：支持 12 位精度 16 路通道的模数转换，速度最快可达 80 万次/s（每秒可进行 80 万次的模数转换）。

（2）比较器模块。

10）GPIO

（1）最多可达 59 个 GPIO：P0.0～P0.7、P1.0～P1.7、P2.0～P2.7、P3.0～P3.7、P4.0～P4.4、P5.0～P5.5、P6.0～P6.7、P7.0～P7.7。

（2）支持 4 种工作模式：准双向口（传统 8051 单片机 I/O 口）工作模式、推挽输出工作模式、开漏工作模式、仅为输入（高阻状态）工作模式。

11）其他功能

在 STC-ISP 在线编程软件的支持下，可实现程序加密后传输、可设置下次更新程序需要口令、支持 RS485 下载、支持 USB 下载、支持在线仿真等功能。

3. STC8A8K64S4A12 系列单片机机型

STC8A8K64S4A12 系列单片机目前有 3 款机型，分别是 STC8A8K64S4A12、STC8A8K32S4A12 和 STC8A8K16S4A12，三者除程序存储器不同以外，其他资源是一样的。

本书将 STC8A8K64S4A12 系列单片机中的 STC8A8K64S4A12 单片机作为教学机型。

2.2 STC8A8K64S4A12 单片机资源概述与引脚功能

STC8A8K64S4A12 单片机有 LQFP64S、LQFP48、LQFP44、PDIP40 等封装形式，STC8A8K64S4A12 单片机 LQFP44 封装引脚图、STC8A8K64S4A12 单片机 PDIP40 封装引脚图分别如图 2.2、图 2.3 所示。

下面以 STC8A8K64S4A12 单片机的 LQFP44 封装为例介绍该单片机的引脚功能。从图 2-2 中可以看出，其中有 5 个专用引脚，包括电源 V_{CC}（14）、地 GND（16）、A/D 转换电源 ADC_AV_{CC}（12）、A/D 转换参考电压 AV_{ref}（11）、A/D 转换地线 ADC_AGND（10），其他引脚都可用作 I/O 口，无需外部配置时钟与复位电路，也就是说 STC8A8K64S4A12 单片机只要接上电源就是一个最小单片机系统。因此，这里以 STC8A8K64S4A12 单片机的 I/O 口引脚为例，来描述该单片机各引脚的功能。

（1）P0 口引脚排列与功能说明如表 2.3 所示。

表 2.3　P0 口引脚排列与功能说明

引脚号	I/O 名称	第二功能	第三功能		第四功能	
36	P0.0		ADC8	A/D 转换模拟输入通道 8	RxD3	串行接口 3 数据接收端
37	P0.1	（AD0～AD7）	ADC9	A/D 转换模拟输入通道 9	TxD3	串行接口 3 数据发送端
38	P0.2	访问外部存储	ADC10	A/D 转换模拟输入通道 10	RxD4	串行接口 4 数据接收端
40	P0.3	器时，分时复	ADC11	A/D 转换模拟输入通道 11	TxD4	串行接口 4 数据发送端
41	P0.4	用，用作低 8	ADC12	A/D 转换模拟输入通道 12	T3	T3 的外部计数输入端
42	P0.5	位地址总线和	ADC13	A/D 转换模拟输入通道 13	T3CLKO	T3 的时钟输出端
43	P0.6	8 位数据总线	ADC14	A/D 转换模拟输入通道 14	T4	T4 的外部计数输入端
44	P0.7		ADC15	A/D 转换模拟输入通道 15	T4CLKO	T4 的时钟输出端

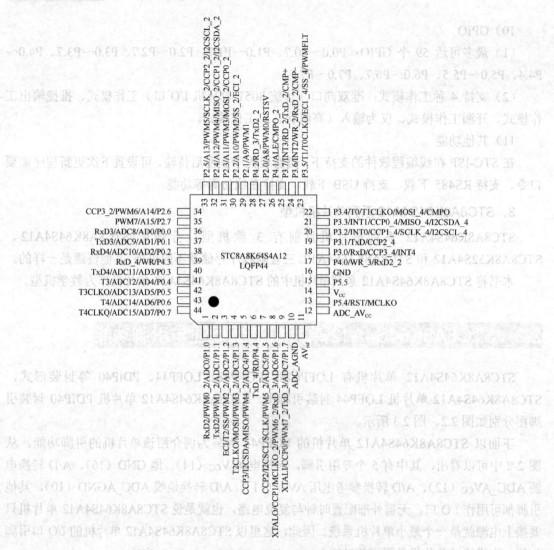

图 2.2　STC8A8K64S4A12 单片机 LQFP44 封装引脚图

图 2.3　STC8A8K64S4A12 单片机 PDIP40 封装引脚图

（2）P1 口引脚排列与功能说明如表 2.4 所示。

表 2.4　P1 口引脚排列与功能说明

引脚号	I/O 名称	第二功能		第三功能	第四功能	第五功能	第六功能	第七功能
1	P1.0	ADC0	A/D 转换模拟输入通道 0	PWM0_2 PWM0 输出通道（切换1）	RxD2 串行接口 2 串行数据接收端	—	—	—
2	P1.1	ADC1	A/D 转换模拟输入通道 1	PWM1_2 PWM1 输出通道（切换1）	TxD2 串行接口 2 串行数据发送端	—	—	—
3	P1.2	ADC2	A/D 转换模拟输入通道 2	PWM2_2 PWM2 输出通道（切换1）	SS SPI 接口的从机选择信号	T2 定时器 T2 计数脉冲输入端	ECI PCA 模块计数器外部计数脉冲输入端	
4	P1.3	ADC3	A/D 转换模拟输入通道 3	PWM3_2 PWM3 输出通道（切换1）	MOSI SPI 接口主出从入数据端	T2CLKO 定时器 T2 的时钟输出端	—	
5	P1.4	ADC4	A/D 转换模拟输入通道 4	PWM4_2 PWM4 输出通道（切换1）	MISO SPI 接口主入从出数据端	I2CSDA I²C 接口数据端	CCP3 CCP3 输出通道	—
7	P1.5	ADC5	A/D 转换模拟输入通道 5	PWM5_2 PWM5 输出通道（切换1）	SCLK SPI 接口同步时钟端	I2CSCL I²C 接口时钟端	CCP2 CCP2 输出通道	—
8	P1.6	ADC6	A/D 转换模拟输入通道 6	RxD_3 串行接口 1 串行数据接收端（切换2）	PWM6_2 PWM6 输出通道（切换1）	MCLKO_2 主时钟输出端（切换1）	CCP1 CCP1 输出通道	XTALO 内部时钟放大器反相放大器的输出端
9	P1.7	ADC7	A/D 转换模拟输入通道 7	TxD_3 串行接口 1 串行数据发送端（切换2）	PWM7_2 PWM7 输出通道（切换1）	CCP0 CCP0 输出通道	XTALI 内部时钟放大器反相放大器的输入端	—

（3）P2 口引脚排列与功能说明如表 2.5 所示。

表 2.5　P2 口引脚排列与功能说明

引脚号	I/O 名称	第二功能		第三功能	第四功能	第五功能	第六功能
27	P2.0	A8	访问外部存储器时，用作高 8 位地址总线	PWM0 PWM0 输出通道	—	—	—
29	P2.1	A9		PWM1 PWM1 输出通道	—	—	—

续表

引脚号	I/O 名称	第二功能	第三功能	第四功能	第五功能	第六功能
30	P2.2	A10	访问外部存储器时，用作高 8 位地址总线	PWM2 / PWM2 输出通道	SS_2 / SPI 接口的从机选择信号（切换 1）	ECI_2 / PCA 模块计数器外部计数脉冲输入端（切换 1）	—
31	P2.3	A11		PWM3 / PWM3 输出通道	MOSI_2 / SPI 接口主出从入数据端（切换 1）	CCP0_2 / CCP0 输出通道（切换 1）	—
32	P2.4	A12		PWM4 / PWM4 输出通道	MISO_2 / SPI 接口从出主入数据端（切换 1）	CCP1_2 / CCP1 输出通道（切换 1）	I2CSDA_2 / I2C 接口数据端（切换 1）
33	P2.5	A13		PWM5 / PWM5 输出通道	SCLK_2 / SPI 接口同步时钟端（切换 1）	CCP2_2 / CCP2 输出通道（切换 1）	I2CSCL_2 / I2C 接口时钟端（切换 1）
34	P2.6	A14		PWM6 / PWM6 输出通道	CCP3_2 / CCP3 输出通道（切换 1）	—	—
35	P2.7	A15		PWM7 / PWM7 输出通道			

（4）P3 口引脚排列与功能说明如表 2.6 所示。

表 2.6 P3 口引脚排列与功能说明

引脚号	I/O 名称	第二功能	第三功能	第四功能	第五功能	第六功能
18	P3.0	RxD / 串行接口 1 串行数据接收端	CCP3_4 / CCP3 输出通道（切换 3）	INT4 / 外部中断 0 中断请求输入端	—	—
19	P3.1	TxD / 串行接口 1 串行数据发送端	CCP2_4 / CCP2 输出通道（切换 3）	—	—	—
20	P3.2	INT0 / 外部中断 0 中断请求输入端	CCP1_4 / CCP1 输出通道（切换 3）	SCLK_4 / SPI 接口同步时钟端（切换 3）	I2CSCL_4 / I²C 接口时钟端（切换 3）	—
21	P3.3	INT1 / 外部中断 1 中断请求输入端	CCP0_4 / CCP0 输出通道（切换 3）	MISO_4 / SPI 接口从出主入数据端（切换 3）	I2CSDA_4 / I²C 接口数据端（切换 3）	—
22	P3.4	T0 / 定时器 T0 的外部计数脉冲输入端	T1CLKO / 定时器 T1 的时钟输出端	MOSI_4 / SPI 接口主出从入数据端（切换 3）	CMPO / 比较器输出通道	—

引脚号	I/O名称	第二功能	第三功能	第四功能	第五功能	第六功能
23	P3.5	T1 定时器 T1 的外部计数脉冲输入端	T0CLKO 定时器 T0 的时钟输出端	ECI_4 PCA 模块计数器外部计数脉冲输入端（切换 3）	SS_4 SPI 接口的从机选择信号（切换 3）	PWMFLT PWM 异常停机控制端
24	P3.6	INT2 外部中断 2 中断请求输入端	WR_2 片外数据存储器写控制端（切换 1）	RxD_2 串行接口 1 串行接收数据端（切换 1）	CMP− 比较器反相输入端	—
25	P3.7	INT3 外部中断 3 中断请求输入端	RD_2 片外数据存储器读控制端（切换 1）	TxD_2 串行接口 1 串行发送数据端（切换 1）	CMP+ 比较器同相输入端	—

（5）P4 口引脚排列与功能说明如表 2.7 所示。

表 2.7　P4 口引脚排列与功能说明

引脚号	I/O 名称	第二功能	第三功能
17	P4.0	WR_3 片外数据存储器写控制端（切换 2）	RxD2_2 串行接口 2 串行接收数据端（切换 1）
26	P4.1	ALE 外部扩展存储器的地址锁存信号输出端	CMPO_2 比较器输出通道（切换 1）
28	P4.2	RD_3 片外数据存储器读控制端（切换 2）	TxD2_2 串行接口 2 串行发送数据端（切换 2）
39	P4.3	WR 外部数据存储器写控制端	RxD_4 串行接口 1 串行接收数据端（切换 3）
6	P4.4	RD 外部数据存储器读控制端	TxD_4 串行接口 1 串行发送数据端（切换 3）

（6）P5 口引脚排列与功能说明如表 2.8 所示。

表 2.8　P5 口引脚排列与功能说明

引脚号	I/O 名称	第二功能	第三功能
13	P5.4	RST 复位脉冲输入端	MCLKO 主时钟输出端
15	P5.5	—	

注：STC8A8K64S4A12 单片机内部接口的外部输入、输出引脚可通过编程进行切换，上电或复位后，默认功能引脚的名称用原功能状态名称表示，切换后引脚状态的名称在原功能名称基础上加一下画线和序号，如 RXD 和 RXD_2，RXD 为串行接口 1 默认的数据接收端，RXD_2 为串行接口 1 切换后（第 1 组切换）的数据接收端名称，其功能与串行接口 1 默认的串行数据接收端的功能相同。

2.3　STC8A8K64S4A12 单片机的内部结构

2.3.1　内部结构框图

STC8A8K64S4A12 单片机的内部结构框图如图 2.4 所示。

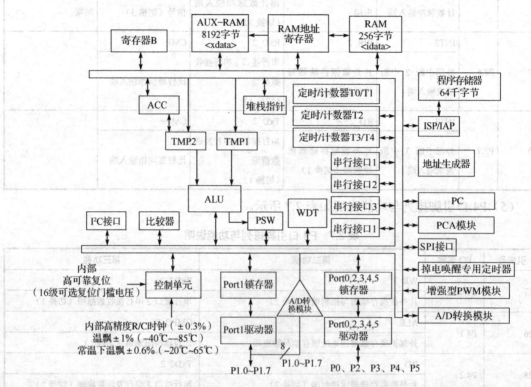

图 2.4　STC8A8K64S4A12 单片机的内部结构框图

STC8A8K64S4A12 单片机包含 CPU、程序存储器（程序 Flash，可用作 EEPROM）、数据存储器（基本 RAM、扩展 RAM、特殊功能寄存器）、EEPROM（数据 Flash，它与程序存储器共用一个地址空间）、定时/计数器、串行接口、中断系统、比较器、A/D 转换模块、PCA 模块（用于比较、捕获、PWM）、增强型 PWM 模块、SPI 接口、I²C 接口，以及 WDT、电源监控、内部高可靠复位、内部高精度 RC 时钟等模块。

2.3.2　CPU 结构

单片机的 CPU 由运算器和控制器组成。CPU 的作用是读入并分析每条指令，根据各指令功能控制单片机的各功能部件去执行指定的运算或操作。

1. 运算器

运算器由 ALU、ACC、寄存器 B、暂存器（TMP1、TMP2）和 PSW 组成。它的任务是实现算术与逻辑运算、位变量处理与传送等操作。

ALU 功能极强，既可实现 8 位二进制数的加、减、乘、除算术运算和与、或、非、异或、循环等逻辑运算，又具备一般 CPU 不具备的位处理功能。

ACC 又记作 A，用于向 ALU 提供操作数和存放运算结果，它是 CPU 中工作最频繁的寄存器，大多数指令的执行都要通过 ACC 进行。

寄存器 B 是专门为乘法运算和除法运算设置的寄存器，用于存放乘法和除法运算的操作数和运算结果。对于其他指令，寄存器 B 可作为普通寄存器来使用。

PSW 简称程序状态字。它用来保存 ALU 运算结果的特征和处理状态，这些特征和状态可以作为控制程序转移的条件，供程序判别和查询。PSW 的地址与各位定义如下所示。

	地址	B7	B6	B5	B4	B3	B2	B1	B0	复位值
PSW	D0H	CY	AC	F0	RS1	RS0	OV	F1	P	0000 0000

CY：进位标志位。在执行加/减法指令时，如果操作结果的最高位 B7 出现进/借位，则 CY 置 1，否则 CY 清 0。执行乘法运算后，CY 清 0。

AC：辅助进位标志位。当执行加/减法指令时，如果低 4 位向高 4 位（或者说 B3 位向 B4 位）进/借位，则 AC 置 1，否则 AC 清 0。

F0：用户标志位 0。该位是由用户定义的一个状态标志位。

RS1、RS0：工作寄存器组选择控制位。

OV：溢出标志位。该位用于指示运算过程中是否发生了溢出。有溢出时，OV 置 1；无溢出时，OV 清 0。判别方法：当最高位与次高位的进/借位情况一致时，表示没有溢出；否则，表示有溢出。

F1：用户标志位 1。该位是由用户定义的一个状态标志位。

P：奇偶标志位。如果 ACC 中 1 的个数为偶数，则 P 清 0；否则 P 置 1。在具有奇偶校验的串行数据通信中，可以根据 P 值设置奇偶校验位。若为奇校验，则校验位取 P 值的非；若为偶校验，则校验位取 P 值。

2. 控制器

控制器是 CPU 的指挥中心，由 IR、ID、定时器、控制逻辑电路，以及 PC 等组成。

PC 是一个 16 位的计数器（注意：PC 不属于特殊功能寄存器），它总是存放着下一个要取指令字节的 16 位程序存储器存储单元的地址，并且每取完一个指令字节后，PC 的内容均会自动加 1，为取下一个指令字节做准备。因此，在一般情况下 CPU 是按指令顺序执行程序的。只有在执行转移、子程序调用指令和中断响应时，CPU 是由指令或中断响应过程自动给 PC 置入新的地址的。PC 指到哪里，CPU 就从哪里开始执行程序。

IR 用于保存当前正在执行的指令，执行一条指令，要先把它从程序存储器取到 IR 中。指令内容包含操作码和地址码两部分，操作码送至 ID，并形成相应指令的微操作信号；地址码送至操作数形成电路以便形成实际的操作数地址。

定时器与控制逻辑电路是 CPU 的核心部件，它们的任务是控制取指令、执行指令、存取操作数或运算结果等操作，向其他部件发出各种微操作信号，协调各部件工作，完成指令指定的工作任务。

2.4　STC8A8K64S4A12 单片机的存储结构

STC8A8K64S4A12 单片机的存储结构的主要特点是程序存储器与数据存储器是分开编址的，而且分为片内存储器与片外存储器。

STC8A8K64S4A12 单片机片内部在物理上有 3 个相互独立的空间，即 FlashROM（程序 Flash 和数据 Flash）、基本 Flash 与扩展 RAM；在使用上有 4 个存储器空间，即程序存储器（程序 Flash）、片内基本 RAM、片内扩展 RAM 与 EEPROM（数据 Flash），如图 2.5 所示。

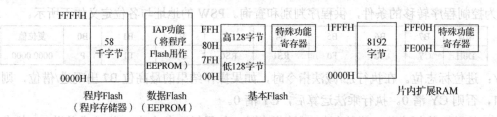

图 2.5　STC8A8K64S4A12 单片机内部的存储器结构

此外，STC8A8K64S4A12 单片机保留了在片外扩展 RAM 的功能，但不推荐使用。

1．程序存储器

程序存储器用于存放用户程序、数据和表格等信息。STC8A8K64S4A12 单片机片内集成了 64 千字节的程序存储器（实际使用 63.5 千字节），其地址为 0000H～FFFFH。

在程序存储器中有些特殊的单元，在应用时应加以注意。

（1）0000H 单元。系统复位后，PC 值为 0000H，单片机从 0000H 单元开始执行程序。一般在 0000H 开始的三个单元中存放一条无条件转移指令，让 CPU 去执行用户指定位置的主程序。

（2）0003H～00C3H 单元。这些单元用作 22 个中断源中断响应的入口地址（又称为中断向量）。

0003H：外部中断 0 中断响应的入口地址。

000BH：定时/计数器 0 中断响应的入口地址。

0013H：外部中断 1 中断响应的入口地址。

001BH：定时/计数器 T1 中断响应的入口地址。

0023H：串行接口中断响应的入口地址。

以上为 5 个基本中断源的中断响应的入口地址，其他中断源对应的中断响应的入口地址详见第 8 章。

每个中断响应的入口地址间相隔 8 个存储单元。在编程时，通常在这些中断响应的入口地址开始处放入一条无条件转移指令，指向真正存放中断服务程序的中断响应的入口地址。只有在中断服务程序较短时，才可以将中断服务程序直接存放在相应中断响应的入口地址开始的几个单元中。

STC8 系列单片机内部的程序存储器中有与芯片相关的一些特殊参数，如唯一 ID 号、掉电唤醒定时器的频率、内部 Bandgap 电压值及 IRC 参数。

2. 片内基本 RAM

片内基本 RAM 分为低 128 字节、高 128 字节和特殊功能寄存器（SFR）。

1）低 128 字节

根据片内基本 RAM 作用的差异性低 128 字节又分为工作寄存器区、位寻址区和通用 RAM 区，如图 2.6 所示。

图 2.6　低 128 字节的功能分布

（1）工作寄存器区（00H～1FH）。

片内基本 RAM 低端的 32 个单元分成 4 个工作寄存器组，每个工作寄存器组占 8 个单元。但在程序运行时，只能有一个工作寄存器组为当前工作寄存器组，当前工作寄存器组的存储单元可用作寄存器，即用寄存器符号（R0,R1,…,R7）来表示。当前工作寄存器组的选择是通过 PSW 中的 RS1、RS0 实现的。RS1、RS0 的状态与当前工作寄存器组的关系如表 2.9 所示。

表 2.9　RS1、RS0 的状态与当前工作寄存器组的关系

工作寄存器组号	RS1	RS0	R0	R1	R2	R3	R4	R5	R6	R7
0	0	0	00H	01H	02H	03H	04H	05H	06H	07H
1	0	1	08H	09H	0AH	0BH	0CH	0DH	0EH	0FH
2	1	0	10H	11H	12H	13H	14H	15H	16H	17H
3	1	1	18H	19H	1AH	1BH	1CH	1DH	1EH	1FH

当前工作寄存器组从一个工作寄存器组切换到另一个工作寄存器组，原来工作寄存器组的各寄存器的内容相当于被屏蔽保护起来了，利用这一特性可以方便地完成快速现场保护任务。

（2）位寻址区（20H~2FH）。

片内基本 RAM 的 20H~2FH 共 16 字节，是位寻址区，每字节有 8 位，共有 128 位。该区域不仅可按位进行寻址，还可按字节进行寻址。从 20H 的 B0 位到 2FH 的 B7 位，其对应的位地址依次为 00H~7FH，位地址还可用字节地址加位号表示，如 20H 单元的 B5 位，其位地址可用 05H 表示，也可用 20H.5 表示。

注意：在编程时，位地址一般用字节地址加位号的方法表示。

（3）通用 RAM 区（30H~7FH）。

片内基本 RAM 的 30H~7FH 共 80 字节，为通用 RAM 区，即一般 RAM 区域，无特殊功能特性，一般作为数据缓冲区，如显示缓冲区。通常将堆栈也设置在该区域。

2）高 128 字节

高 128 字节的地址为 80H~FFH，属于普通存储区域，但高 128 字节的地址与特殊功能寄存器区的地址是相同的。为了区分这两个不同的存储区域，规定了不同的寻址方式，高 128 字节只能采用寄存器间接寻址方式进行访问；特殊功能寄存器只能采用直接寻址方式进行访问。此外，高 128 字节也可用作堆栈区。

3）特殊功能寄存器区 1（80H~FFH）

特殊功能寄存器区 1 的地址为 80H~FFH，但在 STC8A8K64S4A12 单片机中，只有 116 个地址有实际意义，也就是说 STC8A8K64S4A12 单片机实际上只有 116 个特殊功能寄存器。特殊功能寄存器，是指该 RAM 单元的状态与某一具体的硬件接口电路相关，该 RAM 单元要么反映了某个硬件接口电路的工作状态，要么决定了某个硬件电路的工作状态。单片机内部 I/O 口电路的管理与控制是通过其相应特殊功能寄存器进行操作与管理的。特殊功能寄存器根据其存储特性的不同又可分为可位寻址特殊功能寄存器与不可位寻址特殊功能寄存器。凡字节地址能够被 8 整除的特殊功能寄存器是可位寻址的，对应可寻址位都有一个位地址，其位地址等于其字节地址加上位号，实际编程时多数位地址是采用其位功能符号表示的，如 PSW 中的 CY、ACC 等。特殊功能寄存器与其可寻址位都是按直接地址进行寻址的。STC8A8K64S4A12 单片机特殊功能寄存器名称与字节地址的关系表如表 2.10 所示，表 2.10 中给出了各特殊功能寄存器的符号、地址与复位状态值。

注意：用汇编语言或 C 语言进行编程时，一般用特殊功能寄存器的符号或位地址的符号来表示特殊功能寄存器的地址或位地址。

表 2.10　STC8A8K64S4A12 单片机特殊功能寄存器名称与字节地址的关系表

字节地址	可位寻址		不可位寻址					
	+0	+1	+2	+3	+4	+5	+6	+7
80H	P0 1111 1111	SP 0000 0111	DPL 0000 0000	DPH 0000 0000	S4CON 0000 0000	S4BUF 0000 0000	—	PCON 0011 0000

续表

字节地址	可位寻址	不可位寻址						
	+0	+1	+2	+3	+4	+5	+6	+7
88H	TCON 0000 0000	TMOD 0000 0000	TL0 (RL_TL0) 0000 0000	TL1 (RL_TL1) 0000 0000	TH0 (RL_TH0) 0000 0000	TH1 (RL_TH1) 0000 0000	AUXR 0000 0001	INT_CLKO x000 x000
90H	P1 1111 1111	P1M1 1100 0000	P1M0 0000 0000	P0M1 0000 0000	P0M0 0000 0000	P2M1 0000 1110	P2M0 0000 0000	CLK_DIV （AUXR2） 000x 0000
98H	SCON 0000 0000	SBUF 0000 0000	S2CON 0000 0000	S2BUF 0000 0000	—	—	—	—
A0H	P2 11111110	BUS_SPEED 00xx xx00	P_SW1 0000 000x	—	—	—	—	—
A8H	IE 00000000	SADDR 0000 0000	WKTCL (WKTCL_CNT) 1111 1111	WKTCH (WKTCH_CNT) 0111 1111	S3CON 0000 0000	S3BUF 0000 0000	TA 0000 0000	IE2 x000 0000
B0H	P3 1111 1111	P3M1 1000 0000	P3M0 0000 0000	P4M1 0000 0000	P4M0 0000 0000	IP2 x000 0000	IP2H x000 0000	IPH 0000 0000
B8H	IP 0000 0000	SADEN 0000 0000	P_SW2 0x00 0000	VOCTRL 0xxx xx00	ADC_CONTR 000x 0000	ADC_RES 0000 0000	ADC_RESL 0000 0000	—
C0H	P4 1111 1111	WDT_CONTR 0x00 0000	IAP_DATA 1111 1111	IAP_ADDRH 0000 0000	IAP_ADDRL 0000 0000	IAP_CMD xxxx xx00	IAP_TRIG 0000 0000	IAP_CONTR 0000 x000
C8H	P5 xx11 1111	P5M1 xx11 1111	P5M0 xx11 1111	P6M1 0000 0000	P6M0 0000 0000	SPSTAT 00xx xxxx	SPCTL 0000 0100	SPDAT 0000 0000
D0H	PSW 0000 00x0	T4T3M 0000 0000	T4H (RL_TH4) 0000 0000	T4L (RL_TL4) 0000 0000	T3H (RL_TH3) 0000 0000	T3L (RL_TL3) 0000 0000	T2H (RL_TH2) 0000 0000	T2L (RL_TL2) 0000 0000
D8H	CCON 00xx 0000	CMOD 0xxx 000	CCAPM0 x000 0000	CCAPM1 x000 00000	CCAPM2 x000 0000	CCAPM3 x000 0000	ADCCFG xx0x 0000	
E0H	ACC 0000 0000	P7M1 0000 0000	P7M0 0000 0000	DPS 0000 0xx0	DPL1 0000 0000	DPH1 0000 0000	CMPCR1 0000 0000	CMPCR2 0000 0000
E8H	P6 1111 1111	CL 0000 0000	CCAP0L 0000 0000	CCAP1L 0000 0000	CCAP2L 0000 0000	CCAP3L 0000 0000	—	AUXINTIF x000 x000
F0H	B 0000 0000	PWMCFG 00xx xxxx	PCA_PWM0 0000 0000	PCA_PWM1 0000 0000	PCA_PWM2 0000 0000	PCA_PWM3 0000 0000	PWMIF 0000 0000	PWMFDCR 0000 0000
F8H	P7 1111 1111	CH 0000 0000	CCAP0H 0000 0000	CCAP1H 0000 0000	CCAP2H 0000 0000	CCAP3H 0000 0000	PWMCR 00xx xxxx	RSTCFG 0000 0000

注：各特殊功能寄存器地址等于行地址加列偏移量；加阴影部分为相比经典 8051 单片机新增的特殊功能寄存器。

（1）与运算器相关的寄存器（3 个）。

ACC：累加器，它是 STC8A8K64S4A12 单片机中最繁忙的寄存器，用于向 ALU 提供操作数，同时许多运算结果也存放在 ACC 中。在实际编程时，若用 A 表示累加器，则表示寄存器寻址；若用 ACC 表示累加器，则表示直接寻址（仅在 PUSH、POP 指令中使用）。

B：寄存器 B，主要用于乘法、除法运算，也可作为一般 RAM 单元使用。

PSW：程序状态标志存储器。

（2）指针类寄存器（3 个）。

SP：堆栈指针，它始终是指向栈顶的。堆栈是一种遵循"先进后出、后进先出"存储原则的存储区。入栈时，SP 先加 1，数据再存入 SP 指向的存储单元；出栈时，先将 SP 指向单元的数据弹出到指定的存储单元中，SP 再减 1。STC8A8K64S4A12 单片机复位时，SP 为 07H，即默认栈底是 08H。在实际应用中，为了避免堆栈区与工作寄存器区、位寻址区发生冲突，堆栈区常设置在通用 RAM 区或高 128 字节区。堆栈区主要用于存放中断或调用子程序时的断点地址和现场参数数据。

DPTR（16 位）：增强型双数据指针，集成了两组 16 位的数据指针，其中 DPTR0 由 DPL 和 DPH 组成，DPTR1 由 DPL1 和 DPH1 组成。该指针用于存放 16 位地址，并对 16 位地址的程序存储器和扩展 RAM 进行访问。

注意：增强型双数据指针在指令中只能以 DPTR 出现，通过程序控制可实现两组数据指针自动切换，以及数据指针自动递增或递减，具体实现方法见第 6 章。

其余特殊功能寄存器将在讲述相关 I/O 口时讲述。

注意：无论是片内基本 RAM 区的特殊功能寄存器，还是扩展 RAM 区的特殊功能寄存器，其对应的地址都是固定的，但在学习与应用中，并不需要记住这些地址，只需要在编程时，将以 STC8A8K64S4A12 单片机特殊功能寄存器地址定义的文件（stc8.inc 或 stc8.h）包含进去，即可直接使用各特殊功能寄存器符号与可寻址位符号。

3. 扩展 RAM（XRAM）

1）片内扩展 RAM 与片外扩展 RAM

STC8A8K64S4A12 单片机的片内扩展 RAM 空间为 8192 字节，地址范围为 0000H～1FFFH。扩展 RAM 类似于传统的片外数据存储器，应采用访问片外数据存储器的访问指令（助记符为 MOVX）访问扩展 RAM 区。

STC8A8K64S4A12 单片机保留了传统 8051 单片机的片外数据存储器（片外扩展 RAM）的扩展功能，但在使用时扩展 RAM 与片外数据存储器不能并存，可通过 AUXR 中的 EXTRAM 进行选择，当（EXTRAM）=0（默认状态）时，选择的是片内扩展 RAM；当（EXTRAM）=1 时，选择的是片外扩展 RAM。使用片外扩展 RAM 时，要占用 P0 口、P2 口以及 ALE、RD 与 WR 引脚；而使用片内扩展 RAM 时，则与这些引脚无关。在实际应用中，尽量使用片内扩展 RAM，不推荐使用片外扩展 RAM。

2）特殊功能寄存器区 2

STC8A8K64S4A12 单片机特殊功能寄存器区 2 寄存器名称与字节地址如表 2.11 所示。

表 2.11　STC8A8K64S4A12 单片机特殊功能寄存器区 2 寄存器名称与字节地址

字节地址	+0	+1	+2	+3	+4	+5	+6	+7
FE00H	CKSEL	CLKDIV	IRC24MCR	XOSCCR	IRC32KCR	—	—	—
FE10H	P0PU	P1PU	P2PU	P3PU	P4PU	P5PU	P6PU	P7PU
FE18H	P0NCS	P1NCS	P2NCS	P3NCS	P4NCS	P5NCS	P6NCS	P7NCS

续表

字节地址	+0	+1	+2	+3	+4	+5	+6	+7
FE80H	I2CCFG	I2CMSCR	I2CMSST	I2CSLCR	I2CSLST	I2CSLADR	I2CTxD	I2CRxD
FF00H	PWM0T1H	PWM0T1L	PWM0T2H	PWM0T2L	PWM0CR	PWM0HLD	—	—
FF10H	PWM1T1H	PWM1T1L	PWM1T2H	PWM1T2L	PWM1CR	PWM1HLD	—	—
FF20H	PWM2T1H	PWM2T1L	PWM2T2H	PWM2T2L	PWM2CR	PWM2HLD	—	—
FF30H	PWM3T1H	PWM3T1L	PWM3T2H	PWM3T2L	PWM3CR	PWM3HLD		
FF40H	PWM4T1H	PWM4T1L	PWM4T2H	PWM4T2L	PWM4CR	PWM4HLD		
FF50H	PWM5T1H	PWM5T1L	PWM5T2H	PWM5T2L	PWM5CR	PWM5HLD		
FF60H	PWM6T1H	PWM6T1L	PWM6T2H	PWM6T2L	PWM6CR	PWM6HLD		
FF70H	PWM7T1H	PWM7T1L	PWM7T2H	PWM7T2L	PWM7CR	PWM7HLD		
FFF0H	—	—	—	—	—	—		

注：各特殊功能寄存器地址等于行地址加列偏移量。

4. EEPROM

STC8A8K64S4A12 单片机的程序存储器与 EEPROM 在物理上是共用一个地址空间的，其地址理论上为 0000H～1FFFH。

数据 Flash 被用作 EEPROM 用来存放一些应用时需要经常修改且掉电后能保持不变的参数。数据 Flash 的擦除操作是按扇区进行的，在使用时建议同一次修改的数据放在同一个扇区，不同次修改的数据放在不同的扇区。在程序中，用户可以对数据 Flash 实现字节读、写与扇区擦除等操作，具体操作方法见 6.4 节。

2.5　STC8A8K64S4A12 单片机的并行 I/O 口

2.5.1　并行 I/O 口的工作模式

1. I/O 口功能

STC8A8K64S4A12 单片机最多有 59 个 I/O 口（P0.0～P0.7、P1.0～P1.7、P2.0～P2.7、P3.0～P3.7、P4.0～P4.4、P5.0～P5.5、P6.0～P6.7、P7.0～P7.7），STC8A8K64S4A12 单片机 LQFP44 封装共有 39 个 I/O 口，分别为 P0.0～P0.7、P1.0～P1.7、P2.0～P2.7、P3.0～P3.7、P4.0～P4.4、P5.4、P5.5，可用作准双向口；其中大多数 I/O 口至少具有 2 个功能，各 I/O 口的引脚功能名称前文已介绍过，详见表 2.3～表 2.8。

2. I/O 口的工作模式

STC8A8K64S4A12 单片机的所有 I/O 口均有 4 种工作模式：准双向口（传统 8051 单片机 I/O 口）工作模式、推挽输出工作模式、仅为输入（高阻状态）工作模式与开漏工作模式。每个 I/O 口的驱动电流均可达 20mA，但单片机整个芯片最大工作电流最好不要超过 90mA。每个 I/O 口的工作模式由 PnM1 和 PnM0（n=0,1,2,3,4,5）两个寄存器的相应位来控制。例如，P0M1 和 P0M0 用于设定 P0 口的工作模式，其中 P0M1.0 和 P0M0.0 用于设置 P0.0 口的工作模式，P0M1.7 和 P0M0.7 口用于设置 P0.7 口的工作模式，以此类推，P0 口工作模式配置图如图 2.7 所示。I/O 口工作模式的设置关系如表 2.12 所示，STC8A8K64S4A12 单片机上电复位后所有 I/O 口均为准双向口工作模式。

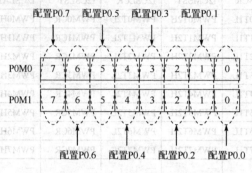

图 2.7 P0 口工作模式配置图

表 2.12 I/O 口工作模式的设置关系

控制信号		I/O 口工作模式
P*n*M1[7:0]	P*n*M0[7:0]	
0	0	准双向口工作模式：灌电流可达 20mA，拉电流为 150μA～230μA
0	1	推挽输出工作模式：强上拉输出，拉电流可达 20mA，要外接限流电阻
1	0	仅为输入（高阻状态）工作模式
1	1	开漏工作模式：内部上拉电阻断开，要外接上拉电阻才可以拉高；此工作模式可用于 5V 元器件与 3V 元器件的电平切换

2.5.2　并行 I/O 口的结构

前文已述 STC8A8K64S4A12 单片机的所有 I/O 口均有 4 种工作模式，下面介绍这 4 种工作模式的结构与工作原理。

1. 准双向口工作模式

准双向口工作模式下 I/O 口的电路结构如图 2.8 所示。

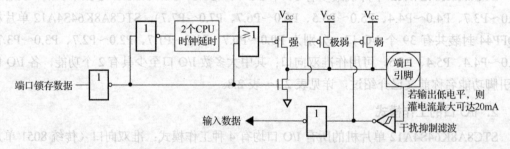

图 2.8　准双向口工作模式下 I/O 口的电路结构

在准双向口工作模式下，I/O 口可直接输出而不需要重新配置 I/O 口输出状态。这是因为当 I/O 口输出高电平时，其驱动能力很弱，允许外部装置将其电平拉低；当 I/O 口输出低电平时，其驱动能力很强，可吸收相当大的电流。

每个 I/O 口都包含一个 8 位锁存器，即特殊功能寄存器 P0~P5。这种结构在数据输出时具有锁存功能，即在重新输出新的数据之前，I/O 口上的数据一直保持不变，但其对输入信号是不锁存的，所以 I/O 设备输入的数据必须保持到取指令开始执行为止。

准双向口有 3 个上拉场效应管 T1、T2、T3，用来适应不同的需要。其中，T1 称为"强上拉"，上拉电流可达 20mA；T2 称为"极弱上拉"，上拉电流一般为 30μA；T3 称为"弱上拉"，上拉电流一般为 150μA~270μA，典型值为 200μA。若输出低电平，则灌电流最大可达 20mA。

当端口锁存器为"1"且引脚输出也为"1"时，T3 导通。T3 提供基本驱动电流使准双向口输出为"1"。如果一个引脚输出为"1"且由外部装置下拉到低电平时，T3 断开，T2 维持导通状态，为了把这个引脚强拉为低电平，外部装置必须有足够的灌电流使引脚上的电压降到门槛电压以下。

当端口锁存器为"1"时，T2 导通。当引脚悬空时，这个极弱的上拉源产生很弱的上拉电流，引脚被上拉为高电平。

当端口锁存器由"0"跳变到"1"时，T1 用来加快准双向口由"0"到"1"的转换。当发生这种情况时，T1 导通约两个时钟以使引脚能够迅速地上拉到高电平。

准双向口带有一个施密特触发输入和一个干扰抑制电路。

当从端口引脚上输入数据时，T4 应一直处于截止状态。如果在输入之前曾输出锁存过数据"0"，则 T4 是导通的，这样引脚上的电位就始终被钳位在低电平，使高电平输入无法被读入。因此，若要从端口引脚输入数据，则必须先将端口锁存器置"1"，使 T4 截止。

2. 推挽输出工作模式

推挽输出工作模式下 I/O 口的电路结构如图 2.9 所示。

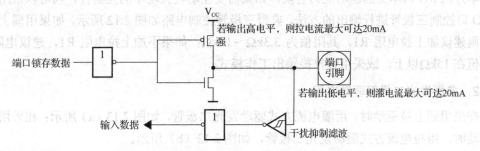

图 2.9 推挽输出工作模式下 I/O 口的电路结构

在推挽输出工作模式下，I/O 口输出的下拉结构、输入电路结构与准双向口工作模式中的一致，不同的是在推挽输出工作模式下 I/O 口的上拉是持续的"强上拉"，若输出高电平，则拉电流最大可达 20mA；若输出低电平，则灌电流最大可达 20mA。

因此，若要从端口引脚上输入数据，则必须先将端口锁存器置"1"，使 T2 截止。

3. 仅为输入（高阻状态）工作模式

仅为输入（高阻状态）工作模式下 I/O 口的电路结构如图 2.10 所示。

在仅为输入（高阻状态）工作模式下，可直接从端口引脚读入数据，不需要先将端口锁存器置"1"。

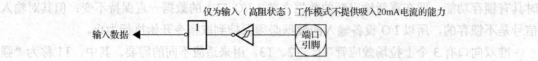

图 2.10　仅为输入（高阻状态）工作模式下 I/O 口的电路结构

4．开漏工作模式

开漏工作模式下 I/O 口的电路结构如图 2.11 所示。

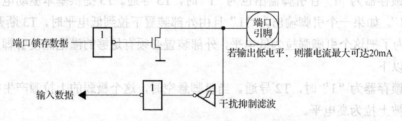

图 2.11　开漏工作模式下 I/O 口的电路结构

在开漏工作模式下，I/O 口输出的下拉结构与推挽输出工作模式和准双向口工作模式中的一致，输入电路结构与准双向口工作模式中的一致，但输出驱动无任何负载，即在开漏状态输出应用时，必须外接上拉电阻。

2.5.3　并行 I/O 口的使用注意事项

1．典型三极管控制电路

单片机 I/O 口本身的驱动能力有限，如果需要驱动较大功率的元器件，则可以采用单片机 I/O 口控制三极管进行输出的方法。典型三极管控制电路如图 2.12 所示，如果用弱上拉控制，则建议加上拉电阻 R1，其阻值为 3.3kΩ～10kΩ；如果不加上拉电阻 R1，建议电阻 R2 的阻值在 15kΩ 以上，或采用强推挽输出工作模式。

2．典型发光二极管驱动电路

在采用弱上拉驱动时，用灌电流方式驱动发光二极管，如图 2.13（a）所示；在采用强上拉驱动时，用拉电流方式驱动发光二极管，如图 2.13（b）所示。

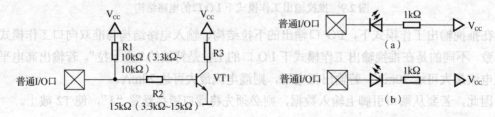

图 2.12　典型三极管控制电路　　　　　图 2.13　典型发光二极管驱动电路

在实际使用时，应尽量采用灌电流方式驱动发光二极管，而不要采用拉电流方式驱动，这样可以提高系统的负载能力和可靠性。当有特别需要时，可以采用拉电流方式驱动发光二极管，如供电线路要求比较简单的情况。

在行列矩阵按键扫描电路中，也需要加限流电阻。因为在实际工作时可能出现两个 I/O 口均输出低电平的情况，并且在按键按下时两个 I/O 口短接，而 CMOS 电路的两个输出口不能短接，在行列矩阵按键扫描电路中，一个 I/O 口为了读另一个 I/O 口的状态，必须先置为高电平，而单片机的弱上拉 I/O 口在由 0 变为 1 时，会有两个时钟的强推挽输出电流输出到另外一个输出低电平的 I/O 口，这样就有可能导致 I/O 口损坏。因此，建议在行列矩阵按键扫描电路的两侧各加一个 300Ω 的限流电阻；或者在软件处理上，不要出现按键两端的 I/O 口同时为低电平的情况。

3．使 I/O 口在单片机上电复位时输出为低电平

当单片机上电复位时，普通 I/O 口输出为弱上拉高电平，而在很多实际应用中要求单片机上电复位时某些 I/O 口输出为低电平，否则所控制的系统（如电动机）就会产生误动作，该问题有两种解决方法。

（1）通过硬件实现高电平、低电平的逻辑取反功能。例如，在图 2.11 中，单片机上电复位后三极管 VT1 的集电极输出为低电平。

（2）由于 STC8A8K64S4A12 单片机既有弱上拉输出模式又有强推挽输出模式，所以可以在其 I/O 口上加一个下拉电阻（该下拉电阻阻值为 1kΩ、2kΩ 或 3kΩ），这样在单片机上电复位时，虽然单片机内部 I/O 口输出弱上拉高电平，但由于内部上拉能力有限，而外部下拉电阻较小，无法将输出信号拉为高电平，所以该 I/O 口在单片机上电复位时外部输出为低电平。如果要将此 I/O 口驱动为高电平，则可将此 I/O 口设置为强推挽输出工作模式，此时，I/O 口驱动电流可达 20mA。在实际应用时，先在电路中串联一个大于 470Ω 的限流电阻，再将下拉电阻接地，如图 2.14 所示。

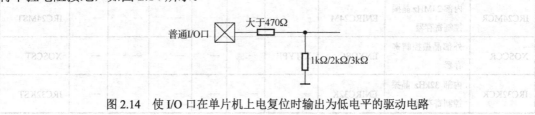

图 2.14　使 I/O 口在单片机上电复位时输出为低电平的驱动电路

注意：STC8A8K64S4A12 单片机的 P2.0（RSTOUT_LOW）引脚在单片机上电复位后为低电平输出，其他引脚为高电平输出。

4．当 I/O 口用作 PWM 输出时的状态变化

当 I/O 口用作 PWM 输出时的状态变化如表 2.13 所示。

表 2.13　当 I/O 口用作 PWM 输出时的状态变化

I/O 口用作 PWM 输出前的状态	I/O 口用作 PWM 输出时的状态
弱上拉/准双向口	强推挽/强上拉输出，要加输出限流电阻 1kΩ～10kΩ
强推挽输出	强推挽/强上拉输出，要加输出限流电阻 1kΩ～10kΩ
仅为输入（高阻状态）	PWM 无效
开漏	开漏

2.6　STC8A8K64S4A12 单片机的时钟与复位

2.6.1　时钟

STC8A8K64S4A12 单片机的主时钟有 3 种时钟源：内部高精度 24MHzIRC（默认状态）、内部 32KHzIRC（误差较大）和外部时钟（由 XTAL1 和 XTAL2 外接晶振产生时钟，或直接输入时钟信号）。通过编程系统时钟控制寄存器可分别使能和关闭各个时钟源，并可以实施时钟分频以达到降低功耗的目的。STC8A8K64S4A12 单片机系统时钟结构图如图 2.15 所示，与系统时钟控制器相关的特殊功能寄存器如表 2.14 所示。

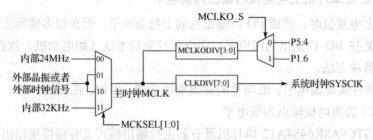

图 2.15　STC8A8K64S4A12 单片机系统时钟结构图

表 2.14　与系统时钟控制器相关的特殊功能寄存器

符号	名称	位置与位符号							
		B7	B6	B5	B4	B3	B2	B1	B0
CKSEL	时钟选择寄存器	MCLKODIV[3:0]		MCLKO_S		—		MCKSEL[1:0]	
CLKDIV	时钟分频寄存器								
IRC24MCR	内部 24MHz 晶振控制寄存器	ENIRC24M	—	—	—	—	—	—	IRC24MST
XOSCCR	外部晶振控制寄存器	ENXOSC	XITYPE	—	—	—	—	—	XOSCST
IRC32KCR	内部 32kHz 晶振控制寄存器	ENIRC32K	—	—	—	—	—	—	IRC32KST

1. 时钟源（主时钟 MCLK）的选择

STC8A8K64S4A12 单片机时钟源（主时钟 MCLK）的选择由 CKSEL 中的 MCKSEL[1:0] 进行控制，具体如表 2.15 所示。

表 2.15　STC8A8K64S4A12 单片机时钟源（主时钟 MCLK）的选择控制表

MCKSEL[1:0]	主时钟源
00	内部高精度 24MHzIRC（默认状态）
01	外部晶振或外部输入时钟信号
10	
11	内部 32KHzIRC（误差较大）

注意：当需要切换时钟源时，必须先使能目标时钟源，待目标时钟源频率稳定后再进行

时钟源切换，具体控制情况如下。

（1）内部高精度 24MHzIRC 由内部 24MHz 晶振控制寄存器 IRC24MCR 进行控制。

ENIRC24M：内部高精度 24MHzIRC 使能位。（ENIRC24M）=0，关闭内部高精度 24MHzIRC；（ENIRC24M）=1，使能内部高精度 24MHzIRC。

IRC24MST：内部高精度 24MHzIRC 频率稳定标志位。当内部高精度 24MHzIRC 从停振状态开始使能后，必须经过一段时间，晶振频率才会稳定。当晶振频率稳定后，时钟控制器会自动将 IRC24MST 置 1。所以，当用户程序需要将时钟切换到使用内部高精度 24MHzIRC 时，必须先将 ENIRC24M 置 1，使能内部高精度 24MHzIRC；然后不断查询 IRC24MST，直到该标志位为 1，才可以进行时钟源切换。

（2）内部 32KHzIRC 由内部 32kHz 晶振控制寄存器 IRC32KCR 进行控制。

ENIRC32K：内部 32KHzIRC 使能位。（ENIRC32K）=0，关闭内部 32KHzIRC；（ENIRC32K）=1，使能内部 32KHzIRC。

IRC32KST：内部 32KHzIRC 频率稳定标志位。当内部 32KHzIRC 从停振状态开始使能后，必须经过一段时间，晶振频率才会稳定。当晶振频率稳定后，时钟控制器会自动将 IRC32KST 置 1。所以，当用户程序需要将时钟切换到内部 32KHzIRC 时，必须先将 ENIRC32K 置 1，使能内部 32KHzIRC，然后不断查询 IRC32KST，直到该标志位为 1，才可以进行时钟源切换。

（3）外部时钟由外部晶振控制寄存器 XOSCCR 进行控制。

ENXOSC：外部时钟使能位。（ENXOSC）=0，关闭外部时钟；（ENXOSC）=1，使能外部时钟。

XITYPE：外部时钟源的类型。（XITYPE）=0，外部时钟直接输入时钟信号，信号源从单片机的 XTALI（P1.7）输入；（XITYPE）=1，外部时钟由晶振构成，信号源从单片机的 XTALI（P1.7）和 XTALO（P1.6）接入。STC8A8K64S4A12 单片机的外部时钟接入电路如图 2.16 所示。

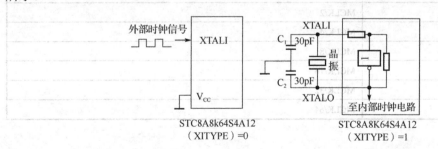

图 2.16　STC8A8K64S4A12 单片机的外部时钟接入电路

XOSCST：外部时钟频率稳定标志位。当外部时钟从停振状态开始使能后，必须经过一段时间，晶振频率才会稳定，当晶振频率稳定后，时钟控制器会自动将 XOSCST 标志位置 1。所以，当用户程序需要将时钟切换到使用外部时钟时，必须先将 ENXOSC 使能位置 1，使能外部时钟，然后不断查询 XOSCST，直到该标志位为 1，才可以进行时钟源切换。

2. 系统时钟的分频系数

由图 2.15 可知，STC8A8K64S4A12 单片机的系统时钟是由时钟源（主时钟 MCLK）经过分频器分频后得到的，分频系数由时钟分频寄存器控制，具体控制关系如表 2.16 所示。

表 2.16　STC8A8K64S4A12 单片机系统时钟的分频系数控制表

CLKDIV（十进制数）	系统时钟频率
0	MCLK/1
1	MCLK/1
2	MCLK/2
3	MCLK/3
4	MCLK/4（默认状态）
⋮	⋮
x	MCLK/x
⋮	⋮
255	MCLK/255

3. 主时钟输出的控制

由图 2.15 可知，STC8A8K64S4A12 单片机的主时钟可通过编程从外部引脚输出，主要由时钟选择寄存器 CKSEL 中的 MCLKO_S、MCLKODIV[3:0]控制，具体控制情况如下。

MCLKO_S：主时钟输出引脚的选择控制位。（MCLKO_S）= 0，主时钟输出引脚为 P5.4（默认状态）；（MCLKO_S）=1，主时钟输出引脚为 P1.6。

MCLKODIV[3:0]：主时钟输出分频系数的选择控制位，具体控制关系如表 2.17 所示。

表 2.17　STC8A8K64S4A12 单片机主时钟输出分频系数控制表

MCLKODIV[3:0]	主时钟输出分频系数
0000	禁止输出（默认状态）
0001	MCLK/1
001x	MCLK/2
010x	MCLK/4
011x	MCLK/8
100x	MCLK/16
101x	MCLK/32
110x	MCLK/64

2.6.2　复位

复位是单片机的初始化工作，复位后 CPU 及单片机内的其他功能部件都处在一个确定的初始状态，并从这个状态开始工作。复位分为热启动复位和冷启动复位两大类，它们的区别如表 2.18 所示。

表 2.18　热启动复位和冷启动复位对照表

复位种类	复位源	上电复位标志（POF）	复位后程序启动区域
冷启动复位	系统停电后再上电引起的硬复位	1	从系统 ISP 监控程序区开始执行程序，如果检测不到合法的 ISP 下载指令流，则将软复位到用户程序区执行用户程序
热启动复位	通过控制 RST 引脚产生的硬复位	不变	从系统 ISP 监控程序区开始执行程序，如果检测不到合法的 ISP 下载指令流，则将软复位到用户程序区执行用户程序
	内部 WDT 复位	不变	若(SWBS)=1，则复位到系统 ISP 监控程序区；若(SWBS)=0，则复位到用户程序区 0000H 处
	通过对 IAP_CONTR 寄存器操作的软复位	不变	若（SWBS）=1，则软复位到系统 ISP 监控程序区；若（SWBS）=0，则软复位到用户程序区 0000H 处

PCON 寄存器的 B4 位是单片机的上电复位标志位（POF），冷启动复位后 POF 为 1，热启动复位后 POF 不变。在实际应用中，POF 用来判断单片机复位种类是冷启动复位，还是热启动复位，但应在判断出复位种类后及时将 POF 清 0。用户可以在初始化程序中判断 POF 是否为 1，并针对不同情况做出不同处理。复位种类判断流程图如图 2.17 所示。

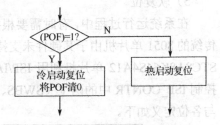

图 2.17　复位种类判断流程图

1. 复位的实现

STC8A8K64S4A12 单片机有多种复位模式：内部上电复位（掉电/上电复位）、外部 RST 引脚复位、内部低压检测复位、内部 WDT 复位与软复位。

1）内部上电复位与 MAX810 专用复位

当电源电压低于掉电/上电复位检测门槛电压时，所有逻辑电路都会复位；当电源电压高于掉电/上电复位检测门槛电压后，延迟 8192 个时钟，掉电/上电复位结束。

若 MAX810 专用复位电路在 ISP 编程时被允许，则掉电/上电复位结束后产生约 180ms 的复位延迟。

2）外部 RST 引脚复位

外部 RST 引脚复位就是从外部向 RST 引脚施加一定宽度的高电平复位脉冲，从而实现单片机的复位。RST 引脚出厂时被设置为 I/O 口，要将其设置为复位引脚，必须在 ISP 编程时进行设置。将 RST 引脚拉高并维持至少 24 个时钟加 20μs，单片机进入复位状态，将 RST 引脚拉回低电平，单片机结束复位状态并从系统 ISP 监控程序区开始执行程序，如果检测不到合法的 ISP 下载指令流，则将软复位到用户程序区执行用户程序。

STC8A8K64S4A12 单片机复位原理以及复位电路与传统的 8051 单片机的复位是一样的，STC8A8K64S4A12 单片机复位电路如图 2.18 所示。

2）内部低压检测复位

除上电复位检测门槛电压外，STC8A8K64S4A12 单片机还有一组更可靠的内部低压检测门槛电压。当电源电压低于内部低压检测门槛电压时，若在 ISP 编程时允许低压检测复位，则可产生复位，相当于将内部低压检测门槛电压设置为复位门槛电压。

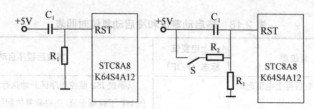

图 2.18　STC8A8K64S4A12 单片机复位电路

STC8A8K64S4A12 单片机内置了 16 级低压检测门槛电压。

4）内部 WDT 复位

WDT 的基本作用就是监视 CPU 的工作。如果 CPU 在规定时间内没有按要求访问 WDT，则认为 CPU 处于异常状态，WDT 就会强迫 CPU 复位，使系统重新从用户程序区的 0000H 处开始执行用户程序，详细内容参见 17.2 节。

5）软复位

在系统运行过程中，有时需要根据特殊需求实现单片机系统软复位（热启动复位之一），传统的 8051 单片机由于其硬件未支持此功能，用户必须用软件模拟实现，实现起来较麻烦。STC8A8K64S4A12 单片机利用 ISP/IAP 控制寄存器 IAP_CONTR 实现了此功能。用户只需控制 ISP_CONTR 中的两位（SWBS、SWRST）就可以实现系统复位。IAP_CONTR 的地址与各位定义如下。

	地址	B7	B6	B5	B4	B3	B2	B1	B0	复位值
IAP_CONTR	C7H	IAPEN	SWBS	SWRST	CMD_FAIL	—	WT2	WT1	WT0	0000 x000

SWBS：软复位程序启动区的选择控制位。（SWBS）=0，从用户程序区启动；（SWBS）=1，从系统 ISP 监控程序区启动。

SWRST：软复位控制位。（SWRST）=0，不操作；（SWRST）=1，产生软复位。

若要切换到从用户程序区起始处开始执行程序，则执行"MOV IAP_CONTR,#20H"指令；若要切换到从系统 ISP 监控程序区起始处开始执行程序，则执行"MOV IAP_CONTR,#60H"指令。

2. 复位状态

冷启动复位和热启动复位，除程序的启动区域及上电标志的变化不同以外，复位后 PC 值与各特殊功能寄存器的初始状态是一样的（见表 2.10）。其中，（PC）=0000H，（SP）=07H，（P0）=（P1）=（P2）=（P3）=（P4）=（P5）=（FFH）（其中，P2.0 输出低电平）。复位不影响片内 RAM 的状态。

 本章小结

本章以 STC8A8K64S4A12 单片机为例，介绍了增强型 8051 内核：超高速 8051CPU、存储器和 I/O 口。重点介绍了 STC8A8K64S4A12 单片机的片内存储结构和并行 I/O 口，STC8A8K64S4A12 单片机在使用上有程序存储器（程序 Flash）、基本 RAM、片内 Flash、扩展 RAM 及 EPROM（数据 Flash）四部分。程序 Flash 用作程序存储器，可存放程序和常数；数据 Flash 用作 EEPROM，可存放一些编程时既能改变、停机时又不会被破坏的工作参数。片内基本 RAM 包括低 128 字节、高 128 字节和特殊功能寄存器三部分，其中低 128 字节又分为工作寄存器区、位寻址区与通用 RAM 区三部分；高 128 字节也是一般数据存储器；特殊功能寄存器具有特殊的含义，其总是与单片机的内部接口电路有关。扩展 RAM 是数据存储器的延伸，用于存储一般的数据，类似于传统 8051 单片机的片外数据存储器。STC8A8K64S4A12 单片机保留了传统 8051 单片机的片外数据存储器，在使用片内扩展 RAM 与片外扩展 RAM 时只能选择其中之一，可通过 AUXR 中的 EXTRAM 进行选择，默认选择的是片内扩展 RAM。

STC8A8K64S4A12 单片机有 P0、P1、P2、P3、P4、P5、P6 等 I/O 口，但封装不同，I/O 口的引脚数不同。通过设置 P0、P1、P2、P3、P4、P5 口，可工作在准双向口工作模式，或推挽输出工作模式，或仅为输入（高阻状态）工作模式，或开漏工作模式。I/O 口的最大驱动电流为 20mA，但单片机的总驱动能力不能超过 120mA。

STC8A8K64S4A12 单片机的主时钟有内部高精度 24MHzIRC、内部 32HzIRC 和外部时钟 3 种时钟源，通过设置时钟分频寄存器，可动态调整单片机的系统时钟的分频系数。STC8A8K64S4A12 单片机的主时钟可以通过 RST 引脚输出，其输出功能是由 CKSEL 中的 MCLKO_S、MCLKODIV[3:0]控制的。

STC8A8K64S4A12 单片机内部集成了专用复位电路，无需外部复位电路就能正常工作。STC8A8K64S4A12 单片机主要有多种复位模式，如内部上电复位（掉电/上电复位）、外部 RST 引脚复位、内部低压检测复位、内部 WDT 复位与软复位。

 习题与思考题

1．何谓单片机？常见的单片机有哪些？STC 单片机有哪几大系列？

2．简述 STC8A8K64S4A12 单片机的存储结构，并说明程序 Flash 与数据 Flash 的工作特性。数据 Flash 与真正的 EEPROM 有什么区别？

3．简述特殊功能寄存器与一般数据存储器之间的区别。

4．简述低 128 字节中的工作寄存器区的工作特性，并说明当前工作寄存器组的组别是如何选择的。

5．在低 128 字节中，哪个区域的寄存器具有位寻址功能？在编程应用中，如何表示位地址？

6．在特殊功能寄存器中，只有部分特殊功能寄存器具有位寻址功能，如何判断特殊功能寄存器是否具有位寻址功能？可位寻址的位地址与其对应的字节地址之间有什么关系？在编程应用中，如何表示特殊功能寄存器的位地址？

7．特殊功能寄存器的地址与高 128 字节的地址是重叠（冲突）的，在寻址时应如何区分？

8. 简述 PSW 特殊功能寄存器各位的含义。

9. 如果 CPU 的当前工作寄存器组为工作寄存器组 2，那么此时 R2 对应的 RAM 地址是多少？

10. STC8A8K64S4A12 单片机有哪几种复位模式？复位模式与复位标志的关系是什么？如何根据复位标志判断复位种类？

11. 简述 STC8A8K64S4A12 单片机复位后，PC、主要特殊功能寄存器及片内基本 RAM 的工作状态。

12. 简述 STC8A8K64S4A12 单片机晶振时钟的选择与实现方法，以及系统时钟与晶振时钟之间的关系。

13. 简述 STC8A8K64S4A12 单片机从系统 ISP 监控区开始执行程序和从用户程序区开始处执行程序有哪些不同。

14. STC8A8K64S4A12 单片机的主时钟是从哪个引脚输出的，又是如何控制的？

第3章

STC 系列单片机应用系统的开发工具

🔍 **内容提要：**

学习单片机就是学习如何利用单片机开发单片机应用系统。不论程序多简单，都需要通过软件工具将 C 语言或汇编语言源程序转换为机器能识别的机器代码，并将机器代码下载到单片机中才能运行。STC 系列单片机应用系统的开发工具包括：

（1）Keil μVision4 集成开发环境，主要用于将 C 语言或汇编语言源程序转换为机器代码；

（2）STC 系列单片机在线编程软件，主要用于将机器代码下载到单片机中；

（3）Proteus 仿真软件，主要用于绘制单片机应用系统硬件电路，加载用户程序，实施模拟仿真。

3.1　Keil μVision4 集成开发环境

单片机应用程序的编辑、编译一般采用 Keil C 集成开发环境来实现，但程序有多种调试方法，如目标电路在线调试与 Proteus 仿真软件模拟调试、Keil μVision4 模拟（软件）仿真与 Keil μVision4 与目标电路硬件仿真。应用程序的编辑、编译与调试流程如图 3.1 所示。

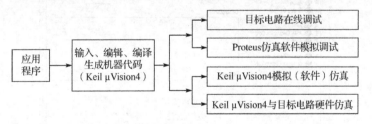

图 3.1　应用程序的编辑、编译与调试流程

1．Keil μVision4 的编辑、编译界面

Keil μVision4 集成开发环境按工作特性不同可分为编辑、编译界面和调试界面，打开 Keil μVision4 软件后，进入编辑、编译界面，如图 3.2 所示。在该界面中可创建用户项目文件、打开用户项目文件，以及输入汇编语言或 C 语言源程序并对其进行编辑与编译。

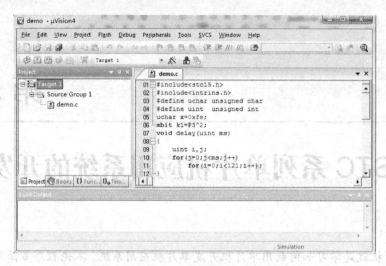

图 3.2　Keil μVision4 的编辑、编译界面

1）菜单栏

Keil μVision4 的编辑、编译界面和调试界面中的菜单栏是不一样的，灰白显示的菜单项表示该菜单项在当前界面中是无效的。

（1）"File"（文件）菜单。

"File"菜单中的命令用于对文件进行常规操作（如新建文件、打开文件、关闭文件与保存文件等），其功能、使用方法与 Word、Excel 等中的一致。但"File"菜单中的"Device Database"命令是 Keil C 特有的，用于设定 Keil μVision4 支持的单片机及 ARM 芯片的型号。"Device Database"对话框如图 3.3 所示。

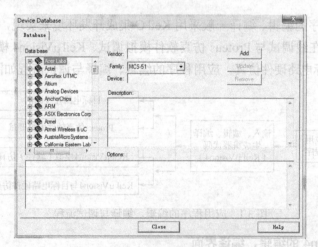

图 3.3　"Device Database"对话框

"Device Database"对话框中可实现的功能如下所示。

"Data base"列表框：浏览 Keil μVision4 支持的单片机及 ARM 芯片的型号。

"Vendor"文本框：用于设定单片机的类别。

"Family"下拉列表：用于选择 MCS-51 单片机家族及其他微控制器家族，如 MCS-51、

MCS-251、80C166/167、ARM。

"Device"文本框：用于设定单片机的型号。

"Description"文本框：用于输入单片机以 ARM 芯片的型号的功能描述。

"Options"文本框：用于输入支持的单片机以 ARM 芯片的型号对应的 DLL 文件等信息。

"Add"按钮：用于添加新的支持的单片机及 RAM 芯片的型号。

"Update"按钮：用于确认当前修改。

（2）"Edit"（编辑）菜单。

"Edit"菜单包括剪切、复制、粘贴、查找、替换等通用编辑操作命令。此外，"Edit"菜单中还有"Bookmark"（书签）、"Find"（查找）及"Configuration"（配置）等命令。其中，"Configuration"命令用于设置软件的工作界面参数，如编辑文件的字体大小及颜色等。"Configuration"对话框如图 3.4 所示，该对话框中包括"Editor"（编辑）、"Colors & Fonts"（颜色与字体）、"User Keywords"（用户关键词）、"Shortcut Keys"（快捷关键词）、"Templates"（模板）、"Other"（其他）这 6 个选项卡。

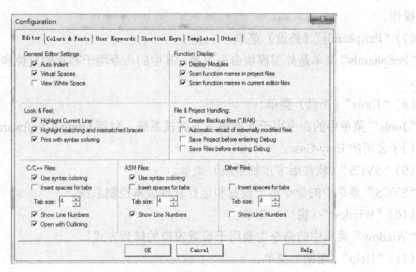

图 3.4　"Configuration"对话框

（3）"View"（视图）菜单。

"View"菜单中的命令用于控制 Keil μVision4 的界面显示，使用"View"菜单中的命令可以显示或隐藏 Keil μVision4 的各个窗口和工具栏等。编辑、编译界面和调试界面有不同的工具栏和显示窗口。

（4）"Project"（项目）菜单。

"Project"菜单中包括项目的建立、打开、关闭、维护，目标环境设定，编译等命令。"Project"菜单中的各命令功能如下所示。

New Project：建立一个新项目。

New Multi-Project Workspace：新建多项目工作区域。

Open Project：打开一个已存在的项目。

Close Project：关闭当前项目。

Export：将项目导出为μVision3 格式。

Manage：工具链、头文件和库文件路径的管理

Select Device for Target：为电路系统选择元器件。

Remove Item：从项目中移除文件或文件组。

Options：修改电路系统、组或文件的选项设置。

Build Target：编译修改过的文件并生成应用程序。

Rebulid Target：重新编译所有文件并生成应用程序。

Translate：传输当前文件。

Stop Build：停止编译。

（5）"Flash"（下载）菜单。

"Flash" 菜单中的命令主要用于将程序下载到 EEPROM。

（6）"Debug"（调试）菜单。

"Debug" 菜单中的命令主要用于软件仿真环境下的调试，如断点、单步、跟踪与全速运行等操作。

（7）"Peripherals"（外设）菜单。

"Peripherals" 菜单是外围模块命令菜单，其中的命令用于芯片的复位和片内功能模块的控制。

（8）"Tools"（工具）菜单。

"Tools" 菜单中的命令用于支持第三方调试系统，包括 Gimpel Software 公司的 PC-Lint 和西门子公司的 Easy-Case。

（9）"SVCS"（软件版本控制系统）菜单。

"SVCS" 菜单中的命令用于设置和运行软件版本控制系统。

（10）"Window"（窗口）菜单。

"Window" 菜单中的命令主要用于设置窗口的排列方式。

（11）"Help"（帮助）菜单。

"Help" 菜单中的命令用于提供软件帮助信息和版本说明。

2）工具栏

Keil μVision4 的编辑、编译界面和调试界面中的工具栏不同，下文对编辑、编译界面中的工具栏进行介绍。

（1）常用工具栏。

Keil μVision4 的常用工具栏如图 3.5 所示，从左至右依次为"New"（新建文件）、"Open"（打开文件）、"Save"（保存当前文件）、"Save All"（保存全部文件）、"Cut"（剪切）、"Copy"（复制）、"Paste"（粘贴）、"Undo"（取消上一步操作）、"Redo"（恢复上一步操作）、"Navigate Backwards"（回到先前的位置）、"Navigate Forwards"（前进到下一个位置）、"Insert/Remove Bookmark"（插入或删除书签）、"Go to Previous Bookmark"（转到前一个已定义书签处）、"Go to the Next Bookmark"（转到下一个已定义书签处）、"Clear All Bookmarks"（取消所有已定

义的书签）、"Indent Selection"（右移一个制表符）、"Unindent Selection"（左移一个制表符）、"Comment Selection"（选定文本行内容）、"Uncomment Selection"（取消选定文本行内容）、"Find in Files"（查找文件）、"Find"（查找内容）、"Incremental Find"（增量查找）、"Start/Stop Debug Session"（启动或停止调试）、"Insert/Remove Breakpoint"（插入或删除断点）、"Enable/Disable Breakpoint"（允许或禁止断点）、"Disable All Breakpoint"（禁止所有断点）、"Kill All Breakpoint"（删除所有断点）、"Project Windows"（窗口切换）、"Configuration"（参数配置）等图标。单击图标，即可实现图标对应的功能。

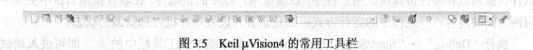

图 3.5　Keil μVision4 的常用工具栏

（2）编译工具栏。

Keil μVision4 的编译工具栏如图 3.6 所示，从左至右依次为"Translate"（传输当前文件）、"Build"（编译目标文件）、"Rebuild"（编译所有目标文件）、"Batch Build"（批量编译）、"Stop Build"（停止编译）、"Download"（将文件下载到 Flash ROM）、"Select Targe"（选择目标）、"Target Option"（目标环境设置）、"File Extensions, Books and Environment"（文件的组成、记录与环境）、"Manage Multi-Project Workspace"（管理多项目工作区域）等图标。单击图标，即可实现图标对应的功能。

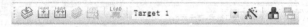

图 3.6　Keil μVision4 的编译工具栏

3）窗口

Keil μVision4 的编辑、编译界面和调试界面中有不同的窗口，下文对编辑、编译界面的窗口进行介绍。

（1）"Edit"窗口。

用户可以在"Edit"窗口中输入或修改源程序，Keil μVision4 的编辑器支持程序行自动对齐和语法高亮显示。

（2）Project 窗口。

执行"View"→"Project"命令或单击"Project"图标可以显示或隐藏"Project"窗口。"Project"窗口主要用于显示当前项目的文件结构和寄存器状态等信息。"Project"窗口中共有 4 个选项卡，分别为"Project"选项卡、"Books"选项卡、"Functions"选项卡、"Templates"选项卡。"Project"选项卡用于显示当前项目的组织结构，在"Project"窗口中单击文件名即可打开文件，如图 3.7 所示。

图 3.7　项目窗口中的
"Project"选项卡

（3）"Build Output"窗口。

Keil μVision4 的"Build Output"窗口用于显示编译时的输出信息（见图 3.8）。在"Build Output"窗口中，双击输出的 Warning 或 Error 信息，可以直接跳转至源程序的警告或错误所在行。

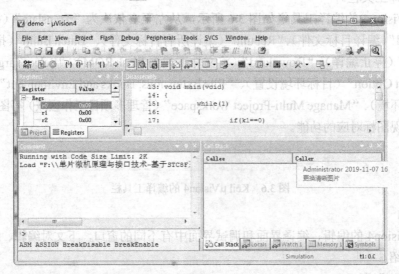

图 3.8　"Build Output"窗口

2. Keil μVision4 的调试界面

Keil μVision4 集成开发环境除了可以编辑、编译 C 语言和汇编语言源程序，还可以通过软件模拟调试和硬件仿真调试用户程序，以验证用户程序的正确性。在软件模拟调试中主要学习两方面的内容，一是程序的运行方式；二是查看与设置单片机内部资源的状态。

执行"Debug"→"Start/Stop Debug Session"命令或单击工具栏中的 ⊕ ，即可进入调试界面，如图 3.9 所示；若再次单击 ⊕ ，则可退出调试界面。

图 3.9　Keil μVision4 的调试界面

1）程序的运行方式

Keil μVision4 的程序运行工具栏如图 3.10 所示，从左至右依次为"Reset"（复位）、"Run"（全速运行）、"Stop"（停止运行）、"Step"（跟踪运行）、"Step Over"（单步运行）、"Step Out"（跳出跟踪）、"Run to Cursor Line"（运行到光标处）等图标。单击图标，即可实现图标对应的功能。

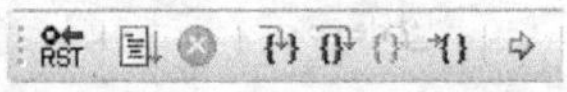

图 3.10　Keil μVision4 的程序运行工具栏

（复位）：使单片机的状态恢复到初始状态。

（全速运行）：从 0000H 开始运行程序，若无断点，则无障碍运行程序；若遇到断点，则在断点处停止运行程序，再次单击该图标，则将从断点处继续运行程序。

注意：在程序行双击，即可设置断点，此时程序行的左边会出现一个红色方框；再次在程序行双击则取消断点。断点调试主要用于分块调试程序，便于缩小程序故障范围。

（停止运行）：从程序运行状态中退出。

（跟踪运行）：每单击该图标一次，系统执行一条指令，包括子程序（或子函数）的每一条指令，运用该工具，可逐条进行指令调试。

（单步运行）：每单击该图标一次，系统执行一条指令，与跟踪运行不同的是单步运行把调用子程序指令当作一条指令执行。

（跳出跟踪）：当执行跟踪运行命令进入某个子程序时，单击该图标，可从子程序中跳出，回到调用该子程序指令的下一条指令处。

（运行到光标处）：单击该图标，程序从当前位置运行到光标处停下，其作用与断点类似。

2）查看与设置单片机内部资源的状态

单片机的内部资源包括寄存器、存储器、内部接口特殊功能寄存器等，打开相应窗口，就可以查看与设置单片机内部资源的状态。

（1）寄存器窗口。

在默认状态下，单片机寄存器窗口位于 Keil μVision4 调试界面的左边，如图 3-11 所示，包括 "r0"～"r7" 寄存器、累加器 "a"、寄存器 "b"、寄存器 "psw"、数据指针 "dptr" 及 "PC"，如图 3-11 所示。选中要设置的寄存器并双击，即可输入数据。

（2）存储器窗口。

执行 "View"→"Memory"→"Memory 1"（或 "Memory 2" 或 "Memory 3" 或 "Memory 4"）命令，即可显示与隐藏 "Memory 1"（或 "Memory 2" 或 "Memory 3" 或 "Memory 4"）窗口，如图 3.12 所示。存储器窗口用于显示当前程序内部数据存储器、外部数据存储器与程序存储器的内容。

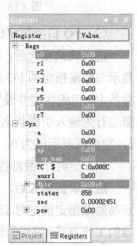

图 3.11　寄存器窗口

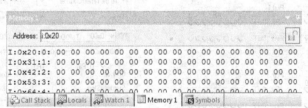

图 3.12　"Memory 1" 窗口

在 "Address" 文本框中输入存储器的类型与地址，"Memory" 窗口中即可显示以该地址为起始地址的存储单元的内容。通过拖曳垂直滑动条即可查看其他地址单元的内容，或修改存储单元的内容。

① 输入 "C:存储器地址"，显示程序存储区相应地址的内容。

② 输入 "I:存储器地址"，显示片内数据存储区相应地址的内容，图 3.12 中为以片内数据存储器 20H 单元为起始地址的存储内容。

③ 输入 "X:存储器地址"，显示片外数据存储区相应地址的内容。

在 "Address" 文本框中右击，可以在弹出的快捷菜单中选择修改存储器内容的显示格式或修改指定存储单元的内容，如图 3.13 所示。将 20H 单元的内容修改为 55H 单元的内容，如图 3.14 所示。

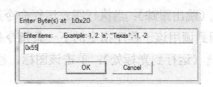

图 3.13　快捷菜单　　　　　　　　　　图 3.14　修改为 55H 单元的内容

（3）I/O 口控制窗口。

进入调试模式后，执行"Peripherals"→"I/O-Port"命令，在弹出的下级子菜单中选择显示与隐藏指定的 I/O 口（P0、P1、P2、P3）控制窗口，如图 3.15 所示。通过该窗口可以查看各 I/O 口的状态并设置输入引脚状态。在相应的 I/O 口中，第一行为 I/O 口输出锁存器值，第二行为输入引脚状态值，单击相应位，方框将在"√"与空白框之间切换，"√"表示值为1，空白框表示值为 0。

（4）定时/计数器控制窗口。

进入调试模式后，执行"Peripherals"→"Timer"命令，在弹出的下级子菜单中选择显示与隐藏指定的定时/计数器控制窗口，如图 3.16 所示。通过该窗口可以设置对应定时/计数器的工作方式，观察和修改定时/计数器相关控制寄存器的各个位及定时/计数器的当前状态。

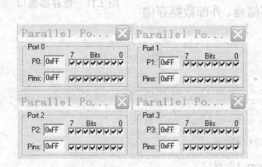

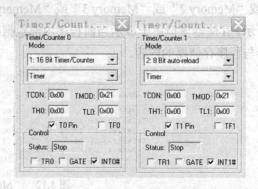

图 3.15　I/O 口控制窗口　　　　　　　图 3.16　定时/计数器控制窗口

（5）中断控制窗口。

进入调试模式后，执行"Peripherals"→"Interrupt"命令，可以显示与隐藏中断控制窗口，如图 3.17 所示。中断控制窗口用于显示和设置 8051 单片机的中断系统。单片机的型号不同，中断控制窗口会有所区别。

（6）串行接口控制窗口。

进入调试模式后，执行"Peripherals"→"Serial"命令，可以显示与隐藏串行接口的控制窗口，如图 3.18 所示。通过该窗口可以设置串行接口的工作方式，观察和修改串行接口相关控制寄存器的各个位，以及发送缓冲器、接收缓冲器中的内容。

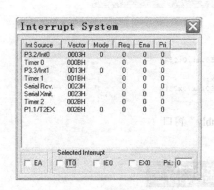

图 3.17 中断控制窗口　　　　　　　　　图 3.18 串行接口控制窗口

（7）监视窗口。

进入调试模式后，执行"View"→"Watch"命令，在弹出的下级子菜单中有"Locals""Watch #1""Watch #2"等选项，每个选项对应一个窗口，单击相应选项，可以显示与隐藏对应的监视窗口，如图 3.19 所示。通过该窗口可以观察程序运行中特定变量或寄存器的状态及函数调用时的堆栈信息。

Locals：用于显示当前程序运行状态下的变量信息。

Watch #1：对应"Watch 1"窗口，按"F2"键可添加要监视的变量的名称，Keil μVision4会在程序运行中全程监视该变量的值，如果该变量为局部变量，那么在运行变量有效范围外的程序时，该变量的值以"????"的形式表示。

Watch #2：对应"Watch 2"窗口，其操作与使用方法与"Watch 1"窗口的一致。

（8）堆栈信息窗口。

进入调试模式后，执行"View"→"Call Stack"命令，可以显示与隐藏堆栈信息输出窗口，如图 3.20 所示。通过该窗口可以观察程序运行中函数调用时的堆栈信息。

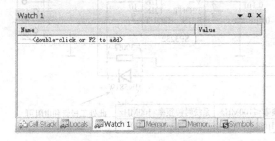

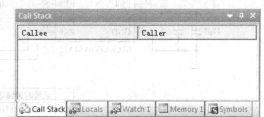

图 3.19 "Watch 1"窗口　　　　　　　　图 3.20 "Call Stack"窗口

（9）反汇编窗口。

进入调试模式后，执行"View"→"Disassembly"命令，可以显示与隐藏编译后窗口，即"Disassembly"窗口，如图 3.21 所示。在该窗口中可同时显示机器代码与汇编语言源程序（或 C 语言源程序和相应的汇编语言源程序）。

```
13: void main(void)
14: {
15:         while(1)
16:         {
17:             if(k1==0)
⇨C:0x088C  20B219  JB      k1(0xB0.2),C:08A8
18:             {
19:                 P1=x;
C:0x088F  850890  MOV     P1(0x90),x(0x08)
```

图 3.21　"Disassembly"窗口

3.2　STC 系列单片机在线编程与在线仿真

3.2.1　STC 系列单片机在线编程电路

下载 STC 系列单片机用户程序的本质是通过计算机的 RS232 串行接口与单片机的串行接口进行通信，但目前大多计算机没有 RS232 外部接口，在大多数情况下需要通过 USB 接口进行在线编程电路转换。

1. STC 单片机 RS232 串行接口的在线编程电路

RS232 接口的在线编程电路如图 3.22 所示。

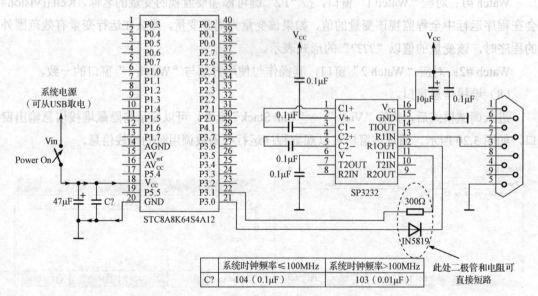

	系统时钟频率≤100MHz	系统时钟频率>100MHz
C?	104（0.1μF）	103（0.01μF）

图 3.22　RS232 接口的在线编程电路

2. STC 系列单片机 USB 接口的在线编程电路

当使用 USB 接口与 STC 单片机串行接口进行通信时，USB 数据信号需要与单片机 TTL 串行接口信号进行相互转换。现有两种方法：一种方法是采用硬件芯片将 USB 数据信号与 TTL 串行接口信号进行相互转换，硬件转换芯片有 PL2303 和 CH340G 两大系列，但不管哪一系列芯片，都需要安装相应的驱动程序。另一种方法是通过软件进行转换，该方法可实现计算机 USB 接口与单片机的串行接口的直接连接，实现串行接口通信。采用硬件转换与采用软件转换的区别是：采用硬件转换可实现在线仿真功能，而采用软件转换则不能实现在线仿真功能。

（1）使用 PL2303-SA 下载的在线编程电路如图 3.23 所示。

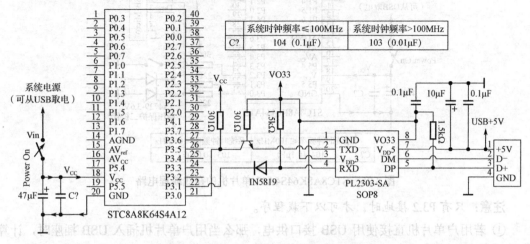

图 3.23　使用 PL2303-SA 下载的在线编程电路

（2）使用 CH340G 下载的在线编程电路如图 3.24 所示。

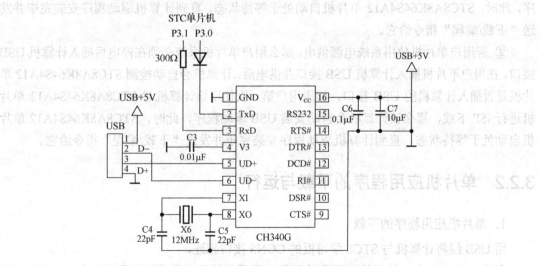

图 3.24　使用 CH340G 下载的在线编程电路

3. STC8A8K64S4A12 单片机 USB 接口的在线编程电路

STC8A8K64S4A12 单片机采用了最新的在线编程技术，除可以通过 USB 接口转串行接口芯片（PL2303 或 CH340G）进行数据转换以外，还可以直接与计算机的 USB 接口相连进行在线编程，STC8A8K64S4A12 单片机的在线编程电路如图 3.25 所示。当 STC8A8K64S4A12 单片机直接与计算机的 USB 接口相连进行在线编程时，其就不具备在线仿真功能了。

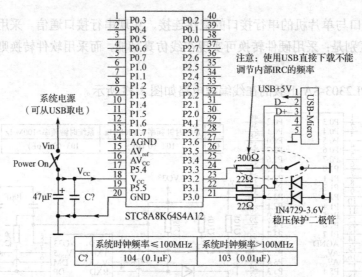

图 3.25 STC8A8K64S4A12 单片机的在线编程电路

注意： 只有 P3.2 接地时，才可以下载程序。

① 若用户单片机直接使用 USB 接口供电，那么当用户单片机插入 USB 插座时，计算机会自动检测 STC8A8K64S4A12 单片机是否插入计算机的 USB 接口，如果用户第一次使用该计算机对 STC8A8K64S4A12 单片机进行 ISP 下载，则该计算机会自动安装 USB 驱动程序，此时，STC8A8K64S4A12 单片机自动处于等待状态，直到计算机驱动程序安装完毕并发送"下载/编程"指令给它。

② 若用户单片机使用系统电源供电，那么用户单片机系统必须在停电后插入计算机 USB 接口。在用户单片机插入计算机 USB 接口并供电后，计算机会自动检测 STC8A8K64S4A12 单片机是否插入计算机的 USB 接口，如果用户第一次使用该计算机对 STC8A8K64S4A12 单片机进行 ISP 下载，那么该计算机会自动安装 USB 驱动程序，此时，STC8A8K64S4A12 单片机自动处于等待状态，直到计算机驱动程序安装完毕并发送"下载/编程"指令给它。

3.2.2 单片机应用程序的下载与运行

1. 单片机应用程序的下载

用 USB 线将计算机与 STC8 学习板的 CON5 接口相连。

利用 STC-ISP 在线编程软件可将单片机应用系统的用户程序下载到单片机中。STC-ISP 在线编程软件可在 STC 单片机的官方网站下载，运行下载程序，即可弹出如图 3.26 所示的 STC-ISP 在线编程软件工作界面，按如下步骤操作即可完成程序的下载任务。

注意： STC-ISP 在线编程软件工作界面的右侧为单片机开发过程中的常用工具。

步骤 1： 选择单片机型号。单片机型号必须与使用的单片机的型号一致。单击"单片机型号"下拉列表，选择"STC8A8K64S4A12"选项，即可选择 STC8A8K64S4A12 单片机。

步骤 2： 选择串行接口。根据计算机 USB 模拟的串行接口号选择串行接口，即 USB-SERIAL CH340（COM3）。

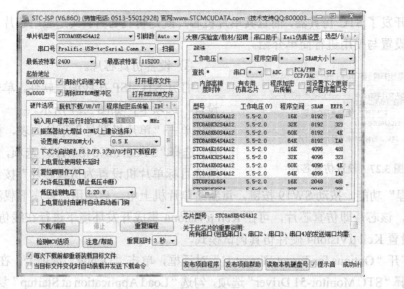

图 3.26　STC-ISP 在线编程软件工作界面

步骤 3：打开文件。打开要烧录到单片机中的程序，该程序是经过编译生成的机器代码文件，文件扩展名为".hex"，如流水灯.hex。

步骤 4：设置硬件选项，一般情况下，按默认设置。

步骤 5：单击"下载/编程"按钮后，按动 SW19 按键，重新给单片机上电，启动用户程序下载流程。当用户程序下载完毕后，单片机自动运行用户程序。

（1）若勾选"每次下载前都重新装载目标文件"复选框，则当用户程序发生修改时，不需要进行步骤 3，直接进入步骤 5 即可。

（2）若勾选"当目标文件变化时自动装载并发送下载命令"复选框，则当用户程序发生修改时，系统会自动侦测到，从而启动用户程序装载并发送下载命令流程，用户只需按动 SW19 按键即可完成用户程序的下载。

2．单片机应用程序的在线调试

本书的单片机应用程序是在 STC8 学习板上进行调试，当用户程序下载完毕后，单片机将自动运行用户程序。STC8 学习板的各功能模块电路详见附录 D。

3.2.3　Keil μVision4 与 STC 仿真器的在线仿真

Keil μVision4 的硬件仿真需要与外围 8051 单片机仿真器配合实现，STC8A8K64S4A12 单片机兼有在线仿真功能，下文选用 STC8A8K64S4A12 单片机来实现在线仿真。

（1）Keil μVision4 的硬件仿真的电路连接实际上就是相应的程序下载电路，STC8 学习板中已连接，直接使用即可。

（2）设置 STC 仿真器。

STC 单片机由于有了基于 Flash 存储器的在线编程技术，无仿真器、编程器也可以进行单片机应用系统的开发，但为了满足习惯于采用硬件仿真的单片机应用工程师的要求，STC

单片机也开发了 STC 仿真器，而且其单片机芯片既是仿真芯片，又是应用芯片，下面对 STC 仿真器的设置与使用进行简单介绍。

图 3.27　设置仿真芯片

① 设备仿真芯片。

打开 STC-ISP 在线编程软件，单击"Keil 仿真设置"选项卡，如图 3.27 所示。

单击"单片机型号"下拉列表，根据选用的芯片，选择"STC8A8K64S4A12"选项，然后单击"将所选目标单片机设置为仿真芯片"按钮，即可启动"下载/编程"功能，按动 SW19 按键，重新给单片机上电，启动用户程序下载流程，完成上述流程后，该芯片即仿真芯片，可在 Keil μVision4 集成开发环境下进行在线仿真。

② 设置 Keil μVision4 硬件仿真调试模式。

a．打开"Options for Target 'Target 1'"对话框，单击"Debug"选项卡，在"Use"下拉列表中选择"STC Monitor-51 Driver"选项，勾选"Load Application at Startup"复选框和"Run to main()"复选框，如图 3.28 所示。

图 3.28　"Options for Target 'Target 1'"对话框

b．设置 Keil μVision4 硬件仿真参数。

单击图 3.28 右上角的"Settings"按钮，弹出"Target Setup"对话框，如图 3.29 所示。根据在线下载电路实际使用的串行接口号（或 USB 驱动时的模拟串行接口号）选择串行接口。

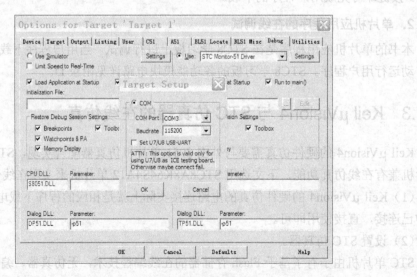

图 3.29　"Target Setup"对话框

- 选择串行接口：根据在线下载电路实际使用的串行接口号（或 USB 驱动时的模拟串行接口号）选择串行接口，如本例的 COM3。
- 设置串行接口的波特率：单击"Baudrate"下拉列表，选择合适的波特率，如本例的 115200。

设置完毕后，单击"OK"按钮，再单击"Options for Target 'Targe 1'"对话框中的"OK"按钮，即可完成硬件仿真的设置。

（3）在线调试。

同软件模拟调试一样，执行"Debug"→"Start/Stop Debug Session"命令或单击工具栏中的 ⑨，即可进入调试界面；再次单击工具栏中的 ⑨，即可退出调试界面。在线调试除可以在 Keil μVision4 集成开发环境调试界面观察程序运行信息以外，还可以直接通过目标电路观察程序的运行结果。

Keil μVision4 集成开发环境在在线仿真状态下，能查看 STC 系列单片机新增内部接口的特殊功能寄存器状态，即单击"Debug"选项卡就可以查看 ADC、CCP、SPI 等接口状态。

3.2.4 STC-ISP 在线编程软件的其他功能

STC-ISP 在线编程软件除了能为目标单片机下载用户程序外，还有如下强大的功能。

（1）串行接口助手：可作为计算机 RS-232 串行接口的控制终端，用于 RS-232 串行接口发送与接收数据。

（2）Keil 设置：一是向 Keil C 集成开发环境添加 STC 系列单片机机型、STC 系列单片机头文件，以及 STC 仿真器；二是生成仿真芯片。

（3）范例程序：提供 STC 各系列各型号单片机应用范例程序。

（4）波特率计算器：用于自动生成 STC 各系列各型号单片机串行接口应用时所需波特率的设置程序。

（5）软件延时计算器：用于自动生成所需延时的软件延时程序。

（6）定时器计算器：用于自动生成所需延时的定时器初始化设置程序。

（7）头文件：提供用于定义 STC 各系列各型号单片机特殊功能寄存器及寄存器位的头文件。

（8）指令表：提供 STC 系列单片机的指令系统，包括汇编符号、机器代码、运行时间等。

（9）自定义加密下载：该功能是用户先将程序通过自己的一套专用密钥进行加密，然后通过串行接口下载加密后的程序，此时下载传输的是加密文件，通过串行接口分析出来的是加密后的乱码文件，无任何价值，因此达到了防止在烧录程序时被烧录人员通过监测串行接口分析出程序的目的。

（10）脱机下载：在脱机下载电路的支持下，可提供脱机下载功能。

（11）发布项目程序：该功能主要是将用户的应用程序与相关的选项设置打包成一个可以直接对目标芯片进行下载、编程的用户自己界面的可执行文件。用户可以自己进行定制（如修改发布项目程序的标题、按钮名称及帮助信息），还可以指定目标计算机的硬盘号和目标芯片的 ID 号，指定目标计算机的硬盘号后，便可以使发布的应用程序只能在指定的计算机上运行，如果将应用程序复制到其他计算机，则不能运行。同样地，如果指定了目标芯片的 ID 号，那么应用程序只能下载到具有相应 ID 号的目标芯片中，对于 ID 号不一致的其他芯片，不能进行下载、编程。

3.3 Proteus 仿真软件简介

Proteus 是英国 Labcenter 公司开发的电路分析与实物仿真软件。它运行于 Windows 操作系统，可以仿真、分析（SPICE）各种模拟元器件和集成电路，该软件的特点如下。

1）实现了单片机仿真和 SPICE 电路仿真的结合

该软件具有模拟电路仿真，数字电路仿真，单片机及其外围电路组成系统仿真，RS232 动态仿真，I²C 调试器、SPI 调试器、键盘和 LCD 系统仿真的功能。此外，该软件中有各种虚拟仪器，如示波器、逻辑分析仪、信号发生器等。

2）支持主流单片机系统的仿真

目前支持的单片机类型有：68000 系列、8051 系列、AVR 系列、PIC12 系列、PIC16 系列、PIC18 系列、Z80 系列、HC11 系列、ARM7 及各种外围芯片。

注意：由于 STC 系列单片机是新发展的芯片，所以在设备库中没有 STC 系列单片机，在利用 Proteus 仿真软件绘制 STC 系列单片机电路原理图时，可选任何厂家的 51 或 52 系列单片机，但 STC 系列单片机的新增特性不能得到有效地仿真。

3）提供软件调试功能

Proteus 仿真软件在硬件仿真系统中具有全速运行、单步运行、设置断点等调试功能，同时还可以观察各个变量、寄存器等的当前状态，因此在该软件仿真系统中，也必须具有这些功能。

简单来说，Proteus 仿真软件可以仿真一个完整的单片机应用系统，具体步骤如下。

（1）利用 Proteus 仿真软件绘制单片机应用系统的电路原理图；

（2）将用 Keil C 集成开发环境编译生成的机器代码文件加载到单片机中；

（3）运行程序，进行调试。

3.3.1 工程训练 3.1 Keil C 集成开发环境的操作使用

一、工程训练目标

（1）学会在 Keil C 集成开发环境中配置 STC 系列单片机的开发环境。

（2）学会通过 Keil C 集成开发环境输入、编辑与编译单片机应用程序，生成单片机应用程序的机器代码文件。

（3）学会通过 Keil C 集成开发环境模拟调试单片机应用程序。

二、任务功能与参考程序

1. 任务功能与硬件设计

任务功能：实现流水灯控制，当开关合上时，流水灯左移；当开关断开时，流水灯右移。

左移时间间隔为 1s，右移时间间隔为 0.5s。

硬件设计：从 P3.2 引脚输入开关信号，开关断开时输入高电平，开关合上时输入低电平；P1 口输出控制 8 只 LED，输出高电平时 LED 亮。

2. 参考 C 语言源程序（工程训练 31.c）

工程训练 31.c 文件中的内容如下。

```
//包含定义 STC8 系列单片机特殊功能寄存器与可寻址位的头文件
#include<stc8.h>
#include<intrins.h>          //包含循环左移、右移及空操作函数的头文件
#define uchar unsigned char  //宏定义，uchar 等效于 unsigned char
#define uint  unsigned int   //宏定义，uint 等效于 unsigned int
uchar x=0x01;                //设置流水灯控制的初始数据
sbit k1=P3^2;                //定义开关引脚
/*--------定义延时函数--------*/
void delay(uint ms)
{
    uint i,j;
    for(j=0;j<ms;j++)
        for(i=0;i<1210;i++);
}
/*--------主函数--------*/
void main(void)
{
    while(1)                 //无限循环控制
    {
    P1=x;                    //输出流水灯数据
    if(k1==0)
    {
        x=_crol_(x,1);       //若 k1 合上，流水灯数据左移
        delay(1000);         //1000ms 延时
    }
    else
    {
        x=_cror_(x,1);       //若 k1 断开，流水灯数据右移
        delay(500);          //500ms 延时
    }
    }
}
```

三、训练步骤

1. 在 Keil μVision4 软件中配置 STC 系列单片机的开发参数

因为 Keil μVision4 软件中没有 STC 系列单片机的数据库和头文件，所以为了能在 Keil μVision4 软件设备库中直接选择 STC 系列单片机和编写程序时直接使用 STC 系列单片机新增的特殊功能寄存器，需要用 STC-ISP 在线编程软件中的工具将 STC 系列单片机的数据库

（包括 STC 单片机型号、STC 系列单片机头文件与 STC 系列单片机仿真驱动）添加到 Keil µVision4 软件设备库中（同一台计算机，仅操作一次即可），操作方法如下。

（1）运行 STC-ISP 在线编程软件，单击"Keil 仿真设置"选项卡，如图 3.30 所示。

（2）单击"添加型号和头文件到 Keil 中　添加 STC 仿真器驱动到 Keil 中"按钮，弹出"浏览文件夹"对话框，在浏览文件夹中选择 Keil 的安装目录（如 C:\keil），如图 3.31 所示，单击"确定"按钮即可完成添加工作。

图 3.30　"keil 仿真设置"选项卡　　　　图 3.31　选择 Keil 的安装目录

（3）查看 STC 系列单片机的头文件。

添加的头文件在 Keil 的安装目录的子目录下，如 C:\keil\C51\INC，打开 STC 文件夹，即可查看添加的 STC 系列单片机的头文件，如图 3.32 所示。其中，stc8.h 头文件适用于所有 STC8 系列单片机。

图 3.32　添加的 STC 系列单片机头文件

2. 应用 Keil µVision4 软件输入、编辑与编译用户程序，生成用户程序的机器代码

应用 Keil µVision4 软件的开发流程如下：

创建项目→输入、编辑应用程序 →把程序文件添加到项目中→编译与链接、生成机器代码文件→调试程序。

1）创建项目

Keil µVision4 软件中的项目是一个具有特殊结构的文件，它包含单片机应用系统相关所有文件的相互关系。在 Keil µVision4 软件中，主要是使用项目来进行单片机应用系统程序的开发。

（1）创建项目文件夹。

根据自己的存储规划，创建一个存储该项目的文件夹，如 F:\单片微机原理与接口技术-基于 STC8 系列单片机\工程训练项目\工程训练 3.1。

（2）启动 Kiel μVision4 软件，执行"Project"→"New μVision Project"命令，弹出"Create New Project"对话框，在该对话框中选择新项目的保存路径并输入项目文件名，如图 3.33 所示。Keil μVision4 项目文件的扩展名为".uvproj"。

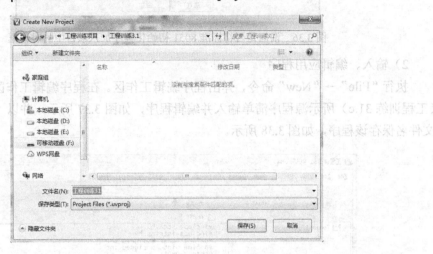

图 3.33　"Create New Project"对话框

（3）单击"保存"按钮，弹出"Select a CPU Data Base File"对话框，其下拉列表下有"Generic CPU Data Base"和"STC MCU Database"2 个选项，如图 3.34 所示。选择"STC MCU Database"选项并单击"OK"按钮，弹出"Select Device for 'Target'"对话框，拖曳垂直滚动条找到目标芯片（如 STC8A8K64S4A12），如图 3.35 所示。

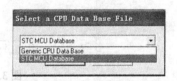

图 3.34　"Select a CPU Data Base File"对话框

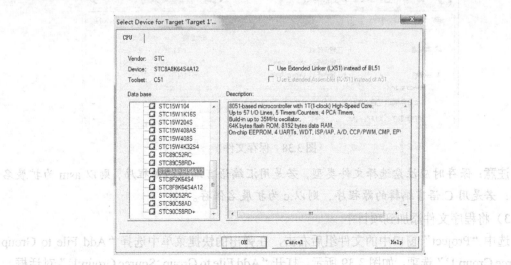

图 3.35　STC 目标芯片的选择

（4）单击"Select Device for Target"对话框中的"OK"按钮，程序会弹出询问是否将标准 8051 初始化程序加入项目中的对话框，如图 3.36 所示。单击"是"按钮，程序会自动将标准 51 初始化程序复制到项目所在目录并将其加入项目中。一般情况下，应单击"否"按钮。

图 3.36   询问是否将标准 8051 初始化程序加入项目中的对话框

2）输入、编辑应用程序

执行"File"→"New"命令，弹出程序编辑工作区。在程序编辑工作区中，按参考程序（工程训练 31.c）所示源程序清单输入并编辑程序，如图 3.37 所示，并以"工程训练 31.c"文件名保存该程序，如图 3.38 所示。

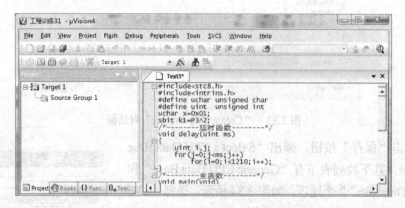

图 3.37   在程序编辑工作区输入并编辑程序

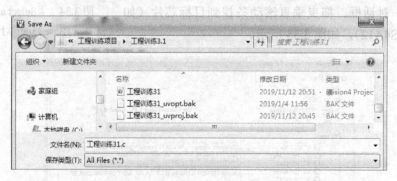

图 3.38   保存文件

注意：保存时应注意选择文件类型，若是用汇编语言编辑的源程序，则以.asm 为扩展名保存；若是用 C 语言编辑的源程序，则以.c 为扩展名保存。

3）将程序文件添加到项目中

选中"Project"窗口中的文件组后右击，在弹出的快捷菜单中选择"Add File to Group 'Source Group 1'"选项，如图 3.39 所示。打开"Add File to Group 'Source Group 1'"对话框，

如图 3.40 所示，在"查找范围"下拉列表中选择"工程训练 31.c"文件，单击"Add"按钮添加文件，然后单击"Close"按钮关闭对话框。

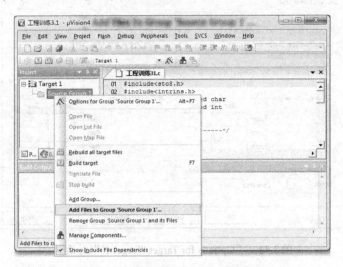

图 3.39 为项目添加文件的快捷菜单

展开"Project"窗口中的文件组，即可查看添加的文件，如图 3.41 所示。

可连续添加多个文件，所有必要的文件添加完毕后，即可在程序组目录下查看该文件并对其进行管理，双击选中的文件即可在编辑窗口中打开该文件。

图 3.40 为项目添加文件的对话框

图 3.41 查看添加的文件

4）编译与链接、生成机器代码文件

完成上述步骤后，就可以对项目文件进行编译与连接、生成机器代码文件（*.hex），但在编译、链接前需要根据样机的硬件环境在 Keil μVision4 软件中进行目标配置。

（1）设置编译环境。

执行"Project"→"Options for Target"命令或单击工具栏中的 ⚒，弹出"Options for Target 'Target 1'"对话框，如图 3.42 所示，通过该对话框可设定目标样机的硬件环境。"Options for Target 'Target 1'"对话框中有多个选项卡，用于设备选择，以及目标属性、输出属性、C51 编译器属性、A51 编译器属性、BL51 链接器属性、调试属性等信息的设置。一般情况下按默认设置应用即可，但在编译、链接程序时自动生成机器代码文件是必须设置的。

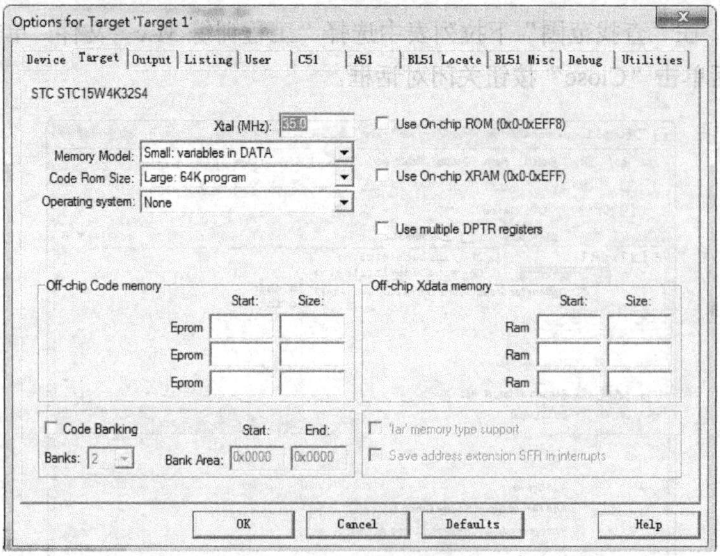

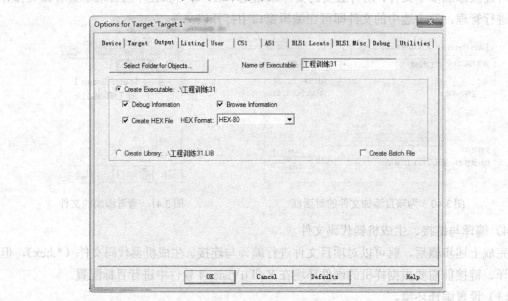

图 3.42　"Options for Target 'Target 1'" 对话框

单击"Output"选项卡，如图 3.43 所示，勾选"Create HEX File"复选框，单击"OK"按钮，结束设置。默认编译时自动生成的 hex 文件名与项目名相同，若需要采用不同的名字，可在"Name of Executable"文本框中进行修改。

图 3.43　"Output"选项卡

（2）编译与链接。

执行"Project"→"Build Target"命令或单击编译工具栏中的"Build"按钮，启动编译、链接程序，在输出窗口中输出编译、链接信息，如图 3.44 所示。如果编译成功，系统将提示"0 Error"；否则，系统将提示错误类型和错误语句位置。双击错误信息，光标将出现在程序错误行，修改程序，程序修改后，必须重新编译，直至系统提示"0 Error"为止。

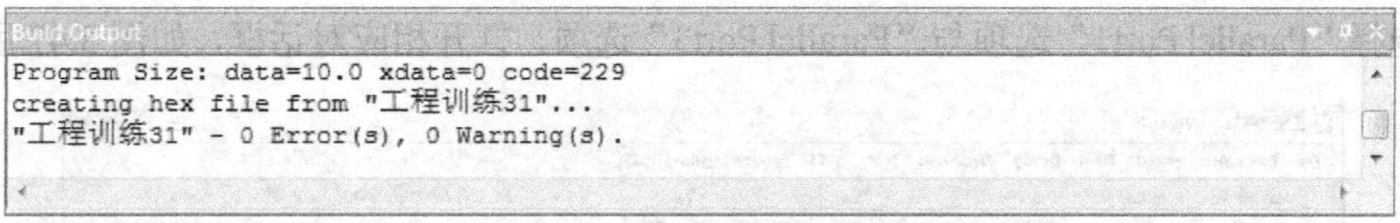

```
Build Output                                                              ▼ □ × ×
Program Size: data=10.0 xdata=0 code=229
creating hex file from "工程训练31"...
"工程训练31" - 0 Error(s), 0 Warning(s).
```

图 3.44　编译与链接信息

（3）查看机器代码文件。

hex 类型文件是机器代码文件，是单片机运行文件。打开项目文件夹，查看是否存在机器代码文件。图 3.45 中的工程训练 31.hex 就是编译时生成的机器代码文件。

图 3.45　查看机器代码文件

3．应用 Keil μVision4 软件模拟调试用户程序

1）设置软件模拟仿真方式

打开"Options for Target 'Target 1'"对话框，单击"Debug"选项卡，单击"Use Simulator"单选按钮，如图 3.46 所示，单击"OK"按钮，Keil μVision4 集成开发环境被设置为软件模拟仿真。

注意：默认状态是软件模拟仿真调试。

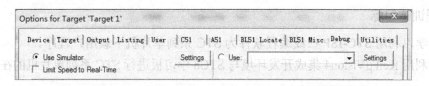

图 3.46　"Options for Target 'Target 1'"对话框

2）进入仿真调试界面

执行"Debug"→"Start/Stop Debug Session"命令或单击工具栏中的 ，系统进入调试界面。再次执行菜单命令或单击调试按钮，进入编辑、编译界面。

3）调出 P1 口和 P3 口

在本程序中将用到 P1 口和 P3 口，执行"Peripherals"→"I/O-Port"命令，在下级子菜单中选择"Parallel Port1"选项与"Parallel Port3"选项,打开相应对话框,如图 3.47 所示。

图 3.47　调出 P1 口和 P3 口

4）调试用户程序

在调试界面可采用单步运行、跟踪运行、设置断点、运行至光标处、全速运行等方式进行调试。单击目，进入全速运行状态。

（1）将 P3.2 设置为高电平,观察"Parallel Port1"对话框,应能看到代表高电平输出的"√"循环往右移动。

2）将 P3.2 设置为低电平,观察"Parallel Port1"对话框,应能看到代表高电平输出的"√"循环往左移动。

四、训练拓展

（1）单步运行调试用户程序。

（2）跟踪运行调试用户程序。

（3）设置断点,利用断点调试用户程序。

3.3.2　工程训练 3.2　STC 系列单片机的在线调试与在线仿真

一、工程训练目标

（1）学习利用 STC-ISP 在线编程软件为 STC 系列单片机下载用户程序。

（2）利用 Keil μVision4 集成开发环境与 STC8 学习板进行 STC 系列单片机的在线仿真。

二、任务功能与参考程序

1. 任务功能与硬件设计

任务功能:实现流水灯控制,当开关合上时,流水灯左移;当开关断开时,流水灯右移。左移时间间隔为 1s,右移时间间隔为 0.5s。要求流水灯间隔的延时时间函数通过 STC-ISP 在线编程软件中的软件延时器工具获得。

硬件设计:流水灯电路示意图如图 3.48 所示,从 P3.3 引脚输入开关信号,开关断开时,输入高电平；开关合上时，输入低电平。P6 口输出控制 8 只 LED，输出低电平时 LED 亮。

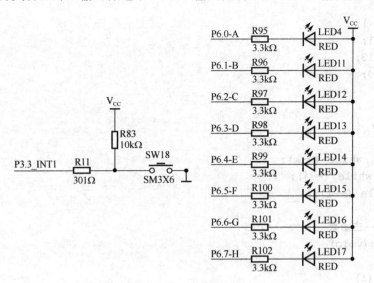

图 3.48　流水灯电路示意图

2. 参考 C 语言源程序（工程训练 32.c）

工程训练 32.c 文件中的内容如下。

```
#include<stc8.h>
#include<intrins.h>
#define uchar unsigned char
#define uint  unsigned int
uchar x=0xfe;
sbit k1=P3^3;
/*---1000ms 延时函数，从 STC-ISP 在线编程软件中的延时器工具中获取（STC-Y6 指令集）---*/
void Delay1000ms()      //@12.000MHz
{
    unsigned char i, j, k;
    _nop_();
    _nop_();
    i = 61;
    j = 225;
    k = 62;
    do
    {
        do
        {
            while (--k);
        } while (--j);
    } while (--i);
}
/*---500ms 延时函数，从 STC-ISP 在线编程软件中的延时器工具中获取（STC-Y6 指令集）---*/
void Delay500ms()       //@12.000MHz
{
```

```
    unsigned char i, j, k;

    _nop_();
    i = 31;
    j = 113;
    k = 29;
    do
    {
        do
        {
            while (--k);
        } while (--j);
    } while (--i);
}
/*--------主函数--------*/
void main(void)
{
    while(1)
    {
        P6=x;
        if(k1==0)
        {
            x=_crol_(x,1);
            Delay1000ms();
        }
        else
        {
            x=_cror_(x,1);
            Delay500ms();
        }

    }
}
```

三、训练步骤

（1）利用 Keil μVision4 集成开发环境编辑与编译"工程训练 32.c"用户程序，生成机器代码文件（如工程训练 32.hex）。

（2）应用 STC-ISP 在线编程软件，向 STC8 学习板下载用户程序。

① 用双公头 USB 线连接计算机与 STC8 学习板。

② 安装 USB 转串行接口驱动程序。

③ 打开 STC-ISP 在线编程软件，系统弹出 STC-ISP 在线编程软件的工作界面，界面左侧为下载程序部分，下载用户程序的操作步骤如下。

- 选择目标单片机的型号。
- 选择目标学习板的 USB 模拟串行接口号（软件自动侦测）。
- 添加要下载的用户程序文件：工程训练 32.hex。

- 在硬件选项中，选择单片机的时钟频率（12MHz），其他选项保持为默认值。
- 单击"下载"按钮，界面右侧的信息栏中会出现"检测目标单片机"的信息。
- 让 STC8 学习板重新上电，下载完成后，单片机自动运行用户程序。

（3）在线调试用户程序。

① 直接观察：在默认状态下，k1 输入的是高电平，观察 LED4、LED11～LED17 的运行情况。

② 按动 SW18 按键，k1 输入低电平，观察 LED4、LED11～LED17 的运行情况。

四、训练拓展

在线仿真调试用户程序。

（1）将 IAP15W4K58S4 单片机设置为仿真芯片。

（2）将 Keil μVision4 设置为在线仿真模式。

① 选择"STC Monitor-51 Driver"仿真器。

② 设置 Keil μVision4 硬件仿真参数。

- 选择串行接口：根据在线下载电路实际使用的串行接口号（或 USB 驱动时的模拟串行接口号）选择串行接口号。
- 设置串行接口的波特率：单击"波特率"下拉列表，选择合适的波特率。

（3）在线仿真调试。

执行"Debug"→"Start/Stop Debug Session"命令或单击工具栏中的 ，进入调试界面。

单击"Debug"下拉菜单，选择"All Ports"选项，打开"Ports"对话框，如图 3.49 所示，该对话框显示的是 STC 单片机所有 I/O 口。此时，可在 Keil μVision4 中观察运行结果，也可和在线调试一样在 STC 单片机实验箱上查看运行结果。

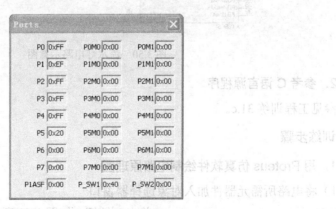

图 3.49　"Ports"对话框

3.3.3　工程训练 3.3　用 Proteus 仿真软件实现单片机应用系统的仿真

一、工程训练目标

（1）学习用 Proteus 仿真软件绘制单片机应用系统电路图。

（2）学习用 Proteus 仿真软件实现单片机应用系统的仿真。

二、任务功能与参考程序

1. 任务功能与硬件设计

任务功能：实现流水灯控制，同工程训练 3.1。

硬件设计：流水灯电路示意图如图 3.50 所示。

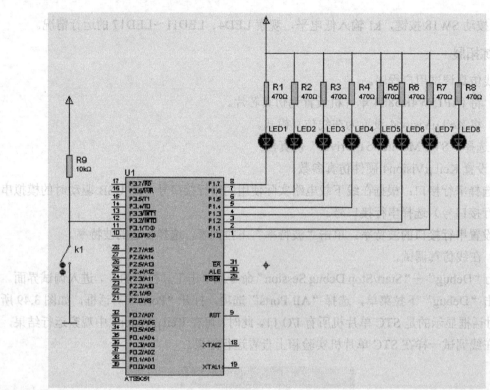

图 3.50　流水灯电路示意图

2. 参考 C 语言源程序

参见工程训练 31.c。

三、训练步骤

1. 用 Proteus 仿真软件绘制电路原理图

1）将电路所需元器件加入对象选择器窗口

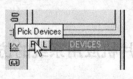

图 3.51　打开元器件搜索窗口

单击 按钮，如图 3.51 所示，弹出 "Pick Devices" 对话框，在 "Keywords" 文本框输入 "AT89C51"，系统在对象库中进行搜索查找，并将搜索结果显示在 "Results" 栏中，如图 3.52 所示。

在 "Results" 栏的列表项中，双击 "AT89C51" 选项，即可将 "AT89C51" 添加至对象选择器窗口，如图 3.53 所示。

按如上方法在"Keywords"栏中依次输入"LED-YELLOW""RES""SWITCH"等关键词，然后将电路需要的元器件加入对象选择器窗口，如图 3.54 所示。

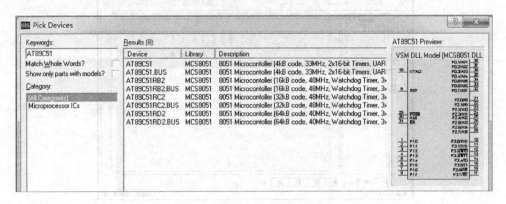

图 3.52　在搜索结果中选择元器件

图 3.53　添加的"AT89C51"

图 3.54　添加的电路元器件

注意： 若电路仅用于仿真，可不绘制单片机复位、时钟电路。

2）将元器件放置至图形编辑窗口

在对象选择器窗口中，选中"AT89C51"选项，预览窗口中将显示该元器件的图形，如图 3.55 所示。单击界面左侧工具栏中的电路元器件方向图标，如图 3.56 所示，可改变元器件的方向。图 3.56 中的图标从上到下依次表示顺时针旋转 90°、逆时针旋转 90°、自由角度旋转（在文本框中输入角度数，按"Enter"键即可）、左右对称翻转、上下对称翻转。

图 3.55　元器件的浏览窗口

图 3.56　调整元器件方向的图标

在预览窗口中选中元器件后，将鼠标指针置于图形编辑窗口任意位置，单击，在鼠标指针位置即会出现该元器件对象，通过鼠标将元器件拖曳到该放置的位置，再次在任意位置单击，即可完成该对象的放置。同理，可将 LED、RES 及其他元器件放置到图形编辑窗口中，如图 3.57 所示。

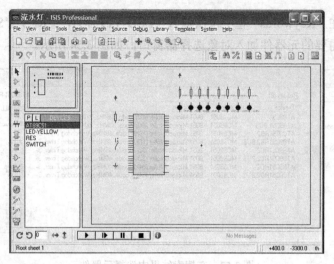

图 3.57　放置元器件

3）编辑图形

（1）移动元器件。

若要移动元器件，将鼠标指针移到该元器件上，单击，该元器件变至红色，这表明该元器件已被选中，按住鼠标左键不放，拖动鼠标，将元器件移至新位置后，松开鼠标，完成元器件移动操作。

（2）编辑元器件属性。

若要修改元器件属性，将鼠标指针移到该元器件上，双击，即会弹出元器件属性编辑对话框。AT89C51 单片机的元器件属性编辑对话框如图 3.58 所示，根据元器件属性要求修改后单击"OK"按钮即可。

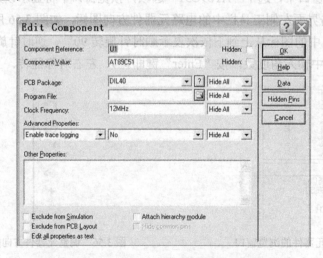

图 3.58　AT89C51 单片机的元器件属性编辑对话框

（3）删除元器件。

若要删除元器件，将鼠标指针移到该元器件上，右击，在弹出的快捷菜单中（见图 3.59）选择"Delete Object"选项，即可删除该元器件。

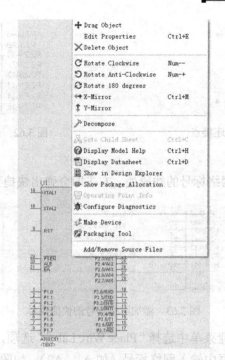

图 3.59　鼠标右键弹出快捷菜单

4）放置电源、公共地、I/O 口符号

单击 ，I/O 口、电源、地等电气符号将出现在对象选择器的对话框中，如图 3.60 所示，用选择、放置元器件同样的方法放置电源、公共地、I/O 口符号。

5）电气连接

（1）直接连接。

Proteus 仿真软件具有自动布线功能，当单击 时，Proteus 仿真软件处于自动布线状态；否则 Proteus 仿真软件处于手工布线状态。

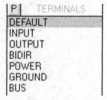

图 3.60　电源、地、I/O 口符号

当需要两个电气连接点时，将鼠标指针移至其中一个电气连接点上，此时会自动显示一个红色方块，单击该红色方块；再将鼠标指针移至另一个电气连接点上，此时同样会自动显示一个红色方块，单击该红色方块，即可完成该两个电气连接点的电气连接。

（2）通过网络标号连接。

当两个电气连接点相隔较远且中间夹有其他元器件不便直接连接时，建议采用通过网络标号连接的方法实现电气连接。

① 放置电气连接点。

单击工具栏中的 ，在元器件的电气连接点的同方向一定距离处单击，即会出现一活动的圆点，将其移到相应位置后再次单击即可完成电气连接点的放置，如图 3.61 所示。

② 元器件引脚延伸。

采用直接连线的方法将放置的电气连接点与元器件自身的电气连接点相连，如图 3.62 所示。

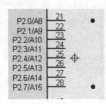

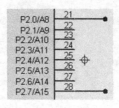

图 3.61　放置电气连接点　　　　　　　　　图 3.62　引脚线延伸

③ 添加网络标号。

将鼠标指针移至欲加网络标号的线段处，右击即会弹出快捷菜单，如图 3.63 所示。

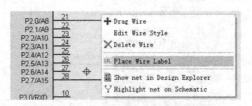

图 3.63　添加网络标号的快捷菜单

在如图 3.63 所示的快捷菜单中选择"Place Wire Label"选项，会弹出"Edit Wire Label"对话框，在"String"文本框中输入网络标号（如 A1、A2），如图 3.64 所示，单击"OK"按钮即可完成网络标号的设置，设置好的网络标号如图 3.65 所示。

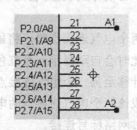

图 3.64　"Edit Wire Label"对话框　　　　　图 3.65　设置好的网络标号

④ 网络标号连接。

用同样的方法，对另一电气连接点进行标号处理，相同标号的线段就实现了电气连接。

（3）按如图 3.50 所示电路图进行电气连接，绘制流水灯控制电路原理图。

2．进行仿真

1）将用户程序机器代码文件下载到单片机中

将鼠标指针移至单片机处，右击即会弹出单片机的元器件属性编辑对话框，如图 3.58 所示。

（1）在"Program File"文本框中输入要下载的文件所在的路径与文件名。

（2）单击"Program File"文本框中的文件夹，即会弹出查找、选择文件的对话框，找到要下载的程序文件，如工程训练 31.hex，如图 3.66 所示，单击"Select File Name"对话框中的"打开"按钮，所选程序文件就会出现在"Program File"文本框中，如图 3.67 所示，单击"OK"按钮即可完成程序下载工作。

图 3.66　选择要下载的程序文件

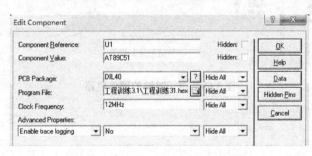

图 3.67　"Edit Component"对话框

2）仿真调试

单击窗口左下方的调试按钮中的运行按钮，Proteus 仿真软件进入调试状态。调试按钮如图 3.68 所示，从左至右依次表示全速运行、单步运行、暂停、停止。

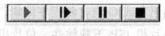

图 3.68　调试按钮

（1）k1 合上，观察 LED 的点亮情况。

（2）k1 断开，观察 LED 的点亮情况。

四、训练拓展

电子时钟的仿真调试：电子时钟的硬件电路如图 3.69 所示，用 Proteus 仿真软件绘制电路并加载电子时钟程序（工程训练 33 拓展.hex），运行程序，观察电子时钟并将电子时钟时间设置为当前时间。其中，k0 为调节时间的方式键（含秒十位数、分十位数与个位数、时十位数与个位数，选中位会闪烁显示），k1 为加 1 键，k2 为减 1 键。

注意：排电阻的关键词是 RESPACK-8，LED 数码管显示器的关键词是 7SEG-MPX6-CC，工程训练 33 拓展.hex 文件通过扫描二维码获取。

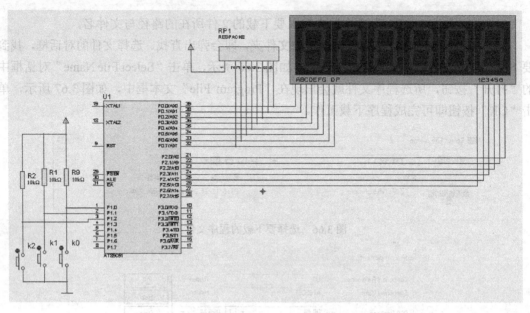

图 3.69   电子时钟的硬件电路

 本章小结

程序的编辑、编译与下载是单片机应用系统开发过程中不可或缺的工作流程。由于 STC 系列单片机有了 ISP 在线下载功能，单片机应用系统的开发就变得简单了。在硬件方面，只要在单片机应用系统中嵌入计算机与单片机的串行接口通信电路（又称 ISP 下载电路）即可。在软件方面，一是需要用于汇编语言或 C 语言源程序编辑、编译的开发工具（如 Keil C 集成开发环境）；二是 STC 系列单片机 ISP 下载软件。单片机应用系统的开发工具非常简单，也非常廉价，因此，我们可以利用实际的单片机应用系统开发环境来学习单片机，这相当于每人都拥有一个单片机实验室。

Keil C 集成开发环境除具备程序编辑、编译功能以外，还具备程序调试功能，可对单片机的内部资源（存储器、并行 I/O 口、定时/计数器、中断系统与串行接口等）进行仿真，可采用全速运行、单步运行、跟踪运行、运行到光标处或设置断点等程序运行模式来调试用户程序，与 STC 仿真器配合可实现硬件在线仿真。

STC-ISP 在线编程软件的核心功能是为 STC 系列单片机下载用户程序，除此之外，该软件还具有串行接口助手、软件延时计算器、定时器计算器、波特率计算器、脱机下载、STC 芯片选型与 STC 芯片例程等工具。

Proteus 仿真软件可通过计算机实现单片机应用系统硬件与软件的综合仿真，简单、方便、实用。

习　题

一、填空题

1. 目前，STC 系列单片机开发板中在线编程（下载程序）电路采用的 USB 转串行接口的芯片是_____。

2. 在 Keil μVision4 集成开发环境中，既可以编辑、编译 C 语言源程序，也可以编辑、编译_____源程序。在保存源程序文件时，若是采用 C 语言编程，其后缀名是_____；若是采用汇编语言编程，其后缀名是_____。

3. 在 Keil μVision4 集成开发环境中，除可以编辑、编译用户程序以外，还可以_____用户程序。

4. 在 Keil μVision4 集成开发环境中，编译时在允许自动创建机器代码文件状态下，其默认文件名与_____相同。

5. STC 系列单片机能够识别的文件类型为_____，其后缀名是_____。

二、选择题

1. 在 Keil μVision4 集成开发环境中，勾选"Create HEX File"复选框后，默认状态下的机器代码名称与_____相同。

A. 项目名　　　　　　B. 文件名　　　　　　C. 项目文件夹名

2. 在 Keil μVision4 集成开发环境中，下列不属于编辑、编译界面操作功能的是_____。

A. 输入用户程序　　　　　　　　　B. 编辑用户程序
C. 全速运行程序　　　　　　　　　D. 编译用户程序

3. 在 Keil μVision4 集成开发环境中，下列不属于调试界面操作功能的是_____。

A. 单步运行用户程序　　　　　　　B. 跟踪运行用户程序
C. 全速运行程序　　　　　　　　　D. 编译用户程序

4. 在 Keil μVision4 集成开发环境中，编译过程中生成的机器代码文件的后缀名是_____。

A. .c　　　　　B. .asm　　　　　C. .hex　　　　　D. .uvproj

5. 下列 STC 系列单片机中，不能实现在线仿真的芯片是_____。

A. IAP15F2K61S2　　　　　　　　B. STC15F2K60S2
C. IAP15W4K61S4　　　　　　　　D. STC15W4K32S4

三、判断题

1. STC89C52RC 单片机与 STC15F2K60S2 单片机在相同封装下，其引脚排列是一样的。
（　　）

2. 在 Keil μVision4 集成开发环境在编译过程中，默认状态下会自动生成机器代码文件。
（　　）

3. 在 Keil μVision4 集成开发环境中，若不勾选"Create HEX File"复选框编译用户程序，就不能调试用户程序。（　　）

4. Keil μVision4 集成开发环境既可以用于编辑、编译 C 语言源程序，也可以编辑、编译汇编语言源程序。（　　）

5. 在 Keil μVision4 集成开发环境调试界面中，默认状态下选择的仿真方式是软件模拟仿真。（　　）

6. 在 Keil μVision4 集成开发环境调试界面中，若调试的用户程序无子函数调用，那么单步运行与跟踪运行的功能是完全一致的。（　　）

7. 在 Keil μVision4 集成开发环境中，若编辑、编译的源程序种类不同，所生成机器代码文件的后缀名不同。（　　）

8. STC-ISP 在线编程软件是直接通过计算机、USB 接口与单片机串行接口进行数据通信的。（　　）

9. STC-ISP 在线编程软件中，在单击下载程序按钮后，一定要让单片机重新上电，才能完成程序下载工作。（　　）

10. STC15F2K60S2 单片机既可用作目标芯片，又可用作仿真芯片。（　　）

11. 以 STC15W 开头的 STC 单片机与 STC15F2K60S2 单片机可不经过 USB 转串行接口芯片，直接与计算机 USB 接口相连，实现在线编程功能。（　　）

12. IAP15W4K61S4 单片机可不经过 USB 转串行接口芯片，直接与计算机 USB 接口相连，实现在线编程功能。（　　）

四、问答题

1. 简述应用 Keil μVision4 集成开发环境进行单片机应用程序开发的工作流程。

2. 在 Keil μVision4 集成开发环境中，如何根据编程语言的种类选择存盘文件的扩展名？

3. 在 Keil μVision4 集成开发环境中，如何切换编辑与调试程序界面？

4. 在 Keil μVision4 集成开发环境中，有哪几种程序调试方法？各有什么特点？

5. 在 Keil μVision4 集成开发环境中调试程序时，如何观察片内 RAM 的信息？

6. 在 Keil μVision4 集成开发环境中调试程序时，如何观察片内通用寄存器的信息？

7. 在 Keil μVision4 集成开发环境中调试程序时，如何观察或设置定时器、中断与串行接口的工作状态？

8. 简述利用 STC-ISP 在线编程软件下载用户程序的工作流程。

9. 怎样通过设置实现下载程序时自动更新用户程序？

10. 怎样通过设置实现当用户程序发生变化时自动更新用户程序并启动下载命令？

11. IAP15F2K61S2 单片机既可用作目标芯片，又可用作仿真芯片，当其用作仿真芯片时，应如何操作？

12. 简述 Keil μVision4 集成开发环境硬件仿真（在线仿真）的设置。

13. Proteus 仿真软件包含哪些功能？

14. 在 Proteus 仿真软件工作界面，如何建立自己的元器件库？在绘图中，如何调整元器件的放置方向？

15. 在 Proteus 仿真软件工作界面，如何将元器件放置在画布中？如何移动元器件及设置元器件的工作参数？

16. 如何绘制元器件间电气连接点的连线？如何在画布空白区放置电气连接点？

17. 如何为电气连接点设置网络标号？如何通过网络标号实现元器件间的电气连接？

18. 简述通过 Proteus 仿真软件实现单片机应用系统虚拟仿真的工作流程。

19. 在 Proteus 仿真软件的绘图中，如何调用电源、公共地、I/O 口符号？

第 **4** 章

STC8A8K64S4A12 单片机的指令系统
与汇编语言程序设计

🔍内容提要：

　　本章完整地介绍了 STC8A8K64S4A12 单片机的指令系统与伪指令，以及模块化程序设计方法。尤其在工程训练中，着重介绍了 LED 数码管的驱动与显示（汇编语言版），为后续汇编语言的应用编程奠定了良好的基础。

　　指令是 CPU 按照人们的意图来完成某种操作的根据，一台计算机的 CPU 能执行的全部指令的集合称为这个 CPU 的指令系统。指令系统功能的强弱体现了 CPU 性能的高低。

　　STC8A8K64S4A12 单片机的指令系统与传统 8051 单片机完全兼容，42 种助记符代表了 33 种功能，而指令功能助记符与操作数各种寻址方式的结合构造出了 111 条指令。其中，数据传送类指令 29 条，算术运算类指令 24 条，逻辑运算与循环移位类指令 24 条，控制转移类指令 17 条，位操作类指令 17 条。

　　单片机应用系统是硬件系统与软件系统的有机结合，其中，软件系统指用于完成系统任务、指挥 CPU 等硬件系统工作的程序。

　　STC8A8K64S4A12 单片机的程序设计主要采用两种语言：汇编语言和高级语言。采用汇编语言生成的目标程序占用的存储空间小、运行速度快，具有效率高、实时性强的特点，汇编语言适合用于编写短小、高效的实时控制程序。采用高级语言进行程序设计对系统硬件资源的分配比采用汇编语言简单，且程序的阅读、修改及移植比较容易，所以高级语言适合编写规模较大的程序，特别是运算量较大的程序。本章重点学习汇编语言程序设计。

4.1　STC8A8K64S4A12 单片机的指令系统

4.1.1　概述

　　计算机只能识别和执行二进制编码指令，该指令被称为机器指令，但机器指令不便于记忆和阅读。为了编写程序的方便，一般采用汇编语言和高级语言编写程序，但编写好的源程序必须经汇编程序或编译程序转换成机器代码后，才能被计算机识别和执行。

STC8A8K64S4A12 单片机指令系统采用助记符指令（汇编语言指令）格式描述，与机器指令有一一对应的关系。

1. 机器指令的编码格式

机器指令通常由操作码和操作数（或操作数地址）两部分构成，其中，操作码用来规定指令执行的操作功能；操作数是指参与操作的数据（或操作对象）。

STC8A8K64S4A12 单片机的机器指令按指令字节数分为三种格式：单字节指令、双字节指令和三字节指令。

1）单字节指令

单字节指令有两种编码格式，即仅为操作码的 8 位编码和含有操作码和寄存器编码的 8 位编码。

（1）仅为操作码的 8 位编码。

格式：位　　　7 6 5 4 3 2 1 0

字节　　　　opcode

这类指令的 8 位编码仅为操作码，指令的操作数隐含在其中。如 "DEC A" 的指令编码为 "14H"，其功能是使累加器 A 的内容减 1。

（2）含有操作码和寄存器编码的 8 位编码。

格式：位　　　7 6 5 4 3 2 1 0

字节　　　　opcode | r r r

这类指令的高 5 位为操作码，低 3 位为寄存器对应的编码。如 "INC R1" 的指令编码为 "09H"，其中，高 5 位 00001B 为寄存器 R1 内容加 1 的操作码；低 3 位 001B 为寄存器 R1 对应的编码。

2）双字节指令

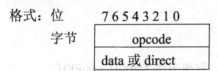

格式：位　　　7 6 5 4 3 2 1 0

字节　　　　opcode

data 或 direct

双字节指令的第一字节为操作码，第二字节为参与操作的数据或存放数据的地址。如 "MOV　A, #60H" 的指令编码为 "01110100 01100000B"，其中，高 8 位 01110100B 为将立即数传送到累加器 A 的操作码；低 8 位 01100000B 为对应的立即数（源操作数，即 60H）。

3）三字节指令

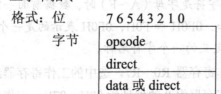

格式：位　　　7 6 5 4 3 2 1 0

字节　　　　opcode

direct

data 或 direct

三字节指令的第一字节为操作码，后两字节为参与操作的数据或操作数地址。如 "MOV 10H, #60H" 的指令编码为 "01110101 00010000 01100000B"，其中，高 8 位 01110101B 为将立即数传送到直接地址单元功能的操作码；中间 8 位 00010000B 为目标操作数对应的存放地址（10H）；低 8 位 01100000B 为对应的立即数（源操作数，即 60H）。

2. 汇编语言指令格式

汇编语言指令格式就是用表示指令功能的助记符来描述指令的格式。8051 单片机（包括 STC8 系列单片机，后同）汇编语言指令格式表示如下。

[标号：] 操作码 [第一操作数] [,第二操作数] [,第三操作数] [;注释]

其中，方括号内为可选项。各部分之间必须用分隔符隔开，即标号要以 "：" 结尾，操作码和操作数之间要有一个或多个空格，操作数和操作数之间用 "," 分隔，注释开始之前要加 ";"。例如：

```
START: MOV P1, #0FFH ;对 P1 口初始化
```

标号：表示该语句的符号地址，可根据需要设置。当计算机对汇编语言源程序进行汇编时，以该指令所在的地址值来代替标号。在编程的过程中，适当地使用标号，不仅可以使程序变得便于查询、修改，还可以方便转移指令的编程。标号通常用在转移指令或调用指令对应的转移目标地址处。标号一般由若干个字符组成，但第一个字符必须是字母，其余的字符可以是字母也可以是数字或下画线，系统保留字符（含指令系统保留字符与汇编系统保留字符）不能用作标号，标号尽量使用与转移指令或调用指令操作含义相近的英文缩写来表示。标号和操作码必须用 "：" 分开。

操作码：表示指令的操作功能，用助记符表示，是指令的核心，不能缺少。8051 单片机指令系统中共有 42 种助记符，代表 33 种不同的功能。例如，MOV 就是数据传送的助记符。

操作数：表示操作码的操作对象。根据指令的不同功能，操作数的个数可以是 3、2、1，也可以没有操作数。例如，"MOV P1,#0FFH"，包含了两个操作数，即 P1 和#0FFH，它们之间用 "," 隔开。

注释：用来解释该条指令或该段程序的功能。注释可有可无，对程序的执行没有影响。

3. 指令系统中的常用符号

指令中常出现的符号及其含义如下所示。

（1）#data：表示 8 位立即数，即 8 位常数，取值范围为#00H～#0FFH。

（2）#data16：表示 16 位立即数，即 16 位常数，取值范围为#0000H～#0FFFFH。

（3）direct：表示片内 RAM 和特殊功能寄存器的 8 位直接地址。其中，特殊功能寄存器的直接地址可直接使用特殊功能寄存器的名称来代替。

注意：当常数（如立即数、直接地址）的首字符是字母（A～F）时，数据前面一定要添一个 "0"，以与标号地址或字符名称区分。例如，0F0H 和 F0H，0F0H 表示的是一个常数，即 F0H；而 F0H 表示是一个转移标号地址或已定义的一个字符名称。

（4）Rn：n=0,1,2…,7，表示当前选中的工作寄存器 R0～R7。选中的工作寄存器组的组别由 PSW 中的 RS1 和 RS0 确定，其中，工作寄存器组 0 的地址为 00H～07H；工作寄存器组 1 的地址为 08H～0FH；工作寄存器组 2 的地址为 10H～17H；工作寄存器组 3 的地址为 18H～1FH。

（5）Ri：i=0,1，可用作间接寻址的寄存器，指 R0 或 R1。

（6）addr16：16 位目的地址，只限于在 LCALL 和 LJMP 指令中使用。

（7）addr11：11 位目的地址，只限于在 ACALL 和 AJMP 指令中使用。

（8）rel：相对转移指令中的偏移量，为补码形式的 8 位带符号数，为 SJMP 和所有条件的转移指令所用。转移范围为相对于下一条指令首地址的-128～+127。

（9）DPTR：16 位数据指针，用于访问 16 位的程序存储器或 16 位的数据存储器。

（10）bit：片内 RAM（包括部分特殊功能寄存器）中的直接寻址位。

（11）/bit：表示对 bit 位先取反再参与运算，但不影响该位的原值。

（12）@：间址寄存器或基址寄存器的前缀。例如，@Ri 表示将 R0 寄存器或 R1 寄存器内容作为地址的 RAM，@DPTR 表示根据 DPTR 内容指出外部存储器单元或 I/O 的地址。

（13）(×)：表示某寄存器或某直接地址单元的内容。

（14）((×))：表示将×寻址的存储单元中的内容作为地址的存储单元的内容。

（15）direct1←(direct2)：将直接地址 2 单元的内容传送到直接地址 1 单元中。

（16）Ri←(A)：将累加器 A 的内容传送给 Ri 寄存器。

（17）(Ri)←(A)：将累加器 A 的内容传送到以 Ri 的内容为地址的存储单元中。

4．寻址方式

寻址方式指在执行一条指令的过程中寻找操作数或指令地址的方式。

STC 系列单片机的寻址方式与传统 8051 单片机的寻址方式一致，可分为操作数寻址与指令寻址。一般来说，在研究寻址方式时更多的是指操作数寻址，而且当有两个操作数时，默认所指的是源操作数寻址。操作数寻址可分为立即寻址、直接寻址、寄存器寻址、寄存器间接寻址、变址寻址。寻址方式与其对应的存储空间如表 4.1 所示。本节仅介绍操作数寻址。

表 4.1　寻址方式与其对应的存储空间

寻址方式		存储空间
操作数寻址	立即寻址	程序存储器
	寄存器寻址	工作寄存器 R0～R7，A，AB，C，DPTR
	直接寻址	片内基本 RAM 的低 128 字节，特殊功能寄存器（SFR），位地址空间
	寄存器间接寻址	片内基本 RAM 的低 128 字节、高 128 字节，片外 RAM
	变址寻址	程序存储器
指令寻址		程序存储器

1．立即寻址

立即寻址是指由指令直接给出参与实际操作的数据，即立即数。为了与直接寻址方式中的直接地址相区别，立即数前必须冠以符号"#"。例如：

```
MOV DPTR,#1234H
```

其中，1234H 为立即数，该指令的功能是将 16 位立即数 1234H 送至数据指针 DPTR，立即寻址示意图如图 4.1 所示。

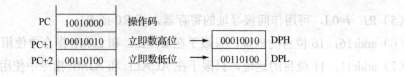

图 4.1　立即寻址示意图

2. 寄存器寻址

寄存器寻址是由指令给出寄存器名，再将该寄存器的内容作为操作数的寻址方式。能用寄存器寻址的寄存器包括累加器 A、寄存器 AB、数据指针 DPTR、进位标志位 CY，以及工作寄存器组中的 R0～R7。例如：

```
INC  R0
```

该指令的功能是将 R0 中的内容加 1，再送回 R0。寄存器寻址示意图如图 4.2 所示。

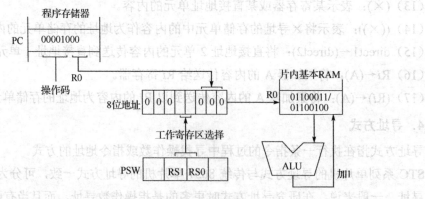

图 4.2　寄存器寻址示意图

3. 直接寻址

直接寻址是指由指令直接给出操作数所在地址，即指令操作数为存储器单元的地址，真正的数据在存储器单元中。例如：

```
MOV  A,3AH
```

该指令的功能是将片内基本 RAM 中 3AH 单元内的数据送至累加器 A。直接寻址示意图如图 4.3 所示。

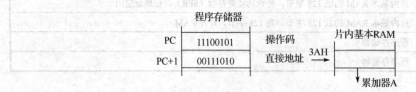

图 4.3　直接寻址示意图

直接寻址只能给出 8 位地址，因此，能用这种寻址方式的地址空间有以下几种。

（1）片内基本 RAM 的低 128 字节（00H～7FH），在指令中直接以单元地址形式给出。

（2）特殊功能寄存器除可以以单元地址形式给出寻址地址以外，还可以以特殊功能寄存器名称的形式给出寻址地址。虽然特殊功能寄存器可以使用符号标志，但在指令代码中还是按地址进行编码的，其实质属于直接寻址。

（3）位地址空间（20H.0～2FH.7 及特殊功能寄存器中的可寻址位）。

4．寄存器间接寻址

指令给出的寄存器内容是操作数的所在地址，从该地址中取出的数据才是操作数，这种寻址方式称为寄存器间接寻址。为了区别寄存器寻址和寄存器间接寻址，在寄存器间接寻址中，应在寄存器的名称前面加前缀"@"。例如：

```
MOV  A,@R1
```

该指令的功能是将 R1 的内容作为地址的存储单元中的数据送至累加器 A。如果 R1 的内容为 60H，那么该指令的功能为将 60H 存储单元中的数据送至累加器 A。寄存器间接寻址示意图如图 4.4 所示。

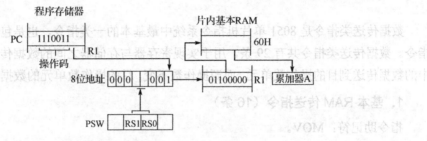

图 4.4　寄存器间接寻址示意图

寄存器间接寻址的寻址范围如下。

（1）片内基本 RAM 的低 128 字节、高 128 字节单元，可采用 R0 或 R1 作为间接寻址寄存器，其形式为@Ri。其中，高 128 字节单元只能采用寄存器间接寻址方式。例如：

```
MOV  A,@R0 ;将 R0 所指的片内基本 RAM 单元中的数据送至累加器 A
```

注意：高 128 字节的地址空间（80H～FFH）和特殊功能寄存器的地址空间是一致的，它们是通过不同的寻址方式来区分的。对于 80H～FFH，若采用直接寻址方式，则访问的是特殊功能寄存器；若采用寄存器间接寻址方式，则访问的是片内基本 RAM 的高 128 字节。

（2）片内扩展 RAM 单元：若小于 256 字节，则使用 Ri（i=0,1）作为间接寻址寄存器，其形式为@Ri；若大于 256 字节，则使用 DPTR 作为间接寻址寄存器，其形式为@DPTR。例如：

```
MOVX  A,@DPTR ;把 DPTR 所指的片内扩展 RAM 或片外 RAM 单元中的数据送至累加器 A
```

又如：

```
MOVX  A,@R1 ;把 R1 所指的片内扩展 RAM 或片外 RAM 单元中的数据送至累加器 A
```

5．变址寻址

变址寻址是基址寄存器+变址寄存器间接寻址的简称。变址寻址是以 DPTR 或 PC 为基址寄存器，以累加器 A 为变址寄存器，待两者内容相加形成的 16 位程序存储器地址作为操作数地址。例如：

```
MOVC  A,@A+DPTR
```

该指令的功能是把 DPTR 和累加器 A 的内容相加所得到的程序存储器地址单元中的内容送至累加器 A。变址寻址示意图如图 4.5 所示。

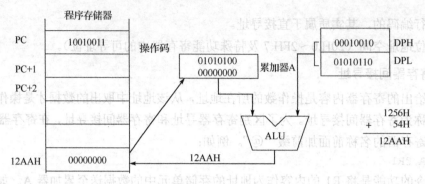

图 4.5　变址寻址示意图

4.1.2　数据传送类指令

数据传送类指令是 8051 单片机指令系统中最基本的一类指令，也是包含指令最多的一类指令。数据传送类指令共有 29 条，用于实现寄存器与存储器之间的数据传送，即把源操作数中的数据传送到目的操作数单元，而源操作数不变，目的操作数单元的数据被源操作数代替。

1．基本 RAM 传送指令（16 条）

指令助记符：MOV。

指令功能：将源操作数送至目的操作数单元。

寻址方式：寄存器寻址、直接寻址、立即寻址与寄存器间接寻址。

基本 RAM 传送指令的具体形式与功能如表 4.2 所示。

表 4.2　基本 RAM 传送指令的具体形式与功能

指令分类	指令形式		指令功能	字节数	指令执行时间（系统时钟数）
累加器 A 为目的操作数	MOV	A,Rn	将 Rn 的内容送至累加器 A	1	1
	MOV	A,direct	将 direct 单元的内容送至累加器 A	2	1
	MOV	A,@Ri	将 Ri 指示单元的内容送至累加器 A	1	1
	MOV	A,#data	将 data 常数送至累加器 A	2	1
Rn 为目的操作数	MOV	Rn,A	将累加器 A 的内容送至 Rn	1	1
	MOV	Rn,direct	将 direct 单元的内容送至 Rn	2	1
	MOV	Rn,#data	将 data 常数送至 Rn	2	1
direct 为目的操作数	MOV	direct,A	将累加器 A 的内容送至 direct 单元	2	1
	MOV	direct,Rn	将 Rn 的内容送至 direct 单元	2	1
	MOV	direct1,direct2	将 direct2 单元的内容送至 direct1 单元	3	1
	MOV	direct,@Ri	将 Ri 指示单元的内容送至 direct 单元	2	1
	MOV	direct,#data	将 data 常数送至 direct 单元	3	1
@Ri 为目的操作数	MOV	@Ri,A	将累加器 A 的内容送至 Ri 指示单元	1	1
	MOV	@Ri,direct	将 direct 单元的内容送至 Ri 指示单元	2	1
	MOV	@Ri,#data	将 data 常数送至 Ri 指示单元	2	1
16 位传送	MOV	DPTR,#data16	将 16 位常数送至 DPTR	3	1

例 4.1　分析执行下列指令序列后各寄存器及存储单元的结果。

```
MOV  A, #30H
MOV  4FH, A
MOV  R0, #20H
MOV  @R0, 4FH
MOV  21H, 20H
MOV  DPTR, #3456H
```

解　分析如下：

```
MOV  A, #30H       ; (A)=30H
MOV  4FH, A        ; (4FH)=30H
MOV  R0, #20H      ; (R0)=20H
MOV  @R0, 4FH      ; ((R0)) =(20H)=(4FH)=30H
MOV  21H, 20H      ; (21H)=(20H)=30H
MOV  DPTR, #3456H  ; (DPTR)=3456H
```

所以执行程序段后，（A）=30H，（4FH）=30H，（R0）=20H，（20H）=30H，（21H）=30H，
（DPTR）=3456H。

例 4.2　编程实现片内 RAM 20H 单元内容与 21H 单元内容的互换。

解　实现片内 RAM 20H 单元内容与 21H 单元内容互换的方法有多种，分别编程如下：

（1）
```
MOV  A,20H
MOV  20H,21H
MOV  21H,A
```

（2）
```
MOV  R0,20H
MOV  20H,21H
MOV  21H,R0
```

（3）
```
MOV  R0,#20H
MOV  R1,#21H
MOV  A,@R0
MOV  20H,@R1
MOV  @R1,A
```

例 4.3　编程实现 P1 口的输入数据从 P2 口输出。

解　编程如下：

（1）
```
MOV  P1,#0FFH   ;将 P1 口设置为输入状态
MOV  A,P1
MOV  P2,A
```

（2）
```
MOV  P1,#0FFH   ;将 P1 口设置为输入状态
MOV  P2,P1
```

2. 累加器 A 与扩展 RAM 之间的传送指令（4 条）

指令助记符：MOVX。

指令功能：实现累加器 A 与扩展 RAM 之间的数据传送。

寻址方式：R*i*（8 位地址）或 DPTR（16 位地址）寄存器间接寻址。

累加器 A 与扩展 RAM 之间的传送指令的具体形式与功能如表 4.3 所示。

表 4.3　累加器 A 与扩展 RAM 之间的传送指令的具体形式与功能

指令分类	指令形式	指令功能	字节数	指令执行时间（系统时钟数）
读扩展 RAM	MOVX　A,@Ri	将 Ri 指示单元（扩展 RAM）的内容送至累加器 A	1	3
	MOVX　A,@DPTR	将 DPTR 指示单元（扩展 RAM）的内容送至累加器 A	1	2
写扩展 RAM	MOVX　@Ri,A	将累加器 A 的内容送至 Ri 指示单元（扩展 RAM）	1	3
	MOVX　@DPTR,A	将累加器 A 的内容送至 DPTR 指示单元（扩展 RAM）	1	2

注：在用 Ri 寄存器进行间接寻址时只能寻址 256 字节（00H~FFH），当访问超过 256 字节的扩展 RAM 空间时，可选用 DPTR 寄存器进行间接寻址，DPTR 寄存器可访问整个 64 千字节空间。

例 4.4　将扩展 RAM 2010H 单元中的内容送至扩展 RAM 2020H 单元，用 Keil C 集成开发环境进行调试。

解　（1）编程如下：

```
ORG    0            ;伪指令，指定下列程序从 0000H 单元开始存放
MOV    DPTR,#2010H  ;将 16 位地址 2010H 单元中的数据赋给 DPTR
MOVX   A,@DPTR      ;读扩展 RAM 2010H 单元中的数据至累加器 A
MOV    DPTR,#2020H  ;将 16 位地址 2020H 单元中的数据赋给 DPTR
MOVX   @DPTR,A      ;将累加器 A 中的数据送至扩展 RAM 2020H 单元中
END                 ;伪指令，汇编结束指令
```

（2）按第 3 章所学知识，编辑好文件并编译好上述指令后，进入调试界面，设置好被传送地址单元的数据，如 66H（见图 4.6）。

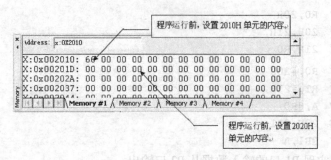

图 4.6　程序运行前设置 2010H 单元与 2020H 单元的内容

单步运行或全速运行这 4 条指令，观察程序运行后 2010H 单元内容的变化（见图 4.7）。

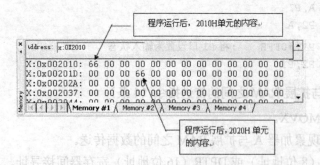

图 4.7　程序运行后 2010H 单元与 2020H 单元内容的变化

从图 4.6 和图 4.7 可知，传送指令运行后，传送目标单元的内容与被传送单元的内容一

致，同时，被传送单元的内容也不会改变。

> **教学建议**：后续的例题尽可能用 Keil C 集成开发环境对指令功能进行仿真，以加深学生对指令功能的理解，同时还可提高学生对 Keil C 集成开发环境的掌握熟练程度及应用能力。

例 4.5　将扩展 RAM 2000H 单元中的数据送至片内 RAM 30H 单元。

解　编程如下：

```
MOV  DPTR,#2000H    ;将 16 位地址 2000H 单元中的数据赋给 DPTR
MOVX A,@DPTR        ;读扩展 RAM2000H 单元中的数据至累加器 A
MOV  R0,#30H        ;设定 R0 指针，指向基本 RAM30H 单元
MOV  @R0,A          ;将扩展 RAM2000H 单元中的数据送至片内基本 RAM30H 单元
```

3. 访问程序存储器指令（或称查表指令）（2 条）

指令助记符：MOVC。

指令功能：从程序存储器读取数据到累加器 A。

寻址方式：变址寻址。

累加器 A 与程序存储器之间的传送指令（查表指令）如表 4.4 所示。

表 4.4　累加器 A 与程序存储器之间的传送指令（查表指令）

指令分类	指令形式	指令功能	字节数	指令执行时间（系统时钟数）
DPTR 为基址寄存器	MOVC A,@A+DPTR	将累加器 A 的内容与 DPTR 的内容之和指示的程序存储器单元的内容送至累加器 A	1	5
PC 为基址寄存器	MOVC A,@A+PC	将累加器 A 的内容与 PC 的内容之和指示的程序存储器单元的内容送至累加器 A	1	4

注：PC 值为该指令的下一指令的首地址，即当前指令首地址加 1。

1）以 DPTR 为基址寄存器

```
MOVC A,@A+DPTR ;A←((A)+(DPTR))
```

该指令的功能是以 DPTR 为基址寄存器，其与累加器 A 相加后获得一个 16 位地址，然后将该地址对应的程序存储器单元中的内容送至累加器 A。

由于该指令的执行结果仅与 DPTR 和累加器 A 的内容相关，与该指令在程序存储器中的存放地址无关，DPTR 的初值可任意设定，所以又称远程查表，其查表范围为 64KB 程序存储器的任意空间。

2）以 PC 为基址寄存器

```
MOVC A,@A+PC    ;PC←(PC)+1,A←((A)+(PC))
```

该指令的功能是以 PC 为基址寄存器，将执行该指令后的 PC 值与累加器 A 中的内容相加，获得一个 16 位地址，将该地址对应的程序存储器单元内容送入累加器 A 中。

由于该指令为单字节指令，CPU 读取该指令后 PC 值已经加 1，指向下一条指令的首地址，所以 PC 值是一个定值，查表范围只能由累加器 A 的内容确定，因此常数表只能在查表指令后 256 字节范围内，因此又称为近程查表。与前述指令相比，本指令易读性差，编程技巧要求高，但编写相同的程序比以 DPTR 为基址寄存器的指令简洁，占用寄存器资源少，在中断服务程序中更能显示其优越性。

例 4.6 将程序存储器 2010H 单元中的数据送至累加器 A（设程序的起始地址为 2000H）。

解 方法一编程如下：

```
ORG 2000H          ;伪指令，指定下列程序从 2000H 单元开始存放
MOV DPTR,#2000H
MOV A,#10H
MOVC A,@A+DPTR
```

编程技巧：在访问前，必须保证（A）＋（DPTR）等于访问地址，如本例中的 2010H，一般方法是将访问地址低 8 位值（10H）赋给累加器 A，剩下的 16 位地址（2010H–10H=2000H）赋给 DPTR。编程与指令所在的地址无关。

方法二编程如下：

```
ORG 2000H
MOV A,#0DH
MOVC A,@A+PC
```

分析：因为程序的起始地址为 2000H，第一条指令为双字节指令，所以第二条指令的地址为 2002H，第二条指令的下一条指令的首地址应为 2003H，即（PC）=2003H，因为（A）＋（PC）=2010H，故（A）=0DH。

因为该指令与指令所在地址有关，不利于修改程序，所以不建议使用。

4．交换指令（5 条）

指令助记符：XCH、XCHD、SWAP。

指令功能：实现指定单元的内容互换。

寻址方式：寄存器寻址、直接寻址、寄存器间接寻址。

累加器 A 与基本 RAM 之间的交换指令如表 4.5 所示。

表 4.5 累加器 A 与基本 RAM 之间的交换指令

指令分类	指令形式	指令功能	字节数	指令执行时间（系统时钟数）
字节交换	XCH A,Rn	将 Rn 的内容与累加器 A 的内容互换	1	1
	XCH A,direct	将 direct 单元的内容与累加器 A 的内容互换	2	1
	XCH A,@Ri	将 Ri 指向单元的内容与累加器 A 的内容互换	1	1
半字节交换	XCHD A,@Ri	将 Ri 指向单元的低 4 位与累加器 A 的低 4 位互换	1	1
	SWAP A	将累加器 A 的高 4 位与低 4 位交换	1	1

例 4.7 采用字节交换指令，编程实现片内 RAM 20H 单元与 21H 单元的内容互换。

解 编程如下：

```
XCH A,20H
XCH A,21H
XCH A,20H
```

例 4.8 将累加器 A 的高 4 位与片内 RAM 20H 单元的低 4 位互换。

解 编程如下：

```
SWAP A
MOV R1,#20H
```

```
XCHD  A,@R1
SWAP  A
```

5. 堆栈操作指令（2 条）

指令助记符：PUSH、POP。

指令功能：将指定单元的内容压入堆栈或将堆栈内容弹出到指定的直接地址单元中。

寻址方式：直接寻址，隐含寄存器间接寻址（间接寻址指针为 SP）。

堆栈操作指令的具体形式与功能如表 4.6 所示。

表 4.6　堆栈操作指令的具体形式与功能

指令分类	指令形式	指令功能	字节数	指令执行时间（系统时钟数）
入栈操作	PUSH direct	将 direct 单元的内容压入（传送）SP 指向单元（堆栈）	2	1
出栈操作	POP direct	将 SP 指向单元（堆栈）的内容弹出（传送）到 direct 单元中	2	1

在 8051 单片机片内基本 RAM 区中，可设定一个对存储单元数据进行"先进后出、后进先出"操作的区域，即堆栈，8051 单片机复位后，（SP）=07H，即栈底为 08H 单元；若要更改栈底位置，则需要重新给 SP 赋值（堆栈一般设在 30H～7FH 单元）。在应用中，SP 指针始终指向堆栈的栈顶。

例 4.9　设（A）=40H，（B）=41H，分析执行下列指令序列后的结果。

解　分析如下：

```
MOV  SP,#30H        ;(SP)=30H
PUSH ACC            ;(SP)=31H,  (31H)=40H, (A)=40H
PUSH B              ;(SP)=32H,  (32H)=41H, (B)=41H
MOV  A, #00H        ;(A)=00H
MOV  B, #01H        ;(B)=01H
POP  B              ;(B)=41H,  (SP)=31H,  (32H)=41H
POP  ACC            ;(A)=40H,  (SP)=30H,  (31H)=40H
```

程序执行后，（A）=40H，（B）=41H，（SP）=30H，累加器 A 和寄存器 B 中的内容恢复原样。入栈操作、出栈操作主要用于子程序及中断服务程序；入栈操作用来保护 CPU 现场参数，出栈操作用来恢复 CPU 现场参数。

例 4.10　利用堆栈操作指令，将累加器 A 的内容与寄存器 B 的内容互换。

解　编程如下：

```
PUSH ACC    ;入栈操作时，累加器必须用 ACC 表示
PUSH B
POP  ACC    ;出栈操作时，累加器必须用 ACC 表示
POP  B
```

4.1.3　算术运算类指令

8051 单片机算术运算类指令包括加法（ADD、ADDC）、减法（SUBB）、乘法（MUL）、

除法（DIV）、加 1 操作（INC）、减 1 操作（DEC）和十进制调整（DA）等指令，共有 24 条，如表 4.7 所示。多数算术运算类指令会对 PSW 中的 CY、AC、OV 和 P 产生影响，但加 1 操作指令和减 1 操作指令并不直接影响 CY、AC、OV 和 P，只有当操作数为 A 时，加 1 操作指令和减 1 操作指令才会影响 P，乘法和除法指令会影响 OV 和 P。

表 4.7　算术运算类指令

指令分类	指令形式	指令功能	字节数	指令执行时间（系统时钟数）
不带进位位加法	ADD　A,Rn	将累加器 A 和 Rn 的内容相加送至累加器 A	1	1
	ADD　A,direct	将累加器 A 和 direct 单元的内容相加送至累加器 A	2	1
	ADD　A,@Ri	将累加器 A 和 Ri 指示单元的内容相加送至累加器 A	1	1
	ADD　A,#data	将累加器 A 的内容和 data 常数相加送至累加器 A	2	1
带进位位加法	ADDC　A,Rn	将累加器 A、Rn 的内容及 CY 值相加送至累加器 A	1	1
	ADDC　A,direct	将累加器 A、direct 单元的内容及 CY 值相加送至累加器 A	2	1
	ADDC　A,@Ri	将累加器 A、Ri 指示单元的内容及 CY 值相加送至累加器 A	1	1
	ADDC　A,#data	将累加器 A 的内容、data 常数及 CY 值相加送至累加器 A	2	1
减法	SUBB　A,Rn	将累加器 A 的内容减 Rn 的内容及 CY 值送至累加器 A	1	1
	SUBB　A,direct	将累加器 A 的内容减 direct 单元的内容及 CY 值送至累加器 A	2	1
	SUBB　A,@Ri	将累加器 A 的内容减 Ri 指示单元的内容及 CY 值送至累加器 A	1	1
	SUBB　A,#data	将累加器 A 的内容减 data 常数及 CY 值送至累加器 A	2	1
乘法	MUL　AB	将累加器 A 的内容乘以寄存器 B 的内容，积的高 8 位存入寄存器 B、低 8 位存入累加器 A	1	2
除法	DIV　AB	将累加器 A 的内容除以寄存器 B 的内容，商入累加器 A、余数存入寄存器 B	1	6
十进制调整	DA　A	对 BCD 码加法结果进行调整	1	3
加 1 操作	INC　A	将累加器 A 的内容加 1 送至累加器 A	1	1
	INC　Rn	将 Rn 的内容加 1 送至 Rn	1	1
	INC　direct	将 direct 单元的内容加 1 送至 direct 单元	2	1
	INC　@Ri	将 Ri 指示单元的内容加 1 送至 Ri 指示单元	1	1
	INC　DPTR	将 DPTR 的内容加 1 送至 DPTR	1	1
减 1 操作	DEC　A	将累加器 A 的内容减 1 送至累加器 A	1	1
	DEC　Rn	将 Rn 的内容减 1 送至 Rn	1	1
	DEC　direct	将 direct 单元的内容减 1 送至 direct 单元	2	1
	DEC　@Ri	将 Ri 指示单元的内容减 1 送至 Ri 指示单元	1	1

1. 加法指令

加法指令包括不带进位位的加法指令（ADD）和带进位位加法指令（ADDC）。

1）不带进位位加法指令（4 条）

```
ADD  A,#data        ; A←(A)+data
```

```
ADD  A,direct       ; A←(A)+(direct)
ADD  A,Rn           ; A←(A)+(Rn)
ADD  A,@Ri          ; A←(A)+((Ri))
```

该指令的功能是将累加器 A 中的值与源操作数指定的值相加，并把运算结果送至累加器 A。

这类指令会对 AC、CY、OV、P 标志位产生影响，影响如下。

CY：进位标志位，当运算中位 7 有进位时，CY 置位，表示和溢出，即和大于 255；否则，CY 清 0。这实际是将两个操作数作为无符号数直接相加得到 CY 的值。

OV：溢出标志位，当运算中位 7 与位 6 中有一位进位而另一位不产生进位时，OV 置位；否则，OV 清 0。如果将两个操作数当作有符号数运算，就需要根据 OV 值来判断运算结果是否有效，若 OV 为 1，则说明运算结果超出 8 位有符号数的表示范围（-128~127），运算结果无效。

AC：半进位标志，当运算中位 3 有进位时，AC 置 1；否则，AC 清 0。

P：奇偶标志位，若结果累加器 A 中 1 的个数为偶数，则（P）=0；若结果累加器 A 中 1 的个数为奇数，则（P）=1。

2）带进位位加法指令（4 条）

```
ADDC  A,Rn          ; A←(A)+(Rn)+(CY)
ADDC  A,direct      ; A←(A)+(direct)+(CY)
ADDC  A,@Ri         ; A←(A)+((Ri))+(CY)
ADDC  A,#data       ; A←(A)+data+(CY)
```

该指令的功能是将指令中规定的源操作数、累加器 A 的内容和 CY 值相加，并把操作结果送至累加器 A。

注意：这里所指的 CY 值是指令执行前的 CY 值，而不是指令执行中形成的 CY 值。PSW 中各标志位状态变化和不带进位位加法指令的相同。

带进位位加法指令通常用于多字节加法运算。由于 8051 单片机是 8 位机，所以只能进行 8 位的数学运算，为扩大运算范围，在实际应用时通常将多个字节组合运算。例如，两字节数据相加时，先算低字节，再算高字节，低字节采用不带进位位加法指令，高字节采用带进位位加法指令。

例 4.11　试编制 4 位十六进制数加法程序，假定和超过双字节，要求如下：

（21H）（20H）+（31H）（30H）→ （42H）（41H）（40H）

解　先做不带进位位的低字节求和，再做带进位位的高字节求和，最后处理最高位。

$$
\begin{array}{r}
（21H）（20H）\\
+\quad（31H）（30H）\\
\hline
（42H）（41H）（40H）
\end{array}
$$

参考程序如下：

```
ORG 0000H
MOV A, 20H
ADD A, 30H          ;低字节不带进位加法
MOV 40H,A
MOV A, 21H
```

```
ADDC  A,31H          ;高字节带进位加法
MOV   41H,A
MOV   A,#00H         ;最高位处理: 0+0+(CY)
ADDC  A,#00H
MOV   42H,A
SJMP  $              ;原地踏步, 作为程序结束指令
END
```

2. 减法指令 (4 条)

```
SUBB  A,Rn           ;A←(A)-(Rn)-(CY)
SUBB  A,direct       ;A←(A)-(direct)-(CY)
SUBB  A,@Ri          ;A←(A)-((Ri))-(CY)
SUBB  A,#data        ;A←(A)-data-(CY)
```

该指令的功能是将累加器 A 的内容减去指定的源操作数及 CY 值, 并把结果 (差) 送至累加器 A。

(1) 在 8051 单片机指令系统中, 没有不带借位位的减法指令, 如果需要做不带借位位的减法则需要用带借位位的减法指令替代, 即在带借位位减法指令前预先用一条能够将 CY 清 0 的指令 (CLR C)。

(2) 产生各标志位的法则: 若最高位在做减法时有借位, 则 (CY) =1, 否则 (CY) =0; 若低 4 位在做减法时向高 4 位借位, 则 (AC) =1, 否则 (AC) =0; 若做减法时最高位有借位而次高位无借位或最高位无借位而次高位有借位, 则 (OV) =1, 否则 (OV) =0; P 只取决于累加器 A 自身的数值, 与指令类型无关。

设 (A) =85H, (R2) =55H, (CY) =1, 指令 "SUBB A,R2" 的执行情况如下。

$$
\begin{array}{r}
1000\ 0101 \quad \text{累加器 A} \\
-0101\ 0101 \quad \text{R2} \\
-\underline{\qquad\qquad 1} \quad \text{CY} \\
0010\ 1111
\end{array}
$$

运算结果为 (A) =2FH, (CY) =0, (OV) =1, (AC) =1, (P) =1。

例 4.12 编制下列减法程序, 设够减, 要求如下:

$$(31H)(30H) - (41H)(40H) \rightarrow (31H)(30H)$$

解 先进行低字节不带借位位求差, 再进行高字节带借位位求差。

编程如下:

```
ORG  0000H
CLR  C               ;CY 清 0
MOV  A,30H           ;取低字节被减数
SUBB A,40H           ;被减数减去减数, 差送至累加器 A
MOV  30H,A           ;差存低字节
MOV  A,31H           ;取高字节被减数
SUBB A,41H           ;被减数减去减数, 差送至累加器 A
MOV  31H,A           ;差存高字节
SJMP $               ;原地踏步, 作为程序结束指令
END
```

3. 乘法指令（1 条）

```
MUL  AB  ;BA←(A)×(B)
```

该指令的功能是把累加器 A 和寄存器 B 中的两个 8 位无符号数相乘，并把乘积的高 8 位存入寄存器 B，乘积的低 8 位存入累加器 A。当乘积高字节（B）≠0，即乘积大于 255（FFH）时，（OV）=1；当乘积高字节（B）=0 时，（OV）=0。CY 总是为 0，AC 保持不变。P 仍由累加器 A 中的 1 的个数决定。

设（A）=40H，（B）=62H，则其执行指令为

```
MUL  AB
```

运算结果为（B）=18H，（A）=80H，乘积为 1880H，（CY）=0，（OV）=1，（P）=1。

4. 除法指令（1 条）

```
DIV  AB  ;A←(A)÷(B) 的商，B←(A)÷(B) 的余数
```

该指令的功能是将累加器 A 中的 8 位无符号数除以寄存器 B 中的 8 位无符号数，所得商存入在累加器 A，余数存入寄存器 B。CY 和 OV 都为 0，如果在做除法前寄存器 B 中的值是 00H，即除数为 0，那么（OV）=1。

设（A）=F2H，（B）=10H，则其执行指令为

```
DIV  AB
```

运算结果为商（A）=0FH，余数（B）=02H，（CY）=0，（OV）=0，（P）=0。

5. 十进制调整指令（1 条）

```
DA  A  ;十进制修正指令
```

该指令的功能是对 BCD 码进行加法运算后，根据 PSW 标志位 CY、AC 的状态及累加器 A 中的结果对其内容进行 "加 6 修正"，使其转换成压缩的 BCD 码形式。

（1）该指令只能紧跟在加法指令（ADD/ADDC）后进行。

（2）两个加数必须是 BCD 码形式的。BCD 码是用二进制数表示十进制数的一种表示形式，与其值没有关系，如十进制数 56 的 BCD 码形式为 56H。

（3）该指令只能对累加器 A 中的结果进行调整。

例 4.13　试编制十进制数加法程序（单字节 BCD 码加法），并说明程序运行后 22H 单元的内容是什么。运算要求为 56+38→（22H）。

解　编程如下：

```
ORG  0000H
MOV  A,#56H
ADD  A,#38H
DA   A
MOV  22H,A
SJMP $
END
```

分析如下。

$$
\begin{array}{r}
\texttt{0101 0110} \quad 56 \\
+\texttt{0011 1000} \quad 38 \\
\hline
\texttt{1000 1110} \\
+ \quad \texttt{0110} \quad \text{低 4 位加 6 调整} \\
\hline
\texttt{1001 0100} \quad 94
\end{array}
$$

所以，22H 单元的内容为 94H，即十进制数为 94（56+38）。

例 4.14 编程实现单字节的十进制数减法程序，假设够减，要求如下：

（20H）－（21H）→（22H）。

解： 8051 单片机指令系统中无十进制减法调整指令，十进制减法运算需要通过加法运算来实现，即被减数加上减数的补数，再用十进制调整指令即可。

编程如下：

```
ORG 0000H
CLR  C
MOV  A,  #9AH        ;减数的补数为 100-减数
SUBB A,  21H
ADD  A,  20H         ;被减数与减数的补数相加
DA   A              ;用十进制调整指令
MOV  22H, A          ;储存十进制减法结果
SJMP $
END
```

6. 加 1 操作指令（5 条）

```
INC  A              ;A←(A)+1
INC  Rn             ;Rn←(Rn)+1
INC  direct         ;direct←(direct)+1
INC  @Ri            ;(Ri)←((Ri))+1
INC  DPTR           ;DPTR←(DPTR)+1
```

该指令的功能是将操作数指定单元的内容加 1。此组指令除"INC A"影响 P 以外，其余指令不对 PSW 产生影响。若执行指令前操作数指定单元的内容为 FFH，则加 1 后溢出为 00H。

设（R0）=7EH，（7EH）=FFH，（7FH）=40H。执行下列指令：

```
INC  @R0            ;（FFH）+1=00H，存入 7EH 单元
INC  R0             ;（7EH）+1=7FH，存入 R0
INC  @ R0           ;（40H）+1=41H，存入 7FH 单元
```

执行结果为（R0）=7FH，（7EH）=00H，（7FH）=41H。

说明："INC A"和"ADD A,#1"虽然运算结果相同，但"INC A"是单字节指令，而且"INC A"除了影响 P，不会影响其他 PSW 标志位；"ADD A,#1"则是双字节指令，会对 CY、OV、AC 和 P 产生影响。若要实现十进制加 1 操作，只能用"ADD A,#1"指令做加法，再用"DA A"指令调整。

7. 减 1 操作指令（4 条）

```
DEC  A       ; A←(A)-1
DEC  Rn      ; Rn←(Rn)-1
DEC  direct  ; direct←(direct)-1
DEC  @Ri     ; (Ri)←((Ri))-1
```

该指令的功能是将操作数指定单元的内容减 1。除"DEC　A"影响 P 以外，其余指令不对 PSW 产生影响。若执行指令前操作数指定单元的内容为 00H，则减 1 后溢出为 FFH。

注意：不存在"DEC　DPTR"指令，在实际应用时可用"DEC　DPL"指令代替（在 DPL ≠0 的情况下）。

4.1.4　逻辑运算与循环移位类指令

逻辑运算类指令可实现逻辑与、逻辑或、逻辑异或、累加器清 0 及累加器取反操作，循环移位类指令是完成对累加器 A 的循环移位（左移或右移）操作，逻辑运算与循环移位类指令如表 4.8 所示。逻辑运算与循环移位类指令一般不直接影响标志位，只有在操作中直接涉及累加器 A 或进位标志位 CY 时，才会影响到 P 和 CY。

表 4.8　逻辑运算与循环移位类指令

指令分类	指令形式	指令功能	字节数	指令执行时间（系统时钟数）
逻辑与	ANL A,Rn	将累加器 A 和 Rn 的内容按位相与送至累加器 A	1	1
	ANL A,direct	将累加器 A 和 direct 单元的内容按位相与送至累加器 A	2	1
	ANL A,@Ri	将累加器 A 和 Ri 指示单元的内容按位相与送至累加器 A	1	1
	ANL A,#data	将累加器 A 的内容和 data 常数按位相与送至累加器 A	2	1
	ANL direct,A	将 direct 单元和累加器 A 的内容按位相与送至 direct 单元	2	1
	ANL direct,#data	将 direct 单元的内容和 data 常数按位相与送至 direct 单元	3	1
逻辑或	ORL A,Rn	将累加器 A 和 Rn 的内容按位相或送至累加器 A	1	1
	ORL A,direct	将累加器 A 和 direct 单元的内容按位相或送至累加器 A	2	1
	ORL A,@Ri	将累加器 A 和 Ri 指示单元的内容按位相或送至累加器 A	1	1
	ORL A,#data	将累加器 A 的内容和 data 常数按位相或送至累加器 A	2	1
	ORL direct,A	将 direct 单元和累加器 A 的内容按位相或送至 direct 单元	2	1
	ORL direct,#data	将 direct 单元的内容和 data 常数按位相或送至 direct 单元	3	1
逻辑异或	XRL A,Rn	将累加器 A 和 Rn 的内容按位相异或送至累加器 A	1	1
	XRL A,direct	将累加器 A 和 direct 单元的内容按位相异或送至累加器 A	2	1
	XRL A,@Ri	将累加器 A 和 Ri 指示单元的内容按位相异或送至累加器 A	1	1
	XRL A,#data	将累加器 A 的内容和 data 常数按位相异或送至累加器 A	2	1
	XRL direct,A	将 direct 单元和累加器 A 的内容按位相异或送至 direct 单元	2	1
	XRL direct,#data	将 direct 单元的内容和 data 常数按位相异或送 direct 单元	3	1

指令分类	指令形式	指令功能	字节数	指令执行时间（系统时钟数）
累加器清 0	CLR A	将累加器 A 的内容清 0	1	1
累加器取反	CPL A	将累加器 A 的内容取反	1	1
循环左移	RL A	将累加器 A 的内容循环左移 1 位	1	1
	RLC A	将累加器 A 的内容及 CY 循环左移 1 位	1	1
循环右移	RR A	将累加器 A 的内容循环右移 1 位	1	1
	RRC A	将累加器 A 的内容及 CY 循环右移 1 位	1	1

1. 逻辑与指令（6 条）

```
ANL   A,Rn              ; A←(A)∧(Rn)
ANL   A,direct          ; A←(A)∧(direct)
ANL   A,@Ri             ; A←(A)∧((Ri))
ANL   A,#data           ; A←(A)∧data
ANL   direct,A          ; direct←(A)∧(direct)
ANL   direct,#data      ; direct←(direct)∧data
```

前四条指令的功能是将源操作数指定的内容与累加器 A 的内容按位进行逻辑与运算，运算结果送至累加器 A，源操作数可以是工作寄存器、片内 RAM 或立即数。

后两条指令的功能为将目的操作数（直接地址单元）指定的内容与源操作数（累加器 A 或立即数）按位进行逻辑与运算，运算结果送至直接地址单元。

位逻辑与运算规则：只要两个操作数中任意一位为 0，则该位操作结果为 0，只有两位均为 1 时，运算结果才为 1。在实际应用中，逻辑与指令通常用于屏蔽某些位，相应的方法是将需要屏蔽的位和 0 相与。

设（A）=37H，编写指令将 A 中的高 4 位清零，低 4 位不变。

```
ANL   A, #0FH           ; (A)=07H
```

$$
\begin{array}{r}
0011\ 0111 \\
\wedge\quad 0000\ 1111 \\
\hline
0000\ 0111
\end{array}
$$

2. 逻辑或指令（6 条）

```
ORL   A,Rn              ; A ←(A)∨(Rn)
ORL   A,direct          ; A ←(A)∨(direct)
ORL   A,@Ri             ; A ←(A)∨((Ri))
ORL   A,#data           ; A ←(A)∨data
ORL   direct,A          ; direct ←(A)∨(direct)
ORL   direct,#data      ; direct ←(direct)∨data
```

该指令的功能是将源操作数指定的内容与目的操作数指定的内容按位进行逻辑或运算，运算结果送至目的操作数指定的单元。

位逻辑或运算规则：只要两个操作数中任意一位为 1，该位操作结果就为 1，只有两位均为 0 时，运算结果才为 0。在实际应用中，逻辑或指令通常用于使某些位置位，让需要置 1 的数据位与 1 相或，保持不变的数据位与 0 相或。

例 4.15　将累加器 A 的 1、3、5、7 位清 0，其他位置 1，并将结果送入片内 RAM 20H 单元。

解　编程如下：

```
ANL A,#55H          ;将累加器 A 的 1、3、5、7 位清 0
ORL A,#55H          ;将累加器 A 的 0、2、4、6 位置 1
MOV 20H, A
```

3. 逻辑异或指令（6 条）

```
XRL A,Rn            ; A ← (A) ⊕ (Rn)
XRL A,direct        ; A ← (A) ⊕ (direct)
XRL A,@Ri           ; A ← (A) ⊕ ((Ri))
XRL A, #data        ; A ← (A) ⊕ data
XRL direct,A        ; direct ← (A) ⊕ (direct)
XRL direct,#data    ; direct ← (direct) ⊕ data
```

该指令的功能是将源操作数指定的内容与目的操作数指定的内容进行逻辑异或运算，运算结果送至目的操作数指定的单元。

位逻辑异或运算规则：若两个操作数中进行异或的两个位相同，则该位运算结果为 0；只有两个位不同时，运算结果才为 1，即相同运算结果为 0，相异运算结果为 1。在实际应用中，逻辑异或指令通常用于使某些位取反，相应的方法是将取反的位与 1 进行异或运算。

例 4.16　设（A）=ACH，要求将第 0 位和第 1 位取反，第 2 位和第 3 位清 0，第 4 位和第 5 位置 1，第 6 位和第 7 位不变。

解　编程如下：

```
XRL A, #00000011B   ;(A)=10101111
ANL A, #11110011B   ;(A)=10100011
ORL A, #00110000B   ;(A)=10110011
```

例 4.17　试编写将扩展 RAM 30H 单元内容的高 4 位不变、低 4 位取反的程序。

解　编程如下：

```
MOV  R0,#30H        ;将扩展 RAM30H 单元的内容送至 R0
MOVX A, @R0         ;取扩展 RAM30H 单元的内容
XRL  A, #0FH        ;低 4 位与 1 异或，实施取反操作
MOVX @R0, A         ;将累加器 A 的内容送回扩展 RAM30H 单元
```

4. 累加器 A 清 0 指令（1 条）

```
CLR A ;A←0
```

该指令的功能是将累加器 A 的内容清 0。

5. 累加器 A 取反指令（1 条）

```
CPL A ;A←/(A)
```

该指令的功能是将累加器 A 的内容取反。

6. 循环移位指令（4 条）

```
RL A                ;累加器 A 的内容循环左移一位
RR A                ;累加器 A 的内容循环右移一位
RLC A               ;累加器 A 的内容连同进位位循环左移一位
```

```
RRC  A        ;累加器 A 的内容连同进位位循环右移一位
```
循环移位示意图如图 4.8 所示。

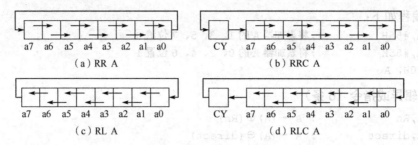

图 4.8　循环移位示意图

已知（A）=56H，（CY）=1，按指令序列各指令运行结果如下：
```
RL   A    ;（A）=ACH,（CY）=1
RLC  A    ;（A）=59H,（CY）=1
RR   A    ;（A）=ACH,（CY）=1
RRC  A    ;（A）=D6H,（CY）=0
```
循环移位指令除可以实现左、右移位控制以外，还可以实现数据运算操作。

（1）当累加器 A 最高位为 0 时，左移 1 位，相当于累加器 A 的内容乘以 2。

（2）当累加器 A 最低位为 0 时，右移 1 位，相当于累加器 A 的内容除以 2。

4.1.5　控制转移类指令

控制转移类指令是用来改变程序的执行顺序的，即改变 PC 值，使 PC 有条件、无条件地、或者通过其他方式从当前位置转移到一个指定的程序地址单元，从而改变程序的执行方向。

控制转移类指令可分为：无条件转移指令、条件转移指令、子程序调用及返回指令。

1．无条件转移指令（5 条）

程序在执行无条件转移指令时，无条件地转移到指令所指定的目标地址，因此，分析无条件转移指令时，应重点关注其转移的目标地址。无条件转移指令的具体形式与指令功能如表 4.9 所示。

表 4.9　无条件转移指令的具体形式与指令功能

指令分类	指令形式	指令功能	字节数	指令执行时间 （系统时钟数）
长转移	LJMP addr16	将 16 位目标地址 addr16 装入 PC	3	3
短转移	AJMP addr11	提供低 11 位地址，PC 的高 5 位为下一指令首地址的高 5 位	2	3
相对转移	SJMP rel	目标地址为下一指令首地址与 rel 相加，rel 为有符号数	2	3
间接转移	JMP @A+DPTR	目标地址为累加器 A 内容与 DPTR 内容相加	1	4
空操作	NOP	目标地址为下一指令首地址	1	1

1）长转移指令（1 条）

```
LJMP addr16      ; PC←addr15~0
```

该指令是三字节指令，执行该指令时，将 16 位目标地址 addr16 装入 PC，程序无条件转向指定的目标地址。转移指令的目标地址可以是 64KB 程序存储器地址空间的任何地方，不影响任何标志。

例 4.18　已知某单片机监控程序地址为 2080H，试问用什么办法可使单片机开机后自动执行监控程序。

解　单片机开机后，PC 总是复位为全 0，即（PC）=0000H。因此，为使机器开机后能自动转入 2080H 处执行监控程序，在 0000H 处必须存放一条指令：

```
LJMP 2080H
```

2）短转移指令（1 条）

```
AJMP addr11      ;PC←(PC)+2，(PC10~0)←addr10~0 ，PC15~11 保持不变
```

该指令是双字节指令，执行该指令时，先将 PC 的值加 2，再把指令中给出的 11 位地址 addr11 送入 PC 的低 11 位（PC10~PC0），PC 的高 5 位保持原值，由 addr11 和 PC 的高 5 位形成新的 16 位目标地址，程序随即转移到该地址处。

注意：因为短转移指令只提供了低 11 位地址，PC 的高 5 位保持原值，所以转移的目标地址必须与 PC+2 后的值（AJMP 指令的下一条指令首地址）位于同一个 2KB 区域内。

3）相对转移指令（1 条）

```
SJMP rel     ;(PC)←(PC)+2，(PC)←(PC)+rel
```

该指令是双字节指令，执行该指令时，先将 PC 的值加 2，再把指令中带符号的偏移量加到 PC 上，然后将得到的跳转目的地址送入 PC。

$$目的地址 = (PC) + 2 + rel$$

其中，rel 表示相对偏移量，是一个 8 位有符号数，因此该指令转移的范围为 SJMP 指令的下一条指令首地址的前 128 字节和后 127 字节。

上面三条指令的根本区别在于转移的范围不同。LJMP 可以在 64KB 范围内实现转移而 AJMP 只能在 2KB 范围内跳转，SJMP 则只能在 256B 之间转移。所以从原则上来讲所有涉及 SJMP 或 AJMP 的地方都可以用 LJMP 来替代，要注意的是，AJMP 和 SJMP 是双字节指令，LJMP 是三字节指令。在程序存储器空间较富裕时，采用长转移指令会更方便些。在实际编程时，addr16、addr11、rel 都是用转移目标地址的符号地址（标号）来表示的。程序在汇编时，汇编系统会自动计算出执行该指令转移到目标地址所需的 addr16、addr11、rel 值。

编程时通常使用的指令如下：

```
HERE: SJMP  HERE
```

或写成：

```
SJMP $
```

rel 就是用转移目标地址的标号 HERE 来表示的，说明执行该指令后 PC 转移到 HERE 标号地址处。该指令是一条死循环指令，目标地址等于源地址，通常用作程序的结束或用来等待中断。当有中断请求时，CPU 转去执行中断服务程序；当中断返回时，仍然返回到该指令处继续等待中断。

4）间接转移指令（1 条）

```
JMP  @A+DPTR        ; PC←(A)+(DPTR)
```

该指令的功能是把数据指针 DPTR 的内容与累加器 A 中的 8 位无符号数相加形成的转移目标地址送入 PC，不改变 DPTR 和累加器 A 中的内容，也不影响标志位。当 DPTR 的值固定，而给累加器 A 赋以不同的值时，即可实现程序的多分支转移。

通常在 DPTR 中的基地址是一个确定的值，常用来作为一张转移指令表的起始地址，以累加器 A 中的值为转移指令表的偏移量地址（与分支号相对应），根据分支号，通过间接转移指令 PC 转移到转移指令分支表中，再执行转移指令分支表的无条件转移指令（AJMP 或 LJMP）转移到该分支对应的程序中，即完成多分支转移。

5）空操作指令（1 条）

```
NOP                 ; PC←（PC）+1
```

该指令是一条单字节指令，CPU 不进行任何操作，只在时间上进行消耗，因此常用于程序的等待或时间的延迟。

2. 条件转移指令（8 条）

条件转移指令是根据特定条件是否成立来实现转移的指令。在执行该指令时，应先检测指令给定的条件，如果条件满足，则程序转向目标地址去执行；否则程序不转移，按顺序执行。

8051 单片机指令系统的条件转移指令采用的寻址方式都是相对寻址方式，其转移的目标地址为转移指令的下一条指令的首地址加上 rel 偏移量，rel 是一个 8 位有符号数。因此，8051 单片机指令系统的条件转移指令的转移范围为转移指令的下一条指令的前 128 个字节和后 127 个字节，即转移空间为 256 个字节单元。

条件转移指令可分为三类：累加器判 0 转移指令、比较不等转移指令、减 1 非 0 转移指令。实际上，还有位信号判断指令，为了区分字节与位操作，位信号判断指令被归纳到了位操作类指令中。

条件转移指令的具体格式与指令功能如表 4.10 所示。

表 4.10 条件转移指令的具体格式与指令功能

指令分类	指令形式	指令功能	字节数	指令执行时间（系统时钟数）
累加器判 0 转移	JZ rel	累加器 A 为 0 转移	2	1/3①
	JNZ rel	累加器 A 为非 0 转移	2	1/3①
比较不等转移	CJNE A,#data,rel	将累加器 A 的内容与 data 常数进行比较，不等则转移	3	1/3①
	CJNE A, direct, rel	将累加器 A 的内容与 direct 单元内容进行比较，不等则转移	3	2/3②
	CJNE Rn,#data, rel	将 Rn 的内容与 data 常数进行比较，不等则转移	3	2/3②
	CJNE @Ri,#data,rel	将 Ri 指示单元的内容与 data 常数进行比较，不等则转移	3	2/3②
减 1 非 0 转移	DJNZ Rn,rel	将 Rn 的内容减 1，若不为 0 则转移	2	2/3②
	DJNZ direct,rel	将 direct 单元的内容减 1，若不为 0 则转移	3	2/3②

注：①条件跳转语句的执行时间会依据条件是否满足而不同。当条件不满足时，不会发生跳转而继续执行下一条指令，此时条件跳转语句的执行时间为 1 个时钟；当条件满足时，会发生跳转，此时条件跳转语句的执行时间为 3 个时钟。

②条件跳转语句的执行时间会依据条件是否满足而不同。当条件不满足时，不会发生跳转而继续执行下一条指令，此时条件跳转语句的执行时间为 2 个时钟；当条件满足时，会发生跳转，此时条件跳转语句的执行时间为 3 个时钟。

1）累加器判 0 转移指令（2 条）

```
JZ   rel      ;若(A)=0, 则 PC←(PC)+2, PC←(PC)+rel; 若(A)≠0, 则 PC←(PC)+2
JNZ  rel      ;若(A)≠0, 则 PC←(PC)+2+rel; 若(A)=0, 则 PC←(PC)+2, PC←(PC)+rel
```

第一条指令的功能是，如果累加器（A）=0，则转移到目标地址处执行，否则顺序执行（执行本指令的下一条指令）。

第二条指令的功能是，如果累加器（A）≠0，则转移到目标地址处执行，否则顺序执行（执行本指令的下一条指令）。

其中，转移目标地址=转移指令首地址+2+rel，在实际应用时，通常使用标号作为目标地址。

JZ、JNZ 指令示意图如图 4.9 所示。

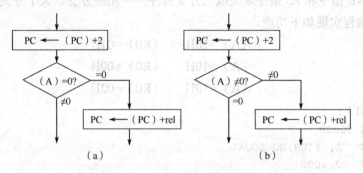

图 4.9 JZ、JNZ 指令示意图

例 4.19 试编程以实现将扩展 RAM 的一个数据块（首地址为 0020H）传送到内部基本 RAM（首地址为 30H），当传送的数据为 0 时停止传送。

解 编程如下：

```
        ORG   0000H
        MOV   R0,#30H        ;设置基本 RAM 指针
        MOV   DPTR,#0020H     ;设置扩展 RAM 指针
LOOP1:
        MOVX  A,@DPTR         ;获取被传送数据
        JZ    LOOP2           ;传送数据不为 0, 数据传送; 传送数据为 0, 结束传送
        MOV   @R0,A           ;数据传送
        INC   R0              ;修改指针, 指向下一个操作数
        INC   DPTR
        SJMP  LOOP1           ;重新进入下一个传送流程
LOOP2:
        SJMP  LOOP2           ;程序结束（原地踏步）
        END
```

2）比较不等转移指令（4 条）

```
        CJNE  A, #data,rel
        CJNE  A, direct, rel
        CJNE  Rn,#data, rel
        CJNE  @Ri,#data,rel
```

比较不等转移指令有三个操作数：第一个操作数是目的操作数，第二个操作数是源操作数，第三个操作数是偏移量。该指令具有比较和判断双重功能，比较的本质是进行减法运算，

用第一个操作数的内容减去第二个操作数的内容，该运算会影响 PSW 标志位，但差值不回存。

这 4 条指令的基本功能分别如下所示。

若目的操作数>源操作数，则 PC←（PC）+3+rel，CY←0。

若目的操作数<源操作数，则 PC←（PC）+3+rel，CY←1。

若目的操作数=源操作数，则 PC←（PC）+3，即顺序执行，CY←0。

因此，若两个操作数不相等，则执行该指令后通过判断 CY 的指令便可确定前两个操作数的大小。

可通过 CJNE 指令和 JC 指令来完成三分支程序——相等分支、大于分支、小于分支。

例 4.20 编程实现如下功能。

$$(A)>10H \quad (R0)=01H$$
$$(A)=10H \quad (R0)=00H$$
$$(A)<10H \quad (R0)=02H$$

解 编程如下：

```
        ORG 0000H
        CJNE A, #10H,NO_EQUAL
        MOV R0,#00H
        SJMP HERE
NO_EQUAL:
        JC LESS
        MOV R0,#01H
        SJMP HERE
LESS:
        MOV R0,#02H
HERE:
        SJMP HERE
        END
```

3）减 1 非 0 转移指令（2 条）

```
;PC←(PC)+2, Rn←(Rn)-1; 若(Rn)≠0, PC←(PC)+rel; 若(Rn)=0,则按顺序往下执行
DJNZ Rn,rel
;PC←(PC)+3, direct←(direct)-1; 若(direct)≠0, PC←(PC)+rel;
若(direct)=0,则按顺序往下执行
DJNZ direct,rel
```

该指令的功能是，每执行一次该指令，先将指定的 Rn 或 direct 单元的内容减 1，再判别其内容是否为 0。若不为 0，则转向目标地址，继续执行循环程序；若为 0，则结束循环程序段，程序往下执行。

例 4.21 试编写将扩展 RAM 0100H 开始的 100 个单元中分别存放 0~99 的程序。

解 编程如下：

```
        ORG 0000H
        MOV R0,#64H      ;设定循环次数
        MOV A,#00H       ;设置预置数初始值
```

```
        MOV   DPTR,#0100H      ;设置目标操作数指针
LOOP:
        MOVX  @DPTR,A          ;对指定单元置数
        INC   A                ;预置数加 1
        INC   DPTR             ;指向下一个目标操作数地址
        DJNZ  R0,LOOP          ;判断循环是否结束
        SJMP  $
        END
```

3．子程序调用及返回指令（4 条）

在实际应用中，经常需要重复使用一个完全相同的程序段。为避免重复，可把这段程序独立出来，独立出来的程序被称为子程序，原来的程序称为主程序。当主程序需要调用子程序时，通过一条调用指令进入子程序执行即可。子程序结束处放一条返回指令，执行完子程序后自动返回主程序的断点处继续执行主程序。

为保证返回正确，子程序调用及返回指令应具有自动保护断点地址及恢复断点地址的功能，即执行调用指令时，CPU 自动将下一条指令的地址（称为断点地址）保存到堆栈中，然后去执行子程序；当遇到返回指令时，按"后进先出"的原则把断点地址从堆栈中地址弹出，送到 PC 中。

子程序调用及返回指令的具体形式与指令功能如表 4.11 所示。

表 4.11　子程序调用及返回指令的具体形式与指令功能

指令分类	指令形式	指令功能	字节数	指令执行时间（系统时钟数）
子程序调用	LCALL　addr16	调用 addr16 地址处子程序	3	3
	ACALL　addr11	调用下一指令首地址的高 5 位与 addr11 合并所指的子程序	2	3
子程序返回	RET	返回子程序调用指令下一指令处	1	3
中断返回	RETI	返回中断断点处	1	3

1）子程序调用指令（2 条）

```
;PC←(PC)+3, SP←(SP)+1, (SP)←(PCL), SP←(SP)+1, (SP)←(PCH), PC←addr16
LCALL  addr16
;PC←(PC)+2, SP←(SP)+1, (SP)←(PCL), SP←(SP)+1, (SP)←(PCH), PC10~0←addr11
ACALL  addr11
```

其中，addr16 和 addr11 分别为子程序的 16 位和 11 位入口地址，编程时可用调用子程序的首地址（入口地址）标号代替。

第一条指令是长调用指令，是一条三字节指令，在执行时先将（PC）+3 获得下一条指令的地址，再将该地址压入堆栈（先 PCL，后 PCH）进行保护，然后将子程序入口地址 addr16 装入 PC，程序转去执行子程序。由于该指令提供了 16 位子程序入口地址，所以调用的子程序的首地址可以在 64 千字节范围内。

第二条指令是短调用指令，是一条双字节指令，在执行时先将（PC）+2 获得下一条指令的地址，再将该地址压入堆栈（先 PCL，后 PCH）进行保护，然后把指令给出的 addr11 装

入 PC，并和 PC 的高 5 位组成新的 PC，程序转去执行子程序。由于该指令仅提供了 11 位子程序入口地址 addr11，所以调用的子程序的首地址必须与 ACALL 后面指令的第一字节在同一个 2KB 区域内。

例 4.22 已知（SP）=60H，分析执行下列指令后的结果。

（1）

```
1000H: ACALL 1100H
```

（2）

```
1000H: LCALL 0800H
```

解 分析如下：

（1）

$$（SP）=62H，（61H）=02H，（62H）=10H，（PC）=1100H$$

（2）

$$（SP）=62H，（61H）=03H，（62H）=10H，（PC）=0800H$$

2）返回指令（2 条）

```
RET        ;PC15~8←((SP)), SP←(SP)-1; PC7~0←((SP)), SP←(SP)-1
;PC15~8←((SP)), SP←(SP)-1; PC7~0←((SP)), SP←(SP)-1,清除内部相应的中断状态寄存器
RETI
```

第一条指令是子程序返回指令，表示结束子程序，在执行时将栈顶的断点地址送入 PC（先 PCH，后 PCL），使程序返回到原断点地址处继续往下执行。

第二条指令是中断返回指令，它除了从中断服务程序返回中断时保护的断点处继续执行程序（类似 RET 功能），还清除了内部相应的中断状态寄存器。

注意：在使用上，RET 指令必须作为调用子程序的最后一条指令；RETI 必须作为中断服务子程序的最后一条指令，两者不能混淆。

4.1.6 位操作类指令

在 8051 单片机的硬件结构中有一个位处理器（又称布尔处理器），该位处理器有一套位变量处理的指令集，它的操作对象是位，以进位标志位 CY 为位累加器。通过位处理指令可以完成以位为对象的数据转送、运算、控制转移等操作。

位操作指令的对象是内部基本 RAM 的位寻址区，它由两部分构成：一部分为片内 RAM 低 128 字节的位地址区 20H~2FH 的 128 个位，其位地址为 00H~7FH；另一部分为特殊功能寄存器中可位寻址的各位（字节地址能被 8 整除的特殊功能寄存器的各有效位），其位地址为 80H~FFH。

在汇编语言中，位地址的表达方式有以下几种。

（1）用直接位地址表示，如 20H、3AH 等。

（2）用寄存器的位定义名称表示，如 C、RS1、RS0 等。

（3）用点操作符表示，如 PSW.3、20H.4 等，其中 "." 前面部分为字节地址或可位寻址的特殊功能寄存器的名称，后面部分的数字表示它们在字节中的位置。

(4)用自定义的位符号地址表示,如"MM　BIT　ACC.7",只要定义了位符号地址 MM,就可在指令中使用 MM 代替 ACC.7。

位操作指令的具体形式与指令功能如表 4.12 所示。

表 4.12　位操作类指令的具体形式与指令功能

指令分类	指令形式	指令功能	字节数	指令执行时间 (系统时钟数)
位数据传送	MOV　C,bit	将 bit 值送至 CY	2	1
	MOV　bit,C	将 CY 值送至 bit	2	1
位清 0	CLR　C	CY 值清 0	1	1
	CLR　bit	bit 值清 0	2	1
位置 1	SETB　C	CY 值置 1	1	1
	SETB　bit	bit 值置 1	2	1
位逻辑与	ANL　C,bit	将 CY 值与 bit 值相与结果送至 CY	2	1
	ANL　C,/bit	将 CY 值与 bit 取反值相与结果送至 CY	2	1
位逻辑或	ORL　C,bit	将 CY 值与 bit 值相或结果送至 CY	2	1
	ORL　C,/bit	将 CY 值与 bit 取反值相或结果送至 CY	2	1
位取反	CPL　C	CY 状态取反	1	1
	CPL　bit	bit 状态取反	2	1
判 CY 转移	JC　rel	CY 为 1 则转移	2	1/3①
	JNC　rel	CY 为 0 则转移	2	1/3①
判 bit 转移	JB　bit,rel	bit 值为 1 则转移	3	1/3①
	JNB bit,rel	bit 值为 0 则转移	3	1/3①
	JBC bit,rel	bit 值为 1 则转移,同时 bit 位清 0	3	1/3①

注:①条件跳转语句的执行时间会依据条件是否满足而不同。当条件不满足时,不会发生跳转而继续执行下一条指令,此时条件跳转语句的执行时间为 1 个时钟;当条件满足时,会发生跳转,此时条件跳转语句的执行时间为 3 个时钟。

1. 位数据传送指令(2 条)

```
MOV  C,bit  ;CY←(bit)
MOV  bit,C  ;bit←(CY)
```

该指令的功能是将源操作数(位地址或位累加器)送至目的操作数(位累加器或位地址)。

注意:位数据传送指令的两个操作数,一个是指定的位单元,另一个必须是位累加器 CY(进位标志位 CY)。

例 4.23　试编写将位地址为 00H 的内容和位地址为 7FH 的内容相互交换的程序。

解　编程如下:

```
ORG 0000H
MOV  C, 00H          ;获取位地址 00H 的值送至 CY
MOV  01H,C           ;暂存在位地址 01H 中
MOV  C, 7FH          ;获取位地址 7FH 的值送至 CY
MOV  00H,C           ;存在位地址 00H 中
MOV  C, 01H          ;获取暂存在位地址 01H 中的值送至 CY
MOV  7FH,C           ;存在位地址 7FH 中
```

```
SJMP  $
END
```

2. 位变量修改指令（6 条）

1）位清 0 指令（2 条）

```
CLR  C        ;CY←0
CLR  bit      ;bit←0
```

设 P1 口的内容为 11111011B，执行如下指令。

```
CLR  P1.0
```

执行结果为（P1）= 11111010 B。

2）位置 1 指令（2 条）

```
SETB  C       ;CY←1
SETB  bit     ;bit←1
```

设（CY）=0，P3 口的内容为 11111010B，执行如下指令。

```
SETB  P3.0
SETB  C
```

执行结果为（CY）=1，（P3.0）=1，即（P3）=11111011B。

3）位取反指令（2 条）

```
CPL  C        ;CY←（CY）
CPL  bit      ;bit←（bit）
```

设（CY）=0，P1 口的内容为 00111010B，执行如下指令。

```
CPL  P1.0
CPL  C
```

执行结果为（CY）=1，（P1.0）=1，即（P0）=00111011B。

3. 位逻辑与指令（2 条）

```
ANL  C,bit   ;CY←（CY）∧（bit）
ANL  C,/bit  ;CY←（CY）∧（bit）
```

该指令的功能是把位累加器 CY 的内容与位地址的内容进行逻辑与运算，并将结果送至位累加器 CY。

说明：指令中的 "/" 表示对该位地址内容取反后再参与运算，但并不改变该位地址的原值。

4. 位逻辑或指令（2 条）

```
ORL  C,bit   ;CY←（CY）∨（bit）
ORL  C,/bit  ;CY←（CY）∨（bit）
```

该指令的功能是把位累加器 CY 的内容与位地址的内容进行逻辑或运算，并将结果送至位累加器 CY。

5. 位条件转移指令（5 条）

1）判 CY 转移指令（2 条）

```
JC   rel      ;若(CY)=1，则(PC)←(PC)+2+rel；若(CY)=0，则(PC)←(PC)+2
JNC  rel      ;若(CY)=0，则(PC)←(PC)+2+rel；若(CY)=1，则(PC)←(PC)+2
```

第一条指令的功能是，如果（CY）=1，则程序转移到目标地址处执行；否则，程序顺序执行。第二条指令则与第一条指令相反，即如果（CY）=0，则程序转移到目标地址处执行；否则，程序顺序执行。上述两条指令在执行时不影响任何标志位，包括 CY 本身。

JC、JNC 指令示意图如图 4.10 所示。

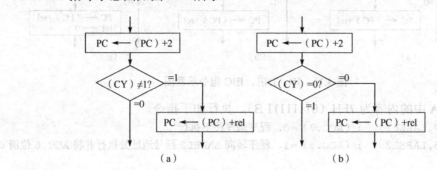

图 4.10　JC、JNC 指令示意图

设（CY）=0，执行如下指令。

```
JC   LABEL1        ;(CY)=0，程序顺序执行
CPL  C
JC   LABEL2        ;(CY)=1，程序转 LABEL2
```

程序执行后，进位标志位取反变为 1，程序转向 LABEL2 标号地址处执行。

设（CY）=1，执行如下指令。

```
JNC  LABEL1        ;(CY)=1，程序顺序执行
CLR  C
JNC  LABEL2        ;(CY)=0，程序转 LABEL2
```

程序执行后，进位标志位清 0，程序转向 LABEL2 标号地址处执行。

2）判 bit 转移指令（3 条）

```
JB  bit,rel    ;若(bit)=1，则 PC←(PC)+3+rel；若(bit)=0，则 PC←(PC)+3
JNB bit,rel    ;若(bit)=0，则 PC←(PC)+3+rel；若(bit)=1，则 PC←(PC)+3
JBC bit,rel    ;若(bit)=1，则 PC←(PC)+3+rel，且 bit←0；若(bit)=0，则 PC←(PC)+3
```

该指令以指定位 bit 的值为判断条件。第一条指令的功能是，如果指定位 bit 的值是 1，则程序转移到目标地址处执行；否则，程序顺序执行。第二条指令和第一条指令相反，即如果指定位 bit 的值为 0，则程序转移到目标地址处执行；否则，程序顺序执行。第三条指令的功能是，判断指定位 bit 的值是否为 1，若为 1，则程序转移到目标地址处执行，而且将指定位清 0；否则，程序顺序执行。

JB、JNB、JBC 指令示意图如图 4.11 所示。

设累加器 A 中的内容为 FEH（11111110 B），执行如下指令。

```
JB  ACC.0,LABEL1    ;（ACC.0）=0，程序顺序执行
JB  ACC.1,LABEL2    ;（ACC.1）=1，转 LABEL2 标号地址处执行程序
```

设累加器 A 中的内容为 FEH（11111110 B），执行如下指令。

```
JNB ACC.1,LABEL1    ;（ACC.1）=1，程序顺序执行
JNB ACC.0,LABEL2    ;（ACC.0）=0，程序转向 LABEL2 标号地址处执行
```

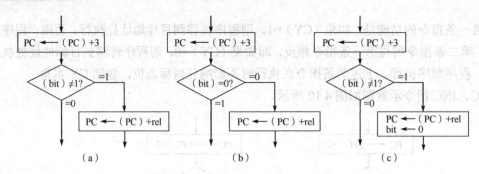

图4.11 JB、JNB、JBC 指令示意图

设累加器 A 中的内容为 7FH（01111111 B），执行如下指令。

```
JBC   ACC.7,LABEL1   ；（ACC.7）=0，程序顺序往下执行
JBC   ACC.6,LABEL2   ；（ACC.6）=1，程序转向 LABEL2 标号地址处执行并将 ACC.6 位清 0
```

<h1>4.2　汇编语言程序设计</h1>

汇编语言是面向机器的语言，使用汇编语言对单片机的硬件资源进行操作既直接又方便，尽管对编程人员硬件知识的掌握水平要求较高，但对于学习和掌握单片机的硬件结构及编程技巧极为有用。因此，在采用高级语言进行单片机开发为主流的今天，我们仍然建议从汇编语言开始学习。本节介绍汇编语言程序设计，下一章介绍 C 语言程序设计，后续的单片机应用程序的学习将采用汇编语言和 C 语言对照讲解的方式，以达到在单片机的学习中，汇编语言和 C 语言程序设计相辅相成、相互促进的目的。

<h2>4.2.1　汇编语言程序设计基础</h2>

<h3>1. 程序设计的步骤</h3>

1）系统任务的分析

首先，对单片机应用系统的设计任务进行深入分析，明确系统的功能要求和技术指标。其次，对系统的硬件资源和工作环境进行分析。系统任务的分析是单片机应用系统程序设计的基础。

2）提出算法与算法的优化

算法是解决问题的具体方法。一个应用系统经过分析、研究和明确规定后，可以通过严密的数学方法或数学模型来实现对应的功能和技术指标，从而把一个实际问题转化成由计算机进行处理的问题。解决同一个问题的算法有多种，这些算法都能完成任务或达到目标，但它们在程序的运行速度、占用单片机的资源及操作的方便性方面会有较大的区别，所以应对各种算法进行分析、比较，并进行合理的优化。

3）总体设计程序及绘制程序流程图

经过任务分析、算法优化后，就可以对程序进行总体构思，确定程序的结构和数据形式，并考虑资源的分配和参数的计算。根据程序运行过程，勾画程序执行的逻辑顺序，用图形符

号将总体设计思路及程序流向绘制在平面图上，从而使程序的结构关系直观明了，便于检查和修改。

应用程序根据功能通常可以分为若干部分，通过程序流程图可以将具有一定功能的各部分有机地联系起来，并由此抓住程序的基本线索，从而对全局有一个完整的了解。清晰、正确的程序流程图是编制正确无误的应用程序的基础，所以，绘制一个好的程序流程图是设计程序的一项重要内容。

程序流程图可以分为总流程图和局部流程图，总流程图侧重反映程序的逻辑结构和各程序模块之间的相互关系；局部流程图侧重反映程序模块的具体实施细节。对于简单的应用程序而言，可以不画程序流程图。但当程序较为复杂时，绘制程序流程图是一个良好的编程习惯。

常用的程序流程图符号有开始或结束符号、工作任务（肯定性工作内容）符号、判断分支（疑问性工作内容）符号、程序连接符号、程序流向符号等，如图 4.12 所示。

图 4.12 常用的程序流程图符号

除应绘制程序流程图以外，还应编制资源（寄存器、程序存储器与数据存储器等）分配表，包括数据结构和形式、参数计算、通信协议、各子程序的入口和出口说明等。

2．程序的模块化设计

1）模块化的程序设计方法

单片机应用系统的程序一般由包含多个模块的主程序和各种子程序组成。每个程序模块都要完成一个明确的任务，实现某个具体的功能，如发送、接收、延时、打印、显示等。采用模块化的程序设计方法，就是将这些功能不同的程序进行独立设计和分别调试，最后将这些模块程序装配成整体程序并进行联调。

模块化的程序设计方法具有明显的优点。把一个多功能的、复杂的程序划分为若干个简单的、功能单一的程序模块，有利于程序的设计和调试，有利于程序的优化和分工，有利于提高程序的阅读性和可靠性，使程序的结构层次一目了然。所以，程序设计的学习，首先要树立模块化的程序设计思想。

2）尽量采用循环结构和子程序

循环结构和子程序可以使程序的长度变小，程序简单化，占用内存空间减少。对于多重循环，要注意各重循环的初值、循环结束条件与循环位置，避免出现程序无休止循环的现象。对于通用的子程序，除了用于存放子程序入口参数的寄存器，子程序中用到的其他寄存器的内容应压入堆栈进行现场保护，并要特别注意堆栈操作的压入和弹出的顺序。对于中断处理子程序除了要保护程序中用到的寄存器，还应保护标志寄存器。这是由于中断处理难免会对标志寄存器中的内容产生影响，而中断处理结束后程序返回主程序时可能会遇到以中断前的状态标志位为依据的条件转移指令，如果标志位被破坏，那么程序的运行将会发生混乱。

3. 伪指令

为了便于编程和对汇编语言源程序进行汇编，各种汇编程序都提供了一些特殊的指令，供人们编程使用，这些指令被称为伪指令。伪指令不是真正的可执行指令，只能在对源程序进行汇编时起控制作用，如设置程序的起始地址、定义符号、给程序分配一定的存储空间等。在对源程序进行汇编时伪指令并不产生机器指令代码，也不影响程序的执行。

常用的伪指令共有 9 条，下面分别对其进行介绍。

1）设置起始地址伪指令

设置起始地址伪指令的指令格式：

```
ORG  16 位地址
```

该伪指令的作用是指明后面的程序或数据块的起始地址，它总是出现在每段源程序或数据块的起始位置。一个汇编语言源程序中可以有多条 ORG 伪指令，但后一条 ORG 伪指令指定的地址应大于当前 ORG 伪指令定义的地址加上当前程序机器代码所占用的存储空间的大小。

例 4.24 分析 ORG 伪指令在下面程序段中的控制作用。

```
      ORG  1000H
START:
      MOV  R0, #60H
      MOV  R1,#61H
      ……
      ORG  1200H
NEXT:
      MOV  DPTR,#1000H
      MOV  R2,#70H
      ……
```

解 以 START 开始的程序汇编后机器码从 1000H 单元开始连续存放，不能超过 1200H 单元；以 NEXT 开始的程序汇编后机器码从 1200H 单元开始连续存放。

2）汇编语言源程序结束伪指令

汇编语言源程序结束伪指令的指令格式：

```
[标号:]  END  [mm]
```

其中，mm 是程序起始地址。标号和 mm 不是必需的。

该伪指令的功能是表示源程序到此结束，汇编程序将不处理 END 伪指令之后的指令。一个源程序中只能在末尾有一个 END 伪指令。

例 4.25 分析 END 伪指令在下面程序段中的控制作用。

```
START:
      MOV  A,#30H
      ……
      END  START
NEXT:
```

```
        ......
        RET
```

解　系统对该程序进行汇编时，只将 END 伪指令前面的程序转换为对应的机器代码，而以 NEXT 标号为起始地址的程序将予以忽略。因此，若以 NEXT 标号为起始地址的子程序是本程序的有效子程序，那么应将整个子程序段放到 END 伪指令的前面。

3）赋值伪指令

赋值伪指令格式：

字符名称　EQU　数值或汇编符号

该伪指令的功能是使指令中的字符名称等价于给定的数值或汇编符号。赋值后的字符名称可在整个源程序中使用。字符名称必须先赋值才能使用，通常将赋值程序放在源程序的开头。

例 4.26　分析下列程序中 EQU 伪指令的作用。

```
AA      EQU   R1          ;将 AA 定义为 R1
DATA1   EQU   10H         ;将 DATA1 定义为 10H
DELAY   EQU   2200H       ;将 DELAY 定义为 2200H
        ORG   2000H
        MOV   R0,DATA1     ;R0←（10H）
        MOV   A, AA        ;A←（R1）
        LCALL DELAY        ;调用起始地址为 2200H 的子程序
        END
```

解　经 EQU 伪指令定义后，AA 等效于 R1，DATA1 等效于 10H，DELAY 等效于 2200H，在汇编时，系统自动将程序中的 AA 换成 R1、DATA1 换成 10H、DELAY 换成 2200H，之后再汇编为机器代码。

使用 EQU 伪指令的好处在于：程序占用的资源数据符号或寄存器符号可用占用源的英文或英文缩写字符名称来定义，后续编程中只要出现该数据符号或寄存器符号就用该字符名称代替。因此，采用有意义的字符名称进行编程，更容易记忆和避免混淆，便于阅读的同时也便于修改。

4）数据地址赋值伪指令

数据地址赋值伪指令的指令格式：

字符名称　DATA　表达式

该伪指令的功能是将表达式指定的数据地址赋予规定的字符名称。

例如：

AA　DATA　2000H

在对上述源程序进行汇编时，将程序中的字符名称 AA 用 2000H 取代。

DATA 伪指令的功能与 EQU 伪指令的功能相似，其主要区别如下。

（1）DATA 伪指令定义的字符名称可先使用、后定义，放于源程序的开头、结尾均可；而 EQU 伪指令定义的字符名称只能先定义、后使用。

（2）EQU 伪指令可以将一个汇编符号赋值给字符名称，而 DATA 伪指令只能将数据地址赋值给字符名称。

5）定义字节伪指令

定义字节伪指令的指令格式：

[标号:] DB 字节常数表

该伪指令的功能是从指定的地址单元开始，定义若干个 8 位内存单元内的内容。字节常数可以采用二进制、十进制、十六进制和 ASCII 码等多种表示形式。例如：

```
ORG 2000H
TABLE:
DB 73H,100,10000001B,'A';对应数据形式依次为十六进制、十进制、二进制和 ASCII 码形式
```

汇编结果如下。

（2000H）=73H，（2001H）=64H，（2002H）=81H，（2003H）=41H

6）定义字伪指令

定义字伪指令的指令格式：

[标号:] DW 字常数表

该伪指令的功能是从指定地址开始，定义若干个 16 位数据，高 8 位存入低地址，低 8 位存入高地址。例如：

```
ORG 1000H
TAB:
DW 1234H,0ABH,10
```

汇编结果如下。

（1000H）=12H　　　（1001H）=34H

（1002H）=00H　　　（1003H）=ABH

（1004H）=00H　　　（1005H）=0AH

7）定义存储区伪指令

定义存储区伪指令的指令格式：

[标号:] DS 表达式

该伪指令的功能是从指定的单元地址开始，保留一定数量的存储单元，以备使用。在对源程序进行汇编时，不对这些单元赋值。例如：

```
ORG 2000H
DS 10
TAB:
DB 20H
……
```

汇编结果为（200AH）=20H，即从 2000H 单元处开始，保留 10 字节单元，以备源程序使用。

注意：DB、DW、DS 只能应用于程序存储器，不能用于数据存储器。

8）位定义伪指令

位定义伪指令的指令格式：

字符名称 BIT 位地址

该伪指令的功能是为将位地址赋值给指定的符号名称，通常用于位符号地址的定义。例如：

```
KEY0 BIT P3.0
```

该伪指令的功能是让 KEY0 等效于 P3.0，从而在后面的编程中，KEY0 即 P3.0。

9）文件包含伪指令

文件包含伪指令的指令格式：

```
$INCLUDE（文件名）
```

该伪指令用于将寄存器定义文件或其他程序文件包含于当前程序中，也可直接包含汇编程序文件，寄存器定义文件的后缀名一般为".INC"。例如：

```
$INCLUDE （STC15.INC）
```

使用上述伪指令后，在用户程序中就可以直接使用 STC15 的所有特殊功能寄存器了，也不必对相对于传统 8051 单片机新增的特殊功能寄存器进行定义了。

4.2.2　基本程序结构与程序设计举例

模块化程序设计是指各模块程序都要按照基本程序结构进行编程，其主要有 4 种基本程序结构：顺序结构、分支结构、循环结构和子程序结构。

1．顺序结构程序

顺序结构程序是指无分支、无循环结构的程序，其执行流程是根据指令在程序存储器中的存放顺序进行的。顺序结构程序比较简单，一般不需要绘制程序流程图，直接编程即可。

例 4.27　试将 8 位二进制数转换为十进制（BCD 码）数。

解　8 位二进制数对应的最大十进制数是 255，说明一个 8 位二进制数需要 3 位 BCD 码来表示，即百位数、十位数与个位数。

（1）用 8 位二进制数减 100，够减，则百位数加 1，直至不够减为止；再用剩下的数去减 10，够减，则十位数加 1，直至不够减为止；剩下的数即个位数。

（2）用 8 位二进制数除以 100，商为百位数；再用余数除以 10，如果商为十位数，则余数为个位数。

很显然，第（1）种方法更复杂，应选用第（2）种方法。设 8 位二进制数存放在 20H 单元，转换后十位数、个位数存放在 30H 单元，百位数存放在 31H 单元。

参考程序如下：

```
ORG  0000H
MOV A, 20H      ;取 8 位二进制数据
MOV B, #100
DIV AB          ;转换数据除以 100，A 为百位数
MOV 31H, A      ;百位数存放在 31H 单元
MOV A, B        ;取余数
MOV B, #10
DIV AB          ;余数除以 10，A 为十位数，B 为个位数
SWAP A          ;将十位数从低 4 位交换到高 4 位
ORL A, B        ;十位数、个位数合并为压缩 BCD 码
MOV 30H, A      ;十位数、个位数存放在 30H 单元（高 4 位为十位数，低 4 位为个位数）
```

```
        SJMP  $
        END
```

上述程序的执行顺序与指令的编写顺序是一致的，故该程序称为顺序结构程序，简称顺序程序。

2. 分支结构程序

通常情况下，程序的执行是按照指令在程序存储器中存放的顺序进行的，但有时需要根据某种条件的判断结果来决定程序走向，这种程序结构就属于分支结构。分支结构可以分成单分支、双分支和多分支，各分支间相互独立。

单分支结构如图 4.13 所示，若条件成立，则执行程序段 A，然后执行下一条指令；若条件不成立，则不执行程序段 A，直接执行下一条指令。

双分支结构如图 4.14 所示，若条件成立，则执行程序段 A；否则，执行程序段 B。

多分支结构如图 4.15 所示，通用的分支程序结构是先将分支按序号排列，然后按照序号来实现多分支选择。

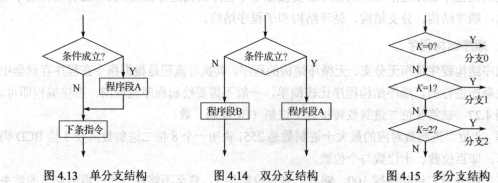

图 4.13　单分支结构　　　　图 4.14　双分支结构　　　　图 4.15　多分支结构

由于分支结构程序中存在分支，因此在编程时存在先编写哪一段分支程序的问题，另外分支转移到何处在编程时也要安排正确。为了减少错误，对于复杂的程序应先画出程序流程图，在转移目标处合理设置标号，按从左到右的原则编写各分支程序。

例 4.28 求 8 位有符号数的补码。设 8 位二进制数存放在片内 RAM 30H 单元内。

解 由于负数的补码为除符号位以外按位取反加 1，而正数的补码就是原码，所以判断数据的正负是关键，最高位为 0，表示为正数；最高位为 1，表示为负数。

参考程序如下：

```
        ORG  0000H
        MOV  A,30H
        JNB  ACC.7,NEXT     ;为正数，不进行处理
        CPL  A              ;负数取反
        ORL  A,#80H         ;恢复符号位
        INC  A              ;加 1
        MOV  30H,A
NEXT:
        SJMP  NEXT          ;结束
        END
```

例 4.29 试编写计算如下公式的程序。

$$Y = \begin{cases} 100 & X \geq 0 \\ -100 & X < 0 \end{cases}$$

解 该例是一个双分支结构程序，关键是判断 X 是正数还是负数。判断方法与例 4.27 相同。设 X 存放于 40H 单元中，结果 Y 存放于 41H 单元中。

程序流程图如图 4.16 所示。

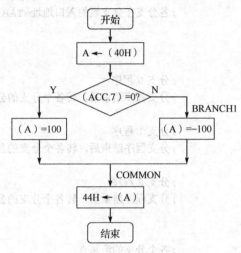

图 4.16　程序流程图

参考程序如下：

```
    X    EQU   40H          ;定义 X 的存储单元
    Y    EQU   41H          ;定义 Y 存储单元
         ORG   0000H
         MOV   A,X          ;取 X
         JB    ACC.7,BRANCH1 ;若 ACC.7 为 1，则转向 BRANCH1；否则，顺序执行
         MOV   A,#64H       ;X≥0，Y=100
         SJMP  COMMON       ;转向 COMMON（分支公共处）
BRANCH1:
         MOV   A,#9CH       ;X<0，Y=-100，把-100 的补码（9CH）送至累加器 A
COMMON:
         MOV   Y,A          ;保存 A
         SJMP  $            ;程序结束
         END
```

例 4.30 编写多分支处理程序，设各分支的分支号码从 0 开始按递增自然数排列，执行分支号存放在 R3 中。

解 首先，在程序存储器中建立一个分支表，分支表中按从 0 开始的分支顺序从起始地址（表首地址，如 TAB）开始存放各分支的一条转移指令（AJMP 或 LJMP，AJMP 占用 2 字节，LJMP 占用 3 字节），各转移指令的目标地址就是各分支程序的入口地址。

根据各分支程序的分支号，转移到分支表中对应分支的入口处，执行该分支的转移指令，再转到分支程序的真正入口处，从而执行该分支程序。

参考程序如下：

```
            ORG  0000H
            MOV  A, R3              ;取分支号
            RL   A                 ;分支号×2，若分支表中用 LJMP，则改为分支号×3
            MOV  DPTR, #TABLE      ;分支表表首地址送至 DPTR
            JMP  @A+DPTR           ;转移到分支表中对应分支的入口处
TABLE:
            AJMP ROUT0             ;分支表，采用短转移指令，每个分支占用 2 字节
            AJMP ROUT1             ;各分支在分支表的入口地址=TAB+分支号×2
            AJMP ROUT2
            ......
ROUT0:
            ......                 ;分支 0 程序
            LJMP COMMON           ;分支程序结束后，转各个分支的公共汇总点处
ROUT1:
            ......                 ;分支 1 程序
            LJMP COMMON           ;分支程序结束后，转各个分支的公共汇总点处
ROUT2:
            ......                 ;分支 2 程序
            LJMP COMMON           ;分支程序结束后，转各个分支的公共汇总点处
            ......
COMMON:
            SJMP COMMON           ;各个分支的汇总点
            END
```

注意：无论哪个分支程序执行完毕后，都必须回到所有分支的公共汇总点处，如各分支程序中的"LJMP COMMON"指令。

3. 循环结构程序

在程序设计中，当需要对某段程序进行大量的有规律的重复执行时，可采用循环结构设计程序。循环结构程序主要包括以下 4 个部分。

（1）循环初始化部分：设置循环开始时的状态，如地址指针、寄存器初值、循环次数、清 0 存储单元等。

（2）循环体部分：需要重复执行的程序段，是循环结构的主体。

（3）循环修改部分：修改地址指针、工作参数等。

（4）循环控制部分：修改循环变量，并判断循环是否结束，直到符合结束条件并跳出循环为止。

根据条件的判断位置与循环次数的控制，循环结构又分为 while 结构、do…while 结构和 for 结构三种基本结构。

1）while 结构

while 结构的特点是先判断后执行，因此，循环体程序也许一次都不执行。

例 4.31 将内部 RAM 中起始地址为 DATA 的字符串数据传送到扩展 RAM 中起始地址为 BUFFER 的存储区域内，并统计传送字符的个数，发现空格字符，则停止传送。

解 由题可知发现空格字符时就停止传送，因此在编程时应先对传送数据进行判断，再

决定是否传送。

设 DATA 为 20H，BUFFER 为 0200H，参考程序如下：

```
            ORG   0000H
DATA    EQU   20H
BUFFER  EQU   0200H
            MOV   R2, #00H          ;统计传送字符个数计数器清 0
            MOV   R0, #DATA         ;设置源操作数指针
            MOV   DPTR, #BUFFER     ;设置目标操作数指针
LOOP0:
            MOV   A, @R0            ;取被传送数据
            CJNE  A, #20H, LOOP1    ;判断是否为空格字符（ASCII 码为 20H）
            SJMP  STOP              ;是空格字符，则停止传送
LOOP1:
            MOVX  @DPTR, A          ;不是空格字符，则继续传送数据
            INC   R0                ;指向下一个被传送地址
            INC   DPTR              ;指向下一个传送目标地址
            INC   R2                ;传送字符个数计数器加 1
            SJMP  LOOP0             ;继续下一个循环
STOP:
            SJMP  $                 ;程序结束
            END
```

2）do…while 结构

do…while 结构的特点是先执行、后判断，因此循环体程序至少执行一次。

例 4.32　将内部 RAM 中起始地址为 DATA 的字符串数据传送到扩展 RAM 中起始地址为 BUFFER 的存储区域内，字符串的结束字符是"$"。

解　该程序的功能与例 4.31 基本一致，但字符串的结束字符"$"是字符串中的一员，也是需要传送的，因此在编程时应先传送，再对传送数据进行判断，判断字符串数据传送是否结束。

设 DATA 为 20H，BUFFER 为 0200H，参考程序如下：

```
DATA    EQU   20H
BUFFER  EQU   0200H
            ORG   0000H
            MOV   R0, #DATA
            MOV   DPTR, #BUFFER
LOOP0:
            MOV   A, @R0            ;获取被传送的数据
            MOVX  @DPTR, A
            INC   R0                ;指向下一个被传送地址
            INC   DPTR              ;指向下一个传送目标地址
            CJNE  A, #24H, LOOP0    ;判断是否为"$"字符（ASCII 码为 24H），若不是则继续传送
            SJMP  $                 ;若是"$"字符，则停止传送
            END
```

3）for 结构

for 结构和 do…while 结构一样也是先执行、后判断，但是 for 结构循环体程序的执行次

数是固定的。

例 4.33 编写将以扩展 RAM 0200H 为起始地址的 16 字节数据传送到以片内基本 RAM 20H 为起始地址的单元中的程序。

解 在本例中，数据传送的次数是固定的，即 16 次，因此，可用一个计数器来控制循环体程序的执行次数。既可以采用加 1 计数来实现控制（采用 CJNE 指令），也可以采用减 1 计数来实现控制（采用 DJNZ 指令）。在大多情况下采用减 1 计数控制。

参考程序如下：

```
         ORG 0000H
         MOV  DPTR,#0200H     ;设置被传送数据的地址指针
         MOV  R0,#20H         ;设置目的地址指针
         MOV  R2,#10H         ;用 R2 作计数器，设置传送次数
LOOP:
         MOVX A,@DPTR         ;获取被传送数
         MOV  @R0,A           ;传送到目的地
         INC  DPTR            ;指向下一个源操作数地址
         INC  R0              ;指向下一个目的操作数地址
         DJNZ R2,LOOP         ;若计数器 R2 减 1 的值不为 0，则继续传送；否则，结束传送
         SJMP $
         END
```

例 4.34 已知单片机系统的系统时钟频率为 12MHz，试设计一个软件延时程序，延时时间为 10ms。

解 软件延时程序是应用编程中的基本子程序，是通过反复执行空操作指令（NOP）和循环控制指令（DJNZ）来占用时间从而达到延时目的的。因为执行一条指令的时间非常短，一般需要采用多重循环才能满足要求。

参考程序如下：

源程序	系统时钟数	占用时间
DELAY:		
MOV R1,#100	2	$1/6\mu s$
DELAY1:		
MOV R2,#200	2	$1/6\mu s$
DELAY2:		
NOP	1	$1/12\mu s$
NOP	1	$1/12\mu s$
DJNZ R2,DELAY2	4	$1/3\mu s$
DJNZ R1,DELAY1	4	$1/3\mu s$
RET	4	$1/3\mu s$

例 4.34 的程序中采用了多重循环程序，即在一个循环体中包含了其他循环程序。在例 4.34 的程序中，用 2 条"NOP"和一条"DJNZ R2,DELAY2"指令构成内循环。执行一遍内循环占用系统时钟数为 6 个，即占用时间为 $0.5\mu s$；内循环的控制寄存器为 R2，一个外循环占用时钟数为 $6\times(R2)+2+4\approx6\times(R2)$，即一个外循环占用时间为 $0.5\mu s\times(R2)=0.5\mu s\times200=100\mu s$；外循环的控制寄存器为 R1，这个延时程序占用的时钟数为 $6\times(R2)\times(R1)+2+4\approx6\times(R2)\times(R1)$，即占用时间为 $0.5\mu s\times200\times100=10ms$。

延时时间越长，所需的循环次数就越多，其延时时间的计算可简化为内循环体时间×第一重循环次数×第二重循环次数×……

提示：STC-ISP 在线编程软件实用工具箱中提供了软件延时计算工具，只需要输入所需延时时间就能自动提供汇编语言和 C 语言的源程序。

4．子程序结构程序

在实际应用中，子程序的调用与返回经常会遇到一些通用性的问题，如数值转换、数值计算、数码显示等。这时可以将其设计成通用的子程序以供随时调用。利用子程序可以使程序结构更加紧凑，使程序的阅读和调试更加方便。

子程序的结构与一般程序的结构并无多大区别，它的主要特点是在执行过程中需要由其他程序来调用，执行完又需要把执行流程返回到调用该子程序的主程序中。

当主程序调用子程序时，需使用子程序调用指令"ACALL"或"LCALL"；当子程序返回主程序时，需要使用子程序返回指令"RET"。因此，子程序的最后一条指令一定是子程序返回指令，这也是判断一段程序是否为子程序结构的唯一标志。

调用子程序时要注意两点：一是现场保护和恢复；二是主程序与子程序间的参数传递。

1）现场保护与恢复

在子程序执行过程中常常要用到单片机的一些通用单元，如工作寄存器 R0～R7、累加器 A、数据指针 DPTR 及有关标志和状态等。而这些单元中的内容在调用结束后的主程序中仍有用，所以需要进行保护，称其为现场保护。在执行完子程序返回继续执行主程序前，要恢复其原内容，称其为现场恢复。现场保护与恢复是采用堆栈的方式实现的，现场保护就是把需要保护的内容压入堆栈，保护必须在执行具体的子程序前完成；现场恢复就是把原来压入堆栈的数据弹回原来的位置，现场恢复必须在执行完具体的子程序后返回到主程序前完成。根据堆栈的工作特性，现场保护与恢复在编程时一定要保证数据的弹出顺序与压入顺序相反。

例如

```
LAA:
        PUSH ACC            ;现场保护
        PUSH PSW
        MOV PSW,  #10H      ;选择当前工作寄存器组
        ……                 ;子程序任务
        POP  PSW            ;现场恢复
        POP  ACC
        RET                 ;子程序返回
```

2）主程序与子程序间的参数传递

由于子程序是主程序的一部分，所以，程序在执行时必然要发生数据上的联系。在调用子程序时，主程序应通过某种方式把有关参数（子程序的入口参数）传给子程序。当子程序执行完毕后，又需要通过某种方式把有关参数（子程序的出口参数）传给主程序。传递参数的方法主要有三种。

（1）利用累加器或寄存器进行参数传递。

在这种方式中，要把预传递的参数存放在累加器 A 或工作寄存器 R0～R7 中，即在主程序调用子程序时，应事先把子程序需要的数据送入累加器 A 或指定的工作寄存器，当执行子程序时，可以从指定的单元中取得数据，执行运算。反之，子程序也可以用同样的方法把结果传给主程序。

例 4.35 试编制可实现 $C=a^2+b^2$ 的程序。设 a、b 均小于 10 且分别存放于扩展 RAM 的 0300H、0301H 单元，要求运算结果 C 存放于外部 RAM 0302H 单元。

解 本例可利用子程序完成求单字节数据的平方，然后通过调用子程序求出 a^2 和 b^2。

参考程序如下：

```
;主程序
      ORG 0000H
START:
      MOV DPTR,#0300H
      MOVX A,@DPTR        ;获取 a 的值
      LCALL SQUARE        ;调用子程序求 a 的平方
      MOV R1,A            ;将 a² 暂存于 R1 中
      INC DPTR
      MOVX A,@DPTR        ;获取 b 的值
      LCALL SQUARE        ;调用子程序求 b 的平方
      ADD A,R1            ;A←a²+b²
      INC DPTR
      MOVX @DPTR,A        ;存结果
      SJMP $
;子程序
      ORG 2500H
SQUARE:
      INC A               ;表首地址与查表指令相隔1字节，故加1调整
      MOVC A,@A+PC        ;使用查表指令求平方
      RET
TAB:
      DB 0,1,4,9, 16,25,36,49,64,81 ;平方表
      END
```

SQR 子程序的入口参数和出口参数都是通过 A 进行传递的。

（2）利用存储器（指针传递）进行参数传递。

当传递的数据量比较大时，可以利用存储器实现参数的传递。在这种方式中，要事先建立一个参数表，用指针指示参数表所在的位置，也称指针传递。当参数表建立在内部基本 RAM 中时，用 R0 或 R1 作为参数表的指针；当参数表建立在扩展 RAM 中时，用 DPTR 作为参数表的指针。

例 4.36 有两个 32 位无符号数分别存放在以片内基本 RAM 20H 和 30H 为起始地址的存储单元内，低字节在低地址，高字节在高地址。试编制将两个 32 位无符号数相加的结果存放在以扩展 RAM 20H 为起始地址的存储单元中的程序。

解　入口时，R0、R1、DPTR 分别指向被加数、加数、和的低字节地址，R7 传递运算字节数；出口时，DPTR 指向和的高字节地址。

参考程序如下：

```
;主程序
        ORG 0000H
        MOV R0, #20H
        MOV R1, #30H
        MOV DPTR, #0020H
        MOV R7, #04H
        LCALL ADDITION
        SJMP $
;子程序
ADDITION:
        CLR C
ADDITION1:
        MOV A,@R0          ;取被加数
        ADDC A,@R1         ;与加数相加
        MOVX @DPTR,A       ;存和
        INC R0             ;修改指针，指向下一位操作数
        INC R1
        INC DPTR
        DJNZ R7,ADDITION1  ;判断运算是否结束
        CLR A
        ADDC A, #00H
        MOVX @DPTR,A       ;计算与存储最高位的进位位
        RET
        END
```

（3）利用堆栈进行参数传递。

利用堆栈进行参数传递是在子程序嵌套中常用的一种方法。在调用子程序前，用 PUSH 指令将子程序中所需数据压入堆栈；在执行子程序时，再用 POP 指令从堆栈中弹出数据。

例 4.37　把内部 RAM 20H 单元中的十六进制数转换为 2 位 ASCII 码，并存放在 R0 指示的连续单元中。

解　参考程序如下：

```
;主程序
        ORG 0000H
        MOV A, 20H        ;获取转换数据
        SWAP A            ;高 4 位与低 4 位对调
        PUSH ACC          ;参数（转换数据）入栈
        LCALL HEX_ASC     ;调用十六进制转 ASCII 码子程序
        POP ACC           ;获取转换后数据
        MOV @R0,A         ;存高位十六进制数转换结果
        INC R0            ;修改指针，指向低位十六进制数转换结果存放地址
        PUSH 20H          ;参数（转换数据）入栈
        LCALL HEX_ASC     ;调用十六进制转 ASCII 码子程序
```

```
        POP  ACC              ;取转换后数据
        MOV  @R0,A            ;存低位十六进制数转换结果
        SJMP $               ;程序结束
;子程序
HEX_ASC:
        MOV  R1,SP           ;获取堆栈指针
        DEC  R1
        DEC  R1              ;R1 指向被转换数据
        XCH  A,@R1           ;获取被转换数据，同时保存累加器 A 的值
        ANL  A,#0FH          ;获取 1 位十六进制数
        ADD  A,#2            ;偏移量调整，所加值为 MOVC 指令与下一 DB 伪指令间字节数
        MOVC A,@A+PC         ;查表
        XCH  A,@R1           ;存结果于堆栈，同时恢复累加器 A 的值
        RET                  ;子程序返回
;16 位十六进制数码对应的 ASCII 码
ASC_TAB:
        DB  30H, 31H, 32H, 33H, 34H, 35H, 36H, 37H
        DB  38H, 39H, 41H, 42H, 43H, 44H, 45H, 46H
```

在一般情况下，当相互传递的数据较少时，利用寄存器进行参数传递可以获得较快的传递速度；当相互传递的数据较多时，宜利用存储器进行参数传递；如果是嵌套子程序，则宜利用堆栈进行参数传递。

4.2.3　工程训练 4.1　LED 数码管的驱动与显示（汇编语言版）

一、工程训练目标

（1）掌握 LED 数码管显示的工作原理。

（2）进一步掌握单片机 I/O 口的输出操作（汇编语言）。

（3）掌握 LED 数码管驱动程序的编制（汇编语言）。

二、任务功能与参考程序

1．任务功能

在 LED 数码管上从高到低显示数字：7、6、5、4、3、2、1、0。

2．硬件设计

LED 数码管采用共阳极显示元器件，采用 P6 口输出段码，采用 P7 口输出位控制码。LED 数码管的驱动与显示电路如图 4.17 所示。

3．参考程序（汇编语言版）

LED 数码管显示程序是通用程序，是许多实验程序与应用程序的基础，有必要将 LED 数码管显示程序做成独立文件，在需要使用时将文件直接包含传进程序，再调用 LED 显示子程序即可。LED 显示文件命名为 LED_display.inc，子程序名称定义为 LED_display，显示数据存储指针为 R0，低位地址存放高位数据，高位地址存放低位数据。

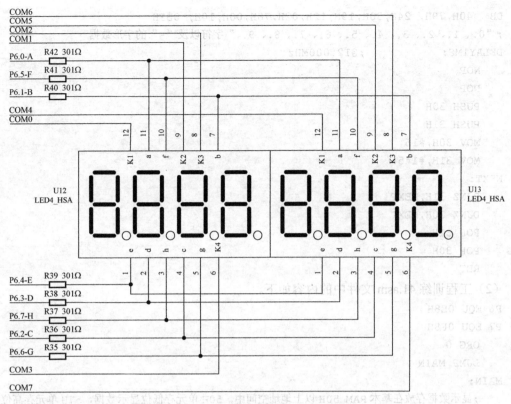

图 4.17　LED 数码管的驱动与显示电路

（1）LED_display.asm 文件中的内容如下。

```
LED_display:
    MOV R2, #8
    MOV DPTR, #LED_num
    MOV R3,#0FEH
LED_loop0:
    MOV P7, #0FFH
    MOV A,@R0
    INC R0
    MOVC A, @A+DPTR
    MOV P6, A
    MOV A, R3
    MOV P7, A
    RL A
    MOV R3, A
    LCALL DELAY1MS
    DJNZ R2,LED_loop0
    RET
LED_num:
DB 0C0H,0F9H,0A4H,0B0H,99H,92H,82H,0F8H,80H,90H,88H,83H,0C6H,0A1H
DB 86H,84H,0FFH
; "0、1、2、3、4、5、6、7、8、9、A、B、C、D、E、F、G、H" 字符以及 "灭" 的共阳极字形数据
```

```
DB  40H,79H, 24H,30H,19H,12H,02H,78H,00H,10H, 0BFH
;"0.、1.、2.、3.、4.、5.、6.、7.、8.、9.、"字符以及"-"的字形数据
DELAY1MS:              ;@12.000MHz
    NOP
    NOP
    PUSH 30H
    PUSH 31H
    MOV 30H,#16
    MOV 31H,#145
NEXT:
    DJNZ 31H,NEXT
    DJNZ 30H,NEXT
    POP 31H
    POP 30H
    RET
```

（2）工程训练 41.asm 文件中的内容如下。

```
P6 EQU 0E8H
P7 EQU 0F8H
    ORG 0
    LJMP MAIN
MAIN:
    ;显示数据存放在基本 RAM 50H 以上地址空间中，50H 单元存低位显示数据，57H 单元存高位显
示数据
    MOV R0,#50H
    MOV @R0,#7
    INC R0
    MOV @R0,#6
    INC R0
    MOV @R0,#5
    INC R0
    MOV @R0,#4
    INC R0
    MOV @R0,#3
    INC R0
    MOV @R0,#2
    INC R0
    MOV @R0,#1
    INC R0
    MOV @R0,#0
LOOP:
    MOV R0,#50H
    LCALL LED_display
    SJMP LOOP
    $INCLUDE (LED_display.ASM)
    END
```

三、训练步骤

（1）分析 LED_display.asm 文件与工程训练 41.asm 文件。

（2）用 Keil μVision4 集成开发环境编辑、编译用户程序，并生成机器代码。

① 用 Keil μVision4 集成开发环境新建工程训练 41 项目。

② 编辑 LED_display.asm 文件。

③ 编辑工程训练 41.asm 文件。

④ 将工程训练 41.asm 文件添加到当前项目中。

⑤ 设置编译环境，勾选编译时生成机器代码文件。

⑥ 编译程序文件，生成工程训练 41.hex 文件。

（3）将 STC8 学习板与计算机连接。

（4）利用 STC-ISP 在线编程工具将工程训练 41.hex 文件下载到 STC8 学习板单片机中。

（5）观察 STC8 学习板的 LED 数码管，应能看到从高到低依次为 "7、6、5、4、3、2、1、0" 的字符。

三、训练拓展

在工程训练 41.asm 文件的基础上修改程序，实现在 LED 数码管上显示自己的学生证号码的后 8 位，显示要求为从高到低逐位显示自己的学生证号码，位与位之间的间隔为 1s，8 位显示结束后，停 2s，LED 数码管熄灭 2s；周而复始。

 本章小结

指令系统的功能强弱体现了计算机性能的高低。指令由操作码和操作数组成，操作码用来规定要执行的操作性质；操作数用于给指令的操作提供数据和地址。

STC 单片机的指令系统完全兼容传统 8051 单片机的指令系统，其指令分为数据传送类指令、算术运算类指令、逻辑运算与循环移位类指令、控制转移类指令与位操作类指令，42 种助记符代表了 33 种功能，而指令功能助记符与操作数各种寻址方式的结合构造出了 111 条指令。

寻找操作数的方法称为寻址，STC 单片机的指令系统中共有 5 种寻址方式，即立即寻址、寄存器寻址、直接寻址、寄存器间接寻址与变址寻址。

数据传送类指令在单片机中应用最为频繁，它的执行一般不影响标志位的状态；算术运算类指令的特点是它的执行一般会影响标志位的状态；逻辑运算与循环移位类指令的执行一般也不影响标志位的状态，仅在涉及累加器 A 时才会对标志位 P 产生影响；控制程序的转移要利用控制转移类指令，该类指令可分为无条件转移指令、条件转移指令、子程序调用及返回指令；位操作类指令具有较强的位处理能力，在进行位操作时，以进位标志位 CY 为位累加器。

伪指令不同于指令系统中的指令，只在汇编程序对用户程序进行编译时起控制作用，在汇编时不生成机器代码。伪指令主要有 ORG、EQU、DATA、DB、DW、DS、BIT、END、

$INCLUDE 等。汇编语言源程序采用模块化程序设计，典型的模块化程序结构有顺序结构、分支结构、循环结构和子程序结构。

 习题与思考题

一、填空题

1. STC8A8K64S4A12 单片机操作数的寻址方式包括立即寻址、_____、_____、直接寻址、_____和变址寻址 5 种方式。

2. 一条指令包括操作码和_____两个部分。

3. STC8A8K64S4A12 单片机指令系统与 8051 单片机指令系统完全兼容，包括_____指令、算术运算类指令、_____指令、_____指令和_____指令 5 种类型，42 种指令功能助记符代表_____种功能，而指令功能助记符与操作数各种寻址方式的结合，共构造了_____条指令。

4. 用于设置程序存放首地址的伪指令是_____。

5. 用于表示汇编语言源程序结束的伪指令是_____。

6. 用于定义存储字节的伪指令是_____。

7. 用于定义存储区域的伪指令是_____。

二、选择题

1. 累加器与扩展 RAM 进行数据传送，采用的指令助记符是_____。

A. MOV   B. MOVX   C. MOVC

2. 对于高 128 字节，访问时采用的寻址方式是_____。

A. 直接寻址   B. 寄存器间接寻址

C. 变址寻址   D. 立即寻址

3. 对于特殊功能寄存器，访问时采用的寻址方式是_____。

A. 直接寻址   B. 寄存器间接寻址

C. 变址寻址   D. 立即寻址

4. 对于程序存储器，访问时采用的寻址方式是_____。

A. 直接寻址   B. 寄存器间接寻址

C. 变址寻址   D. 立即寻址

三、判断题

1. 堆栈入栈操作源操作数的寻址方式是直接寻址。（   ）

2. 堆栈出栈操作源操作数的寻址方式是直接寻址。（   ）

3. 堆栈数据的存储规则是先进先出，后进后出。（   ）

4. "MOV   A,#55H"的指令字节数是 3。（   ）

5. "PUSH   B"的指令字节数是 1。（   ）

6. DPTR 数据指针的减 1 操作可用 "DEC DPTR" 指令实现。（　　）

7. "INC　direct" 指令的执行对 PSW 标志位有影响。（　　）

8. "POP　ACC" 的指令字节数是 1。（　　）

四、问答题

1. 简述 STC8A8K64S4A12 单片机寻址方式与寻址空间的关系。

2. 简述长转移、短转移、相对转移指令的区别。

3. 简述利用间接转移指令实现多分支转移的方法。

4. 简述转移指令与调用指令之间的相同点与不同点。

5. 简述 "RET" 与 "RETI" 指令的区别。

6. 简述 "MOVC　A,@a+PC" 与 "MOVC　A,@A+DPTR" 指令各自的访问空间。

五、指令分析题

1. 执行如下三条指令后，30H 单元的内容是多少？

```
MOV   R1,#30H
MOV   40H,#0EH
MOV   @R1,40H
```

2. 设内部基本 RAM（30H）=5AH,（5AH）=40H,（40H）=00H, P1 口输入数据为 7FH，问执行下列指令后，各有关存储单元（R0、R1、A、B、P1、30H、40H 及 5AH 单元）的内容如何？

```
MOV   R0,#30H
MOV   A,@R0
MOV   R1,A
MOV   B,R1
MOV   @R1,P1
MOV   A,P1
MOV   40H,#20H
MOV   30H,40H
```

3. 执行下列指令后，各有关存储单元（A、B、30H、R0 单元）的内容如何？

```
MOV   A, #30H
MOV   B, #0AFH
MOV   R0, #31H
MOV   30H,#87H
XCH   A, R0
XCHD  A,@R0
XCH   A, B
SWAP  A
```

4. 执行下列指令后，A、B 和 SP 的内容分别是多少？

```
MOV   SP,#5FH
MOV   A,#54H
MOV   B,#78H
PUSH  ACC
PUSH  B
```

```
    MOV  A,  B
    MOV  B,  #00H
    POP  ACC
    POP  B
```

5. 分析执行下列指令序列后各寄存器及存储单元的结果。

```
    MOV  34H,#10H
    MOV  R0,#13H
    MOV  A,34H
    ADD  A,R0
    MOV  R1,#34H
    ADD  A, @R1
```

6. 若（A）=25H，（R0）=33H，（33H）=20H，则执行下列指令后，33H 单元的内容是多少？

```
    CLR  C
    ADDC A,#60H
    MOV  20H, @R0
    ADDC A,20H
    MOV  33H,A
```

7. 分析下列程序段的运行结果。若将"DA A"指令取消，则结果会有什么不同？

```
    MOV  30H,#89H
    MOV  A,30H
    ADD  A,#11H
    DA   A
    MOV  30H,A
```

8. 分析执行下列各条指令后的结果。

```
    指令助记符                结果
    MOV  20H,#25H     ; _____
    MOV  A,#43H       ; _____
    MOV  R0,#20H      ; _____
    MOV  R2,#4BH      ; _____
    ANL  A,R2         ; _____
    ORL  A,@R0        ; _____
    SWAP A            ; _____
    CPL  A            ; _____
    XRL  A,#0FH       ; _____
    ORL  20H,A        ; _____
```

9. 分析如下指令，判断指令执行后，PC 值为多少。

（1）   2000H: LJMP 3000H   ;（PC）=_____

（2）   1000H: SJMP 20H   ;（PC）=_____

10. 分析如下程序段，判断程序执行后，PC 值为多少。

（1）   ORG 1000H
         MOV DPTR, #2000H
         MOV A, #22H
         JMP @A+DPTR   ;（PC）=_____

（2）

```
    ORG  0000H
    MOV  R1, #33H
    MOV  A, R1
    CJNE A, #20H, L1  ; (PC) = _____
    MOV  70H, A
    SJMP L2           ; (PC) = _____
    L1:
       MOV  71H, A
    L2:
       ......
```

11. 若（CY）=1，P1 口输入数据为 10100011B，P3 口输入数据为 01101100B。试指出执行下列程序段后，CY、P1 口及 P3 口内容的变化情况。

```
    MOV  P1.3, C
    MOV  P1.4, C
    MOV  C,  P1.6
    MOV  P3.6,C
    MOV  C,  P1.2
    MOV  P3.5, C
```

六、程序设计题

1. 编写程序段，完成如下功能。

（1）将 R1 中的数据传送到 R3 中。

（2）将基本 RAM 30H 单元的数据传送到 R0 中。

（3）将扩展 RAM 0100H 单元的数据传送到基本 RAM 20H 单元。

（4）将程序存储器 0200H 单元的数据传送到基本 RAM 20H 单元。

（5）将程序存储器 0200H 单元的数据传送到扩展 RAM 0030H 单元。

（6）将程序存储器 2000H 单元的数据传送到扩展 RAM 0300H 单元。

（7）将扩展 RAM 0200H 单元的数据传送到扩展 RAM 0201H 单元

（8）将片内基本 RAM 50H 单元与 51H 单元中的数据进行交换。

2. 编写程序，实现 16 位无符号数加法，两数分别放在 R0R1、R2R3 寄存器对中，其和存放在 30H、31H 和 32H 单元，低 8 位先放，即（R0）（R1）+（R2）（R3）→（32H）（31H）（30H）。

3. 编写程序，将片内基本 RAM 30H 单元的数据与 31H 单元的数据相乘，乘积的低 8 位送到 32H 单元，高八位送到 P2 口输出。

4. 编写程序，将片内基本 RAM 40H 单元的数据除以 41H 单元的数据，商送到 P1 口输出，余数送到 P2 口输出。

5. 试用位操作指令实现下列逻辑操作。要求不得改变未涉及位的内容。

（1）使 ACC.1、ACC.2 置位。

（2）清除累加器的高 4 位。

（3）使 ACC.3、ACC.4 取反。

6. 试编程实现十进制数加 1 功能。

7. 试编程实现十进制数减 1 功能。

8. 若单片机晶振频率为 24MHz，从 STC-ISP 在线编程软件工具中获取 40ms 的延时程序（汇编语言格式）。

第 5 章

C51 与 C51 程序设计

🔍**内容提要:**

    C51 是一种在 ANSI C 基础上，新增了面向 8051 单片机硬件操作的编程语言。新增的编程语言主要体现在两个方面，一方面是新增了用于特殊功能寄存器及可寻址位地址定义的关键字；另一方面是新增了用于定义存储器类型的关键字。

    本章介绍了 C51 新增的用于 8051 单片机操作的关键字，以及常用数据类型和常用控制语句。在工程训练中，着重学习 LED 数码管的驱动与显示（C 语言版），为后续 C 语言的应用编程奠定良好的基础。

    与汇编语言程序相比，用高级语言程序对系统硬件资源进行分配更简单。高级语言程序的阅读、修改及移植比较容易，适用于编写规模较大，尤其是运算量较大的程序。

    C51 是在 ANSI C 基础上，根据 8051 单片机特性开发的专门用于 8051 单片机及 8051 兼容单片机的编程语言。相比汇编语言，C51 在功能、结构上，以及可读性、可移植性、可维护性上，都有非常明显的优势。目前，比较先进、功能很强大、国内用户非常多的 C51 编译器是 Keil Software 公司推出的 Keil C51 编译器，一般说的 C51 编译器就是 Keil C51 编译器。

    C 语言程序设计是多数普通高等学校理工科专业学生的必修课程，很多同学在学习单片机时已有良好的 C 语言程序设计能力，有关 C 语言程序设计的基础内容，此处不再赘述，下面结合 8051 单片机的特点，针对 C51 的一些新增特性介绍 C51 程序设计。

5.1　C51 基础

    标识符是用来标识源程序中某个对象的名字的，这些对象可以是语句、数据类型、函数、变量、常量、数组等。

    标识符由字符串、数字和下画线组成，第一个字符必须是字母或下画线，通常以下画线开头的标识符是编译系统专用的，因此在编写 C 语言源程序时一般不使用以下画线开头的标识符，而将下画线用作分段符。由于 C51 编译器在编译时，只编译标识符的前 32 个字符，因此在编写源程序时，标识符的长度不能超过 32 个字符。在 C 语言源程序中，字母是区分大小写的。

    关键字是编程语言保留的特殊标识符，也称为保留字，它们具有固定名称和含义。在 C

语言的程序编写过程中，不允许标识符与关键字相同。ANSI C 一共规定了 32 个关键字，如表 5.1 所示。

表 5.1　ANSI C 规定的关键字

关 键 字	类 型	作 用
auto	存储种类说明	用以说明局部变量，默认值为 auto
break	程序语句	退出最内层循环体
case	程序语句	switch 语句中的选项
char	数据类型说明	单字节整型数据或字符型数据
const	存储类型说明	在程序执行过程中不可更改的常量值
continue	程序语句	转向下一次循环
default	程序语句	switch 语句中的失败选项
do	程序语句	构成 do...while 循环结构
double	数据类型说明	双精度浮点数
else	程序语句	构成 if...else 选择结构
enum	数据类型说明	枚举
extern	存储种类说明	表示变量或函数的定义在其他程序文件中
float	数据类型说明	单精度浮点数
for	程序语句	构成 for 循环结构
goto	程序语句	构成 goto 循环结构
if	程序语句	构成 if...else 选择结构
int	数据类型说明	基本整型数据
long	数据类型说明	长整型数据
register	存储种类说明	使用 CPU 内部寄存器变量
return	程序语句	函数返回
short	数据类型说明	短整型数据
signed	数据类型说明	有符号数据
sizeof	运算符	计算表达式或数据类型的字节数
static	存储种类说明	静态变量
struct	数据类型说明	结构类型数据
switch	程序语句	构成 switch 选择结构
typedef	数据类型说明	重新定义数据类型
union	数据类型说明	联合类型数据
unsigned	数据类型说明	无符号数据
void	数据类型说明	无类型数据
volatile	数据类型说明	该变量在程序执行中可被隐含地改变
while	程序语句	构成 while 和 do...while 循环结构

C51 编译器的关键字除了有 ANSI C 规定的 32 个关键字，还根据 8051 单片机的特点扩展了相关的关键字。在 C51 集成开发环境的文本编辑器中编写 C 语言程序，系统可以用不同颜色表示关键字，默认颜色为蓝色。C51 编译器扩展的关键字如表 5.2 所示。

表 5.2　C51 编译器扩展的关键字

关　键　字	类　　型	作　　　用
bit	位标量声明	声明一个位标量或位类型的函数
sbit	可寻址位声明	定义一个可位寻址变量地址
sfr	特殊功能寄存器声明	定义一个特殊功能寄存器（8 位）地址
sfr16	特殊功能寄存器声明	定义一个特殊功能寄存器（16 位）地址
data	存储器类型说明	直接寻址的 8051 单片机内部数据存储器
bdata	存储器类型说明	可位寻址的 8051 单片机内部数据存储器
idata	存储器类型说明	间接寻址的 8051 单片机内部数据存储器
pdata	存储器类型说明	"分页"寻址的 8051 单片机外部数据存储器
xdata	存储器类型说明	8051 单片机的外部数据存储器
code	存储器类型说明	8051 单片机程序存储器
interrupt	中断函数声明	定义一个中断函数
reetrant	再入函数声明	定义一个再入函数
using	寄存器组定义	定义 8051 单片机使用的工作寄存器组
small	变量的存储模式	所有未指明存储区域的变量都存储在 data 区域
large	变量的存储模式	所有未指明存储区域的变量都存储在 xdata 区域
compact	变量的存储模式	所有未指明存储区域的变量都存储在 pdata 区域
_at_	地址定义	定义变量的绝对地址
far	存储器类型说明	用于某些单片机扩展 RAM 的访问
alicn	函数外部声明	C 语言函数调用 PL/M-51，必须先用 alicn 声明
task	支持 RTX51	指定一个函数是一个实时任务
priority	支持 RTX51	指定任务的优先级

5.1.1　C51 数据类型

C 语言的数据结构是以数据类型决定的，数据类型可分为基本数据类型和复杂数据类型，而复杂数据类型是由基本数据类型构造而成的。

C 语言的基本数据类型：char、int、short、long、float、double 等。

1．C51 编译器支持的数据类型

对于 C51 编译器来说，short 型数据与 int 型数据相同，double 型数据与 float 型数据相同。C51 编译器支持的数据类型如表 5.3 所示。

表 5.3　C51 编译器支持的数据类型

数据类型	长　　度	值　域
unsigned char	1 字节	0～255
signed char	1 字节	−128～+127
unsigned int	2 字节	0～65535
signed int	2 字节	−32768～+32767
unsigned long	4 字节	0～4294967295

数据类型	长 度	值 域
signed long	4 字节	−2147483648～+2147483647
float	4 字节	−3.4E+38～3.4E+38
*	1～3 字节	对象的地址
bit	位	0 或 1
sfr	1 字节	0～255
sfr16	2 字节	0～65535
sbit	位	0 或 1

2. 数据类型分析

（1）char 字符型数据。

char 字符型数据有 unsigned char 型数据和 signed char 型数据之分，默认值为 signed char 型数据，长度为 1 字节，用以存放 1 字节数据。signed char 型数据的字节的最高位表示该数据的符号，"0"表示正数，"1"表示负数，数据格式为补码形式，所能表示的数值范围为−128～+127；而 unsigned char 型数据是无符号字符型数据，其所能表示的数值范围为 0～255。

（2）int 整型数据。

int 整型数据有 unsigned int 型数据和 signed int 型数据之分，默认值为 signed int 型数据，长度为 2 字节，用以存放 2 字节数据。signed int 型数据是有符号整型数据；unsigned int 型数据是无符号整型数据。

（3）long 长整型数据。

long 长整型数据有 unsigned long 型数据和 signed long 型数据之分，默认值为 signed long 型数据，长度为 4 字节。signed long 型数据是有符号长整型数据；unsigned long 型数据是无符号长整型数据。

（4）float 浮点型数据。

float 浮点型数据是符合 IEEE-754 标准的单精度浮点型数据。float 浮点型数据占用 4 字节（32 位二进制数），其存放格式如下。

字节（偏移）地址	+3	+2	+1	+0
浮点数内容	SEEEEEEE	EMMMMMMM	MMMMMMMM	MMMMMMMM

其中，S 是符号位，存放在最高字节的最高位。"1"表示负，"0"表示正。

E 是阶码，占用 8 位二进制数，E 值是以 2 为底的指数再加上偏移量 127，这样处理的目的是避免出现负阶码，而指数是可正可负的。阶码 E 的正常取值范围为 1～254，而实际指数的取值范围为−126～+127。

M 是尾数的小数部分，用 23 位二进制数表示。尾数的整数部分永远为 1，因此不予保存，但它是隐含存在的。小数点位于隐含的整数位 1 的后面，一个浮点数的数值表示为 $(-1)^S \times 2^{E-127} \times (1.M)$。

（5）指针型数据。

指针型数据不同于以上 4 种基本数据类型，它本身是一个指针变量，但在这个变量中存放的不是普通的数据，而是指向另一个数据的地址。指针变量也要占据一定的内存单元，在 C51 编译器中，指针变量的长度一般为 1～3 字节。指针变量也具有类型，其表示方法是在指针符号（*）的前面冠以数据类型符号，如 char *point。指针变量的类型表示该指针指向的地址中的数据的类型。

（6）bit（位标量）。

bit 位标量是 C51 编译器的一种扩充数据类型，用来定义位标量。

（7）sfr（定义特殊功能寄存器）。

sfr 是 C51 编译器的一种扩充数据类型，利用它可以访问 8051 单片机内部的所有特殊功能寄存器。它占用一个内存单元，取值范围为 0～255。

① sfr16（定义 16 位特殊功能寄存器地址）。

sfr16 占用两个内存单元，其取值范围为 0～65535。

② sbit（定义可寻址位地址）。

sbit 也是 C51 编译器的一种扩充数据类型，利用它可以访问 8051 单片机内部 RAM 中的可寻址位地址和特殊功能寄存器的可寻址位地址。

3．选择变量的数据类型

选择变量的数据类型的基本原则如下。

（1）若能预算出变量的变化范围，就可以根据变量长度来选择变量的数据类型，应尽量减少变量的长度。

（2）如果程序中不需要使用负数，则选择无符号数变量。

（3）如果程序中不需要使用浮点数，则要避免使用浮点数变量。

4．数据类型之间的转换

在 C 语言程序的表达式或变量的赋值运算中，有时会出现运算对象的数据类型不同的情况，C 语言程序允许运算对象在标准数据类型之间进行隐式转换，隐式转换按以下优先级别（由低到高）自动进行：bit→char→int→long→float→signed→unsigned。

一般来说，如果几种不同数据类型的数据同时参与运算，应先将低级别数据类型的数据转换成高级别数据类型的数据，再进行运算处理，且运算结果的数据类型应为高级别数据类型。

5.1.2　C51 的变量

在使用一个变量或常量之前，必须先对该变量或常量进行定义，指出它的数据类型和存储器类型，以便编译系统为它们分配相应的存储单元。

在 C51 中，对变量的定义格式如下。

存储种类	数据类型	存储器类型	变量名表
auto	int	data	x ;
	char	code	y=0x22 ;

第 1 行中，变量 x 的存储种类、数据类型、存储器类型分别为 auto、int、data。第 2 行中，变量 y 只定义了数据类型和存储器类型，未直接给出存储种类。在实际应用中，存储种

类和存储器类型是可以选择的，默认的存储种类是 auto；如果省略存储器类型，则按 Keil C 编译器编译模式 small、compact、large 所规定的默认存储器类型来确定存储器的存储区域。C 语言允许在定义变量的同时给变量赋初值，如第 2 行中对变量的赋值。

1．变量的存储种类

变量的存储种类有 4 种，分别为 auto（自动）、extern（外部）、static（静态）、register（寄存器）。

2．变量的存储器类型

Keil C 编译器完全支持 8051 系列单片机的硬件结构，也可以访问其硬件系统的各个部分，对于各个变量可以准确地赋予其存储器类型，使之能够在单片机内准确定位。Keil C 编译器支持的存储器类型如表 5.4 所示。

表 5.4　Keil C 编译器支持的存储器类型

存储器类型	说　明
data	变量分配在低 128 字节，采用直接寻址方式，访问速度最快
bdata	变量分配在 20H~2FH，采用直接寻址方式，允许位或字节访问
idata	变量分配在低 128 字节或高 128 字节，采用间接寻址方式
pdata	变量分配在 XRAM 区，分页访问外部数据存储器（256B），使用 MOVX @Ri 指令访问
xdata	变量分配在 XRAM 区，访问全部外部数据存储器（64KB），使用 MOVX @DPTR 指令访问
code	变量分配在程序存储器（64KB），用 MOVC　A，@A+DPTR 指令访问

3．Keil C 编译器的编译模式与默认存储器类型

（1）small 编译模式。

在 small 编译模式下变量被定义在 8051 单片机的内部数据存储器低 128 字节区，即默认存储器类型为 data，因此对该变量的访问速度最快。另外，所有对象，包括堆栈，都必须嵌入内部数据存储器。

（2）compact 编译模式。

在 compact 编译模式下变量被定义在外部数据存储器区，即默认存储器类型为 pdata，外部数据段长度可达 256 字节。这时对变量的访问是通过寄存器间接寻址（MOVX @Ri）来实现的。采用这种模式进行编译时，变量的高 8 位地址由 P2 口确定。因此，在采用这种模式的同时，必须适当改变启动程序 STARTUP.A51 中的参数：pdatastart 和 pdatalen，用 L51 进行连接时还必须采用控制指令 pdata 对 P2 口地址进行定位，这样才能确保 P2 口为所需要的高 8 位地址。

（3）large 编译模式。

在 large 编译模式下变量被定义在外部数据存储器区，即默认存储器类型为 xdata，使用数据指针 DPTR 进行访问。这种访问数据的方法效率不高，尤其对于 2 个字节或多个字节的变量，这种访问数据的方法对程序的代码长度影响非常大。此外，在采用这种访问数据的方法时，数据指针不能对称操作。

5.1.3 8051 单片机特殊功能寄存器变量的定义

传统的 8051 单片机有 21 个特殊功能寄存器，它们离散地分布在片内 RAM 的高 128 字节中。为了能直接访问这些特殊功能寄存器，C51 编译器扩充了关键字 sfr 和 sfr16，利用它们可以在 C 语言源程序中直接对特殊功能寄存器进行地址定义。

1. 8 位地址特殊功能寄存器变量的定义

定义格式：

```
sfr  特殊功能寄存器名=特殊功能寄存器的地址常数 ；
```

例如：

```
sfr  P0 = 0x80 ;      //定义特殊功能寄存器 P0 口的地址为 80H
```

要注意的是特殊功能寄存器定义中的赋值与普通变量定义中的赋值，其意义是不一样的，在特殊功能寄存器定义中必须赋值，用于定义特殊功能寄存器名所对应的地址（分配存储地址）；而普通变量定义中的赋值是可选的，是对变量存储单元进行赋值。例如：

```
unsigned int  i = 0x22 ;
```

此语句定义 i 为整型变量，同时对 i 进行赋值，i 的内容为 22H。

Keil C 编译器包含了对 8051 系列单片机各特殊功能寄存器定义的头文件 reg51.h，在进行程序设计时利用包含指令将头文件 reg51.h 包含进来即可。但对于增强型 8051 单片机，新增特殊功能寄存器就需要重新定义。例如：

```
sfr  AUXR=0x8E ;     //定义 IAP15W4K58S4 单片机特殊功能寄存器 AUXR 的地址为 8EH
```

2. 16 位特殊功能寄存器变量的定义

在新一代的增强型 8051 单片机中，经常将 2 个特殊功能寄存器组合成 1 个 16 位特殊功能寄存器使用。为了有效地访问这种 16 位特殊功能寄存器，可采用 sfr16 关键字进行定义。

3. 特殊功能寄存器中位变量的定义

在 8051 单片机编程中，要经常访问特殊功能寄存器中的某些位，Keil C 编译器可以提供 sbit 关键字，利用 sbit 关键字可以对特殊功能寄存器中的可位寻址变量进行定义，定义方法有以下 3 种。

（1）sbit 位变量名=位地址。这种方法将位的绝对地址赋值给位变量，位的绝对地址必须位于 80H～FFH。例如：

```
sbit  OV = 0xD2 ;        //定义位变量 OV（溢出标志位），其位地址为 D2H
sbit  CY = 0xD7;         //定义位变量 CY（进位位），其位地址为 D7H
sbit  RSPIN= 0x80;       //定义位变量 RSPIN，其位地址为 80H
```

（2）sbit 位变量名=特殊功能寄存器名 ^ 位位置。这种方法适用于已定义的特殊功能寄存器中位变量，位位置值为 0～7。例如：

```
sbit  OV= PSW^2 ;        //定义位变量 OV（溢出标志位），它是特殊功能寄存器的第 2 位
sbit  CY= PSW^7 ;        //定义位变量 CY（进位位），它是特殊功能寄存器的第 7 位
sbit  RSPIN = P0^0;      //定义位变量 RSPIN，它是 P0 口的第 0 位
```

（3）sbit 位变量名=字节地址 ^ 位位置。这种方法是将特殊功能寄存器的地址作为基址的，其字节地址是 80H～FFH，位位置值为 0～7。例如：

```
//定义位变量 OV（溢出标志位），直接指明了特殊功能寄存器的地址，它是 0xD0 地址单元的第 2 位
sbit  OV = 0xD0 ^ 2 ;
//定义位变量 CY（进位位），直接指明了特殊功能寄存器的地址，它是 0xD0 地址单元的第 7 位
sbit  CY = 0xD0 ^ 7 ;
//定义位变量 RSPIN，直接指明了 P0 口的地址为 80H，它是 80H 的第 0 位
sbit  RSPIN = 0x80 ^ 0 ;
```

说明：利用 STC-ISP 在线编程软件给 C51 集成开发环境添加 STC 单片机的头文件，STC8 系列单片机的头文件是 stc8.h。编写程序时，只需使用包含指令（#include）将 stc8.h 头文件包含进来，STC8 系列单片机的所有特殊功能寄存器名称及可寻址位名称就可以直接使用了。

5.1.4　8051 单片机位寻址区（20H～2FH）位变量的定义

当位对象位于 8051 单片机内部存储器的可寻址区（bdata）时，称其为可位寻址对象。Keil C 编译器在编译时会将数据对象放入 8051 单片机内部可位寻址区。

1. 定义位寻址区变量

定义位寻址区变量示例如下。

```
//定义变量 my_y 的存储器类型为 bdata，分配内存时，自然会将其分配到位寻址区，并对其赋值 20H
unsigned int bdata my_y = 0x20 ;
```

2. 定义位寻址区位变量

sbit 关键字可以定义可位寻址对象中的某一位。例如：

```
sbit  my_ybit0 = my_y ^ 0 ;  //定义位变量 my_y 的第 0 位地址为变量 my_ybit0
sbit  my_ybit15 = my_y ^ 15 ; //定义位变量 my_y 的第 15 位地址为变量 my_ybit15
```

操作符后面的位位置的取值范围取决于指定基址的数据类型，对于 char 字符型数据来说，其取值范围是 0～7；对于 int 整型数据来说，其取值范围是 0～15；对于 long 长整数型数据来说，其取值范围是 0～31。

5.1.5　函数的定位

1. 指定工作寄存器组

当需要指定函数中使用的工作寄存器组时，在关键字 using 后跟一个 0～3 范围内的数，该数对应的是工作寄存器组 0～3。例如：

```
unsigned char GetKey(void) using 2
{
……        //用户代码区
}
```

上述代码中，using 后面的数字是 2，说明使用工作寄存器组 2，R0～R7 对应地址为 10H～17H。

2. 指定存储模式

用户可以使用 small、compact 及 large 指定存储模式。例如：

```
void OutBCD(void) small{}
```

在上述代码中，small 可以指定函数内部变量全部使用内部 RAM。关键的、经常性的、耗时的地方可以进行这样的声明，以提高运行速度。

5.1.6　中断服务函数

1．中断服务函数的定义

中断服务函数的定义的一般形式如下。

函数类型 函数名（形式参数表）[interrupt n]　[using m]

其中，关键字 interrupt 后面的 n 是中断号，n 的取值范围为 0～31。编译器从 $8n+3$ 处产生中断向量，具体的中断号 n 和中断向量取决于单片机芯片。

关键字 using 用于选择工作寄存器组，m 为对应的寄存器组号，m 的取值范围是 0～3，对应 8051 单片机的 0～3 寄存器组。

2．8051 单片机中断源的中断号与中断向量

8051 单片机中断源的中断号与中断向量如表 5.5 所示。

表 5.5　8051 单片机中断源的中断号与中断向量

中　断　源	中断号 n	中断向量 $8n+3$
外部中断 0	0	0003H
定时/计数器中断 0	1	000BH
外部中断 1	2	0013H
定时/计数器中断 1	3	001BH
串行接口中断	4	0023H

注：STC8A8K64S4A12 单片机有很多中断源，各中断源的中断号及中断向量详见第 8 章。

3．中断服务函数的编写规则

（1）中断服务函数不能进行参数传递，中断服务函数中包含参数声明将导致编译出错。

（2）中断服务函数没有返回值，如果用其定义返回值将得到不正确的结果。因此，最好在定义中断服务函数时将其定义为 void 类型，以说明没有返回值。

（3）在任何情况下都不能直接调用中断服务函数，否则会产生编译错误。因为中断服务函数的返回是由 RETI 指令完成的，RETI 指令可以影响 8051 单片机的硬件中断系统。

（4）如果中断服务函数中涉及浮点型数据的运算，那么必须保存浮点寄存器的状态；当没有其他程序执行浮点运算时，可以不保存浮点寄存器的状态。

（5）如果在中断服务函数中调用了其他函数，则被调用函数所使用的寄存器组必须与中断服务函数使用的寄存器组相同。用户必须保证按要求使用相同的寄存器组，否则会产生错误的结果。如果定义中断服务函数时没有使用 using 选项，则由编译器选择一个寄存器组作为绝对寄存器组进行访问。

5.1.7　函数的递归调用与再入函数

C 语言允许在调用一个函数的过程中，直接或间接地调用该函数自身，这称为函数的递归调用。递归调用可以使程序更加简洁、代码更加紧凑；但其运行速度较慢，并且要占用较大的堆栈空间。

C51 将一个扩展关键字 reentrant 作为定义函数的选项，通过关键字 reentrant 构造再入函数，使其在函数体内可以直接或间接地调用自身函数，实现递归调用。若要将一个函数定义为再入函数，只要在函数名后面加上关键字 reentrant 即可，格式如下。

> 函数类型　函数名（形式参数表）[reentrant]

C51 对再入函数有如下的规定。

（1）再入函数不能传送 bit 类型参数，也不能定义一个局部位标量。也就是说再入函数不能涉及位操作及 8051 单片机的可位寻址区。

（2）在编译时，在存储器模式的基础上为再入函数在内部或外部存储器中建立一个模拟堆栈区，称为再入栈。再入函数的局部变量及参数被放在再入栈中，从而使再入函数可以进行递归调用。而非再入函数的局部变量被放在再入栈外的暂存区，如果对非再入函数进行递归调用，则在上次调用非再入函数时使用的局部变量数据将被覆盖。

（3）在参数的传递上，实际参数可以传递给间接调用的再入函数。无再入属性的间接调用函数虽然不能包含调用参数，但是可以以定义全局变量的方式来进行参数传递。

5.1.8　在 C51 中嵌入汇编语言程序

在对硬件进行操作或对时钟要求很严格的场合，可能需要用汇编语言编写部分程序，以使控制更直接，时序更准确。

（1）在 C 程序文件中以下列方式嵌入汇编语言程序。

```
#pragma   ASM
      …  ;嵌入的汇编语言程序
      …  ;
#pragma   ENDASM
```

（2）在 C51 编译器的"Project"窗口中包含汇编代码的 C 文件上单击鼠标右键，选择"Options for…"选项，单击右边的"Generate Assembler SRC File"选项并选择"Assemble SRC File"选项，使检查框由灰色（无效）状态变成黑色（有效）状态。

（3）根据选择的编译模式，把相应的库文件（如在 small 模式下，库文件目录是 keil\C51\LIB\C51S.LIB）加入工程。

（4）编译，即可生成目标代码。

这样，在"ASM"和"ENDASM"之间的代码将被复制到输出的 SRC 文件中，然后由该文件编译并和其他目标文件连接，产生最后的可执行文件。

5.2 C51 程序设计

5.2.1 C51 程序框架

C51 程序的基本组成部分包括：预处理、全局变量定义与函数声明、主函数声明、子函数与中断服务函数。

1. 预处理

所谓预处理是指编译器在对 C 语言源程序进行正常编译之前，先对一些特殊的预处理指令进行解释，产生一个新的源程序。编译预处理主要为程序调试、程序移植提供便利。

在 C 语言源程序中，为了区分预处理指令和一般 C 语言语句，所有预处理指令行都以符号"#"开头，并且结尾不用分号。预处理指令可以出现在程序的任何位置，但习惯上尽可能地将其写在 C 语言源程序的开头，其作用范围为其出现的位置到文件末尾。

C 语言提供的预处理指令主要包括文件包含、宏定义和条件编译。

1）文件包含

文件包含是指一个 C 语言源程序文件包含另一个 C 语言源程序文件的全部内容。文件包含不仅可以包含头文件，如#include <REG51.H>，还可以包含用户自己编写的 C 语言源程序文件，如#include MY_PROC.C。

在 C51 文件中必须包含有关 8051 单片机特殊功能寄存器地址及位地址定义的头文件，如#include <REG51.H>。针对增强型 8051 单片机，可以采用传统 8051 单片机的头文件，然后用 sfr、sfr16、sbit 对新增特殊功能寄存器和可寻址位进行定义；也可以将用 sfr、sfr16、sbit 对新增特殊功能寄存器和可寻址位进行定义的指令添加到 REG51.H 头文件中，形成增强型 8051 单片机的头文件，在预处理时，将 REG51.H 换成增强型 8051 单片机的头文件既可。

注意：STC8A8K64S4A12 单片机应用程序编程时，请使用包含指令：#include <stc8.h>。

C51 编译器中有许多库函数，这些库函数往往是最常用的、高水平的、经过反复验证过的，所以应尽量直接调用，以减少程序编写的工作量并降低出错概率。为了直接使用库函数，一般应在程序的开始处用预处理指令（#include*）将有关函数说明的头文件包含进来，这样就不用进行另外说明了。C51 常用库函数如表 5.6 所示。

表 5.6 C51 常用库函数

头文件名称	函数类型	头文件名称	函数类型
CTYPL .H	字符函数	ABSACC.H	绝对地址访问函数
STDIO.H	一般 I/O 函数	INTRINS.H	内部函数
STRING.H	字符串函数	STDARG.H	变量参数表
STDLIB.H	标准函数	SETJMP.H	全程跳转
MATH.H	数学函数		

（1）文件包含预处理指令的一般格式为：#include <文件名>或# include "文件名"。这两种格式的区别是前一种格式的文件名是用尖括号括起来的，系统会在包含 C 语言库函数的头文件所在的目录（通常是 keil 目录中的 include 子目录）中寻找文件；后一种格式的文件

名是用双引号引起来的，系统先在当前目录下寻找，若找不到，再到其他目录中寻找。

（2）文件包含使用注意事项。

① 一个#include 指令只能指定一个被包含的文件。

② 如果文件 1 包含了文件 2，而文件 2 要用到文件 3 的内容，则需要在文件 1 中用两个#include 指令分别包含文件 2 和文件 3，并且对文件 3 的包含指令要写在对文件 2 的包含指令之前，即在 file1.c 中定义：

```
# include<file3.c>
# include<file2.c>
```

③ 文件包含可以嵌套。一个被包含的文件可以包含另一个被包含的文件。

文件包含为多个语言源程序文件的组装提供了一种方法。在编写程序时，习惯上将公共的符号常量定义、数据类型定义和 extern 类型的全局变量说明构成一个源文件，并将".H"作为文件名的后缀。如果其他文件用到这些说明，只要包含该文件即可，无须再重新说明，从而减少了工作量。这样编程使得各 C 语言源程序文件中的数据结构、符号常量及全局变量形式统一，便于对程序进行修改和调试。

2）宏定义

宏定义分为带参数的宏定义和不带参数的宏定义。

（1）不带参数的宏定义的一般格式如下。

```
#define 标识符  字符串
```

上述指令的作用是在编译预处理时，将 C 语言源程序中所有标识符替换成字符串。例如：

```
#define  PI 3.148       //PI 就是 3.148
#define uchar unsigned char //在定义数据类型时，uchar 等效于 unsigned char
```

当需要修改某元素时，直接修改宏定义即可，无须对该程序中出现该元素的地方一一进行修改。所以，宏定义不仅提高了程序的可读性，便于调试，同时也方便了程序的移植。

在使用不带参数的宏定义时，要注意以下几个问题。

① 宏定义名称一般用大写字母，以便于与变量名区别。当然，用小写字母也不为错。

② 在编译预处理中，宏定义名称在与字符串进行替换时，不进行语法检查，只进行简单的字符替换，只有在编译时才对已经展开宏定义名称的 C 语言源程序进行语法检查。

③ 宏定义名称的有效范围是从定义位置到文件结束，如果需要终止宏定义的作用域，可以用#undef 指令。例如：

```
#undef  PI //该语句之后的 PI 不再代表 3.148，这样可以灵活控制宏定义的范围
```

④ 进行宏定义时可以引用已经定义的宏定义名称。例如：

```
#define  X 2.0
#define  PI 3.14
#define  ALL PI*X
```

⑤ 对程序中用双引号引起来的字符串内的字符，不进行宏定义替换操作。

（2）带参数的宏定义。

为了进一步扩大宏定义的应用范围，还可以进行带参数的宏定义。带参数的宏定义的一般格式如下。

```
# define  标识符（参数表）  字符串
```

该指令的作用是在进行编译预处理时，将 C 语言源程序中的所有标识符替换成字符串，并且将字符串中的参数替换成实际使用的参数。例如：

```
# define  S(a, b)  (a*b) / 2
```

该指令表示如果程序中使用了 S(3,4)，则在编译预处理时将其替换成(3*4) / 2。

3）条件编译

条件编译指令允许对程序中的内容进行选择性的编译，即可以根据一定条件选择是否进行编译。

条件编译指令主要有以下几种形式。

（1）形式 1 如下。

```
# ifdef 标识符
程序段 1
# else
程序段 2
# endif
```

该指令的作用是如果标识符已经被#define 定义，则编译程序段 1；否则编译程序段 2。如果没有程序段 2，则上述形式可以变换为以下形式。

```
# ifdef 标识符
程序段 1
# endif
```

（2）形式 2 如下。

```
# ifndef 标识符
程序段 1
# else
程序段 2
# endif
```

该指令的作用是如果标识符没有被#define 定义，则编译程序段 1；否则编译程序段 2。同样，如果没有程序段 2，则上述形式可以变换为以下形式。

```
# ifndef 标识符
程序段 1
# endif
```

（3）形式 3 如下。

```
# if 表达式
程序段 1
#else
程序段 2
# endif
```

该指令的作用是如果 if 表达式的值为真，则编译程序段 1；否则编译程序段 2。同样，如果没有程序段 2，则上述形式可以变换为以下形式。

```
# if 表达式
程序段 1
#endif
```

以上 3 种形式的条件编译预处理结构可以嵌套使用。当#else 后嵌套#if 时，可以使用预处理指令# elif，它相当于# else...# if。

在程序中使用条件编译主要是为了方便进行程序的调试和移植。

2．全局变量的定义与函数声明

1）全局变量的定义

全局变量是指在程序开始处或各个功能函数外定义的变量，在程序开始处定义的变量在整个程序中有效，可供程序中所有函数共同使用；在各个功能函数外定义的变量只对定义处之后的各个函数有效，只有定义之后的各个功能函数可以使用该变量。

有些变量是整个程序都需要使用的，如 LED 数码管的字形码或位码，有关 LED 数码管的字形码或位码的定义就应放在程序开始处。

2）函数声明

一个 C 语言程序可以包含多个不同功能的函数，但一个 C 语言程序中有且只能有一个名为 main()的主函数。主函数的位置可以在其他功能函数前面、之间，也可以在最后。

（1）当功能函数的定义位于主函数前面时，属于已声明功能函数，不必对各功能函数再进行声明。

（2）当功能函数位于主函数后面时，在调用主函数时，必须先对各功能函数进行声明。例如：

```
#include <REG51.H>
void  delay(void);          //声明子函数
void  light1(void);         //声明子函数
void  light2(void);         //声明子函数
/*————————主函数——————————*/
void main(void)
{
    while(1)
    {
        light1();
        delay();
        light2();
        delay();
    }
}
/*——————各功能函数略——————————*/
```

主函数调用了 light1()、light2()、delay()三个功能函数，而且 delay()、light1()、light2()三个功能函数在主函数后面，所以在声明主函数前必须先对 light1()、delay()、light2()三个功能函数进行声明。

（3）当功能函数与主函数处于不同程序文件时，有两种方法进行函数链接：①在主（或调用）函数文件中用外部函数 extern 进行声明，如 extern light1()；②在主（或调用）函数文件中用#include 将被调用函数所在的文件包含进来，如果 light1()是在 light.c 文件中定义的，那么在主（或调用）函数文件中就可以用#include<light.c>或#include "light.c"包含被调用函数所在文件，直接使用 light1()了。目前普遍使用#include 对不同文件的函数进行链接。

5.2.2　C51 程序设计举例

C51 程序设计中常用的语句有 if、while、switch、for 等，下面结合 8051 单片机实例介绍与之相关的常用语句及数组的编程。

例 5.1　用 4 个按键控制 8 只 LED，按下 S1 键，P1 口 B3、B4 对应的 LED 亮；按下 S2 键，P1 口 B2、B5 对应的 LED 亮；按下 S3 键，P1 口 B1、B6 对应的 LED 亮；按下 S4 键，P1 口 B0、B7 对应的 LED 亮；不按键，P1 口 B2、B3、B4、B5 对应的 LED 亮。

解　设 P1 口控制 8 只 LED，低电平驱动；S1、S2、S3、S4 按键分别接 P3.0、P3.1、P3.2、P3.3 引脚，低电平有效。

参考程序如下。

```
#include <REG51.H>
#define uint unsigned int
sbit S1 = P3^0;                      // 定义输入引脚
sbit S2 = P3^1;
sbit S3 = P3^2;
sbit S4 = P3^3;
/*————————延时子函数——————————*/
void delay(uint k)                   //定义延时子函数
{
    uint i, j;
    for(i=0; i<k; i++)
    {
        for(j=0; j<1210; j++)
        {;}
    }
}
/*————————主函数——————————*/
void main(void)                      //定义主函数
{
    delay(50);                       //调用延时子函数
    while(1)
    {
        if(!S1){P1=0xe7;}            //按 S1 键，P1 口 B3、B4 对应的 LED 亮
        else if(!S2){P1=0xdb;}      //按 S2 键，P1 口 B2、B5 对应的 LED 亮
        else if(!S3){P1=0xbd;}      //按 S3 键，P1 口 B1、B6 对应的 LED 亮
        else if(!S4){P1=0x7e;}      //按 S4 键，P1 口 B0、B7 对应的 LED 亮
        else {P1=0xc3;}             //不按键，P1 口 B2、B3、B4、B5 对应的 LED 亮
        delay(5);
    }
}
```

例 5.2　用 4 个按键控制 8 只 LED，按下 S1 键，P1 口 B3、B4 对应的 LED 亮；按下 S2 键，P1 口 B2、B5 对应的 LED 亮；按下 S3 键，P1 口 B1、B6 对应的 LED 亮；按下 S4 键，P1 口 B0、B7 对应的 LED 亮；当不按键或同时按下多个键时，P1 口 B2、B3、B4、B5

对应的 LED 亮。

解 本例的功能与例 5.1 基本一致，例 5.1 中是采用分支语句 if 实现的，现采用开关语句 switch 来实现。设 P1 口控制 8 只 LED，低电平驱动；S1、S2、S3、S4 键分别接 P3.0、P3.1、P3.2、P3.3 引脚，低电平有效。

参考程序如下。

```c
#include <REG51.H>
#define uchar unsigned char
/*————————主函数——————————*/
void main(void)
{
    uchar  temp;
    P3 |= 0x0f;                     //将 P3 口的低 4 位置为输入状态
    while(1)
    {
        temp=P3;                    //读 P3 口的输入状态
        switch(temp&=0x0f)          //屏蔽高 4 位
        {
            case 0x0e:  P1 = 0xe7; break; //按 S1 键，P1 口 B3、B4 对应的 LED 亮
            case 0x0d:  P1 = 0xdb; break; //按 S2 键，P1 口 B2、B5 对应的 LED 亮
            case 0x0b:  P1 = 0xbd; break; //按 S3 键，P1 口 B1、B6 对应的 LED 亮
            case 0x07:  P1 = 0x7e; break; //按 S4 键，P1 口 B0、B7 对应的 LED 亮
            //不按键或同时按下多个按键时，P1 口 B2、B3、B4、B5 对应的 LED 亮
            default :  P1 = 0xc3; break;
        }
    }
}
```

5.2.3 工程训练 5.1 LED 数码管驱动与显示（C 语言版）

一、工程训练目标

（1）进一步掌握 LED 数码管驱动与显示的工作原理。

（2）进一步掌握单片机 I/O 口的输出操作（C 语言版）。

（3）掌握 LED 数码管驱动程序的编程（C 语言版）。

二、任务功能与参考程序

1. 任务功能

在 LED 数码管上从高到低显示 1、0、6、A、-、3.、E、F。

2. 硬件设计

硬件设计同图 4.17。

3. 参考程序（C 语言版）

1）显示程序：LED_display.h

　　建立一个显示缓冲区，一个 LED 数码管对应一个显示缓冲区，显示程序只需按顺序从显示缓冲区读取数据即可，将 LED 数码管显示函数独立生成一个通用文件 LED_display.h，以便其他应用进行调用。Dis-buf[7]～Dis-buf[0]为数码管的显示缓冲区，Dis-buf[7]为高位，Dis-buf[0]为低位，调用 LED 数码管显示函数前只需将要显示的数据传送到对应的缓冲区即可，LED 数码管显示函数的名称定义为 LED_display。

　　在使用 LED 数码管时先采用包含指令将 LED_display.h 文件包含在主函数文件中，然后当 LED 数码管需要显示数据时，先将需显示的数据传输给显示位对应的显示缓冲区，若是字符,则将字符的字形码在字形数据数组 LED_SEG[]中的位置传输至显示位对应的缓冲区，再周期性调用 LED 数码管显示函数 LED_display()即可。

```
#define font_PORT  P6          //定义字形码输出端口
#define position_PORT  P7      //定义位控制码输出端口
uchar code  LED_SEG[]=
//定义"0、1、2、3、4、5、6、7、8、9""A、B、C、D、E、F"及"灭"的字形码
//定义"0、1、2、3、4、5、6、7、8、9"(含小数点)的字符及"_"的字形码
{0xc0,0xf9,0xa4,0xb0,0x99,0x92,0x82,0xf8,0x80,0x90,0x88,0x83,0xc6,0xa1,0x
86,0x8e,0xff,0x40,0x79,0x24,0x30,0x19,0x12d,0x02,0x78,0x00,0x10,0xbf };
//定义扫描位控制码
uchar code  Scan_bit[]={0xfe,0xfd,0xfb,0xf7,0xef,0xdf, 0xbf, 0x7f};
//定义显示缓冲区，最低位显示"0"，其他为"灭"
uchar data  Dis_buf[]={0,16,16,16,16,16,16,16};
/*——————————延时函数——————————*/
void Delay1ms()        //@12.000MHz
{
    unsigned char i, j;

    i = 16;
    j = 147;
    do
    {
        while (--j);
    } while (--i);
}
/*——————————显示函数———————————*/
void LED_display(void)
{
    uchar i;
    for(i=0;i<8;i++)
    {
        position_PORT =0xff; font_PORT =LED_SEG[Dis_buf[i]];
        position_PORT = Scan_bit[7-i]; Delay1ms ();
    }
}
```

2）工程训练 5.1 程序文件：工程训练 51.c

```
#include <stc8.h>        //包含支持 STC8 系列单片机的头文件
```

```
#include <intrins.h>
#define uchar unsigned char
#define uint  unsigned int
#include <LED_display.h>
/*————————主函数（显示程序）——————————*/
void main(void)
{
    Dis_buf[0]=15; Dis_buf[1]=14; Dis_buf[2]=20; Dis_buf[3]=27;
    Dis_buf[4]=10; Dis_buf[5]=6; Dis_buf[6]=0; Dis_buf[7]=1;
    while(1)                        //无限循环执行显示程序
    {
        LED_display();
    }
}
```

三、训练步骤

1. 分析 LED_display.h 文件与工程训练 51.c 程序文件。

2. 用 Keil μVision4 集成开发环境编辑、编译用户程序，生成机器代码。

（1）用 Keil μVision4 集成开发环境新建工程训练 41 项目。

（2）编辑 LED_display.h 文件。

（3）编辑工程训练 51.c 文件。

（4）将工程训练 51.c 文件添加到当前项目中。

（5）设置编译环境，选择编译时生成的机器代码文件。

（6）编译程序文件，生成工程训练 51.hex 文件。

3. 将 STC8 学习板与计算机连接。

4. 利用 STC-ISP 在线编程软件将工程训练 51.hex 文件下载到 STC8 学习板中。

5. 观察 STC8 学习板的 LED 数码管，应能看到从高到低依次为"1、0、6、A、-、3.、E、F"字符。

三、训练拓展

在工程训练 51.c 文件的基础上修改程序，实现在 LED 数码管上显示学生证号的后 8 位，显示要求：从高到低逐位闪烁显示学生证号后 8 位，每位的闪烁次数为 2 次（一亮一灭为 1 次），8 位数字显示结束后停 2s，然后 LED 数码管熄灭 2s；周而复始。

 本章小结

单片机的程序设计主要采用两种语言，即汇编语言和高级语言。汇编语言生成的目标程序占用的存储空间小、运行速度快，具有效率高、实时控制性强的特点，适合编写短小、高效的实时控制程序。与汇编语言相比，高级语言对系统硬件资源的分配比汇编语言简单，且程序的阅读、修改及移植操作比较容易，适用于编写规模较大，尤其是编写运算量较大的程序。

C51 是在 ANSI C 基础上，根据 8051 单片机的特点进行扩展得到的语言，主要增加了特殊功能寄存器与可位寻址的特殊功能寄存器通过可寻址位进行地址定义的功能（sfr、sfr16、sbit）、指定变量的存储类型及中断服务函数等功能。常用的 C51 语句有 if、for、while、switch 等。

习题与思考题

一、填空题

1. 在 C51 中，用于定义特殊功能寄存器地址的关键字是_____。

2. 在 C51 中，用于定义特殊功能寄存器可寻址位地址的关键字是_____。

3. 在 C51 中，用于定义功能符号与引脚位置关系的关键字是_____。

4. 在 C51 中，中断服务函数的关键字是_____。

5. 在 C51 中，定义程序存储器存储类型的关键字是_____。

6. 在 C51 中，定义位寻址区存储类型的关键字是_____。

二、选择题

1. 定义变量 x，数据类型为 8 位无符号数，并将其分配到程序存储空间，赋值 100。正确的指令是_____。

A. unsigned char code　x=100;

B. unsigned char data　x= 100;

C. unsigned char xdata　x =100;

D. unsigned char code x; x= 100;

2. 定义一个 16 位无符号数变量 y，并将其分配到位寻址区，正确的指令是_____。

A. unsigned int y；　　　　　　　B. unsigned int data y；

C. unsigned int xdata y；　　　　　D. unsigned int bdata y；

3. 当执行 "P1=P1&0xfe;" 指令时，相当于对 P1.0 进行_____操作。

A. 置 1　　　　B. 置 0　　　　C. 取反　　　　D. 不变

4. 当执行 "P2=P2|0x01;" 指令时，相当于对 P2.0 进行_____操作。

A. 置 1　　　　B. 置 0　　　　C. 取反　　　　D. 不变

5. 当执行 "P3=P3^0x01;" 指令时，相当于对 P3.0 进行_____操作。

A. 置 1　　　　B. 置 0　　　　C. 取反　　　　D. 不变

6. 当程序预处理部分有 "#include<STC15f2k60s2.h>" 指令时，要对 P0.1 置 1，可执行_____语句。

A. P01=1;　　　B. P0.1=1;　　　C. P0^1=1;　　　D. P01=!P01;

三、判断题

1. 若汇编语言程序的最后一条指令是 RET，则这个程序一定是子程序。（　　）

2. 如果顺序结构程序中无分支、无循环，则其执行顺序是指令的存放顺序。（　　）

3. 在 C51 中，若有 "#include<STC15f2k60s2.h>" 指令，则在编程中，可直接用 P12 表示 P1.2。（　　）

4. 在分支程序中，各分支程序是相互独立的。（　　）

5. while(1)与 for(; ;)语句的功能是一样的。（　　）

6. 在 C51 变量定义中，默认的存储器类型是低 128 字节，采用直接寻址方式。（　　）

四、问答题

1. 在 C 语言程序中，哪些函数是必须存在的？C 语言程序的执行顺序是如何决定的？

2. 当主函数与子函数在同一个程序文件中时，调用这些函数时应注意什么？当主函数与子函数分属不同程序文件时，调用这些函数有什么要求？

3. 函数的调用方式主要有 3 种，请举例说明。

4. 全局变量与局部变量的区别是什么？如何定义全局变量与局部变量？

5. Keil C 编译器比 ANSI C 多了哪些数据类型？举例说明如何定义单字节数据。

6. sfr、sbit 是 Keil C 编译器新增的关键词，请说明其含义。

7. Keil C 编译器支持哪些存储器类型？Keil C 编译器的编译模式与默认存储器类型的关系是怎样的？在实际应用中，最常用的编译模式是什么？

8. 数据类型隐式转换的优先顺序是什么？

9. 位逻辑运算符的优先顺序是什么？

10. 简述 while 与 do…while 的区别。

11. 解释 x/y、x%y 的含义。简述将算术运算结果送至 LED 数码管显示时，如何分解个位数、十位数、百位数等数字位。

四、程序设计题

1. 编写程序实现在包含 20 个元素的数组中查找数据为 0 的元素个数，并将查找结果从 P1 口输出。

2. 编写程序实现将包含 10 个元素的基本 RAM 数组数据传送到另一个包含 10 个元素的扩展 RAM 数组中。

3. 若单片机晶振频率为 24MHz，从 STC-ISP 在线编程软件中获取 40ms 的延时程序（C51 版）。

4. 用一个端口输入数据，用另一个端口输入数据并控制 8 只 LED。当输入数据小于 20 时，奇数位 LED 亮；当输入数据位于 20～30 时，8 只 LED 全亮；当输入数据大于 30 时，偶数位 LED 亮。

（1）画出硬件电路图。

（2）画出程序流程图。

（3）分别用汇编语言和 C 语言编写程序并进行调试。

第 6 章

STC8A8K64S4A12 单片机的存储器与应用编程

🔍 **内容提要：**

存储器是单片机的重要资源，也是单片机必不可少的组成部分。存储器在物理上分为 Flash ROM、基本 RAM、扩展 RAM 三个相互独立的存储空间；在使用上分为程序存储器（程序 Flash）、EEPROM（数据 Flash）、基本 RAM 与扩展 RAM 四部分。

本章将分别介绍 STC8A8K64S4A12 单片机的程序存储器、EEPROM、基本 RAM 与扩展 RAM 的工作特性与应用编程。

6.1 程序存储器

程序存储器的主要作用是存放用户程序，使单片机按用户程序指定的流程运行，完成用户程序指定的任务。除此以外，程序存储器通常还用来存放一些常数或表格数据（如π值、数码显示的字形数据等），供用户程序在运行中使用，用户可以把这些常数当作程序通过 STC-ISP 在线编程软件下载并存放在程序存储器内。在程序运行过程中，程序存储器的内容只能读，而不能写。存在程序存储器中的常数或表格数据，只能通过 MOVC A,@A+DPTR 或 MOVC A,@A+PC 指令进行访问。如果采用 C 语言编程，要把存放在程序存储器中的数据存储类型定义为 CODE。下面以 8 只 LED 的显示控制为例，说明程序存储器的应用编程。

例 6.1 设 P1 口驱动 8 只 LED，低电平有效。从 P1 口顺序输出 E7H、DBH、BDH、7EH、3EH、18H、00H、FFH 这 8 个数据，周而复始。

解 首先要将这 8 个数据存放在程序存储器中，在用汇编语言编程时，采用伪指令 DB 或 DW 对这 8 个数据进行存储定义；采用 C 语言编程时，通过指定程序存储器的存储类型的方法定义存储数据。

（1）汇编语言参考程序（CODE.ASM），如下所示。

```
$include(stc8.inc)          ;STC8 系列单片机新增特殊功能寄存器的定义文件
    ORG      0000H
    LJMP  MAIN
    ORG      0100H
```

```assembly
MAIN:
        MOV  DPTR, #ADDR        ;DPTR 指向数据存放首地址
        MOV  R3, #08H           ;顺序输出显示数据次数，分 8 次传送
LOOP:
        CLR  A                  ;累加器 A 清 0，DPTR 直接指向读取数据所在地址
        MOVC A, @A+DPTR         ;读取数据
        MOV  P1,  A             ;将数据送至 P1 口显示
        INC  DPTR               ;DPTR 指向下一个数据
        LCALL  DELAY500mS       ;调用延时子程序
        DJNZ R3,LOOP            ;判断一个循环是否结束，若没有结束，则读取并传送下一个数据
        SJMP MAIN               ;若结束，重新开始
DELAY500ms:                     ;@11.0592MHz，从 STC-ISP 在线编程软件中获得
        NOP
        NOP
        NOP
        PUSH 30H
        PUSH 31H
        PUSH 32H
        MOV  30H,#17
        MOV  31H,#208
        MOV  32H,#24
NEXT:
        DJNZ 32H,NEXT
        DJNZ 31H,NEXT
        DJNZ 30H,NEXT
        POP 32H
        POP 31H
        POP 30H
        RET
ADDR:
        DB  0E7H,0DBH,0BDH,7EH,3EH,18H,00H,0FFH   ;定义存储字节数据
        END
```

（2）C51 参考程序（code.c）

```c
#include <stc8.h>          //STC8 系列单片机头文件
#include <intrins.h>
#define uchar unsigned char
#define uint unsigned int
uchar code date[8] = {0xe7,0xdb,0xbd,0x7e,0x3e,0x18,0x00,0xff};
// 定义显示数据
/*—————————1ms 延时子函数——————————*/
void Delay1ms()             //@11.0592MHz，从 STC-ISP 在线编程软件中获得
{
    unsigned char i, j;
    _nop_();
    _nop_();
    _nop_();
    i = 11;
```

```
        j = 190;
        do
        {
            while (--j);
        } while (--i);
    }
    /*----------延时子函数----------*/
    void delay(uint t)
    {
        uint k;
        for(k = 0; k<t; k++)
        {
            Delay1ms() ;
        }
    }
    /*----------主函数----------*/
    void main(void)
    {
        uchar i;
        while(1)                      // 无限循环
        {
            for(i = 0; i<8; i++) //顺序输出 8 次
            {
                P1 = date[i];        //读取并存放程序存储器中的数据
                delay(500);          //设置显示间隔，晶振频率不同时，时间可能不同，自行调整
            }
        }
    }
```

6.2　基本 RAM

STC8A8K64S4A12 单片机的基本 RAM 包括低 128 字节 RAM（00H～7FH）、高 128 字节 RAM（80H～FFH）和特殊功能寄存器（80H～FFH）。

1．低 128 字节 RAM

低 128 字节 RAM 是 STC8A8K64S4A12 单片机最基本的数据存储区，可以说它是离 STC8A8K64S4A12 单片机 CPU 最近的数据存储区，也是功能最丰富的数据存储区。整个 128 字节地址，既可以采用直接寻址，又可以采用寄存器间接寻址。其中，00H～1FH 单元可作为工作寄存器，20H～2FH 单元具有位寻址功能。

例 6.2　采用不同的寻址方式，将数据 00H 写入低 128 字节的 00H 单元。

解　寻址方式及程序如下。

（1）寄存器寻址 [（RS1）（RS0）=00]。

```
        CLR  RS0                  ;令工作寄存器处于 0 区，R0 就等效于 00H 单元
```

```
    CLR  RS1
    MOV  R0,#00H
```

（2）直接寻址。

```
    MOV  00H,#00H              ;直接将数据 00H 送至 00H 单元
```

（3）寄存器间接寻址。

```
    MOV  R0, #00H             ;R0 指向 00H 单元
    MOV  @R0,#00H             ;将数据 00H 传送至 R0 所指的存储单元
```

在 C51 编程中，若采用直接寻址方式访问低 128 字节 RAM，则变量的存储类型定义为 data；若采用寄存器间接寻址方式访问低 128 字节 RAM，则变量的存储类型定义为 idata。

2. 高 128 字节 RAM 和特殊功能寄存器

高 128 字节 RAM 和特殊功能寄存器的地址是相同的，也就是地址"冲突"了。在实际应用中，采用不同的寻址方式来区分高 128 字节 RAM 和特殊功能寄存器的地址，高 128 字节 RAM 只能用寄存器间接寻址方式进行访问（读或写），而特殊功能寄存器就只能用直接寻址方式进行访问。

例 6.3 分别将 20H 数据写入高 128 字节 RAM 80H 单元和特殊功能寄存器 80H 单元（P0）。

解 编程如下。

（1）对高 128 字节 RAM 80H 单元进行编程。

```
    MOV  R0, #80H
    MOV  @R0,#20H
```

（2）对特殊功能寄存器 80H 单元进行编程。

```
    MOV  80H,#20H
```

或

```
    MOV  P1,#20H
```

在 C51 编程中，若采用高 128 字节 RAM 存储数据，则在定义变量时，要将变量的存储类型定义为 idata；若采用特殊功能寄存器存储数据，则直接通过寄存器名称进行存取操作即可。

6.3 扩展 RAM（XRAM）

STC8A8K64S4A12 单片机的扩展 RAM 空间为 8KB，地址范围为 0000H～1FFFH。扩展 RAM 类似于传统的片外数据存储器，可以采用访问片外数据存储器的访问指令（助记符为 MOVX）访问扩展 RAM。STC8A8K64S4A12 单片机保留了传统 8051 单片机片外数据存储器的扩展功能，但片内扩展 RAM 与片外扩展 RAM 不能同时使用，可以通过 AUXR 中的 EXTRAM 控制位进行选择，默认选择的是片内扩展 RAM。扩展片外数据存储器时，要占用 P0 引脚、P2 引脚及 ALE、$\overline{\text{RD}}$ 与 $\overline{\text{WR}}$ 引脚，而在使用片内扩展 RAM 时与这些引脚无关。STC8A8K64S4A12 单片机的片内扩展 RAM 与片外扩展 RAM 的关系如图 6.1 所示。

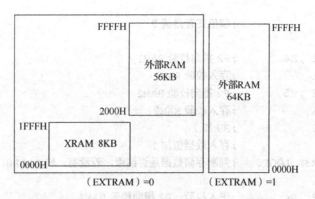

图 6.1　STC8A8K64S4A12 单片机片内扩展 RAM 与片外扩展 RAM 的关系

1. 片内扩展 RAM 的允许访问与禁止访问

片内扩展 RAM 的允许访问与禁止访问是通过 AUXR 的 EXTRAM 控制位进行选择的，AUXR 的格式如下。

	地址	B7	B6	B5	B4	B3	B2	B1	B0	复位值
AUXR	8EH	T0x12	T1x12	UART_M0x6	T2R	T2_C/$\overline{T}$	T2x12	EXTRAM	S1ST2	0000 0000

EXTRAM：片内扩展 RAM 访问控制位。(EXTRAM)=0，允许访问，推荐使用；(EXTRAM)=1，禁止访问，当扩展了片外扩展 RAM 或 I/O 口时，应禁止访问片内扩展 RAM。

片内扩展 RAM 通过 MOVX 指令访问，即 MOVX A,@DPTR(或@Ri)和 MOVX @DPTR(或@Ri),A；在 C 语言中，可以使用 xdata 声明存储类型，例如：

```
unsigned char xdata i=0;
```

当访问地址超出片内扩展 RAM 地址时，自动指向片外扩展 RAM。

例 6.4　STC8A8K64S4A12 单片机片内扩展 RAM 的测试，分别在片内扩展 RAM 的 0000H 和 0200H 起始处存入相同的数据，然后对两组数据一一进行校验，若相同，则说明内部扩展 RAM 完好无损，正确指示灯亮；只要有一组数据不同，则停止校验，错误指示灯亮。

解　STC8A8K64S4A12 单片机共有 8192 字节片内扩展 RAM，在此，仅对在 0000H 和 0200H 起始处的前 256 字节进行校验。

程序说明：P1.7 控制的 LED 为正确指示灯，P1.6 控制的 LED 为错误指示灯。

（1）汇编语言参考程序（XRAM.ASM），如下所示。

```
$include(stc8.inc)          ;STC8 系列单片机新增特殊功能寄存器的定义文件
ERROR_LED  BIT  P1.6        ;定义位字符名称
OK_LED     BIT  P1.7
           ORG       0000H
           LJMP  MAIN
           ORG       0100H
MAIN:
           LCALL GPIO
           MOV   R0, #00H    ;R0 指向校验 RAM 的起始地址的低 8 位
           MOV   R4, #00H    ;R4 指向校验 RAM1 的高 8 位地址
           MOV   R5, #02H    ;R5 指向校验 RAM2 的高 8 位地址
           MOV   R3, #00H    ;用 R3 循环计数器，循环 256 次
```

```
        CLR  A               ;赋值寄存器清 0
LOOP0:
        MOV  P2 ,R4           ;P2 指向校验 RAM1
MOVX    @R0, A               ;存入校验 RAM1
        MOV  P2 ,R5           ;P2 指向校验 RAM2
MOVX    @R0, A               ;存入校验 RAM2
        INC  R0              ;R0 加 1
        INC  A               ;存入数据值加 1
        DJNZ R3, LOOP0       ;判断存储数据是否结束，若没有，转 LOOP0
LOOP1:
        MOV  P2 ,R4           ;进入校验，P2 指向校验 RAM1
        MOVX A ,@R0           ;取第一组数据
        MOV  20H, A           ;暂存在 20H 单元
        MOV  P2 ,R5           ;P2 指向校验 RAM1
        MOVX A ,@R0           ;取第二组数据
        INC  R0              ;DPTR1 加 1
        CJNE A, 20H, ERROR   ;将第一组数据与第二组数据进行比较，若不相等，则转错误处理
        DJNZ R3, LOOP1       ;若相等，则判断校验是否结束
        CLR  OK_LED          ;全部校验正确，点亮正确指示灯
        SETB ERROR_LED
        SJMP FINISH          ;转结束处理
ERROR:
        CLR  ERROR_LED       ;点亮错误指示灯
        SETB OK_LED
FINISH:
        SJMP $               ;原地踏步，表示结束
        END
```

（2）C 语言参考程序。

见 6.4.1 工程训练。

2. 增强型双数据指针的使用*

增强型双数据指针集成了 2 组 16 位的数据指针。DPTR0 由 DPL 和 DPH 组成，用于存放 16 位地址；DPTR1 由 DPL1 和 DPH1 组成，用于对 16 位地址的程序存储器和扩展 RAM 进行访问。通过对数据指针控制寄存器 DPS 及数据指针触发寄存器 TA 进行操作，可以实现两组数据指针自动切换及数据指针自动递增或递减。

1）数据指针控制寄存器 DPS

数据指针控制寄存器 DPS 的各位定义如下。

	地址	B7	B6	B5	B4	B3	B2	B1	B0	复位值
DPS	E3H	ID1	ID0	TSL	AU1	AU0	—	—	SEL	0000 0000

SEL：目标 DPTR 的选择控制位，当（SEL）=0 时，选择 DPTR0 为目标 DPTR；当（SEL）=1 时，选择 DPTR1 为目标 DPTR。

TSL：使 DPTR1/DPTR0 能自动切换（自动对 SEL 取反），当（TSL）=0 时，关闭 DPTR1/DPTR0 自动切换功能；当（TSL）=1 时，使 DPTR1/DPTR0 自动切换（自动对 SEL 取反）。

当（TSL）=1 时，每执行一条如下指令，系统会自动对 SEL 取反。

```
MOV DPTR, #data16
INC DPTR
MOVC A, @A+DPTR
MOVX A, @DPTR
MOVX @DPTR, A
```

ID1：选择 DPTR1 自动增减的工作方式，当（ID1）=0 时，DPTR1 自动递增；当（ID1）=1 时，DPTR1 自动递减。

ID0：选择 DPTR0 自动增减的工作方式，当（ID0）=0 时，DPTR0 自动递增；当（ID0）=1 时，DPTR0 自动递减。

AU1/AU0：使能 DPTR1/DPTR0 的自动增减功能，（AU1）/（AU0）=0，关闭 DPTR1/DPTR0 的自动增减功能；（AU1）/（AU0）=1，打开 DPTR1/DPTR0 的自动增减功能。若 AU1/AU0 同时使能，就可以直接对 DPS 进行写入操作；若要独立使能 AU1 或 AU0，就必须先等 TA 触发后才可以对 DPS 进行写入操作。

2）数据指针触发寄存器 TA

TA 的各位定义如下。

	地址	B7	B6	B5	B4	B3	B2	B1	B0	复位值
TA	AEH	—								0000 0000

TA 是只写寄存器，当要独立使能 AU1 或 AU0 时，必须按照以下步骤进行操作。

```
CLR EA                  ;关闭中断
MOV TA, #0AAH           ;写入触发指令序列 1
MOV TA, #55H            ;写入触发指令序列 2
MOV DPS, #xxH           ;可进行独立使能 AU1 或 AU0
                        ;但下次独立使能 AU1 或 AU0 时，需重新触发
SETB EA                 ;开中断
```

例 6.5 将程序空间 1000H～1003H 中的 4 字节数据反向复制到扩展 RAM 的 0100H～0103H 中。

解 根据题意分析可知，将程序空间起始地址设置为 1000H，递增变化；将扩展 RAM 的起始地址设置为 0103H，递减变化，相应代码如下。

```
MOV DPS, #00100000B    ;使能 TSL，并选择 DPTR0
MOV DPTR, #1000H       ;设置 DPTR0，并自动切换为 DPTR1
MOV DPTR, #0103H       ;设置 DPTR1，并自动切换为 DPTR0
MOV DPS, #10111000B    ;将 DPTR0 设置为递增模式，将 DPTR1 设置为递减模式，
                       ;并同时使能 TSL 和 AU1/AU0，选择 DPTR0
MOV R7, #4             ;设置数据复制个数
COPY_LOOP:
CLR A                  ;累加器 A 清 0
MOVC A, @A+DPTR        ;从 DPTR0 所指的程序空间读取数据，DPTR0 自动加 1
                       ;DPTR 自动切换为 DPTR1
MOVX @DPTR, A          ;将读取数据传送到 DPTR1 所指扩展 RAM 中，DPTR1 自动减 1
                       ;DPTR 自动切换为 DPTR0
DJNZ R7, COPY_LOOP     ;判断复制过程是否结束
SJMP $                 ;程序结束
```

3．片外扩展 RAM 的总线管理

当需要扩展片外扩展 RAM 或 I/O 口时，单片机 CPU 需要利用 P0（低 8 位地址总线与 8 位数据总线分时复用，低 8 位地址总线通过 ALE 由外部锁存器锁存）、P2（高 8 位地址总线），以及 P4.3（$\overline{WR}$）、P4.4（$\overline{RD}$）、P4.1（ALE）外引总线进行扩展（$\overline{WR}$、$\overline{RD}$、ALE 等总线引脚还可以通过 BUS_SPEED 中的 B7、B6 位的设置进行切换，详见附录 E）。STC8A8K64S4A12 单片机是 1T 单片机，运行速度较高，为了提高单片机与片外扩展芯片的运行速度，STC8A8K64S4A12 单片机增加了总线管理功能，由特殊功能寄存器 BUS_SPEED 进行控制。BUS_SPEED 的格式如下。

	地址	B7	B6	B5	B4	B3	B2	B1	B0	复位值
BUS_SPEED	A1H	—	—	—	—	—	—	SPEED[1:0]		xxxx xx10

SPEED[1:0]：总线读写速度控制（在读写数据时控制信号和数据信号的准备时间和保持时间），如表 6.1 所示。

表 6.1　总线读写速度控制

SPEED[1:0]		总线读写的系统时钟数（ALE_BUS_SPEED）
0	0	1
0	1	2
1	0	4（默认设置）
1	1	8

片内扩展 RAM 和片外扩展 RAM 都是采用 MOVX 指令进行访问的，C51 中的数据存储类型都是 xdata。当（EXTRAM）=0 时，允许访问片内扩展 RAM，数据指针所指地址为片内扩展 RAM 地址，访问地址超过片内扩展 RAM 地址时，指向片外扩展 RAM 地址；当（EXTRAM）=1 时，禁止访问片内扩展 RAM，数据指针所指地址为片外扩展 RAM 地址。虽然片内扩展 RAM 和片外扩展 RAM 都是采用 MOVX 指令进行访问的，但片外扩展 RAM 的访问速度较慢。片内扩展 RAM 和片外扩展 RAM 访问时间对照表如表 6.2 所示。

表 6.2　片内扩展 RAM 和片外扩展 RAM 访问时间对照表

指令助记符	访问区域与指令周期	
	片内扩展 RAM 指令周期（系统时钟数）	片外扩展 RAM 指令周期（系统时钟数）
MOVX A, @Ri	3	5×ALE_BUS_SPEED+2
MOVX A, @DPTR	2	5×ALE_BUS_SPEED+1
MOVX @Ri, A	4	5×ALE_BUS_SPEED+3
MOVX @DPTR, A	3	5×ALE_BUS_SPEED+2

注：ALE_BUS_SPEED 如表 6.1 所示，BUS_SPEED 可提高或降低片外扩展 RAM 的访问速度，建议采用默认设置。

6.4　EEPROM

STC8 系列单片机的用户程序区与 EEPROM 是统一编址的，空闲的用户程序区可以用作 EEPROM。EEPROM 的操作是通过 IAP 技术实现的，FlashROM 擦写可达 100 000 次以

上。EEPROM 可分为若干个扇区，每个扇区包含 512 字节，EEPROM 的擦除是按扇区进行的。

1. STC8A8K64S4A12 单片机 EEPROM 的大小与地址

STC8A8K64S4A12 单片机 EEPROM 的大小与地址是不确定的，STC8A8K64S4A12 单片机可通过 IAP 技术直接使用用户程序区，因此空闲的用户程序区就可以用作 EEPROM，用户程序区的地址就是 EEPROM 的地址。EEPROM 除可以用 IAP 技术读取外，还可以用 MOVC 指令读取。

2. 与 ISP/IAP 功能有关的特殊功能寄存器

STC8A8K64S4A12 单片机是通过一组特殊功能寄存器进行管理与控制的，与 ISP/IAP 功能有关的特殊功能寄存器如表 6.3 所示。

表 6.3　与 ISP/IAP 功能有关的特殊功能寄存器

符号	名称	B7	B6	B5	B4	B3	B2	B1	B0
IAP_DATA	ISP/IAP Flash 数据寄存器	—	—	—	—	—	—	—	—
IAP_ADDRH	ISP/IAP Flash 地址寄存器	高 8 位							
IAP_ADDRL	ISP/IAP Flash 地址寄存器	低 8 位							
IAP_CMD	ISP/IAP Flash 指令寄存器	—	—	—	—	—	—	MS1	MS0
IAP_TRIG	ISP/IAP Flash 指令触发寄存器	—	—	—	—	—	—	—	—
IAP_CONTR	ISP/IAP Flash 控制寄存器	IAPEN	SWBS	SWRST	CMD_FAIL	—	WT2	WT1	WT0

（1）IAP_DATA：ISP/IAP Flash 数据寄存器，它是 ISP/IAP 操作从 EEPROM 区中读写数据的数据缓冲寄存器。

（2）IAP_ADDRH、IAP_ADDRL：ISP/IAP Flash 地址寄存器，其中，IAP_ADDRH 用于存放操作地址的高 8 位，IAP_ADDRL 用于存放操作地址的低 8 位。

（3）IAP_CMD：ISP/IAP Flash 指令寄存器，用于设置 ISP/IAP 操作的指令，但必须在指令寄存器实施触发操作后，才能生效。

① 当（MS1）/（MS0）=0/0 时，为待机模式，无 ISP/IAP 操作；

② 当（MS1）/（MS0）=0/1 时，对 EEPROM 区进行字节读；

③ 当（MS1）/（MS0）=1/0 时，对 EEPROM 区进行字节编程；

④ 当（MS1）/（MS0）=1/1 时，对 EEPROM 区进行扇区擦除。

（4）IAP_TRIG：ISP/IAP Flash 指令触发寄存器，当（IAPEN）=1 时，对 IAP_TRIG 先写入 5AH，再写入 A5H，ISP/IAP 操作生效。

（5）IAP_CONTR：ISP/IAP Flash 控制寄存器。

IAPEN：ISP/IAP 功能允许位。当（IAPEN）=1 时，允许 ISP/IAP 操作改变 EEPROM；当（IAPEN）=0 时，禁止 ISP/IAP 操作改变 EEPROM。

SWBS、SWRST：软件复位控制位。

CMD_FAIL：ISP/IAP Flash 指令触发失败标志位。当地址非法时，会引起 ISP/IAP Flash 指令触发失败，当 CMD_FAIL 标志位为 1 时，须由软件清 0。

WT2、WT1、WT0：进行 ISP/IAP 操作时 CPU 等待时间的设置，编程时间为 6～7.5μs，扇区擦除时间为 4～6ms。进行 ISP/IAP 操作时 CPU 等待时间的设置如表 6.4 所示。

表 6.4　进行 ISP/IAP 操作时 CPU 等待时间的设置

IAP_WT[2:0]			编程等待时钟数/个	擦除等待时钟数/个	适合的频率/MHz
1	1	1	7	5000	1
1	1	0	14	10 000	2
1	0	1	21	15 000	3
1	0	0	42	30 000	6
0	1	1	84	60 000	12
0	1	0	140	100 000	20
0	0	1	168	120 000	24
0	0	0	301	215 000	30

3．ISP/IAP 编程与应用

进行 ISP/IAP 操作时 CPU 等待时间的设置。

```
ISP_IAP_BYTE_READ        EQU    1    ;字节读指令代码
ISP_IAP_BYTE_PROGRAM     EQU    2    ;字节编程指令代码
ISP_IAP_SECTOR_ERASE     EQU    3    ;扇区擦除指令代码
WAIT_TIME                EQU    2    ;进行 ISP/IAP 操作时 CPU 等待时间的设置
```

（1）字节读。

```
MOV  IAP_ADDRH, #BYTE_ADDR_HIGH   ;发送读单元地址的高字节
MOV  IAP_ADDRL, #BYTE_ADDR_LOW    ;发送读单元地址的低字节
MOV  IAP_CONTR, #WAIT_TIME        ;设置等待时间
ORL  IAP_CONTR, #80H              ;允许 ISP/IAP 操作
MOV  IAP_CMD, #ISP_IAP_BYTE_READ  ;发送字节读指令
MOV  IAP_TRIG, #5AH               ;先发送 5AH，后发送 A5H 到 ISP/IAP Flash 指令触发器
MOV  IAP_TRIG, #0A5H              ;用于触发 ISP/IAP 指令
                                  ;CPU 等待 ISP/IAP 操作完成后才会继续执行程序
NOP
MOV  A,  IAP_DATA                 ;将读取的 Flash 数据送到累加器 A
```

（2）字节编程。

```
MOV  IAP_DATA, #ONE_DATA          ;发送字节编程数据到 IAP_DATA 中
MOV  IAP_ADDRH, #BYTE_ADDR_HIGH   ;发送编程单元地址的高字节
MOV  IAP_ADDRL, #BYTE_ADDR_LOW    ;发送编程单元地址的低字节
MOV  IAP_CONTR, #WAIT_TIME        ;设置等待时间
ORL  IAP_CONTR, #80H              ;允许 ISP/IAP 操作
MOV  IAP_CMD, #ISP_IAP_BYTE_PROGRAM  ;发送字节编程指令
MOV  IAP_TRIG, #5AH               ;先发送 5AH，后发送 A5H 到 ISP/IAP Flash 指令触发器
MOV  IAP_TRIG, #0A5H              ;用于触发 ISP/IAP 指令
```

```
                                            ;CPU 等待 ISP/IAP 操作完成后才会继续执行程序
NOP
```

注意：进行字节编程前，必须保证编程单元内容为空，即 FFH，否则，需进行扇区擦除。

（3）扇区擦除。

```
MOV  IAP_ADDRH, #SECTOR_FIRST_BYTE_ADDR_HIGH ;发送编程单元地址的高字节
MOV  IAP_ADDRL, #SECTOR_FIRST_BYTE_ADDR_LOW  ;发送编程单元地址的低字节
MOV  IAP_CONTR, #WAIT_TIME                ;设置等待时间
ORL  IAP_CONTR, #80H                      ;允许 ISP/IAP 操作
MOV  IAP_CMD, #ISP_IAP_SECTOR_ERASE       ;发送字节编程指令
MOV  IAP_TRIG, #5AH  ;先发送 5AH，后发送 A5H 至 ISP/IAP Flash 指令触发寄存器
MOV  IAP_TRIG, #0A5H                      ;用于触发 ISP/IAP 指令
                                         ;CPU 等待 ISP/IAP 操作完成后才会继续执行程序
NOP
```

注意：在进行扇区擦除时，输入该扇区的任意地址皆可。

例 6.5 EEPROM 测试。当程序开始运行时，点亮 P1.7 控制的 LED，接着进行扇区擦除并检验，若擦除成功再点亮 P1.6 控制的 LED，接着从 EEPROM 0000H 开始写入数据，写完后再点亮 P4.7 控制的 LED，接着进行数据校验，若校验成功，再点亮 P4.6 控制的 LED，表示测试成功；否则，P4.6 控制的 LED 闪烁，表示测试失败。

解 本测试的目的是学习如何对 EEPROM 进行扇区擦除、字节编程、字节读的 ISP/IAP 操作。将晶振频率设置为 18.432MHz。

（1）汇编语言参考程序（EEPROM.ASM）如下。

```
$include(stc8.inc)            ;STC8 系列单片机新增特殊功能寄存器的定义文件
                              ;定义 ISP/IAP 指令
CMD_IDLE     EQU   0          ;无效
CMD_READ     EQU   1          ;字节读
CMD_PROGRAM    EQU   2        ;字节编程，但先要删除原有内容
CMD_ERASE      EQU   3        ;扇区擦除
                              ;定义 Flash 操作等待时间及测试常数
ENABLE_IAP     EQU   82H      ;设置 Flash 操作的等待时间
IAP_ADDRESS EQU   0E000H      ;测试起始地址
    ORG   0000H
MAIN:
    CLR  P1.7                 ;演示程序开始工作，点亮 P1.7 控制的 LED
    LCALL  DELAY500MS         ;延时
    MOV  DPTR, #IAP_ADDRESS   ;设置擦除地址
    LCALL  IAP_ERASE          ;调用扇区擦除子程序
    MOV  DPTR, #IAP_ADDRESS   ;设置检测擦除首地址
    MOV  R0, #0
    MOV  R1, #2
CHECK1:
    LCALL  IAP_READ           ;检测擦除是否成功
    CJNE  A, #0FFH, ERROR     ;擦除不成功，P4.6 控制的 LED 闪烁
    INC  DPTR
    DJNZ  R0, CHECK1
```

```
        DJNZ R1, CHECK1
        CLR P1.6                    ;擦除成功,点亮 P1.6 控制的 LED
        LCALL DELAY500MS            ;延时
        MOV DPTR, #IAP_ADDRESS      ;设置编程首地址
        MOV R0, #0
        MOV R1, #2
        MOV R2, #0
PROGRAM:
        MOV A, R2
        LCALL IAP_PROGRAM           ;调用编程子程序
        INC DPTR
        INC R2
        DJNZ R0, PROGRAM
        DJNZ R1, PROGRAM
        CLR P4.7                    ;编程成功,点亮 P4.7 控制的 LED
        LCALL DELAY500MS            ;延时
        MOV DPTR, #IAP_ADDRESS      ;设置校验首地址
        MOV R0, #0
        MOV R1, #2
        MOV R2, #0
CHECK2:
        LCALL IAP_READ              ;调用编程子程序
        CJNE A, 02H, ERROR          ;检验不成功,P4.6 控制的 LED 闪烁
        INC DPTR
        INC R2
        DJNZ R0, CHECK2
        DJNZ R1, CHECK2
        CLR P4.6                    ;检验成功,点亮 P4.6 控制的 LED
        SJMP $                      ;测试结束
ERROR:
        CPL P4.6
        LCALL DELAY500MS            ;出错时,P4.6 控制的 LED 闪烁
        SJMP ERROR                  ;测试结束

;读一字节,调用前需打开 IAP 功能,入口:DPTR=字节地址,返回:A=读出字节
IAP_READ:
        MOV IAP_ADDRH, DPH          ;设置目标单元地址的高 8 位地址
        MOV IAP_ADDRL, DPL          ;设置目标单元地址的低 8 位地址
        MOV IAP_CONTR, #ENABLE_IAP  ;打开 IAP 功能,设置 Flash 操作等待时间
        MOV IAP_CMD, #CMD_READ      ;设置为 EEPROM 字节读模式指令
        ;先发送 5AH,再发送 A5H 到 ISP / IAP Flash 指令触发寄存器
        MOV IAP_TRIG, #5AH
        MOV IAP_TRIG, #0A5H         ;ISP / IAP 指令立即被触发
        NOP
        MOV A, IAP_DATA             ;读出的数据在 IAP_DATA 寄存器中,送入累加器 A
        MOV IAP_CONTR, #0           ;关闭 IAP 功能
```

```
        RET

;字节编程，调用前需打开 IAP 功能，入口：DPTRR=字节地址，A=需要编程字节的数据
IAP_PROGRAM:
        MOV   IAP_ADDRH,DPH              ;设置目标单元地址的高 8 位地址
        MOV   IAP_ADDRL,DPL              ;设置目标单元地址的低 8 位地址
        MOV   IAP_CONTR, #ENABLE_IAP     ;打开 IAP 功能，设置 Flash 操作等待时间
        MOV   IAP_CMD, #CMD_PROGRAM      ;设置为 EEPROM 字节编程模式指令
        MOV   IAP_DATA , A               ;编程数据送至 IAP_DATA
        ;先发送 5AH，再发送 A5H 到 ISP / IAP Flash 指令触发寄存器
        MOV   IAP_TRIG, #5AH
        MOV   IAP_TRIG, #0A5H            ;ISP / IAP 指令立即被触发
        NOP
        MOV   IAP_CONTR, #0              ;关闭 IAP 功能
        RET

;擦除扇区，入口：DPTR=扇区起始地址
IAP_ERASE:
        MOV   IAP_ADDRH,DPH              ;设置目标单元地址的高 8 位地址
        MOV   IAP_ADDRL,DPL              ;设置目标单元地址的低 8 位地址
        MOV   IAP_CONTR,#ENABLE_IAP      ;打开 IAP 功能，设置 Flash 操作等待时间
        MOV   IAP_CMD,#CMD_ERASE         ;设置为 EEPROM 扇区擦除模式指令
        MOV   IAP_TRIG,#5AH              ;先发送 5AH，再发送 A5H 到 ISP / IAP 触发寄存器，
        MOV   IAP_TRIG,#0A5H             ;ISP / IAP 指令立即被触发
        NOP
        MOV   IAP_CONTR,#0               ;关闭 IAP 功能，使 CPU 处于安全状态
        RET
;延时子程序
DELAY500MS:                             ;@11.0592MHz，从 STC-ISP 在线编程软件中获取
        NOP
        NOP
        NOP
        PUSH 30H
        PUSH 31H
        PUSH 32H
        MOV 30H,#17
        MOV 31H,#208
        MOV 32H,#24
NEXT:
        DJNZ 32H,NEXT
        DJNZ 31H,NEXT
        DJNZ 30H,NEXT
        POP 32H
        POP 31H
        POP 30H
        RET
        END
```

（2）C 语言参考程序。

见工程训练 6.2。

6.4.1　工程训练 6.1　片内扩展 RAM 的测试

一、工程训练目标

（1）理解 STC8A8K64S4A12 单片机的存储结构。

（2）掌握 STC8A8K64S4A12 单片机片内扩展 RAM 的功能特性与使用。

二、任务功能与参考程序

1．任务功能

在片内扩展 RAM 中选择 256 个单元依次存入数据 0～255，读出数据，再依次与数据 0～255 进行校验，若都相同，则说明片内扩展 RAM 完好无损，正确指示灯亮；只要有一组数据不同，就停止校验，错误指示灯亮。

2．硬件设计

采用 LED7 灯与 LED8 灯作为测试指示灯，LED7 灯由 P5.0 控制，LED8 灯由 P5.1 控制。测试正确时点亮 P5.0 控制的 LED7 灯，否则，点亮 P5.1 控制的 LED8 灯。

3．参考程序（C 语言版）

（1）程序说明。

STC8A8K64S4A12 单片机共有 7936 字节扩展 RAM，在此，仅对 256 字节进行校验。先在指定的起始处依次写入数据 0～255，再从指定的起始处依次读出数据与数据 0～255 进行校验，若都相同，则说明 STC8A8K64S4A12 单片机片内扩展 RAM 没问题；否则，表示有错。

（2）参考程序：工程训练 61.c。

```
#include <stc8.h>              //包含支持 STC8 系列单片机的头文件
#include <intrins.h>
#define uchar unsigned char
#define uint  unsigned int
sbit ok_led=P5^0;
sbit error_led=P5^1;
uchar xdata ram256[256];    //定义片内 RAM，256 字节
/*------------------主函数---------------------*/
void main(void)
{
    uint  i;
    for(i=0;i<256;i++)         //先把 RAM 数组以 0～255 填满
    {
```

```
        ram256[i]=i;
    }
    for(i=0;i<256;i++)
    {
        if(ram256[i]!=i) goto Error;
    }
    ok_led=0;
    error_led=1;
    while(1);                      //结束
Error:
    ok_led=1;
    error_led=0;
    while(1);
}
```

三、训练步骤

1. 分析工程训练 61.c 程序文件。

2. 用 Keil μVision4 集成开发环境编辑、编译用户程序，生成机器代码。

（1）用 Keil μVision4 集成开发环境新建工程训练 61 项目；

（2）输入与编辑工程训练 61.c 文件；

（3）将工程训练 61.c 文件添加到当前项目中；

（4）设置编译环境，选择编译时生成的机器代码文件；

（5）编译程序文件，生成工程训练 61.hex 文件。

3. 将 STC8 学习板与计算机连接。

4. 利用 STC-ISP 在线编程软件将工程训练 61.hex 文件下载到 STC8 学习板中。

5. 观察与调试程序。

四、训练拓展

修改工程训练 61.c 程序，检查无误后，某一字符（具体字符自行定义）会在 LED 数码管上循环显示，当检查到扩展 RAM 出错时，LED 数码管显示出错误地址。

6.4.2　工程训练 6.2　EEPROM 的测试

一、工程训练目标

（1）进一步理解 STC8A8K64S4A12 单片机的存储结构。

（2）掌握 STC8A8K64S4A12 单片机 EEPROM 的功能特性与使用方法。

二、任务功能与参考程序

1. 任务功能

EEPROM 的测试。

2．硬件设计

采用 STC8 系列单片机开发板电路进行测试，LED7、LED8、LED9、LED10 灯分别用作工作指示灯、擦除成功指示灯、编程成功指示灯、校验成功指示灯（含测试失败指示）。LED7、LED8、LED9、LED10 分别由 P5.0、P5.1、P4.0、P4.1 控制，低电平驱动。

3．参考程序（C 语言版）

（1）程序说明。

当程序开始运行时，点亮 LED7 灯，接着进行扇区擦除并检验，若擦除成功，则点亮 LED8 灯，接着从 EEPROM 0000H 开始写入数据，写完后再点亮 LED9 灯，接着进行数据校验，若校验成功再点亮 LED10 灯，表示测试成功；否则，LED10 灯闪烁，表示测试失败。

对 EEPROM 进行的操作包括擦除、编程与读，涉及的特殊功能寄存器较多，为了便于对程序进行阅读与管理，可以把对 EEPROM 擦除、编程与读的操作函数放在一起，生成一个.h 文件，并命名为 EEPROM.h，使用该文件时，利用文件包含指令将 EEPROM.h 包含到主文件中，在主文件中就可以直接调用 EEPROM 的相关操作函数了。

（2）EEPROM 操作函数源程序文件（EEPROM.h）。

```
/*---------------------定义 IAP 操作模式字与测试地址---------------------*/
#define  CMD_IDLE      0         //无效模式
#define  CMD_READ      1         //读指令
#define  CMD_PROGRAM   2         //编程指令
#define  CMD_ERASE     3         //擦除指令
#define  ENABLE_IAP    0x82      //允许 IAP 操作，并设置等待时间
#define  IAP_ADDRESS   0x0000    //EEPROM 操作起始地址
 /*---------------------写 EEPROM 字节子函数---------------------*/
void IapProgramByte(uint addr, uchar dat)     //对字节地址所在扇区进行擦除
{
    IAP_CONTR = ENABLE_IAP;      //设置等待时间，并允许 IAP 操作
    IAP_CMD = CMD_PROGRAM;       //发送编程指令：0x02
    IAP_ADDRL =addr;             //设置 IAP 编程操作地址
    IAP_ADDRH = addr>>8;
    IAP_DATA = dat;              //设置编程数据
    IAP_TRIG = 0x5a;             //先发送 0x5a，再发送 0xa5 到 IAP_TRIG，触发 IAP 指令
    IAP_TRIG = 0xa5;
    _nop_();                     //等待操作完成
    IAP_CONTR=0x00;              //关闭 IAP 功能
}
/*---------------------扇区擦除---------------------*/
void IapEraseSector(uint addr)
{
    IAP_CONTR = ENABLE_IAP;      //设置等待时间，并允许 IAP 操作
    IAP_CMD = CMD_ERASE;         //发送扇区擦除指令：0x03
    IAP_ADDRL = addr;            //设置 IAP 扇区擦除操作地址
    IAP_ADDRL = addr>>8;
    IAP_TRIG = 0x5a;             //先发送 0x5a，再发送 0xa5 到 IAP_TRIG，触发 IAP 指令
```

```
    IAP_TRIG = 0xa5;
    _nop_();                    //等待操作完成
    IAP_CONTR=0x00;             //关闭 IAP 功能
}
/*---------------------读 EEPROM 字节子函数--------------------*/
uchar  IapReadByte(uint  addr)  //形参为高位地址和低位地址
{
    uchar dat;
    IAP_CONTR = ENABLE_IAP;     //设置等待时间, 并允许 IAP 操作
    IAP_CMD = CMD_READ;         //发送读字节数据指令: 0x01
    IAP_ADDRL = addr;           //设置 IAP 读操作地址
    IAP_ADDRH = addr>>8;
    IAP_TRIG = 0x5a;            //先发送 0x5a, 再发送 0xa5 到 IAP_TRIG, 触发 IAP 指令
    IAP_TRIG=0xa5;
    _nop_();                    //等待操作完成
    dat= IAP_DATA;             //返回读出数据
    IAP_CONTR=0x00;            //关闭 IAP 功能
    return dat;
}
```

(3) 参考程序: 工程训练 62.c。

```
#include <stc8.h>              // 包含支持 STC8 系列单片机的头文件
#include <intrins.h>
#define uchar unsigned char
#define uint unsigned int
#include<EEPROM.h>             //EEPROM 操作函数文件
sbit LED7=P5^0;
sbit LED8=P5^1;
sbit LED9=P4^0;
sbit LED10=P4^2;
/*----------延时子函数, 从 STC-ISP 在线编程软件中获取----------*/
void Delay500ms()              //@11.0592MHz
{
    unsigned char i, j, k;

    _nop_();
    _nop_();
    i = 22;
    j = 3;
    k = 227;
    do
    {
        do
        {
            while (--k);
        } while (--j);
    } while (--i);
```

```
}
/*----------------------主函数----------------------*/
void main()
{
    uint i;
    LED7=0;                                      //点亮 LED7 灯
    Delay500ms();
    IapEraseSector(IAP_ADDRESS); //扇区擦除
    for(i=0;i<512; i++)
    {
        if(IapReadByte (IAP_ADDRESS+i)!=0xff)
        goto Error;                              // 转错误处理
    }
    LED8=0;                                      //扇区擦除校验成功, 点亮 LED8 灯
    Delay500ms();
    for(i=0;i<512; i++)
    {
        IapProgramByte (IAP_ADDRESS+i, (uchar)i);
    }
    LED9=0;                                      //编程完成, 点亮 LED9 灯
    Delay500ms();
    for(i=0;i<512; i++)
    {
        if(IapReadByte(IAP_ADDRESS+i)!=(uchar)i)
        goto  Error;                             //转错误处理
    }
    LED10=0;                                     //编程校验成功, 点亮 LED10 灯
    while(1);
Error:                                           //若扇区擦除不成功或编程校验不成功,则 LED10 灯闪烁
    while(1)
    {
        LED10=!LED10;
        Delay500ms();
    }
}
```

三、训练步骤

1. 分析 EEPROM.h 和工程训练 62.c 程序文件。

2. 用 Keil μVision4 集成开发环境编辑、编译用户程序, 生成机器代码。

（1）用 Keil μVision4 集成开发环境新建工程训练 62 项目；

（2）编辑 EEPROM.h 文件；

（3）编辑工程训练 62.c 文件；

（4）将工程训练 62.c 文件添加到当前项目中；

（5）设置编译环境, 勾选编译时生成的机器代码文件；

（6）编译程序文件，生成工程训练 62.hex 文件。

3. 将 STC8 学习板与计算机连接。

4. 利用 STC-ISP 在线编程软件将工程训练 62.hex 文件下载到 STC8 学习板中。

5. 观察与调试程序。

四、训练拓展

将密码 1234 存入 EEPROM 的 0000H、0001H 中，定义一个数组，用来存储、读取密码，将读取的密码与 EEPROM 的 0000H、0001H 中的数据进行比较，若相同，则 LED7 灯亮；否则，LED8 灯闪烁。试修改工程训练 62.c 程序，并上机调试。

本章小结

STC8A8K64S4A12 单片机的存储器在物理上分为 3 个相互独立的存储器空间：程序存储器（程序 Flash）、基本 RAM、扩展 RAM；在使用上分为 4 个存储器空间：程序存储器（程序 Flash）、基本 RAM、扩展 RAM 与 EEPROM（数据 Flash，与程序 Flash 共用一个存储空间）。

程序存储器除了用于存放用户程序，还可以用于存放一些常数或表格数据，如数码显示的字形数据等。在用汇编语言编程时，采用伪指令 DB 或 DW 对存储数据进行定义；在用 C 语言编程时，采用指定程序存储器的存储类型的方法定义存储数据。在使用时，若是汇编语言，则采用查表指令获取数据；若是 C 语言，则采用数组引用的方法获取数据。

基本 RAM 分为低 128 字节、高 128 字节和特殊功能寄存器，其中高 128 字节和特殊功能寄存器的地址是重叠的，它们是靠寻址方式来区分的。高 128 字节只能采用寄存器间接寻址方式进行访问，而特殊功能寄存器只能采用直接寻址方式进行访问。低 128 字节既可以采用直接寻址方式，也可以采用寄存器间接寻址方式进行访问，其中 00H～1FH 区间还可以采用寄存器寻址方式，20H～2FH 区间的每一位都具有位寻址能力。

片内扩展 RAM 相当于将传统 8051 单片机的片外数据存储器移到了片内，因此，片内扩展 RAM 采用 MOVX 指令进行访问。

STC8A8K64S4A12 单片机的 EEPROM 操作是在数据 Flash 区通过 IAP 技术实现的，FlashROM 擦写可达 100 000 次以上。可以对数据 Flash 区进行字节读、字节写与扇区擦除操作。

习题与思考题

一、填空题

1. STC8A8K64S4A12 单片机存储结构的主要特点是_____与数据存储器是分开编址的。

2. 程序存储器用于存放_____、常数或_____数据等固定不变的信息。

3. STC8A8K64S4A12 单片机 CPU 中的 PC 所指的地址空间是_____。

4．STC8A8K64S4A12 单片机的用户程序是从_____单元开始执行的。

5．程序存储器的 0003H～00BBH 单元地址是 STC8A8K64S4A12 单片机的_____地址。

6．STC8A8K64S4A12 单片机的存储器在物理上分为三个互相独立的存储器空间：_____、_____和片内扩展 RAM；在使用上分为四部分：_____、_____、片内扩展 RAM 和_____。

7．STC8A8K64S4A12 单片机基本 RAM 分为低 128 字节、_____和_____。低 128 字节根据 RAM 作用的差异性，又分为_____、_____和通用 RAM 区。

8．工作寄存器区的地址空间为_____，位寻址时，地址空间为_____。

9．当高 128 字节与特殊功能寄存器的地址空间相同时，若采用_____寻址方式访问，则访问的是高 128 字节的地址空间；若采用_____寻址方式访问，则访问的是特殊功能寄存的地址空间。

10．在特殊功能寄存器中，只要字节地址可以被_____整除的，就是可位寻址的。对应可寻址位都有一个位地址，其位地址等于字节地址加上_____。但在实际编程时，采用_____来表示其位地址，如 PSW 中的 CY、AC 等。

11．STC 系列单片机的 EEPROM，实际上不是真正的 EEPROM，而是采用_____模拟的。对于 STC15W××××系列单片机，用户程序区与 EEPROM 区是_____编址的，分别称为程序 Flash 与数据 Flash；对于 STC8 系列单片机，用户程序区与 EEPROM 区是_____编址的，空闲的用户程序区可以用作 EEPROM。

12．STC8A8K64S4A12 单片机扩展 RAM 分为片内扩展 RAM 和_____扩展 RAM，但二者不能同时使用，当 AUXR 中的 EXTRAM 为_____时，选择的是片外扩展 RAM，当单片机复位时，（EXTRAM）=_____，选择的是_____。

13．STC8A8K64S4A12 单片机程序存储器的空间大小是_____，地址范围是_____。

14．STC8A8K64S4A12 单片机扩展 RAM 的空间大小是_____，地址范围是_____。

二、选择题

1．当（RS1）（RS0）= 01 时，CPU 选择的工作寄存的组是_____组。

A．0 　　　　B．1 　　　　C．2 　　　　D．3

2．当 CPU 需选择 2 组工作寄存器组时，RS1RS0 应设置为_____。

A．00 　　　　B．01 　　　　C．10 　　　　D．11

3．当（RS1）（RS0）=11 时，R0 对应的基本 RAM 地址为_____。

A．00H 　　　　B．08H 　　　　C．10H 　　　　D．18H

4．当（IAP_CMD）=01H 时，ISP/IAP 操作的功能是_____。

A．无 ISP/IAP 操作 　　　　B．对数据 Flash 进行读操作

C．对数据 Flash 进行编程操作 　　　　D．对数据 Flash 进行擦除操作

三、判断题

1．STC8A8K64S4A12 单片机保留扩展片外程序存储器与片外数据存储器的功能。（　　）

2．凡是字地址能被 8 整除的特殊功能寄存器都是可位寻址的。（　　）

3. STC8A8K64S4A12 单片机的 EEPROM 区与用户程序区是统一编址的，空闲的用户程序区可通过 IAP 技术用作 EEPROM。（　　　）

4. 高 128 字节与特殊功能寄存器的地址是冲突的，CPU 采用直接寻址方式访问的是高 128 字节的地址，采用间接寻址方式访问的是特殊功能寄存器的地址。（　　　）

5. 片内扩展 RAM 和片外扩展 RAM 是可以同时使用的。（　　　）

6. STC8A8K64S4A12 单片机的 EEPROM 是真正的 EEPROM，可按字节擦除或读写数据。（　　　）

7. STC8A8K64S4A12 单片机的 EEPROM 是按扇区擦除数据的。（　　　）

8. STC8A8K64S4A12 单片机的 EEPROM 操作的触发代码是先 A5H，后 5AH。（　　　）

9. 当将变量的存储类型定义为 data 时，其访问速度是最快的。（　　　）

四、问答题

1. 高 128 字节地址和特殊功能寄存器的地址是冲突的，在应用中如何区分它们？

2. 在应用中特殊功能寄存器的可寻址位的位地址是如何描述的？

3. 片内扩展 RAM 和片外扩展 RAM 不能同时使用，在实际应用中如何选择？

4. 程序存储器的 0000H 单元地址有什么特殊含义？

5. 程序存储器 0023H 单元地址有什么特殊含义？

6. 简述 STC8A8K64S4A12 单片机的 EEPROM 读操作的工作流程。

7. 简述 STC8A8K64S4A12 单片机的 EEPROM 擦除操作的工作流程。

五、程序设计题

1. 在程序存储器中，定义存储共阴极数码管的字形数据：3FH、06H、5BH、4FH、66H、6DH、7DH、07H、7FH、6FH，并将这些字形数据存储到 EEPROM 0000H～0009H 单元中。

2. 编程，将数据 100 存入 EEPROM E200H 单元和片内扩展 RAM 0100H 单元，读取 EEPROM 0200H 单元的内容并将其与片内扩展 RAM 0100H 单元的内容进行比较，若相同，则点亮 P1.7 控制的 LED；否则，P1.7 控制的 LED 闪烁。

3. 编程，读取 EEPROM 0001H 单元中的数据，若数据中 1 的个数是奇数，则 P1.7 控制的 LED 亮；否则，P1.6 控制的 LED 亮。

第7章

STC8A8K64S4A12 单片机的定时/计数器

🔍 **内容提要:**

定时/计数器是 STC8A8K64S4A12 单片机的重要组成之一，可实现定时、计数及输出可编程时钟信号的功能，其核心电路是一个 16 位的加法计数器。STC8A8K64S4A12 单片机内部有 5 个 16 位的定时/计数器，分别为定时/计数器 T0、定时/计数器 T1、定时/计数器 T2、定时/计数器 T3 与定时/计数器 T4。

本章将重点学习定时/计数器 T0、定时/计数器 T1 的结构与控制，以及定时/计数器 T0、定时/计数器 T1 的定时应用、计数应用和综合应用。

在单片机应用中，常常通过定时/计数器来实现定时/延时控制，以及对外界事件的计数。在单片机应用中，可供选择的定时方法有以下几种。

（1）软件定时。

让 CPU 循环执行一段程序，通过选择指令和安排循环次数实现软件定时。在进行软件定时时要完全占用 CPU，这会增加 CPU 开销，降低 CPU 的工作效率，因此，软件定时的时间不宜太长，且仅适用于在 CPU 较空闲的程序中使用。

（2）硬件定时。

硬件定时的特点是定时功能全部由硬件电路（如 555 时基电路）完成，不占用 CPU，但需要改变电路的参数，以调节定时时间，硬件定时在使用上不够方便，会增加硬件成本。

（3）可编程定时器定时。

可编程定时器的定时值及定时范围可通过软件来确定和修改。STC8A8K64S4A12 单片机内部有 5 个 16 位的定时/计数器（定时/计数器 T0、定时/计数器 T1、定时/计数器 T2、定时/计数器 T3 和定时/计数器 T4），通过对系统时钟信号或外部输入信号进行计数与控制，就可以用于定时控制、用于事件记录，或者作为分频器。

7.1 定时/计数器 T0、T1 的结构和工作原理

STC8A8K64S4A12 单片机内部有 5 个 16 位的定时/计数器，即定时/计数器 T0、定时/计

数器 T1、定时/计数器 T2、定时/计数器 T3 和定时/计数器 T4，但其电路结构大同小异。本章主要介绍定时/计数器 T0、定时/计数器 T1。

定时/计数器 T0、定时/计数器 T1 的结构框图如图 7.1 所示。TL0、TH0 分别是定时/计数器 T0 的低 8 位、高 8 位状态值，TL1、TH1 分别是定时/计数器 T1 的低 8 位、高 8 位状态值。TMOD 是定时/计数器定时/计数器 T0、定时/计数器 T1 的工作寄存器，用来确定定时/计数器 T0、定时/计数器 T1 的工作方式和功能；TCON 是定时/计数器 T0、定时/计数器 T1 的控制寄存器，用于控制定时/计数器 T0、定时/计数器 T1 的启动、停止，并记录定时/计数器 T0、定时/计数器 T1 的计满溢出标志位；AUXR 称为辅助寄存器，其中 T0x12、T1x12 分别用于设定定时/计数器 T0、定时/计数器 T1 内部计数脉冲的分频系数。P3.4、P3.5 分别为定时/计数器 T0、定时/计数器 T1 的外部计数脉冲输入端。

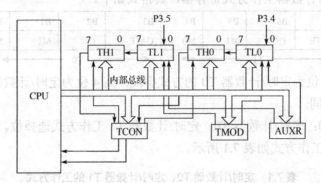

图 7.1　定时/计数器 T0、定时/计数器 T1 的结构框图

定时/计数器 T0、定时/计数器 T1 的核心电路是一个加 1 计数器，如图 7.2 所示。加 1 计数器的脉冲源有两个：一个是外部脉冲源 T0（P3.4）、T1（P3.5），另一个是系统的时钟信号。加 1 计数器分别对两个脉冲源进行输入计数，每输入一个脉冲，计数值就加 1。当计数器的计数值为全 1 时，若再输入一个脉冲，则计数值将回零，同时计数器计满溢出标志位 TF0 或 TF1 置 1，并向 CPU 发出中断请求。

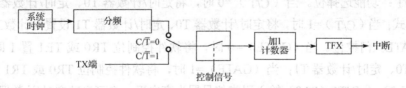

图 7.2　STC8A8K64S4A12 单片机定时/计数器电路框图

定时功能：当脉冲源为系统的时钟信号（等间隔脉冲序列）时，由于计数脉冲为时间基准，用脉冲数乘以计数脉冲周期（系统周期或 12 倍系统周期）即可得到定时时间，即当系统的时钟信号确定时，计数器的计数值即可确定时间。

计数功能：当脉冲源为单片机外部脉冲源时，定时/计数器就是外部事件的计数器。如定时/计数器 T0，当其对应的计数输入端 T0（P3.4）有一个负跳变时，T0 计数器的状态值加 1。外部脉冲源的速率是不受限制的，但必须保证给出的电平在变化前至少被采样一次。

7.2 定时/计数器 T0、T1 的控制

STC8A8K64S4A12 单片机内部定时/计数器 T0、定时/计数器 T1 的工作方式和控制由TMOD、TCON 和 AUXR 三个特殊功能寄存器管理。

TMOD：设置定时/计数器 T0、定时/计数器 T1 的工作方式与功能。

TCON：控制定时/计数器 T0、定时/计数器 T1 的启动与停止，并包含定时/计数器 T0、定时/计数器 T1 的溢出标志位。

AUXR：设置定时/计数脉冲的分频系数。

1. 工作方式寄存器 TMOD

TMOD 为定时/计数器工作方式寄存器，其格式如下。

地址	B7	B6	B5	B4	B3	B2	B1	B0	复位值
TMOD 89H	GATE	$C/\overline{T}$	M1	M0	GATE	$C/\overline{T}$	M1	M0	0000 0000
	←	T1		→	←	T0		→	

TMOD 的低 4 位为定时/计数器 T0 的方式字段，高 4 位为定时/计数器 T1 的方式字段，它们的含义完全相同。

（1）M1 和 M0：定时/计数器 T0、定时/计数器 T1 工作方式选择位。定时/计数器 T0、定时/计数器 T1 的工作方式如表 7.1 所示。

表 7.1　定时/计数器 T0、定时/计数器 T1 的工作方式

M1M0	工 作 方 式	功 能 说 明
00	工作方式 0	自动重装初始值的 16 位定时/计数器（推荐）
01	工作方式 1	16 位定时/计数器
10	工作方式 2	自动重装初始值的 8 位定时/计数器
11	工作方式 3	定时/计数器 T0：分成两个 8 位定时/计数器 定时/计数器 T1：停止计数

（2）$C/\overline{T}$：功能选择位。当（$C/\overline{T}$）=0 时，将定时/计数器 T0、定时/计数器 T1 设置为定时工作模式；当（$C/\overline{T}$）=1 时，将定时/计数器 T0、定时/计数器 T1 设置为计数工作模式。

（3）GATE：门控位。当（GATE）=0 时，将软件控制位 TR0 或 TR1 置 1 即可启动定时/计数器 T0、定时/计数器 T1；当（GATE）=1 时，将软件控制位 TR0 或 TR1 置 1，同时将 INT0（P3.2）或 INT1（P3.3）输入引脚信号置为高电平，方可启动定时/计数器 T0、定时/计数器 T1，即允许外部中断 INT0（P3.2）、INT1（P3.3）输入引脚信号参与控制定时/计数器 T0、定时/计数器 T1 的启动与停止。

TMOD 不能进行位寻址，只能通过将字节指令设置定时/计数器的工作方式进行寻址，高 4 位定义定时/计数器 T1，低 4 位定义定时/计数器 T0。复位时，TMOD 所有位均置 0。如果需要设置定时/计数器 T1 工作于方式 1 定时模式下，定时/计数器 T1 的启动、停止与外部中断 INT1（P3.3）输入引脚信号无关，则（M1）=0、（M0）=1，（$C/\overline{T}$）=0，（GATE）=0，因此，高 4 位应为 0001；定时/计数器 T0 未用，低 4 位可随意置数，一般将其设为 0000。因此，指令形式为 MOV　TMOD，#10H 或 TMOD=0x10。

2. 控制寄存器 TCON

TCON 的作用是控制定时/计数器的启动与停止，记录定时/计数器的溢出标志位及外部中断的控制。TCON 的格式如下：

	地址	B7	B6	B5	B4	B3	B2	B1	B0	复位值
TCON	88H	TF1	TR1	TF0	TR0	IE1	IT1	IE0	IT0	0000 0000

（1）TF1：定时/计数器 T1 溢出标志位。当定时/计数器 T1 计满产生溢出时，由硬件自动置位 TF1，当允许中断时，TCON 向 CPU 发出中断请求，中断响应后，由硬件自动清除 TF1 标志位。也可以通过查询 TF1 标志位，来判断计满溢出时刻，查询结束后，用软件清除 TF1 标志位。

（2）TR1：定时/计数器 T1 运行控制位。由软件置 1 或清 0 的方式来启动或关闭定时/计数器 T1。当（GATE）=0 时，TR1 置 1 即可启动定时/计数器 T1；当 GATE=1 时，TR1 置 1 且 INT1（P3.3）输入引脚信号为高电平时，方可启动定时/计数器 T1。

（3）TF0：定时/计数器 T0 溢出标志位，其功能及操作情况同 TF1。

（4）TR0：定时/计数器 T0 运行控制位，其功能及操作情况同 TR1。

TCON 的低 4 位用于控制外部中断，与定时/计数器无关，该内容将在第 8 章进行详细介绍。当系统复位时，TCON 的所有位均清 0。

TCON 的字节地址为 88H，可位寻址，清除溢出标志位或启动、停止定时/计数器都可以通过位操作指令实现。

3. 辅助寄存器 AUXR

辅助寄存器 AUXR 的 T0x12、T1x12 用于设定 T0、T1 定时计数脉冲的分频系数，其格式如下。

	地址	B7	B6	B5	B4	B3	B2	B1	B0	复位值
AUXR	8EH	T0x12	T1x12	UART_M0x6	T2R	T2_C/$\overline{\text{T}}$	T2x12	EXTRAM	S1ST2	00000000

T0x12：用于设置定时/计数器 T0 定时计数脉冲的分频系数。当（T0x12）=0 时，定时计数脉冲与传统 8051 单片机的计数脉冲完全一样，计数脉冲周期为系统时钟周期的 12 倍，即 12 分频；当（T0x12）=1 时，计数脉冲为系统时钟脉冲，计数脉冲周期等于系统时钟周期，即无分频。

T1x12：用于设置定时/计数器 T1 定时计数脉冲的分频系数。当（T1x12）=0 时，定时计数脉冲与传统 8051 单片机的计数脉冲完全一样，计数脉冲周期为系统时钟周期的 12 倍，即 12 分频；当（T1x12）=1 时，计数脉冲为系统时钟脉冲，计数脉冲周期等于系统时钟周期，即无分频。

7.3　定时/计数器 T0、T1 的工作方式

通过对 TMOD 的 M1、M0 进行设置，定时/计数器有 4 种工作方式，分别为工作方式 0、

工作方式 1、工作方式 2 和工作方式 3。其中，定时/计数器 T0 可以在这 4 种工作方式中的任何一种方式下工作，而定时/计数器 T1 只能在工作方式 0、工作方式 1 和工作方式 2 下工作。除工作方式 3 外，在其他 3 种工作方式下，定时/计数器 T0 和定时/计数器 T1 的工作原理是相同的。考虑到工作方式 0 包含了工作方式 1、工作方式 2 的功能，而工作方式 3 不常用，本节将重点介绍工作方式 0。

1. 工作方式 0

工作方式 0 是一个可自动重装初始值的 16 位定时/计数器，如图 7.3 所示，定时/计数器 T0 有两个隐含的寄存器 RL_TH0 和 RL_TL0，用于保存 16 位定时/计数器 T0 的重装初始值，当 TH0 寄存器、TL0 寄存器构成的 16 位定时/计数器 T0 计满溢出时，RL_TH0 寄存器和 RL_TL0 寄存器的值自动装入 TH0 寄存器、TL0 寄存器。RL_TH0 寄存器与 TH0 寄存器共用一个地址，RL_TL0 寄存器与 TL0 寄存器共用一个地址。当（TR0）=0，并对 TH0 寄存器、TL0 寄存器写入数据时，同时也会将数据写入 RL_TH0 寄存器、RL_TL0 寄存器；当（TR0）=1，并对 TH0 寄存器、TL0 寄存器写入数据时，只会将数据写入 RL_TH0 寄存器、RL_TL0 寄存器，不会将数据写入 TH0 寄存器、TL0 寄存器，不会影响定时/计数器 T0 的正常计数。

当（$C/\overline{T}$）=0 时，多路开关连接系统时钟的分频输出，定时/计数器 T0 对定时计数脉冲计数，即处于定时工作方式。由 T0x12 决定如何对系统时钟进行分频，当（T0x12）=0 时，使用 12 分频（与传统 8051 单片机兼容）；当（T0x12）=1 时，直接使用系统时钟（不分频）。

当（$C/\overline{T}$）=1 时，多路开关连接外部输入脉冲引脚（P3.4），定时/计数器 T0 对输入脉冲引脚（P3.4）计数，即处于计数工作方式。

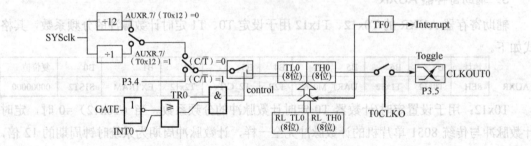

图 7.3　定时/计数器 T0 的工作方式 0

门控位 GATE 的作用：一般情况下，应使（GATE）=0，这样，定时/计数器 T0 的运行控制仅由 TR0 位的状态确定（TR0 位为 1 时启动，TR0 位为 0 时停止）。只有在启动计数要由外部中断输入引脚 INT0（P3.2）控制时，才使（GATE）=1。由图 7.3 可知，当（GATE）=1 时，TR0 位为 1 且外部中断输入引脚 INT0（P3.2）为高电平时，定时/计数器 T0 才能启动计数。利用 GATE 的这一功能，可以很方便地测量脉冲宽度。

当定时/计数器 T0 处于定时方式时，定时时间的计算公式如下：

$$定时时间=(2^{16}-定时/计数器 T0 的初始值)\times 系统时钟周期\times 12^{(1-T0X12)}$$

注意：传统 8051 单片机定时/计数器 T0 在工作方式 0 状态下工作时为定时/计数器，没有 RL_TH0、RL_TL0 两个隐含的寄存器，新增的 RL_TH0 寄存器、RL_TL0 寄存器也没有分配新的地址，同理，针对定时/计数器 T1 增加了 RL_TH1、RL_TL1 两个隐含的寄存器，用于保存 16 位定时/计数器的重装初始值，当 TH1 寄存器、TL1 寄存器构成的 16 位定时/计数器计满溢出时，RL_TH1 寄存器、RL_TL1 寄存器的值自动装入 TH1 寄存器、TL1 寄存器。RL_TH1 寄存器与 TH1 寄存器共用一个地址，RL_TL1 寄存器与 TL1 寄存器共用一个地址。

例 7.1　用定时/计数器 T1 的工作方式 0 实现定时，在 P1.6 引脚输出周期为 10ms 的方波。

解　根据题意，采用定时/计数器 T1 的工作方式 0 进行定时，因此，（TMOD）=00H。

因为方波周期是 10ms，所以定时/计数器 T1 的定时时间应为 5ms，每过 5ms 时间就对 P1.6 进行取反，可实现在 P1.6 引脚输出周期为 10ms 的方波。系统采用频率为 12MHz 的晶振，分频系数为 12，即定时脉冲周期为 1μs，则定时/计数器 T1 的初值为

$$2^{16} - 计数值 = 65536 - 5000 = 60536 = EC78H$$

即（TH1）= ECH，（TL1）= 78H。

（1）汇编语言参考源程序如下。

```
$include(stc8.inc)        ;STC8 系列单片机新增特殊功能寄存器的定义文件，详见附录 F
    ORG    0000H
    MOV    TMOD, #00H     ;设定时/计数器 T1 为工作方式 1 定时模式
    MOV    TH1, #0ECH     ;置 5ms 定时的初值
    MOV    TL1, #78H
    SETB   TR1            ;启动定时/计数器 T1
Check_TF1:
    JBC    TF1, Timer1_Overflow    ;查询计数溢出
    SJMP   Check_TF1      ;未到 5ms 继续计数
Timer1_Overflow:
    CPL    P1.6           ;对 P1.6 进行取反，输出
    SJMP   Check_TF1      ;不间断循环
    END
```

（2）C 语言参考源程序如下。

```
#include <stc8.h>             //包含支持 STC8 单片机的头文件
#include <intrins.h>
#define uchar unsigned char
#define uint  unsigned int
void main(void)
{
    TMOD=0x00;               //定时/计数器初始化
    TH1=0xec;
    TL1=0x78;
    TR1=1;                   //启动定时/计数器 T1
    while(1)
    {
        if(TF1==1)          //判断 5ms 定时是否到时间
        {
            TF1=0;
            P16=!P16;        //5ms 定时到时间，取反输出
        }
    }
}
```

2. 工作方式 1

定时/计数器 T0 在工作方式 1 下工作的电路框图如图 7.4 所示，它是不可重装初始值的 16 位定时/计数器。

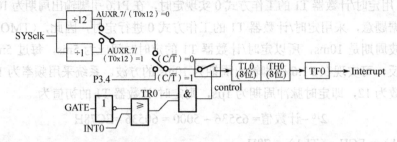

图 7.4　定时/计数器 T0 在工作方式 1 下工作的电路框图

3. 工作方式 2

定时/计数器 T0 在工作方式 2 下工作的电路框图如图 7.5 所示，它是 8 位可自动重装初始值的定时/计数器。

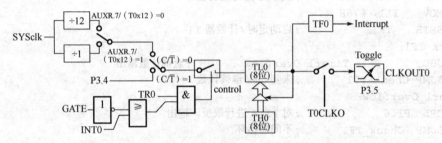

图 7.5　定时/计数器 T0 在工作方式 2 下工作的电路框图

4. 工作方式 3

定时/计数器 T0 在工作方式 3 下工作的电路框图如图 7.6 所示。

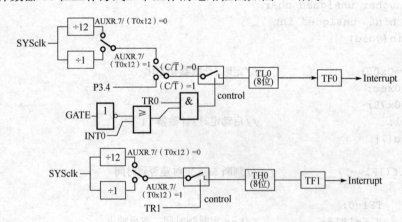

图 7.6　定时/计数器 T0 在工作方式 3 下工作的电路框图

由图 7.6 可知，当定时/计数器 T0 在工作方式 3 下工作时，定时/计数器 T0 被分解为两个独立的 8 位定时/计数器 TL0 和定时/计数器 TH0。其中，定时/计数器 TL0 占用原定时/计数器 T0 的控制位、外部引脚与中断请求标志位（计满溢出标志位），即 C/T̄、GATE、TR0、TF0 和 T0（P3.4）引脚、INT0（P3.2）引脚。除计数位数与工作方式 1 不同外，其功能、操作与工作方式 1 完全相同，可定时亦可计数。而定时/计数器 TH0 占用原定时/计数器 T1 的控制位 TR1 和中断请求标志位 TF1，其启动和关闭仅受 TR1 控制，定时/计数器 TH0 只能对系统时钟进行计数。因此，定时/计数器 TH0 只能用于简单的内部定时，不能对外部脉冲进行计数，定时/计数器 TH0 是定时/计数器 T0 附加的一个 8 位定时器。

在工作方式 3 下工作时，定时/计数器 T1 仍可设置为工作方式 0、工作方式 1 或工作方式 2。但由于 TR1 寄存器、TF1 寄存器已被定时/计数器 T0 占用，因此，定时/计数器 T1 仅通过控制位 C/T̄ 切换其定时或计数功能，当计数器计满溢出时，计满溢出脉冲只能送往串行接口，或作为可编程脉冲输出。在这种情况下，定时/计数器 T1 一般用作串行接口波特率发生器。由于定时/计数器 T1 的 TR1 寄存器被占用，所以其启动和关闭的方式较为特殊，只要设置好工作方式，定时/计数器 T1 就可以自动运行，若要停止计数，只需送入一个将定时/计数器的工作方式设置为工作方式 3 的方式即可。

7.4　定时/计数器 T0、T1 的应用举例

STC8A8K64S4A12 单片机的定时/计数器 T0、定时/计数器 T1 是可编程的。因此，在利用定时/计数器 T0、定时/计数器 T1 进行定时或计数前，先要通过软件对它进行初始化。

对定时/计数器 T0、定时/计数器 T1 进行初始化应完成如下工作。

（1）对 TMOD 赋值，选择定时/计数器 T0、定时/计数器 T1 及其工作状态与工作方式。

（2）对 AUXR 赋值，确定定时脉冲的分频系数，默认值为 12 分频，与传统 8051 单片机兼容。

（3）根据定时时间计算初值，并将其写入寄存器 TH0、寄存器 TL0 或寄存器 TH1、寄存器 TL1。

（4）当定时/计数器采用中断方式时，则对 IE 赋值，开放中断，必要时，还需对 IP 进行操作，确定定时/计数器 T0、定时/计数器 T1 中断源的中断优先等级。

（5）置位 TR0 或 TR1，启动定时/计数器 T0、定时/计数器 T1，开始定时或计数。

注意：STC-ISP 在线编程软件具有定时计算功能，可以用于定时/计数器在定时时的初始化设置。

7.4.1　定时/计数器 T0、T1 的定时应用

例 7.2　要求用单片机定时/计数器 T1 实现 LED 闪烁点亮，闪烁间隔时间为 1s。

解　LED 采用低电平驱动，其显示电路如图 7.7 所示。系统采用频率为 12MHz 的晶振，分频系数为 12，即定时时钟周期为 1μs；定时/计数器 T1 采用工作方式 0 进行定时，但最长定时时间只有 65.536 ms，因此，这里需要采用定时累计的方法实现 1s 定时时间。拟采用定

时/计数器 T1 定时 50ms 累计 20 次的方法实现 1s 定时。用 R3 做 50ms 计数单元，初始值为 20，50ms 定时对应的初始值为 3CB0H。

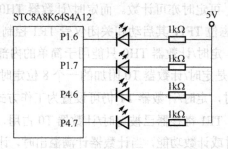

图 7.7　闪烁灯显示电路

（1）汇编语言参考程序（FLASH.ASM）如下。

```
        $include(stc8.inc)              ;STC8 系列单片机新增特殊功能寄存器的定义文件
            ORG   0000H
            MOV   A,#0FEH
            MOV   R3,#20                 ;置 50ms 计数循环初值
            MOV   TMOD,#00H              ;将定时/计数器的工作方式设定为工作方式 0
            MOV   TH1,#3CH               ;置 50ms 定时/计数器初值
            MOV   TL1,#0B0H
            SETB  TR1                    ;启动定时/计数器 T1
    Check_TF1:
            JBC   TF1,Timer1_Overflow    ;查询计数溢出
            SJMP  Check_TF1              ;未到 50ms 继续计数
    Timer1_Overflow:
            DJNZ  R3,Check_TF1           ;未到 1s 继续循环
            MOV   R3, #20
            CPL   P1.6
            CPL   P1.7
            CPL   P4.6
            CPL   P4.7
            SJMP  Check_TF1
            END
```

（2）C 语言参考程序（flash.c）如下。

```
#include <stc8.h>                    //包含支持 STC8 系列单片机的头文件
#include <intrins.h>
#define  uchar unsigned char
#define  uint unsigned int
uchar  i = 0;
void main(void)
{
    TMOD=0x00;
    TH1=0x3c;
    TL1=0xb0;
    TR1=1;
```

```
    while(1)
    {
        if(TF1==1)
        {
            TF1=0;
            i++;
            if(i==20)
            {
                i=0;
                P16=~P16;                    //LED 的驱动取反输出
                P17=~P17;
                P46=~P46;
                P47=~P47;
            }
        }
    }
}
```

7.4.2 定时/计数器 T0、T1 的计数应用

例 7.3 连续输入 5 个单次脉冲使单片机控制的 LED 的状态翻转一次，要求用定时/计数器的计数功能实现。

解 采用定时/计数器 T1 的计数功能实现，LED 的计数控制如图 7.8 所示。

定时/计数器 T1 采用工作方式 0 的计数方式，将初始值设置为 FFFBH，当输入 5 个脉冲时，即将定时/计数器 T1 的计满溢出标志位 TF1 置 1，通过查询 TF1 的状态，对 P1.6 控制的 LED 进行控制。

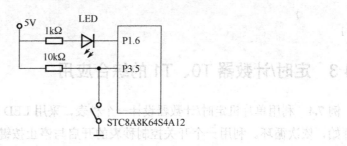

图 7.8 LED 的计数控制

（1）汇编语言参考源程序（COUNTER.ASM）如下。

```
$include(stc8.inc)                ;STC8 特殊功能寄存器的定义文件
    ORG   0000H
    MOV   TMOD, #40H              ;设定定时/计数器 T1 采用工作方式 0，实现计数功能
    MOV   TH1, #0FFH
    MOV   TL1, #0FBH             ;设置计数器初值
    SETB  TR1                    ;启动计数功能
```

```
Check_TF1:
    JBC  TF1, Timer1_Overflow      ;查询是否计数溢出
    LJMP  Check_TF1
Timer1_Overflow:
    CPL  P1.6                              ;当累计 5 个脉冲时，LED 的状态翻转
    LJMP  Check_TF1
    END
```

（2）C 语言参考源程序如下。

```
#include<stc8.h>
#include<intrins.h>
#define uchar unsigned char
#define uint unsigned int
sbit  led = P1^6;
void  Timer1_initial(void)
{
        TMOD = 0x40;          //设定定时/计数器 T1 采用工作方式 2，实现计数功能
        TH1 = 0xff;           //累计 5 个脉冲以后溢出
        TL1 = 0xfb;
        TR1 = 1;              //启动计数功能
}
void main(void)
{
    Timer1_initial();
    while(1)
    {
            while(TF1==0);    //不断查询是否溢出，若没有溢出，则等待溢出；
            TF1 = 0;          //溢出了，清除溢出标志位，LED 取反
            led = !led;
    }
}
```

7.4.3 定时/计数器 T0、T1 的综合应用

例 7.4 利用单片机定时/计数器设计一个秒表，采用 LED 数码管显示，计满 100s 后重新开始，依次循环。利用一个开关控制秒表的开启与停止按键，利用复位键返回初始工作状态。

解 采用 LED 数码管显示，在汇编程序中，驱动程序名为 LED_display.asm（在工程训练 4.1 中），子程序的入口地址显示为 LED_display；在 C 语言程序中，驱动程序名为 LED_display.h（在工程训练 5.1 中），子函数名称显示为 LED_display。P3.2 引脚与秒表的开启与停止按键相接。定时/计数器 T0 采用工作方式 0 实现定时功能，晶振频率为 12MHz，分频系数为 12，即定时时钟周期为 1μs。

实现算法：在例 7.2 的基础上，增加一个定时/计数器统计每秒的次数，即秒表。

（1）汇编语言参考源程序（SECOND.ASM）如下。

```
$include(stc8.inc)          ;STC8 系列单片机新增特殊功能寄存器的定义文件
    ORG  0000H
    LCALL GPIO
    MOV  TMOD,#00H          ;定时/计数器 T0 采用工作方式 0，实现定时功能
    MOV  TH0,#3CH           ;设置 50ms 的定时初值
    MOV  TL0,#0B0H
    MOV  R3,#14H            ;设置 50ms 计数循环初值（1s/50ms）
    MOV  A, #00H           ;设置秒计数器，并将其初始化
    MOV  30H, #16          ;给显示缓冲器赋初值，前 6 位灭，后 2 位显示 0
    MOV  31H, #16
    MOV  32H, #16
    MOV  33H, #16
    MOV  34H, #16
    MOV  35H, #16
    MOV  36H, #0
    MOV  37H, #0
Check_Start_Button:
    LCALL  LED_display   ;调用显示函数
    JNB P3.2,  Start
    CLR TR0
    SJMP Check_Start_Button
Start:
    SETB TR0
Check_T0:
    JBC TF0,  Timer0_Overflow
    SJMP Check_Start_Button
Timer0_Overflow:
    DJNZ R3, Check_Start_Button
    MOV R3, #20
    ADD A, #01H          ;秒表加 1
    DA A                 ;十进制调整
    MOV B, A             ;暂存秒值并进行数据处理，将其拆成十位数与个位数，送至显示缓冲区
    ANL A, #0FH
    MOV 37H, A
    MOV A, B
    SWAP A
    ANL A, #0FH
    MOV 36H, A
    MOV A, B             ;恢复 A 值
    SJMP Check_Start_Button
    $INCLUDE (LED_display.asm)  ;LED 数码管驱动文件
    END
```

（2）C51 参考源程序。

C51 参考源程序见工程训练 7.1。

例 7.5 利用定时/计数器设计一个简易频率计，采用 LED 数码管显示，用一个开关控制频率计的开启与停止。

解 定时/计数器 T0 采用工作方式 0 实现定时功能，对 P3.5 引脚输入脉冲进行计数，将 P3.2 引脚与频率计的开关连接。单片机的晶振频率为 12MHz，分频系数为 12，即定时时钟周期为 1μs。

当定时/计数器 T0 定时为 1s 时，读取定时/计数器 T1 的计数值，该值就是 P3.5 引脚输入脉冲的频率值。

LED 数码管的显示方式同例 7.4。

（1）汇编语言参考源程序（F- COUNTER.ASM）如下。

```
$include(stc8.inc)      ;STC8 系列单片机特殊功能寄存器的定义文件
    ORG   0000H
    MOV   TMOD,#40H      ;定时/计数器 T0 采用工作方式 0 进行定时
                        ;定时/计数器 T1 采用工作方式 0 进行计数
    MOV   TH0,#3CH       ;定时/计数器 T0 设置 50ms 的定时初值
    MOV   TL0,#0B0H
    MOV   R3,#14H        ;设置 50ms 计数循环初值（1s/50ms）
    MOV   TH1, #0        ;将定时/计数器 T1 清 0
    MOV   TL1,#0
    MOV   30H, #16       ;给显示缓冲器赋初值，前 6 位灭，后 2 位显示 0
    MOV   31H, #16
    MOV   32H, #16
    MOV   33H, #16
    MOV   34H, #16
    MOV   35H, #16
    MOV   36H, #16
    MOV   37H, #0
Check_Start_Button:
    LCALL  LED_display   ;调用显示函数
    JNB  P3.2,  Start    ;开关状态为 1，频率计停止
    CLR  TR0
    CLR  TR1
    SJMP  Check_Start_Button
Start:
    SETB  TR0            ;开关状态为 0，频率计工作
    SETB  TR1
Check_T0:
    JBC  TF0,  Timer0_Overflow
    SJMP  Check_Start_Button
Timer0_Overflow:
    DJNZ  R3, Check_Start_Button
    MOV  R3, #20         ;1s 到了，读定时/计数器 T1 计数值，并将其送至 P1、P2 显示
```

```
            MOV  A, TL1
            ANL  A, #0FH
            MOV  37H, A
            MOV  A, TL1
            SWAP A
            ANL  A, #0FH
            MOV  36H, A
            MOV  A, TH1
            ANL  A, #0FH
            MOV  35H, A
            MOV  A, TH1
            SWAP A
            ANL  A, #0FH
            MOV  34H, A
            CLR TR1                       ;将定时/计数器 T1 清 0
            MOV  TH1, #0
            MOV  TL1,#0
            SETB TR1
            SJMP Check_Start_Button
            $INCLUDE (LED_display.asm)    ;包含 LED 数码管驱动程序
            END
```

（2）C51 参考源程序。

C51 参考源程序见工程训练 7.3。

7.5　定时/计数器 T2

7.5.1　定时/计数器 T2 的电路结构

STC8A8K64S4A12 单片机的定时/计数器 T2 的电路结构如图 7.9 所示。定时/计数器 T2 的电路结构与定时/计数器 T0、定时/计数器 T1 基本一致，但定时/计数器 T2 的工作模式固定为 16 位自动重装初始值模式。定时/计数器 T2 可以作为定时/计数器，也可以作为串行接口的波特率发生器和可编程时钟输出源。

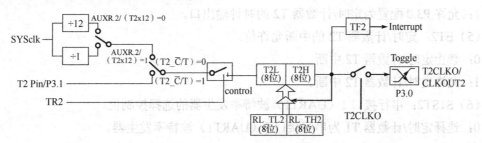

图 7.9　STC8A8K64S4A12 单片机的定时/计数器 T2 的电路结构

7.5.2 定时/计数器 T2 的控制寄存器

STC8A8K64S4A12 单片机内部定时/计数器 T2 的状态寄存器是 T2H、T2L，定时/计数器 T2 的控制与管理由特殊功能寄存器 AUXR、INT_CLKO、IE2 承担。与定时/计数器 T2 有关的特殊功能寄存器如表 7.2 所示。

表 7.2　与定时/计数器 T2 有关的特殊功能寄存器

符号	名称	B7	B6	B5	B4	B3	B2	B1	B0
T2H	T2 状态寄存器	定时/计数器 T2 的高 8 位							
T2L	T2 状态寄存器	定时/计数器 T2 的低 8 位							
AUXR	辅助寄存器	T0x12	T1x12	UART_M0x6	T2R	T2_C/$\overline{T}$	T2x12	EXTRAM	S1ST2
INT_CLKO	可编程时钟控制寄存器		EX4	EX3	EX2	LVD_WAKE	T2CLKO	T1CLKO	T0CLKO
IE2	中断允许寄存器 2						ET2	ESPI	ES2

（1）T2R：定时/计数器 T2 的运行控制位。

0：定时/计数器 T2 停止运行。

1：定时/计数器 T2 运行。

（2）T2_C/$\overline{T}$：定时/计数选择控制位。

0：定时/计数器 T2 为定时状态，计数脉冲为系统时钟信号或系统时钟的 12 分频信号。

1：定时/计数器 T2 为计数状态，计数脉冲为 P3.1 输入引脚的脉冲信号。

（3）T2x12：定时脉冲的选择控制位。

0：定时脉冲为系统时钟的 12 分频信号。

1：定时脉冲为系统时钟信号。

（4）T2CLKO：定时/计数器 T2 的时钟输出控制位。

0：不允许 P3.0 配置为定时/计数器 T2 的时钟输出口。

1：允许 P3.0 配置为定时/计数器 T2 的时钟输出口。

（5）ET2：定时/计数器 T2 的中断允许位。

0：禁止定时/计数器 T2 中断。

1：允许定时/计数器 T2 中断。

（6）S1ST2：串行接口 1（UART1）波特率发生器的选择控制位。

0：选择定时/计数器 T1 为串行接口 1（UART1）波特率发生器。

1：选择定时/计数器 T2 为串行接口 1（UART1）波特率发生器。

7.6　定时/计数器 T3、T4

7.6.1　定时/计数器 T3、T4 的电路结构

　　STC8A8K64S4A12 单片机的定时/计数器 T3、定时/计数器 T4 的电路结构分别如图 7.10 和如图 7.11 所示。定时/计数器 T3、定时/计数器 T4 的电路结构与定时/计数器 T2 的电路结构完全一致，其工作模式固定为 16 位自动重装初始值模式。定时/计数器 T3、定时/计数器 T4 可以用作定时器、计数器，也可以用作串行接口的波特率发生器和可编程时钟输出源。

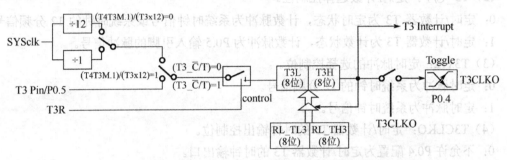

图 7.10　STC8A8K64S4A12 单片机的定时/计数器 T3 的电路结构

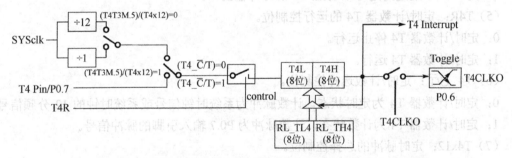

图 7.11　STC8A8K64S4A12 单片机的定时/计数器 T4 的电路结构

7.6.2　定时/计数器 T3、T4 的控制寄存器

　　STC8A8K64S4A12 单片机定时/计数器 T3 的状态寄存器是 T3H、T3L，定时/计数器 T4 的状态寄存器是 T4H、T4L，定时/计数器 T3、定时/计数器 T4 的控制与管理由特殊功能寄存器 T4T3M、IE2 承担。与定时/计数器 T3、定时/计数器 T4 有关的特殊功能寄存器如表 7.3 所示。

表 7.3　与定时/计数器 T3、定时/计数器 T4 有关的特殊功能寄存器

符号	名称	B7	B6	B5	B4	B3	B2	B1	B0
T3H	T3 状态寄存器	定时/计数器 T3 的高 8 位							
T3L	T3 状态寄存器	定时/计数器 T3 的低 8 位							

续表

符号	名称	B7	B6	B5	B4	B3	B2	B1	B0
T4H	T4 状态寄存器	定时/计数器 T4 的高 8 位							
T4L	T4 状态寄存器	定时/计数器 T4 的低 8 位							
T4T3M	T3、T4 控制寄存器	T4R	T4_C/T̄	T4x12	T4CLKO	T3R	T3_C/T̄	T3x12	T3CLKO
IE2	中断允许寄存器 2		ET4	ET3	ES4	ES3	ET2	ESPI	ES2

（1）T3R：定时/计数器 T3 的运行控制位。

0：定时/计数器 T3 停止运行。

1：定时/计数器 T3 运行。

（2）T3_C/T̄：定时/计数选择控制位。

0：定时/计数器 T3 为定时状态，计数脉冲为系统时钟信号或系统时钟的 12 分频信号。

1：定时/计数器 T3 为计数状态，计数脉冲为 P0.5 输入引脚的脉冲信号。

（3）T3x12：定时脉冲的选择控制位。

0：定时脉冲为系统时钟的 12 分频信号。

1：定时脉冲为系统时钟信号。

（4）T3CLKO：定时/计数器 T3 的时钟输出控制位。

0：不允许 P0.4 配置为定时/计数器 T3 的时钟输出口。

1：允许 P0.4 配置为定时/计数器 T3 的时钟输出口。

（5）T4R：定时/计数器 T4 的运行控制位。

0：定时/计数器 T4 停止运行。

1：定时/计数器 T4 运行。

（6）T4_C/T̄：定时/计数选择控制位。

0：定时/计数器 T4 为定时状态，计数脉冲为系统时钟信号或系统时钟的 12 分频信号。

1：定时/计数器 T4 为计数状态，计数脉冲为 P0.7 输入引脚的脉冲信号。

（7）T4x12：定时脉冲的选择控制位。

0：定时脉冲为系统时钟的 12 分频信号。

1：定时脉冲为系统时钟信号。

（8）T4CLKO：定时/计数器 T4 的时钟输出控制位。

0：不允许 P0.6 配置为定时/计数器 T4 的时钟输出口。

1：允许 P0.6 配置为定时/计数器 T4 的时钟输出口。

（9）ET3：定时/计数器 T3 的中断允许位。

0：禁止定时/计数器 T3 中断。

1：允许定时/计数器 T3 中断。

定时/计数器 T3 的中断向量是 009BH，其中断号是 19。

（10）ET4：定时/计数器 T4 的中断允许位。

0：禁止定时/计数器 T4 中断。

1：允许定时/计数器 T4 中断。

定时/计数器 T4 的中断向量是 00A3H，其中断号是 20。

7.7　可编程时钟输出功能

STC8A8K64S4A12 单片机除主时钟可编程输出外,其定时/计数器 T0、定时/计数器 T1、定时/计数器 T2、定时/计数器 T3 和定时/计数器 T4 也可以编程输出时钟信号。

7.7.1　定时/计数器 T0～T4 的可编程时钟输出

很多实际应用系统需要为外围元器件提供时钟,如果单片机能提供可编程时钟输出功能,不但可以降低系统成本,缩小印制电路板面积,还可以在不需要时钟输出时关闭时钟输出,这不但降低了系统的功耗,而且减轻了时钟对外的电磁辐射。

STC8A8K64S4A12 单片机增加了 T0CLKO(P3.5)、T1CLKO(P3.4)、T2CLKO(P3.0)、T3CLKO(P0.4) 和 T4CLKO(P0.6) 5 个可编程时钟输出引脚。T0CLKO(P3.5) 的输出时钟频率由定时/计数器 T0 控制,T1CLKO(P3.4) 的输出时钟频率由定时/计数器 T1 控制,相应的定时/计数器 T0、T1 需要在工作方式 0 或工作方式 2(自动重装数据模式)下工作,T2CLKO(P3.0) 的输出时钟频率由定时/计数器 T2 控制,T3CLKO(P0.4) 的输出时钟频率由定时/计数器 T3 控制、T4CLKO(P0.6) 的输出时钟频率由定时/计数器 T4 控制。

1. 可编程时钟输出的控制

5 个定时/计数器的可编程时钟输出都由 INTCLKO 和 T4T3M 特殊功能寄存器控制,INT_CLKO、T4T3M 特殊功能寄存器的相关控制位如表 7.4 所示。

表 7.4　INT_CLKO、T4T3M 特殊功能寄存器的相关控制位

符号	名称	B7	B6	B5	B4	B3	B2	B1	B0
INT_CLKO	可编程时钟控制寄存器	—	EX4	EX3	EX2	—	T2CLKO	T1CLKO	T0CLKO
T4T3M	T3、T4 控制寄存器	T4R	T4_C/$\overline{\text{T}}$	T4x12	T4CLKO	T3R	T3_C/$\overline{\text{T}}$	T3x12	T3CLKO

(1) T0CLKO:定时/计数器 T0 的时钟输出控制位。

0:不允许 P3.5(CLKOUT0)配置为定时/计数器 T0 的时钟输出口。

1:允许 P3.5(CLKOUT0)配置为定时/计数器 T0 的时钟输出口。

(2) T1CLKO:定时/计数器 T1 的时钟输出控制位。

0:不允许 P3.4(CLKOUT1)配置为定时/计数器 T1 的时钟输出口。

1:允许 P3.4(CLKOUT1)配置为定时/计数器 T1 的时钟输出口。

(3) T2CLKO:定时/计数器 T2 的时钟输出控制位。

0:不允许 P3.0(CLKOUT2)配置为定时/计数器 T2 的时钟输出口。

1:允许 P3.0(CLKOUT2)配置为定时/计数器 T2 的时钟输出口。

（4）T3CLKO：定时/计数器 T3 的时钟输出控制位。

0：不允许 P0.4 配置为定时/计数器 T3 的时钟输出口。

1：允许 P0.4 配置为定时/计数器 T3 的时钟输出口。

（5）T4CLKO：定时/计数器 T4 的时钟输出控制位。

0：不允许 P0.6 配置为定时/计数器 T4 的时钟输出口。

1：允许 P0.6 配置为定时/计数器 T4 的时钟输出口。

2. 可编程时钟输出频率的计算

可编程时钟输出频率为定时/计数器溢出率的二分频信号。

下面以定时/计数器 T0 为例，分析定时/计数器可编程时钟输出频率的计算方法。

$$P3.5 输出时钟频率（CLKOUT0）= T0 溢出率/2$$

其中，定时/计数器 T0 的溢出率就是其定时时间的倒数，调整可编程时钟输出频率实际上就是设置定时/计数器的定时时间，进一步可推断出定时/计数器 T0 的定时时间就是可编程时钟的输出周期的二分之一。

7.7.2 可编程时钟的应用举例

例 7.6 编程，在 P3.0、P3.5、P3.4 引脚上分别输出 1kHz、100Hz、10Hz 的时钟信号。

解 设系统时钟频率为 12 MHz，经计算可得 P3.0、P3.5、P3.4 引脚的可编程时钟的输出周期分别为 1ms、10ms、100ms，即定时/计数器 T2、定时/计数器 T1、定时/计数器 T0 的定时时间分别为 0.5ms、5ms、50ms，利用 STC-ISP 在线编程软件中的定时器计算工具得到定时/计数器 T2、定时/计数器 T1、定时/计数器 T0 的定时初始化程序。

（1）汇编语言参考源程序（CLOCK-OUT.ASM）如下。

```
$include(stc8.inc)      ;STC15 系列单片机新增特殊功能寄存器的定义文件，详见附录 F
        ORG   0000H
        LCALL TIMER5INIT
        LCALL TIMER1INIT
        LCALL TIMER0INIT
        ORL   INT_CLKO,#07H;允许 CLKOUT0、CLKOUT1、CLKOUT2 时钟输出
        SJMP  $
TIMER5INIT:             ;500µs@12.000MHz
    ANL  AUXR,#0FBH      ;定时器时钟 12T 模式
    MOV  T2L,#00CH       ;设置定时初值
    MOV  T2H,#0FEH       ;设置定时初值
    ORL  AUXR,#10H       ;定时/计数器 T2 开始计时
    RET
TIMER1INIT:             ;5ms@12.000MHz
    ORL  AUXR,#40H       ;定时器时钟 1T 模式
    ANL  TMOD,#0FH       ;设置定时器模式
    MOV  TL1,#0A0H       ;设置定时初值
    MOV  TH1,#015H       ;设置定时初值
    CLR  TF1             ;清除 TF1 标志位
```

```
    SETB  TR1                    ;定时/计数器 T1 开始计时
    RET
TIMER0INIT:                      ;50ms@12.000MHz
    ANL AUXR,#7FH                ;定时器时钟 12T 模式
    ANL TMOD,#0F0H               ;设置定时器模式
    MOV TL0,#0B0H                ;设置定时初值
    MOV TH0,#03CH                ;设置定时初值
    CLR TF0                      ;清除 TF0 标志位
    SETB TR0                     ;定时/计数器 T0 开始计时
    RET  END
```

（2）C 语言参考源程序（clock-out.c）如下。

```c
#include <stc8.h>               //包含支持 STC8 系列单片机的头文件
#include <intrins.h>
#include <gpio.h>               //I/O 初始化文件
#define uchar unsigned char
#define uint  unsigned int
void Timer0Init(void)           //50ms@12.000MHz
{
    AUXR &= 0x7F;               //定时器时钟 12T 模式
    TMOD &= 0xF0;               //设置定时器模式
    TL0 = 0xB0;                 //设置定时初值
    TH0 = 0x3C;                 //设置定时初值
    TF0 = 0;                    //清除 TF0 标志位
    TR0 = 1;                    //定时/计数器 T0 开始计时
}
void Timer1Init(void)           //5ms@12.000MHz
{
    AUXR |= 0x40;               //定时器时钟 1T 模式
    TMOD &= 0x0F;               //设置定时器模式
    TL1 = 0xA0;                 //设置定时初值
    TH1 = 0x15;                 //设置定时初值
    TF1 = 0;                    //清除 TF1 标志位
    TR1 = 1;                    //定时/计数器 T1 开始计时
}
void Timer5Init(void)           //500μs@12.000MHz
{
    AUXR |= 0x04;               //定时器时钟 1T 模式
    T2L = 0x90;                 //设置定时初值
    T2H = 0xE8;                 //设置定时初值
    AUXR |= 0x10;               //定时/计数器 T2 开始计时
}
void main(void)
{
    Timer0Init();
    Timer1Init();
    Timer5Init();
    INT_CLKO =(INT_CLKO|0x07);//允许定时/计数器 T0、定时/计数器 T1、定时/计数器 T2
```

输出时钟信号
```
    while(1);                    //无限循环
}
```

7.7.3 工程训练 7.1 定时/计数器的定时应用

一、工程训练目标

（1）理解 STC8A8K64S4A12 单片机定时/计数器的电路结构与工作原理。

（2）掌握 STC8A8K64S4A12 单片机定时/计数器的定时应用。

二、任务功能与参考程序

1．任务功能

用定时/计数器 T0 设计一个秒表。设置一个开关，当开关闭合时，秒表停止计时；当开关断开时，秒表开始计时，计到 100s 时自动置 0，采用 LED 数码管显示秒表的计时值。

2．硬件设计

将 SW17 作为控制开关，用 8 位 LED 数码管显示秒表的计时值。

3．参考程序（C 语言版）

（1）程序说明。

将工程训练 51 中的 LED_display.h 文件拷贝到本工程文件夹中，采用包含指令将 LED_display.h 文件包含到程序文件中，然后在主函数中将秒表的计时值送到显示位对应的显示缓冲区，再直接调用显示函数 LED_display() 即可。

（2）参考程序：工程训练 71.c。

```
#include <stc8.h>                //包含支持 STC8 系列单片机的头文件
#include <intrins.h>             //I/O 初始化文件
#define uchar unsigned char
#define uint  unsigned int
#include <LED_display.h>
uchar cnt=0;
uchar second=0;
sbit SW17=P3^6;
/*-------------定时/计数器 T0 50ms 初始化函数-------------------------------*/
//50ms@12.000MHz，从 STC-ISP 在线编程软件定时/计数器工具中获得
void Timer0Init(void)
{
    AUXR &= 0x7F;                //定时器时钟 12T 模式
    TMOD &= 0xF0;                //设置定时器模式
    TL0 = 0xB0;                  //设置定时初值
    TH0 = 0x3C;                  //设置定时初值
    TF0 = 0;                     //清除 TF0 标志位
    TR0 = 1;                     //定时/计数器 T0 开始计时
```

```
}
void start(void)
{
    if(SW17==1)                  //开关断开时，开始计时
    {
        TR0 = 1;
    }
    else
        TR0 = 0;                 //开关闭合时，停止计时
}
void main(void)
{
    Timer0Init();                //定时器初始化
    while(1)
    {
        LED_display();           //LED 数码管显示
        start();                 //启停控制
        if(TF0==1)               //到 50ms，清除 TF0 标志位，50ms 计数变量加 1
        {
            TF0=0;
            cnt++;
            if(cnt==20)          //到 1s，清除 50ms 计数变量，秒计数变量加 1
            {
                cnt=0;
                second++;
                if(second==100)    second=0;   //到 100s，秒计数变量清 0
                Dis_buf[0]=second%10;          //将秒计数变量值送至显示缓冲区
                Dis_buf[1]=second/10%10;
            }
        }
    }
}
```

三、训练步骤

1. 分析工程训练 71.c 程序文件。

2. 用 Keil μVision4 集成开发环境编辑、编译用户程序，生成机器代码。

（1）用 Keil μVision4 集成开发环境新建工程训练 71 项目。

（2）编辑工程训练 71.c 程序文件；

（3）将工程训练 71.c 程序文件添加到当前项目中；

（4）设置编译环境，选择编译时生成机器代码的文件；

（5）编译程序文件，生成工程训练 71.hex 程序文件。

3. 将 STC8 学习板与计算机连接。

4. 利用 STC-ISP 在线编程软件将工程训练 71.hex 程序文件下载到 STC8 学习板中。

5. 观察与调试程序。

（1）观察秒表的秒值是否准确。

（2）按住 SW17，观察秒表是否停止走动。

（3）松开 SW17，观察秒表是否在原计时值的基础上继续计时。

（4）观察秒表的计时上限值是多少。

四、训练拓展

1. 修改工程训练 71.c 程序文件，将计时范围扩展为 1000s，增加高位灭零功能，并上机调试。

2. 用定时/计数器 T1 设计一个秒表。设置一个开关，当开关断开时，定时/计数器停止计时；当开关闭合时，秒表归零，并从 0 开始计时，计到 100s 时自动归 0，增加高位灭零功能。试编写程序，并上机调试。

7.7.4　工程训练 7.2　定时/计数器的计数应用

一、工程训练目标

（1）进一步理解 STC8A8K64S4A12 单片机定时/计数器的电路结构与工作原理。

（2）掌握 STC8A8K64S4A12 单片机定时/计数器的计数应用。

二、任务功能与参考程序

1. 任务功能

使用定时/计数器 T1 设计一个脉冲计数器，用于测试与统计定时/计数器 T1 计数输入的脉冲数。

2. 硬件设计

采用 8 位 LED 数码管显示定时/计数器的计数值，将 SW18 作为计数脉冲输入源，从 U16 插座的 24 引脚引出接到 U16 的 26 引脚（定时/计数器 T1 的计数输入端 P3.5），也可直接通过 U16 插座的 26 引脚外接信号源的脉冲信号源输出。

3. 参考程序（C 语言版）

（1）程序说明。

将工程训练 51 中的 LED_display.h 文件复制到本工程文件夹中，采用包含指令将 LED_display.h 文件包含到程序文件中，然后在主函数中将定时/计数器的计数值送至显示位对应的显示缓冲区，再直接调用显示函数 LED_display() 即可。

（2）参考程序：工程训练 72.c。

```
#include <stc8.h>          //包含支持 STC8 系列单片机的头文件
#include <intrins.h>
#define uchar unsigned char
#define uint  unsigned int
#include <LED_display.h>
```

```
uint counter=0;
/*---------计数器的初始化-----------------*/
void Timer1_init(void)
{
    TMOD=0x40;                      //定时/计数器在工作方式 0 下工作，处理计数状态
    TH1=0x00;
    TL1=0x00;
    TR1=1;
}
/*——————主函数（显示程序）——————*/
void main(void)
{
    uint temp1,temp2;
    Timer1_init ();                 //调用计数器初始化子函数
    for(;;)                         //用于实现无限循环
    {
        Dis_buf[0]= counter%10;
        Dis_buf[1]= counter/10%10;
        Dis_buf[2]= counter/100%10;
        Dis_buf[3]= counter/1000%10;
        Dis_buf[4]= counter/10000%10;
        LED_display();              //调用显示子函数
        temp1=TL1;
        temp2=TH1;                  //读取计数值
        counter=(temp2<<8)+temp1;   //将高 8 位和低 8 位的计数值合并在 counter 变量中
    }
}
```

三、训练步骤

1. 分析工程训练 72.c 程序文件。

2. 用 Keil μVision4 集成开发环境编辑、编译用户程序，生成机器代码。

（1）用 Keil μVision4 集成开发环境新建工程训练 72 项目；

（2）编辑工程训练 72.c 程序文件；

（3）将工程训练 72.c 程序文件添加到当前项目中；

（4）设置编译环境，勾选编译时生成机器代码的文件；

（5）编译程序文件，生成工程训练 72.hex 程序文件。

3. 用杜邦线将 STC8 学习板 U16 插座的 24 脚（P3.3）与 26 脚（P3.5）短接，将 STC8 学习板与计算机连接。

4. 利用 STC-ISP 在线编程软件将工程训练 72.hex 程序文件下载到 STC8 学习板单片机中。

5. 观察与调试程序。

（1）通过 SW18 手动输入脉冲，观察 LED 数码管的显示；

（2）打开信号发生器，选择输出方波信号，调整输出频率；

（3）将信号发生器输出直接从定时/计数器 T1 计数输入端 P3.5（U16 插座的 26 引脚）输入，观察计数器的计数情况。

四、训练拓展

利用定时/计数器 T2 设计一个计数器，计数范围是 0～99999999s，LED 数码管显示时具备高位灭零功能。试编写程序，并上机调试。

7.7.5　工程训练 7.3　定时/计数器的综合应用

一、工程训练目标

（1）进一步理解 STC8A8K64S4A12 单片机的定时/计数器的电路结构与工作原理。

（2）掌握 STC8A8K64S4A12 单片机的定时/计数器实现频率计的设计方法。

二、任务功能与参考程序

1. 任务功能

用 STC8A8K64S4A12 单片机的定时/计数器 T0 和定时/计数器 T1 设计一个频率计。

2. 硬件设计

采用 8 位 LED 数码管显示频率计的频率值，将 SW18 作为计数脉冲输入源，从 U16 插座的 24 脚引出接到 U16 的 26 脚（定时/计数器 T1 的计数输入端 P3.5），也可直接通过 U16 插座的 26 脚外接信号源的脉冲信号源输出。

3. 参考程序（C 语言版）

（1）程序说明。

将工程训练 51 中的 LED_display.h 文件复制到本工程文件夹中，采用包含指令将 LED_display.h 包含到程序文件中，然后在主函数中将频率计的计数值送至显示位对应的显示缓冲区，再直接调用显示函数 LED_display()即可。

（2）参考程序：工程训练 73.c。

```c
#include <stc8.h>                  //包含支持 STC8 系列单片机的头文件
#include <intrins.h>               //I/O 初始化文件
#define uchar unsigned char
#define uint  unsigned int
#include <LED_display.h>
uint counter=0;
uchar cnt=0;
void T0_T1_ini(void)              //定时/计数器 T0、定时/计数器 T1 的初始化
{
    //定时/计数器 T0 在工作方式 0 下定时、定时/计数器 T1 在工作方式 0 下计数
    TMOD=0x40;
    TH0=(65536-50000)/256;
    TL0=(65536-50000)%256;
```

```
        TH1=0x00;
        TL1=0x00;
        TR0=1;
        TR1=1;
}
/*--------- 主函数---------------*/
void main(void)
{
    uint temp1,temp2;
    T0_T1_ini();
    while(1)
    {
        Dis_buf[0]= counter%10;       //将频率值送至显示缓冲区
        Dis_buf[1]= counter/10%10;
        Dis_buf[2]= counter/100%10;
        Dis_buf[3]= counter/1000%10;
        Dis_buf[4]= counter/10000%10;
        LED_display();                //LED 数码管显示
        if(TF0==1)
        {
            TF0=0;
            cnt++;
            if(cnt==20)               //到 1s，清除 50ms 计数变量，读定时/计数器 T1 的计数值
            {
                cnt=0;
                temp1=TL1;
                temp2=TH1;            //读取计数值
                TR1=0;                //定时/计数器停止计数后，才能对定时/计数器赋值
                TL1=0;
                TH1=0;
                TR1=1;
                //将高 8 位计数值和和低 8 位计数值合并在 counter 变量中
                counter=(temp2<<8)+temp1;
            }
        }
    }
}
```

三、训练步骤

1. 分析工程训练 73.c 程序文件。

2. 用 Keil μVision4 集成开发环境编辑、编译用户程序，生成机器代码。

（1）用 Keil μVision4 集成开发环境新建工程训练 73 项目；

（2）编辑工程训练 73.c 程序文件；

（3）将工程训练 73.c 程序文件添加到当前项目中；

（4）设置编译环境，选择编译时生成机器代码的文件；

（5）编译程序文件，生成工程训练 73.hex 程序文件。

3. 用杜邦线将 STC8 学习板 U16 插座的 24 脚（P3.3）与 26 脚（P3.5）短接，将 STC8 学习板与计算机连接。

4. 利用 STC-ISP 在线编程软件将工程训练 73.hex 程序文件下载到 STC8 学习板中。

5. 观察与调试程序。

（1）通过 SW18 手动输入脉冲，观察 LED 数码管的显示值；

（2）打开信号发生器，选择输出方波信号；

（3）将信号发生器的输出信号直接从定时/计数器 T1 计数输入端 P3.5（U16 插座的 26 引脚）输入，将信号发生器的输出频率分别设置为 1Hz、10 Hz、100 Hz、1000 Hz 与 10000 Hz，观察频率计的测量情况。

四、训练拓展

利用 SW17、SW18 作为频率计量程的选择开关，可以缩小或扩大测量范围，具体量程自行定义。试编写程序，并上机调试。

7.7.6　工程训练 7.4　可编程时钟输出

一、工程训练目标

（1）进一步理解 STC8A8K64S4A12 单片机的定时/计数器的电路结构与工作原理。

（2）掌握 STC8A8K64S4A12 单片机的定时/计数器的可编程时钟输出的应用。

二、任务功能与参考程序

1．任务功能

利用 STC8A8K64S4A12 单片机的定时/计数器 T0 输出一个 10Hz 的脉冲信号。

2．硬件设计

采用 LED7 灯显示定时/计数器 T0 输出的可编程时钟，LED7 灯的控制输出端是 P5.0，定时/计数器 T0 的可编程时钟输出端是 P3.5，直接用软件将 P3.5 的输出送至 P5.0 输出。

3．参考程序（C 语言版）

（1）程序说明。

定时/计数器 T0 的可编程时钟输出频率是定时/计数器 T0 溢出率的二分之一。定时/计数器 T0 处于工作方式 0 下的定时状态，当定时/计数器 T0 的定时时间为 0.05s 时，定时/计数器 T0 输出的可编程时钟频率为 10Hz。定时/计数器 T0 的初始化程序通过 STC-ISP 在线编程软件获得。

（2）参考程序：工程训练 74.c。

```
#include <stc8.h>              //包含支持 STC8 系列单片机的头文件
#include <intrins.h>
#define uchar unsigned char
```

```
#define uint  unsigned int
/*---------T0 的初始化--------------*/
void Timer0Init(void)          //50ms@12.000MHz
{
    AUXR &= 0x7F;              //定时器时钟 12T 模式
    TMOD &= 0xF0;             //设置定时器模式
    TL0 = 0xB0;               //设置定时初值
    TH0 = 0x3C;               //设置定时初值
    TF0 = 0;                  //清除 TF0 标志位
    TR0 = 1;                  //定时/计数器 T0 开始计时
}

/*--------主函数--------*/
void main(void)
{
    Timer0Init();            //调用定时/计数器 T0 初始化子函数
    INT_CLKO=INT_CLKO|0x01;  //允许定时/计数器 T0 输出时钟信号
    while(1)P50=P35;
}
```

三、训练步骤

1. 分析工程训练 74.c 程序文件。

2. 用 Keil μVision4 集成开发环境编辑、编译用户程序，生成机器代码。

（1）用 Keil μVision4 集成开发环境新建工程训练 74 项目；

（2）编辑工程训练 74.c 程序文件；

（3）将工程训练 74.c 程序文件添加到当前项目中；

（4）设置编译环境，选择编译时生成机器代码的文件；

（5）编译程序文件，生成工程训练 74.hex 程序文件。

3. 用杜邦线将 STC8 学习板 U16 插座的 24 引脚（P3.3）与 26 引脚（P3.5）短接，将 STC8 学习板与计算机连接。

4. 利用 STC-ISP 在线编程软件将工程训练 74.hex 程序文件下载到 STC8 学习板中。

5. 观察与调试程序。

定性观察 LED7 灯的显示频率，或用示波器测试 P3.5 引脚（U16 插座的 26 引脚）的输出频率。

6. 修改程序，使得定时/计数器 T0 的可编程时钟输出频率变为 1Hz，并上机调试。

四、训练拓展

综合工程训练 7.3 与工程训练 7.4 的内容，利用自己设计的单片机频率计测量设计信号源输出。

（1）初始输出的可编程时钟输出信号源频率为 1000Hz。

（2）将 SW17、SW18 作为控制按钮，可编程时钟输出的信号源频率对应为 10Hz、100Hz、1000 Hz 与 10kHz。试编写程序，并上机调试。

注意： 利用定时/计数器 T0、定时/计数器 T1 设计频率计，利用定时/计数器 T2 输出可编程时钟。

 本章小结

STC8A8K64S4A12 单片机内部有 5 个通用的可编程定时/计数器（定时/计数器 T0、定时/计数器 T1、定时/计数器 T2、定时/计数器 T3 和定时/计数器 T4），定时/计数器 T0、定时/计数器 T1 的核心电路是 16 位加法计数器，分别对应特殊功能寄存器中的两个 16 位寄存器对 TH0、TL0 和 TH1、TL1。每个定时/计数器都可以通过 TMOD 中的 C/T 位设定为定时模式或计数模式，定时模式与计数模式的区别在于计数脉冲的来源不同，定时器的计数脉冲为单片机内部的系统时钟信号或其 12 分频信号，而计数器的计数脉冲来自单片机外部计数输入引脚（定时/计数器 T0 或定时/计数器 T1）的输入脉冲。无论用作定时器，还是用作计数器，它们都有 4 种工作方式，由 TMOD 中的 M1 和 M0 设定，具体如下。

（M1）（M0）=00：工作方式 0，可重装初始值的 16 位定时/计数器；

（M1）（M0）=01：工作方式 1，16 位定时/计数器；

（M1）（M0）=10：工作方式 2，可重装初始值的 8 位定时/计数器；

（M1）（M0）=11：工作方式 3，定时/计数器 T0 分为两个独立的 8 位定时/计数器，定时/计数器 T1 停止工作。

从功能上看，工作方式 0 包含了工作方式 1、工作方式 2 所能实现的功能，而工作方式 3 不常使用。因此，在实际编程中，大多情况下使用的是工作方式 0，建议重点学习工作方式 0。

定时/计数器 T1 除可作为一般的定时/计数器使用外，还可以作为波特率发生器。

定时/计数器 T0、定时/计数器 T1 的启停由 TMOD 中的 GATE 位和 TCON 中的 TR1、TR0 进行控制。当 GATE 位为 0 时，定时/计数器 T0、定时/计数器 T1 的开启、停止仅由 TR1、TR0 进行控制；当 GATE 位为 1 时，定时/计数器 T0、定时/计数器 T1 的开启、停止必须由 TR1、TR0 和 INT0、INT1 引脚输入的外部信号一起控制。

定时/计数器 T2 无论是在电路结构上，还是在控制管理方面，都和定时/计数器 T0、定时/计数器 T1 是基本一致的，主要区别是定时/计数器 T2 是固定的 16 位可重装初始值工作模式。定时/计数器 T3、定时/计数器 T4 的电路结构和定时/计数器 T2 完全一致，也是固定的 16 位可重装初始值工作模式。

STC8A8K64S4A12 单片机增加了 T0CLKO（P3.5）、T1CLKO（P3.4）、T2CLKO（P3.0）、T3CLKO（P0.4）和 T4CLKO（P0.6）5 个可编程时钟输出引脚。T0CLKO（P3.5）的输出时钟频率由定时/计数器 T0 控制，T1CLKO（P3.4）的输出时钟频率由定时/计数器 T1 控制，相应的定时/计数器 T0、定时/计数器 T1 需要在工作方式 0 或工作方式 2（自动重装数据模式）下工作，T2CLKO（P3.0）的输出时钟频率由定时/计数器 T2 控制、T3CLKO（P0.4）的输出时钟频率由定时/计数器 T3 控制、T4CLKO（P0.6）的输出时钟频率由定时/计数器 T4 控制。定时/计数器 T1、定时/计数器 T2、定时/计数器 T3、定时/计数器 T4 除用作定时器、计数器以外，还可用作串行接口的波特率发生器。

从广义上来讲，STC8A8K64S4A12 单片机还有 WDT 及停机唤醒专用定时器，以及 CCP模块，这些定时器的应用将在相应的章节进行详细介绍。

习题与思考题

一、填空题

1. STC8A8K64S4A12 单片机有_____个 16 位定时/计数器。

2. 定时/计数器 T0 的外部计数脉冲输入引脚是_____，其可编程序时钟输出引脚是_____。

3. 定时/计数器 T1 的外部计数脉冲输入引脚是_____，其可编程序时钟输出引脚是_____。

4. 定时/计数器 T2 的外部计数脉冲输入引脚是_____，其可编程序时钟输出引脚是_____。

5. STC8A8K64S4A12 单片机的定时/计数器的核心电路是_____，定时/计数器 T0 工作于定时状态时，计数电路的计数脉冲是_____；定时/计数器 T0 工作于计数状态时，计数电路的计数脉冲是_____。

6. 定时/计数器 T0 的计满溢出标志位是_____，启停控制位是_____。

7. 定时/计数器 T1 的计满溢出标志位是_____，启停控制位是_____。

8. 定时/计数器 T0 有_____种工作方式，定时/计数器 T1 有_____种工作方式，工作方式选择字是_____，无论是定时/计数器 T0，还是定时/计数器 T1，当在工作方式 0下工作时，它们都是_____位_____初始值的定时/计数器。

二、选择题

1. 当（TMOD）= 25H 时，定时/计数器 T0 工作于工作方式_____状态。

A. 2，定时　　　　　　B. 1，定时　　　　　　C. 1，计数　　　　　　D. 0，定时

2. 当（TMOD）= 01H 时，定时/计数器 T1 工作于工作方式_____状态。

A. 0，定时　　　　　　B. 1，定时　　　　　　C. 0，计数　　　　　　D. 1，计数

3. 当（TMOD）= 00H，T0x12 为 1 时，定时/计数器 T0 的计数脉冲是_____。

A. 系统时钟　　　　　　　　　　　　　　B. 系统时钟的 12 分频信号

C. P3.4 引脚输入信号　　　　　　　　　　D. P3.5 引脚输入信号

4. 当（TMOD）=04H 且 T1x12 为 0 时，定时/计数器 T1 的计数脉冲是_____。

A. 系统时钟　　　　　　　　　　　　　　B. 系统时钟的 12 分频信号

C. P3.4 引脚输入信号　　　　　　　　　　D. P3.5 引脚输入信号

5. 当（TMOD）=80H 时，_____，定时/计数器 T1 启动。

A.（TR1）=1

B. (TR0)=1

C. TR1 为 1 且 INT0 引脚（P3.2）输入为高电平

D. TR1 为 1 且 INT1 引脚（P3.3）输入为高电平

6. 在（TH0）=01H，（TL0）=22H，（TR0）=1 的状态下，执行"TH0=0x3c;TL0= 0xb0;"语句后，TH0、TL0、RL_TH0、RL_TL0 的值分别为_____。

A. 3CH、B0H、3CH、B0H   B. 01H、22H、3CH、B0H

C. 3CH、B0H、不变、不变   D. 01H、22H、不变、不变

7. 在（TH0）=01H，（TL0）=22H，（TR0）=0 的状态下，执行"TH0=0x3c;TL0= 0xb0;"语句后，TH0、TL0、RL_TH0、RL_TL0 的值分别为_____。

A. 3CH、B0H、3CH、B0H   B. 01H、22H、3CH、B0H

C. 3CH、B0H、不变、不变   D. 01H、22H、不变、不变

8. INT_CLKO 可设置定时/计数器 T0、定时/计数器 T1、定时/计数器 T2 的可编程脉冲的输出。当（INT_CLKO）=05H 时，_____。

A. 定时/计数器 T0、定时/计数器 T1 允许可编程脉冲输出，定时/计数器 T2 禁止可编程脉中的输出

B. 定时/计数器 T0、定时/计数器 T2 允许可编程脉冲输出，定时/计数器 T1 禁止可编程脉中的输出

C. 定时/计数器 T1、定时/计数器 T2 允许可编程脉冲输出，定时/计数器 T0 禁止可编程脉中的输出

D. 定时/计数器 T1 允许可编程脉冲输出，定时/计数器 T0、定时/计数器 T2 禁止可编程脉中的输出

三、判断题

1. STC8A8K64S4A12 单片机的定时/计数器的核心电路是计数器电路。（   ）

2. STC8A8K64S4A12 单片机的定时/计数器处于定时状态时，其计数脉冲是系统时钟。（   ）

3. STC8A8K64S4A12 单片机的定时/计数器 T0 的中断请求标志位是 TF0。（   ）

4. STC8A8K64S4A12 单片机的定时/计数器的计满溢出标志位与中断请求标志位是不同的标志位。（   ）

5. STC8A8K64S4A12 单片机的定时/计数器 T0 的启停仅受 TR0 控制。（   ）

6. STC8A8K64S4A12 单片机的定时/计数器 T1 的启停不仅受 TR0 控制，还与其 GATE 控制位有关。（   ）

四、问答题

1. 简述 STC8A8K64S4A12 单片机的定时/计数器的定时工作模式与计数工作模式的相同点和不同点。

2. STC8A8K64S4A12 单片机的定时/计数器的启停控制原理是什么？

3. STC8A8K64S4A12 单片机的定时/计数器 T0 在工作方式 0 状态下工作时，定时时间

的计算公式是什么？

4. 当（TMOD）=00H，T0x12 为 1，定时/计数器 T0 定时 10ms 时，定时/计数器 T0 的初始值应是多少？

5. 当（TR0）=1，（TR0）=0 时，对 TH0、TL0 的赋值有什么不同？

6. 定时/计数器 T2 与定时/计数器 T0、T1 有什么不同？

7. 定时/计数器 T0、定时/计数器 T1、定时/计数器 T2 都可以编程输出时钟，简述如何设置且从什么端口输出时钟信号。

8. 定时/计数器 T0、定时/计数器 T1、定时/计数器 T2 可编程输出时钟是如何计算的？如果不使用可编程时钟，建议关闭可编程时钟输出，其原因是什么？

五、程序设计题

1. 利用定时/计数器 T0 设计一个 LED 闪烁灯，高电平时间为 600ms，低电平时间为 400ms，试编写程序，并上机调试。

2. 利用定时/计数器 T1 设计一个 LED 流水灯，时间间隔为 500ms，试编写程序，并上机调试。

3. 利用定时/计数器 T0 测量脉冲宽度，脉宽时间采用 LED 数码管显示。画出硬件电路图，试编写程序，并上机调试。

4. 利用定时/计数器 T2 的可编程时钟输出功能，输出频率为 1000Hz 的时钟信号。试编写程序，并上机调试。

5. 利用定时/计数器 T1 设计一个倒计时秒表，采用 LED 数码管显示。

（1）倒计时时间可设置为 60s 或 90s；

（2）具备启停控制功能；

（3）倒计时归零，声光提示。

画出硬件电路图，试编写程序，并上机调试。

6. 利用定时/计数器 T0、定时/计数器 T1 设计一个频率计，采用数码管显示频率值，定时/计数器 T2 输出可编程时钟，通过自己的频率计测量定时/计数器 T2 输出的可编程时钟。设置两个开关 k1、k2，当 k1、k2 都断开时，定时/计数器 T2 输出 10Hz 的信号；当 k1 断开、k2 闭合时，定时/计数器 T2 输出 100Hz 的信号；当 k1 闭合、k2 断开时，定时/计数器 T2 输出 1000Hz 的信号；当 k1、k2 都闭合时，定时/计数器 T2 输出 10kHz 的信号。画出硬件电路图，试编写程序，并上机调试。

第8章

STC8A8K64S4A12 单片机中断系统

🔍**内容提要：**

中断服务是 CPU 为 I/O 设备服务的一种工作方式，除此之外，还有查询服务方式和 DMA 通道服务方式。在单片机系统中，主要采用查询服务与中断服务 2 种方式。相比查询服务方式，中断服务方式可极大地提高 CPU 的工作效率。

本章首先介绍中断系统的几个概念、中断的技术优势及中断系统需要解决的问题；其次介绍 STC8A8K64S4A12 单片机中断系统的中断请求、中断响应及中断应用举例。STC8A8K64S4A12 单片机的中断系统有 22 个中断源，其中外部中断 0、定时/计数器 T0 中断、外部中断 1、定时/计数器 T1 中断及串行接口 1 中断 5 个中断源需重点掌握。

中断概念是在 20 世纪中期提出的，中断技术是计算机中一个很重要的技术，它既和硬件有关，也和软件有关。正是因为有了中断技术，计算机的工作才变得更加灵活、高效。现代计算机操作系统实现的管理调度的物质基础就是丰富的中断功能和完善的中断系统。由于一个 CPU 要面向多个任务，所以会出现资源竞争的现象，而中断技术实质上是一种资源共享技术。中断技术的出现推动了计算机的发展和应用。中断功能的强弱已成为衡量一台计算机功能完善与否的重要指标。

中断系统是为使 CPU 具有对外界紧急事件的实时处理能力设置的。

8.1　中断系统概述

8.1.1　中断系统的几个概念

1．中断

所谓中断是指 CPU 在执行程序的过程中，允许外部或内部事件通过硬件打断程序的执行，转而执行外部或内部事件的中断服务程序，执行完中断服务程序后，CPU 返回继续执行被打断的程序。中断过程示意图如图 8.1 所示。一个完整的中断过程包括 4 个步骤：中断请求、中断响应、中断服务与中断返回。

完整的中断过程与如下场景类似，一位经理在处理文件时电话铃响了（中断请求），他不得不在文件上做一个标记（断点地址，即返回地址），暂停工作，接电话（响应中断），并处理"电话请求"（中断服务），然后静下心来（恢复到中断前的状态），继续处理文件（中断返回）。

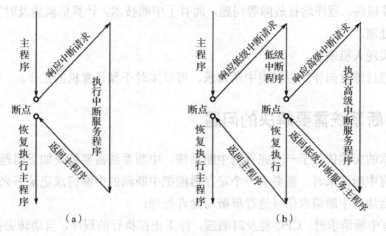

图 8.1　中断过程示意图

2. 中断源

引起 CPU 执行中断的根源或原因称为中断源。中断源向 CPU 提出的处理请求称为中断请求或中断申请。

3. 中断优先级

如果有几个中断源同时向 CPU 提出中断请求，那么就存在 CPU 优先响应哪个中断源提出的中断请求的问题。因此，CPU 要对各中断源确定一个优先等级，该优先等级称为中断优先级。CPC 优先响应中断优先级高的中断源提出的中断请求。

4. 中断嵌套

中断优先级高的中断请求可以中断 CPU 正在执行的中断优先级低的中断源的中断服务程序，待中断优先级高的中断源的中断服务程序执行完，再继续执行被打断的中断优先级低的中断源的中断服务程序，这就是中断嵌套，如图 8.1（b）所示。

8.1.2　中断的技术优势

（1）可解决快速 CPU 和慢速 I/O 设备之间的矛盾，使 CPU 和 I/O 设备并行工作。

由于计算机应用系统的许多 I/O 设备运行速度较慢，可以通过中断的方法来协调快速 CPU 与慢速 I/O 设备之间的工作。

（2）可及时处理控制系统中的许多随机参数和信息。

依靠中断技术能实现实时控制。实时控制要求计算机能及时完成被控制对象随机提出的分析和计算任务。在自动控制系统中，各控制参量可随机地向计算机发出请求，CPU 必须快速做出响应。

（3）具备处理故障的能力，提高了机器自身的可靠性。

由于外界的干扰、硬件或软件的设计中存在的问题等因素，在实际程序运行中会出现硬件故障、运算错误、程序运行故障等问题，而有了中断技术，计算机就能及时发现故障并对其进行自动处理。

（4）可实现人机联系。

例如，通过键盘向计算机发出中断请求，可以实时干预计算机的工作。

8.1.3　中断系统需要解决的问题

中断技术的实现依赖于一个完善的中断系统，中断系统需要解决如下问题。

（1）当有中断请求时，需要有一个寄存器能把中断源的中断请求记录下来；

（2）灵活地对中断请求信号进行屏蔽与允许处理；

（3）当有中断请求时，CPU 能及时响应，停下正在执行的程序，自动转去执行中断服务程序，执行完中断服务程序后能返回断点处继续执行之前的程序；

（4）当有多个中断源同时提出中断请求时，CPU 应能优先响应中断优先级高的中断请求，实现中断优先级的控制；

（5）当 CPU 正在执行中断优先级低的中断源的中断服务程序时，有中断优先级高的中断源也提出中断请求，要求 CPU 能暂停执行中断优先级低的中断源的中断服务程序，转而去执行中断优先级高的中断源的中断服务程序，实现中断嵌套，并能正确地逐级返回原断点处。

8.2　STC8A8K64S4A12 单片机中断系统的简介

一个完整的中断过程包括中断请求、中断响应、中断服务与中断返回 4 个步骤，下面按照中断系统的工作过程介绍 STC8A8K64S4A12 单片机的中断系统。

8.2.1　中断请求

如图 8.2 所示，STC8A8K64S4A12 单片机的中断系统有 22 个中断源，除外部中断 2、外部中断 3、串行接口 3 中断、串行接口 4 中断、定时器 2 中断、定时器 3 中断、定时器 4 的中断优先级固定为最低中断优先级以外，其他中断源都具有 4 个中断优先级可以设置，可实现 4 级中断嵌套。由 IE、IE2、INT_CLKO 等特殊功能寄存器控制 CPU 是否响应中断请求；由中断优先级寄存器 IP、IPH 和 IP2、IP2H 安排各中断源的中断优先级；当同一中断优先级内有 2 个及以上中断源同时提出中断请求时，由内部的查询逻辑确定其响应次序。STC8A8K64S4A12 单片机的中断源如表 8.1 所示。

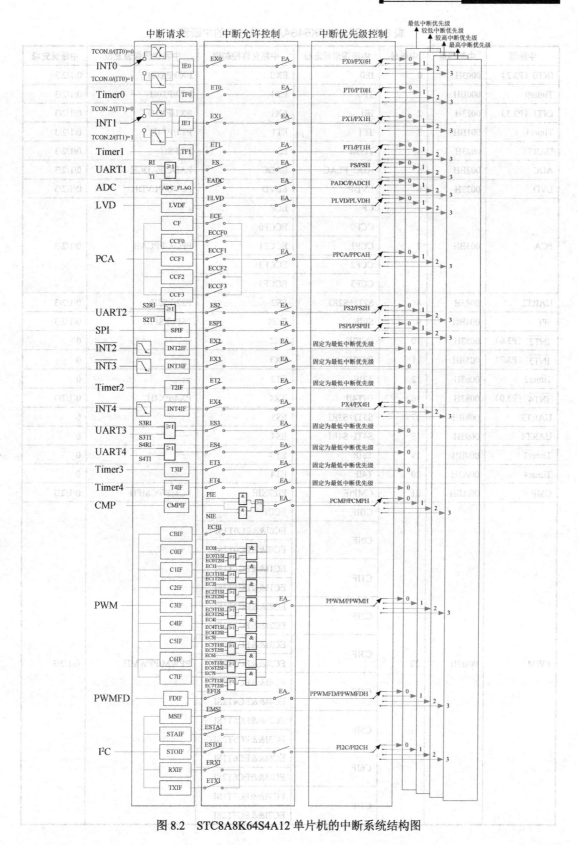

图 8.2　STC8A8K64S4A12 单片机的中断系统结构图

表 8.1 STC8A8K64S4A12 单片机的中断源

中断源	中断向量	中断号	中断请求标志位	中断允许控制位	中断优先级设置位	中断优先级
INT0（P3.2）	0003H	0	IE0	EX0	PX0/PX0H	0/1/2/3
Timer0	000BH	1	TF0	ET0	PT0/PT0H	0/1/2/3
INT1（P3.3）	0013H	2	IE1	EX1	PX1/PX1H	0/1/2/3
Timer1	001BH	3	TF1	ET1	PT1/PT1H	0/1/2/3
UART1	0023H	4	TI+RI	ES	PS/PSH	0/1/2/3
ADC	002BH	5	ADC_FLAG	EADC	PADC/PADCH	0/1/2/3
LVD	0033H	6	LVDF	ELVD	PLVD/PLVDH	0/1/2/3
PCA	003BH	7	CF	ECF	PPCA/PPCAH	0/1/2/3
			CCF0	ECCF0		
			CCF1	ECCF1		
			CCF2	ECCF2		
			CCF3	ECCF3		
UART2	0043H	8	S2TI+S2RI	ES2	PS2/PS2H	0/1/2/3
SPI	004BH	9	SPIF	ESPI	PSPI/PSPIH	0/1/2/3
$\overline{INT2}$（P3.6）	0053H	10	INT2F	EX2	—	0
$\overline{INT3}$（P3.7）	005BH	11	INT3F	EX3	—	0
Timer2	0063H	12	T2IF	ET2	—	0
$\overline{INT4}$（P3.0）	0083H	16	INT4IF	EX4	PX4/PX4H	0/1/2/3
UART3	008BH	17	S3TI+S3RI	ES3	—	0
UART4	0093H	18	S4TI+S4RI	ES4	—	0
Timer3	009BH	19	T3IF	ET3	—	0
Timer4	00A3H	20	T4IF	ET4	—	0
CMP	00ABH	21	CMPIF	PIE‖NIE	PCMP/PCMPH	0/1/2/3
PWM	00B3H	22	CBIF	ECBI	PPWM/PPWMH	0/1/2/3
			C0IF	EC0I&&EC0T1SI		
				EC0I&&EC0T2SI		
			C1IF	EC1I&&EC1T1SI		
				EC1I&&EC1T2SI		
			C2IF	EC2I&&EC2T1SI		
				EC2I&&EC2T2SI		
			C3IF	EC3I&&EC3T1SI		
				EC3I&&EC3T2SI		
			C4IF	EC4I&&EC4T1SI		
				EC4I&&EC4T2SI		
			C5IF	EC5I&&EC5T1SI		
				EC5I&&EC5T2SI		
			C6IF	EC6I&&EC6T1SI		
				EC6I&&EC6T2SI		
			C7IF	EC7I&&EC7T1SI		
				EC7I&&EC7T2SI		

续表

中断源	中断向量	中断号	中断请求标志位	中断允许控制位	中断优先级设置位	中断优先级
PWMFD	00BBH	23	FDIF	EFDI	PPWMFD/PPWMFDH	0/1/2/3
I²C	00C3H	24	MSIF	EMSI	PI2C/PI2CH	0/1/2/3
			STAIF	ESTAI		
			STOIF	ESTOI		
			RXIF	ERXI		
			TXIF	ETXI		

1. 中断源

STC8A8K64S4A12 单片机的中断系统中有 22 个中断源，详述如下。

（1）外部中断 0（INT0）：中断请求信号从 P3.2 引脚输入。通过 IT0 设置中断请求的触发方式。当 IT0 为 1 时，外部中断 0 为下降沿触发；当 IT0 为 0 时，无论是上升沿还是下降沿，都会触发外部中断 0。只要输入信号有效，外部中断 0 的中断请求标志位就置位 IE0，向 CPU 申请中断。

（2）外部中断 1（INT1）：中断请求信号从 P3.3 引脚输入。通过 IT1 设置中断请求的触发方式。当 IT1 为 1 时，外部中断 1 为下降沿触发；当 IT1 为 0 时，无论是上升沿还是下降沿，都会引发外部中断 1。只要输入信号有效，就外部中断 1 的中断请求标志位置位 IE1，向 CPU 申请中断。

（3）定时/计数器 T0 溢出中断（Timer0）：当定时/计数器 T0 计数产生溢出时，定时/计数器 T0 中断请求标志位置位 TF0，向 CPU 申请中断。

（4）定时/计数器 T1 溢出中断（Timer1）：当定时/计数器 T1 计数产生溢出时，定时/计数器 T1 中断请求标志位置位 TF1，向 CPU 申请中断。

（5）串行接口 1 中断（UART1）：串行接口 1 在接收完一串行帧时置位 RI 或发送完一个串行帧时，串行口 1 中断请求标志位置位 TI，向 CPU 申请中断。

（6）A/D 转换中断（ADC）：当 A/D 转换结束后，则 ADC_FLAG 置位，向 CPU 申请中断，详见第 12 章。

（7）片内电源低压检测中断（LVD）：当检测到电源电压为低电压时，置位 LVDF。单片机在上电复位时，由于电源电压上升需要经过一段时间，所以低压检测电路会检测到低电压，置位 LVDF，向 CPU 申请中断。单片机在上电复位后，（LVDF）=1，若需应用 LVDF，则需先对 LVDF 清 0，若干个系统时钟后，再检测 LVDF。

（8）PCA 中断（PCA）：PCA 中断的中断请求信号由 CF、CCF0、CCF1、CCF2、CCF3 标志位共同形成，CF、CCF0、CCF1、CCF2、CCF3 中任一标志位为 1，都可引发 PCA 中断，详见第 13 章。

（9）串行接口 2 中断（UART2）：串行接口 2 在接收完一串行帧时置位 S2RI 或发送完一串行帧时，串行接口 2 中断置位 S2TI，向 CPU 申请中断。

（10）SPI 中断（SPI）：SPI 端口在一次数据传输完成时，置位 SPIF，向 CPU 申请中断，详见第 15 章。

（11）外部中断 2（$\overline{\text{INT2}}$）：中断请求信号由 INT2（P3.6）引脚输入，下降沿触发，只要输入信号有效，就向 CPU 申请中断。

（12）外部中断 3（$\overline{\text{INT3}}$）：中断请求信号由 INT3（P3.7）引脚输入，下降沿触发，只要输入信号有效，就向 CPU 申请中断。

（13）定时器 T2 中断（Timer2）：当定时/计数器 T2 计数产生溢出时，向 CPU 申请中断。

（14）外部中断 4（$\overline{\text{INT4}}$）：中断请求信号由 INT4（P3.0）引脚输入，下降沿触发，只要输入信号有效，就向 CPU 申请中断。

（15）串行接口 3 中断（UART3）：串行接口 3 在接收完一串行帧时置位 S3RI 或发送完一串行帧时，置位 S3TI，向 CPU 申请中断。

（16）串行接口 4 中断（UART4）：串行接口 4 在接收完一串行帧时置位 S4RI 或发送完一串行帧时，置位 S4TI，向 CPU 申请中断。

（17）定时器 T3 中断（Timer3）：当定时/计数器 T3 计数产生溢出时，向 CPU 申请中断。中断优先级固定为低优先级。

（18）定时器 T4 中断（Timer4）：当定时/计数器 T4 计数产生溢出时，向 CPU 申请中断。

（19）比较器中断（CMP）：当比较器的结果由高到低或由低到高时，都有可能引发中断，详见第 11 章。

（20）增强型 PWM 中断（PWM）：包括 PWM 计数器中断标志位 CBIF 和 PWM0～PWM7 通道的 PWM 中断标志位 C0IF～C7IF，详见第 14 章。

（21）PWM 异常检测中断（PWMFD）：当发生 PWM 异常（包括外部端口 P3.5 电平异常、比较器比较结果异常）时，硬件自动将 FDIF 置 1，向 CPU 申请中断，详见第 14 章。

（22）I²C 中断：包括 MSIF、STAIF、RXIF、TXIF、STOIF 等与 I²C 相关的中断请求标志位，详见第 16 章。

说明：为了降低学习 STC8A8K64S4A12 单片机的中断系统的难度，提高学习 STC8A8K64S4A12 单片机的中断系统的效率，本章主要介绍 STC8A8K64S4A12 单片机的中断系统中常用的中断源，具体包括外部中断 0～外部中断 4、定时器 T0 中断～定时器 T4 中断、串行接口 1 中断、片内电源低压检测中断，其他接口电路中断将在相应的接口技术章节中进行介绍。

2．中断请求标志位

STC8A8K64S4A12 单片机中断系统中的外部中断 0、外部中断 1、定时器 T0 中断、定时器 T1 中断、片内电源串行接口 1 中断、低压检测中断等中断源的中断请求标志位分别寄存在寄存器 TCON、SCON、PCON 中，如表 8.2 所示。此外，外部中断 2、外部中断 3 和外部中断 4 的中断请求标志位及定时器 T2、定时器 T3、定时器 T4 的中断请求标志位寄存在 AUXINTIF 中。

表 8.2　STC8A8K64S4A12 单片机常用中断源的中断请求标志位

符号	名称	B7	B6	B5	B4	B3	B2	B1	B0
TCON	定时器控制寄存器	TF1	TR1	TF0	TR0	IE1	IT1	IE0	IT0

符号	名称	B7	B6	B5	B4	B3	B2	B1	B0
SCON	串行接口 1 控制寄存器	SM0/FE	SM1	SM2	REN	TB8	RB8	TI	RI
PCON	电源控制寄存器	SMOD	SMOD0	LVDF	POF	GF1	GF0	PD	IDL
AUXINTIF	辅助中断请求标志位寄存器	—	INT4IF	INT3IF	INT2IF	—	T4IF	T3IF	T2IF

1）外部中断的中断请求标志位

（1）外部中断 0 的中断请求标志位。

IE0：外部中断 0 的中断请求标志位。当 P3.2 引脚的输入信号满足中断触发要求（由 IT0 控制）时，置位 IE0，外部中断 0 向 CPU 申请中断。中断响应后中断请求标志位会自动清 0。

IT0：外部中断 0 的中断触发方式控制位。

当（IT0）= 1 时，外部中断 0 为下降沿触发方式。在这种情况下，若 CPU 检测到 P3.2 引脚出现下降沿信号，则认为有中断申请，置位 IE0。

当（IT0）= 0 时，外部中断 0 为上升沿或下降沿触发方式。在这种情况下，无论 CPU 检测到 P3.2 引脚出现的是下降沿信号还是上升沿信号，都认为有中断申请，置位 IE0。

（2）外部中断 1 的中断请求标志位。

IE1：外部中断 1 的中断请求标志位。当 P3.3 引脚的输入信号满足中断触发要求（由 IT1 控制）时，置位 IE1，外部中断 1 向 CPU 申请中断。中断响应后中断请求标志位会自动清 0。

IT1：外部中断 1 的中断触发方式控制位。

当（IT1）= 1 时，外部中断 1 为下降沿触发方式。在这种情况下，若 CPU 检测到 P3.3 引脚出现下降沿信号，则认为有中断申请，置位 IE1。

当（IT1）= 0 时，外部中断 1 为上升沿或下降沿触发方式。在这种情况下，无论 CPU 检测到 P3.3 引脚出现的是下降沿信号还是上升沿信号，都认为有中断申请，置位 IE1。

（3）外部中断 2、外部中断 3 与外部中断 4 的中断请求标志位。

INT2IF：外部中断 2 的中断请求标志位。若 CPU 检测到 P3.6 引脚出现下降沿信号，则认为有中断申请，INT2IF 位置 1。中断响应后中断请求标志位会自动清 0。

INT3IF：外部中断 3 的中断请求标志位。若 CPU 检测到 P3.7 引脚出现下降沿信号，则认为有中断申请，INT3IF 位置 1。中断响应后中断请求标志位会自动清 0。

INT4IF：外部中断 4 的中断请求标志位。若 CPU 检测到 P3.0 引脚出现下降沿信号，则认为有中断申请，INT4IF 位置 1。中断响应后中断请求标志位会自动清 0。

2）定时器中断的中断请求标志位

TF0：定时/计数器 T0 的溢出中断请求标志位。定时/计数器 T0 启动后，从初值进行加 1 计数，计满溢出后由硬件置位 TF0，同时向 CPU 发出中断请求，此标志位一直保持到 CPU 响应中断后才由硬件自动清 0。

TF1：定时/计数器 T1 的溢出中断请求标志位。定时/计数器 T1 启动后，从初值进行加 1 计数，计满溢出后由硬件置位 TF1，同时向 CPU 发出中断请求，此标志位一直保持到 CPU 响应中断后才由硬件自动清 0。

T2IF：定时/计数器 T2 的溢出中断请求标志位。定时/计数器 T2 启动后，从初值进行加 1 计数，计满溢出后由硬件置位 T2IF，同时向 CPU 发出中断请求，此标志位一直保持到 CPU

响应中断后才由硬件自动清 0。

T3IF：定时/计数器 T3 的溢出中断请求标志位。定时/计数器 T3 启动后，从初值进行加 1 计数，计满溢出后由硬件置位 T3IF，同时向 CPU 发出中断请求，此标志位一直保持到 CPU 响应中断后才由硬件自动清 0。

T4IF：定时/计数器 T4 的溢出中断请求标志位。定时/计数器 T4 启动后，从初值进行加 1 计数，计满溢出后由硬件置位 T4IF，同时向 CPU 发出中断请求，此标志位一直保持到 CPU 响应中断后才由硬件自动清 0。

3）串行接口 1 中断的中断请求标志位

TI：串行接口 1 发送中断请求标志位。CPU 将数据写入发送缓冲器 SBUF 时，启动发送，每发送完一个串行帧，硬件将使 TI 置位。但 CPU 响应中断时并不清除 TI，TI 标志位必须由软件清除。

RI：串行接口 1 接收中断请求标志位。在串行接口允许接收时，每接收完一个串行帧，硬件将置位 RI。同样，CPU 在响应中断时不会清除 RI，RI 标志位必须由软件清除。

4）片内电源低压检测中断

LVDF：片内电源低压检测中断请求标志位。当检测到电源电压为低电压时，置位 LVDF，但 CPU 响应中断时并不清除 LVDF，LVDF 标志位必须由软件清除。

3. 中断允许控制位

计算机中断系统中有两种不同的中断：一种为非屏蔽中断，另一种为可屏蔽中断。对于非屏蔽中断，用户不能通过软件加以禁止，一旦有中断申请，CPU 必须予以响应；对于可屏蔽中断，用户则可以通过软件来控制是否允许某中断源的中断请求，允许中断称为中断开放，不允许中断称为中断屏蔽。STC8A8K64S4A12 单片机的 12 个常用中断源的中断类型都是可屏蔽中断，STC8A8K64S4A12 单片机的中断允许控制位如表 8.3 所示。

表 8.3　STC8A8K64S4A12 单片机的中断允许控制位

符号	名称	B7	B6	B5	B4	B3	B2	B1	B0
IE	中断允许寄存器	EA	ELVD	EADC	ES	ET1	EX1	ET0	EX0
IE2	中断允许寄存器 2	—	ET4	ET3	ES4	ES3	ET2	ESPI	ES2
INT_CLKO	可编程时钟控制寄存器	—	EX4	EX3	EX2	—	T2CLKO	T1CLKO	T0CLKO

（1）EA：总中断允许控制位。

当（EA）=1 时，CPU 中断开放，各中断源的允许和禁止需再通过相应的中断允许控制位单独控制。

当（EA）=0 时，禁止所有中断。

（2）EX0：外部中断 0 中断允许控制位。

当（EX0）=1 时，允许外部中断 0 中断。

当（EX0）=0 时，禁止外部中断 0 中断。

（3）ET0：定时/计数器 T0 中断允许控制位。

当（ET0）=1 时，允许定时/计数器 T0 中断；

当（ET0）= 0 时，禁止定时/计数器 T0 中断。

（4）EX1：外部中断 1 的中断允许控制位。

当（EX1）= 1 时，允许外部中断 1 中断。

当（EX1）= 0 时，禁止外部中断 1 中断。

（5）ET1：定时/计数器 T1 的中断允许控制位。

当（ET1）= 1 时，定时/计数器允许 T1 中断。

当（ET1）= 0 时，定时/计数器禁止 T1 中断。

（6）ES：串行接口 1 的中断允许控制位。

当（ES）= 1 时，允许串行接口 1 中断。

当（ES）= 0 时，禁止串行接口 1 中断。

（7）ELVD：片内电源低压检测中断的中断允许控制位。

当（ELVD）= 1 时，允许片内电源低电压检测中断。

当（ELVD）= 0 时，禁止片内电源低电压检测中断。

（8）EX2：外部中断 2 的中断允许控制位。

当（EX2）= 1 时，允许外部中断 2 中断。

当（EX2）= 0 时，禁止外部中断 2 中断。

（9）EX3：外部中断 3 的中断允许控制位。

当（EX3）= 1 时，允许外部中断 3 中断。

当（EX3）= 0 时，禁止外部中断 3 中断。

（10）EX4：外部中断 4 的中断允许控制位。

当（EX4）= 1 时，允许外部中断 4 中断。

当（EX4）= 0 时，禁止外部中断 4 中断。

（11）ET2：定时/计数器 T2 的中断允许控制位。

当（ET2）= 1 时，允许定时/计数器 T2 中断。

当（ET2）= 0 时，禁止定时/计数器 T2 中断。

（12）ET3：定时/计数器 T3 的中断允许控制位。

当（ET3）= 1 时，允许定时/计数器 T3 中断。

当（ET3）= 0 时，禁止定时/计数器 T3 中断。

（13）ET4：定时/计数器 T4 的中断允许控制位。

当（ET4）= 1 时，允许定时/计数器 T4 中断。

当（ET4）= 0 时，禁止定时/计数器 T4 中断。

STC8A8K64S4A12 单片机系统的中断系统复位后，所有中断源的中断允许控制位及总中断允许控制位均被清 0，即禁止所有中断。

一个中断源要处于允许状态，必须满足两个条件：一是总中断允许控制位为 1；二是该中断源的中断允许控制位为 1。

4. 中断优先控制

STC8A8K64S4A12 单片机中断系统的常用中断源中除外部中断 2、外部中断 3、定时/计数器 T2 中断、定时/计数器 T3 中断、定时/计数器 T4 中断及串行接口 3、串行接口 4 的中断优先级固定为最低中断优先级以外，其他中断源都具有 4 个中断优先级可以设置，可实现 4 级中断嵌套。IPH、IP 为 STC8A8K64S4A12 单片机外部中断 0、外部中断 1、定时/计数器 T0 中断、定时/计数器 T1 中断、串行接口 1 中断、片内电源低压检测中断等中断源的中断优先级控制寄存器，如表 8.4 所示。

表 8.4　STC8A8K64S4A12 单片机的中断优先级控制寄存器

符号	名称	B7	B6	B5	B4	B3	B2	B1	B0
IPH	中断优先级控制寄存器（高）	PPCAH	PLVDH	PADCH	PSH	PT1H	PX1H	PT0H	PX0H
IP	中断优先级控制寄存器（高）	PPCA	PLVD	PADC	PS	PT1	PX1	PT0	PX0

（1）PX0H、PX0：外部中断 0 的中断优先级控制位。

（PX0H）（PX0）= 00，外部中断 0 的中断优先级为最低中断优先级（0 级）；

（PX0H）（PX0）= 01，外部中断 0 的中断优先级为较低中断优先级（1 级）；

（PX0H）（PX0）= 10，外部中断 0 的中断优先级为较高中断优先级（2 级）；

（PX0H）（PX0）= 11，外部中断 0 的中断优先级为最高中断优先级（3 级）。

（2）PT0H、PT0：定时/计数器 T0 中断的中断优先级控制位。

（PT0H）（PT0）= 00，定时/计数器 T0 中断的中断优先级为最低中断优先级（0 级）；

（PT0H）（PT0）= 01，定时/计数器 T0 中断的中断优先级为较低中断优先级（1 级）；

（PT0H）（PT0）= 10，定时/计数器 T0 中断的中断优先级为较高中断优先级（2 级）；

（PT0H）（PT0）= 11，定时/计数器 T0 中断的中断优先级为最高中断优先级（3 级）。

（3）PX1H、PX1：外部中断 1 的中断优先级控制位。

（PX1H）（PX1）= 00，外部中断 1 的中断优先级为最低中断优先级（0 级）；

（PX1H）（PX1）= 01，外部中断 1 的中断优先级为较低中断优先级（1 级）；

（PX1H）（PX1）= 00，外部中断 1 的中断优先级为较高中断优先级（2 级）；

（PX1H）（PX1）= 00，外部中断 1 的中断优先级为最高中断优先级（3 级）。

（4）PT1H、PT1：定时/计数器 T1 中断的中断优先级控制位。

（PT1H）（PT1）= 00，定时/计数器 T1 中断的中断优先级为最低中断优先级（0 级）；

（PT1H）（PT1）= 01，定时/计数器 T1 中断的中断优先级为较低中断优先级（1 级）；

（PT1H）（PT1）= 10，定时/计数器 T1 中断的中断优先级为较高中断优先级（2 级）；

（PT1H）（PT1）= 11，定时/计数器 T1 中断的中断优先级为最高中断优先级（3 级）。

（5）PSH、PS：串行接口中断的中断优先级控制位。

（PSH）（PS）= 00，串行接口中断的中断优先级为最低中断优先级（0 级）；

（PSH）（PS）= 01，串行接口中断的中断优先级为较低中断优先级（1 级）；

（PSH）（PS）= 10，串行接口中断的中断优先级为较高中断优先级（2 级）；

（PSH）（PS）= 11，串行接口中断的中断优先级为最高中断优先级（3 级）。

（6）PLVDH、PLVD：片内电源低压检测中断的中断优先级控制位。

（PLVDH）（PLVD）= 00，片内电源低压检测中断的中断优先级为最低中断优先级（0 级）；

（PLVDH）（PLVD）＝01，片内电源低压检测中断的中断优先级为较低中断优先级
（1 级）；

（PLVDH）（PLVD）＝10，片内电源低压检测中断的中断优先级为较高中断优先级
（2 级）；

（PLVDH）（PLVD）＝11，片内电源低压检测中断的中断优先级为最高中断优先级
（3 级）。

当中断系统复位后，中断优先级控制位全部清 0，所有中断源均设定为最低中断优先级。

如果几个同一中断优先级的中断源同时向 CPU 申请中断，CPU 通过内部硬件查询逻辑，
按自然中断优先级顺序确定先响应哪个中断请求。不同中断源的自然中断优先级顺序如下。

中断源	自然中断优先级顺序
外部中断 0	最高
定时/计数器 T0 中断	
外部中断 1	
定时/计数器 T1 中断	
串行接口中断	
A/D 转换中断	
LVD 中断	
PCA 中断	
串行接口 2 中断	
SPI 中断	
外部中断 2	
外部中断 3	
定时器 T2 中断	
外部中断 4	
串行接口 3 中断	
串行接口 4 中断	
定时器 T3 中断	
定时器 T4 中断	
比较器中断	
PWM 中断	
PWM 异常中断	
I²C 中断	最低

8.2.2　中断响应

中断响应是指 CPU 对中断源中断请求的响应，包括保护断点和将程序转向中断服务程
序的入口地址（也称中断向量）。CPU 并非任何时刻都响应中断请求，而是在满足中断响应

条件之后才会响应中断请求。

1）中断响应时间

当中断源在允许中断的条件下向 CPU 发出中断请求时，CPU 一定会响应中断，但存在若下列任何一种情况，中断响应都会受到阻断，将不同程度地增加 CPU 响应中断的时间。

（1）CPU 正在执行相同或更高中断优先级的中断。

（2）CPU 正在执行 RETI 中断返回指令或正在访问与中断有关的寄存器的指令，如访问 IE 和 IP 的指令。

（3）当前指令未执行完。

只要存在上述任何一种情况，中断查询结果都会被取消，CPU 不响应中断请求而在下一指令周期继续查询，若条件满足，则 CPU 在下一指令周期响应中断。

在每个指令周期的最后时刻，CPU 对各中断源采样，并设置相应的中断请求标志位：CPU 在下一个指令周期的最后时刻根据中断优先级的高低顺序查询各中断请求标志位，如果查到某个中断请求标志位为 1，那么 CPU 将在下一个指令周期按中断优先级的高低顺序进行处理。

2）中断响应过程

中断响应过程包括保护断点和将程序转向中断服务程序的入口地址。

当 CPU 响应中断时，先将相应的中断优先级状态触发器置 1，然后由硬件自动产生一个长调用指令 LCALL，此指令首先把断点地址压入堆栈保护，再将中断服务程序的入口地址送入程序计数器，使程序转向相应的中断服务程序。

STC8A8K64S4A12 单片机各中断源中断响应的入口地址与中断号如表 8.5 所示。

表 8.5　STC8A8K64S4A12 单片机各中断源中断响应的入口地址与中断号

中断源	入口地址	中断号
外部中断 0	0003H	0
定时/计数器 T0 中断	000BH	1
外部中断 1	0013H	2
定时/计数器 T1 中断	001BH	3
串行接口 1 中断	0023H	4
A/D 转换中断	002BH	5
LVD 中断	0033H	6
PCA 中断	003BH	7
串行接口 2 中断	0043H	8
SPI 中断	004BH	9
外部中断 2	0053H	10
外部中断 3	005BH	11
定时器 T2 中断	0063H	12
预留中断	006BH、0073H、007BH	13、14、15
外部中断 4	0083H	16
串行接口 3 中断	008BH	17
串行接口 4 中断	0093H	18

续表

中断源	入口地址	中断号
定时/计数器 T3 中断	009BH	19
定时/计数器 T4 中断	00A3H	20
比较器中断	00ABH	21
PWM 中断	00B3H	22
PWM 异常中断	00BBH	23
I²C 中断	00C3H	24

通常在这些中断响应的入口地址处存放一条无条件转移指令，使程序跳转到用户安排的中断服务程序的起始地址。例如：

```
ORG  001BH              ;Timer1 中断响应的入口
LJMP T1_ISR             ;转向 Timer1 中断服务程序
```

中断号用于在 C 语言程序中编写中断函数，在中断函数中，中断号与各中断源是一一对应的，不能混淆。例如：

```
void INT0_Routine(void)        interrupt    0;   //外部中断 0
void Timer0_Routine(void)      interrupt    1;   //定时/计数器 T0 中断
void INT1_Routine(void)        interrupt    2;   //外部中断 1
void Timer1_Routine(void)      interrupt    3;   //定时/计数器 T1 中断
void UART1_Routine(void)       interrupt    4;   //串行接口 1 中断
void ADC_Routine(void)         interrupt    5;   //ADC 转换中断
void LVD_Routine(void)         interrupt    6;   //片内电源低压检测中断
void PCA_Routine(void)         interrupt    7;   //PCA 中断
void UART2_Routine(void)       interrupt    8;   //串行接口 2 中断
void SPI_Routine(void)         interrupt    9;   //SPI 接口中断
void INT2_Routine(void)        interrupt   10;   //外部中断 2
void INT3_Routine(void)        interrupt   11;   //外部中断 3
void TM2_Routine(void)         interrupt   12;   //定时/计数器 T2 中断
void INT4_Routine(void)        interrupt   16;   //外部中断 4
void UART3_Routine(void)       interrupt   17;   //串行接口 3 中断
void UART4_Routine(void)       interrupt   18;   //串行接口 4 中断
void Timer3_Routine(void)      interrupt   19;   //定时/计数器 T3 中断
void Timer4_Routine(void)      interrupt   20;   //定时/计数器 T4 中断
void CMP_Routine(void)         interrupt   21;   //比较器中断
void PWM_Routine(void)         interrupt   22;   //增强型 PWM 中断
void PWMFD_Routine(void)       interrupt   23;   //增强型 PWM 异常中断
void I2C_Routine(void)         interrupt   24;   //I2C 串行接口中断
```

其中，中断函数名是可任意命名的，只要符合 C 语言函数名的命名规则即可，关键是中断号，它决定了对应的中断源。

3）中断请求标志位的撤除

CPU 响应中断请求后进入中断服务程序，在中断返回前，应撤除该中断请求，否则会重复引起中断进而导致错误。STC8A8K64S4A12 单片机各中断源中断请求撤除的方法不尽相同，具体如下。

（1）定时器中断请求的撤除。

对于定时/计数器 T0 或定时/计数器 T1 溢出中断，CPU 在响应中断后将由硬件自动清除其中断请求标志位 TF0 或 TF1，无须采取其他措施。

定时/计数器 T2、定时/计数器 T3、定时/计数器 T4 中断的中断请求标志位被隐藏了，对用户是不可见的。因此，当执行完相应的中断服务程序后，这些中断请求标志位也会自动被清 0；

（2）串行接口 1 中断请求的撤除。

对于串行接口 1 中断，CPU 在响应中断后，硬件不会自动清除中断请求标志位 TI 或 RI，必须在中断服务程序中判别出是 TI 还是 RI 引起的中断后，再用软件将其清除。

（3）外部中断请求的撤除。

外部中断 0 和外部中断 1 的触发方式可由 ITx（$x=0,1$）设置，但无论是将 ITx（$x=0,1$）设置为 0 还是设置为 1，都属于边沿触发方式，CPU 在响应中断后由硬件自动清除其中断请求标志位 IE0 或 IE1，无须采取其他措施。

外部中断 2、外部中断 3、外部中断 4 的中断请求标志位虽然是隐藏的，但同样属于边沿触发方式，CPU 在响应中断后由硬件自动清除其中断请求标志位，无须采取其他措施。

（4）片内电源低压检测中断。

片内电源低压检测中断的中断请求标志位在中断响应后，不会自动清 0，需要用软件将其清 0。

8.2.3　中断服务与中断返回

中断服务与中断返回是通过执行中断服务程序完成的。中断服务程序从中断响应的入口地址处开始执行，到返回指令 RETI 为止，一般包括 4 部分内容：保护现场、中断服务、恢复现场、中断返回。

保护现场：通常主程序和中断服务程序都会用到累加器 A、状态寄存器 PSW 及其他寄存器，当 CPU 进入中断服务程序并用到上述寄存器时，会破坏原来存储在寄存器中的内容，一旦中断返回，将导致主程序混乱。因此，在进入中断服务程序后，一般要先保护现场，即用入栈操作指令将需要保护的寄存器的内容压入堆栈。

中断服务：中断服务程序的核心部分是中断源的中断请求目的。

恢复现场：在执行完中断服务程序之后，中断返回之前，用出栈操作指令将保护现场中压入堆栈的内容弹回相应的寄存器，注意弹出顺序必须与压入顺序相反。

中断返回：中断返回是指中断服务程序执行完后，计算机返回原来中断的位置（断点），继续执行原来的程序。中断返回通过中断返回指令 RETI 实现，该指令的功能是把断点地址从堆栈中弹出，送回程序计数器，此外，还会通知中断系统已完成中断处理，并同时清除优先级状态触发器。要注意的是，不能用 RET 指令代替 RETI 指令。

编写中断服务程序时的注意事项如下。

（1）各中断源的中断响应入口地址只相隔 8 字节，中断服务程序往往大于 8 字节，因此，中断响应入口地址单元存放的通常是一条无条件转移指令，通过无条件转移指令转向执行存放在其他位置的中断服务程序。

（2）若要在执行当前中断服务程序时禁止其他高中断优先级的中断，需先用软件关闭总中断或用软件禁止相应高中断优先级的中断，在中断返回前再开放中断。

（3）在保护现场和恢复现场时，为了使现场数据不遭到破坏或造成混乱，一般规定此时 CPU 不再响应新的中断请求。因此，在编写中断服务程序时，要注意在保护现场前关闭中断，在保护现场后若允许高中断优先级的中断，再打开中断。同样，在恢复现场前也应先关闭中断，在恢复现场后再打开中断。

8.3 STC8A8K64S4A12 单片机中断系统的中断应用举例

8.3.1 定时中断的应用

例 8.1 LED 闪烁，闪烁间隔时间为 1s。要求用单片机定时/计数器 T1，采用中断方式实现。

解 在例 7.2 的基础上将 TF1 的查询方式改为中断方式。

（1）汇编语言参考源程序（FLASH-ISR.ASM）。

```
$include(stc8.inc)        ;STC8 系列单片机特殊功能寄存器的定义文件
        ORG   0000H
        LJMP MAIN
        ORG 001BH
        LJMP T1_ISR
MAIN:
        MOV   R3,#20       ;置 50ms 计数循环初值
        MOV   TMOD,#00H    ;将定时/计数器 T1 的工作方式设置为工作方式 0
        MOV   TH1,#3CH     ;置 50ms 定时器初值
        MOV   TL1,#0B0H
        SETB ET1           ;开放定时/计数器 T1 中断
        SETB EA
        SETB TR1           ;启动定时/计数器 T1
        SJMP  $            ;原地踏步
T1_ISR:
        DJNZ R3,T1_QUIT    ;未到 1s 继续循环
        MOV  R3, #20
        CPL  P1.6
        CPL  P1.7
        CPL  P4.6
        CPL  P4.7
T1_QUIT:
        RETI
        END
```

（2）C 语言参考源程序（flash-isr.c）。

```
#include <stc8.h>         //包含支持 STC8 系列单片机的头文件
#include <intrins.h>
```

```
#define uchar unsigned char
#define uint unsigned int
uchar i = 0;
void main(void)
{
    TMOD=0x00;
    TH1=0x3c;
    TL1=0xb0;
    ET1=1;
    EA=1;
    TR1=1;
    while(1);
}
void T1_isr() interrupt 3
{
    i++;
    if(i==20)
    {
        i=0;
        P16=~P16;          //LED 的驱动取反输出
        P17=~P17;
        P46=~P46;
        P47=~P47;
    }
}
```

例 8.2 利用单片机定时/计数器 T0 设计一个简易频率计，采用数码管显示，利用一个开关控制频率计的开启和停止。

解 参考例 7.5，定时/计数器 T0 的定时功能采用中断方式实现。

（1）汇编语言参考源程序（F-COUNTER-ISR.ASM）。

```
$include(stc8.inc)   ;STC8 系列单片机特殊功能寄存器的定义文件
    ORG 0000H
    LJMP MAIN
    ORG 000BH
    LJMP T0_ISR
MAIN:
    ;将定时/计数器 T0 的工作方式设置为工作方式 0，将定时/计数器 T1 的工作方式设置为工作方式 0
    MOV  TMOD,#40H
    MOV  TH0,#3CH       ;设置定时/计数器 T0 的 50ms 定时的初值
    MOV  TL0,#0B0H
    MOV  R3,#14H        ;置 50ms 计数循环初值（1s/50ms）
    MOV  TH1,#0         ;定时/计数器 T1 清 0
    MOV  TL1,#0
    SETB ET0
    SETB EA
    MOV  30H, #16       ;为显示缓冲器赋初值，前 7 位灭，后 1 位显示 0
    MOV  31H, #16
```

```
        MOV   32H, #16
        MOV   33H, #16
        MOV   34H, #16
        MOV   35H, #16
        MOV   36H, #16
        MOV   37H, #0
Check_Start_Button:
        LCALL  LED_display;调用显示函数
        JNB   P3.2,  Start ;开关状态为 1，频率计停止
        CLR   TR0
        CLR   TR1
        SJMP  Check_Start_Button
Start:
        SETB  TR0                    ;开关状态为 0，频率计工作
        SETB  TR1
        SJMP  Check_Start_Button
T0_ISR:
        DJNZ  R3, T0_QUIT
        MOV   R3, #20                ;1s 到了，读定时/计数器 T1 的计数值并将其送至 P1、P2 显示
        MOV   A, TL1
        ANL   A, #0FH
        MOV   37H, A
        MOV   A, TL1
        SWAP  A
        ANL   A, #0FH
        MOV   36H, A
        MOV   A, TH1
        ANL   A, #0FH
        MOV   35H, A
        MOV   A, TH1
        SWAP  A
        ANL   A, #0FH
        MOV   34H, A
        CLR   TR1                    ;定时/计数器 T1 清 0
        MOV   TH1, #0
        MOV   TL1,#0
        SETB  TR1
T0_QUIT:
        RETI
$INCLUDE(LED_display.asm)    ;包含 LED 驱动程序
        END
```

（2）C 语言参考源程序（f-counter-isr.c）。

```c
#include <stc8.h>                //包含支持 STC8 系列单片机的头文件
#include <intrins.h>
#define uchar unsigned char
#define uint  unsigned int
#include <LED_display.h>
```

```
uint counter=0;                        //定义频率变量
uchar cnt=0;
sbit key=P3^2;                         //定义按键
/*------------------------定时/计数器T0初始化子函数------------------------*/
void Timer_init(void)
{
    //将定时/计数器 T0 的工作方式设置为工作方式 0 定时，将定时/计数器 T1 的工作方式设置为
工作方式 0
    TMOD = 0x40;
    TH0 = (65536-50000)/256; //设置定时/计数器 T0 的 50ms 定时初始值
    TL0 = (65536-50000)%256;
    TH1 = 0;                            //定时/计数器 T1 清 0
    TL1 = 0;
    ET0=1;
    EA=1;
}
/*--------------------------启动子函数--------------------------*/
void Start(void)
{
    if(key==0)                         //判断开关的状态
    {
        TR0=1;                         //频率计工作
        TR1=1;

    }
    else
    {
        TR0=0;                         //频率计停止
        TR1=0;
    }
}
/*------------------------主函数------------------------*/
void main(void)
{

    Timer_init();                      //定时/计数器 T0 初始化
    while(1)
    {
        LED_display();
        Start();                       // 启动定时
    }
}
void T0_isr() interrupt 1
{
    cnt++;
    if(cnt==20)                        //i=20 时，计时 1s
    {
```

```
        cnt = 0;
        counter=(TH1<<8)+TL1;
        Dis_buf[7] =counter%10;
        Dis_buf[6] =counter/10%10;
        Dis_buf[5] =counter/100%10;
        Dis_buf[4] =counter/1000%10;
        Dis_buf[3] =counter/10000%10;
        TR1=0;                      //满足对 TH1、TL1 清 0 的条件
        TL1=0;
        TH1=0;
        TR1=1;
    }
}
```

8.3.2　外部中断的应用

　　例 8.3　利用外部中断 0、外部中断 1 控制 LED，外部中断 0 改变 P1.7 引脚控制的 LED，外部中断 1 改变 P4.7 引脚控制的 LED。

　　解　根据题意，外部中断 0、外部中断 1 采用下降沿触发方式。

　　（1）汇编语言参考源程序（INT01.ASM）。

```
$include(stc8.inc)           ;STC8 系列单片机特殊功能寄存器的定义文件
    ORG 0000H
    LJMP MAIN
    ORG 0003H
    LJMP INT0_ISR
    ORG 0013H
    LJMP INT1_ISR
MAIN:
    SETB IT0
    SETB IT1
    SETB EX0
    SETB EX1
    SETB EA
    SJMP $
INT0_ISR:
    CPL P1.7
    RETI
INT1_ISR:
    CPL P4.7
    RETI
    END
```

　　（2）C 语言参考源程序（int01.c）。

```
#include <stc8.h>           //包含支持 STC8 系列单片机的头文件
#include <intrins.h>
```

```
#define uchar unsigned char
#define uint  unsigned int
void ex01_init()                    //外部中断 0、外部中断 1 的中断初始化
{
    IT0=1;
    IT1=1;
    EX0=1;
    EX1=1;
    EA=1;
}
void main()
{
    GPIO();                         //调用 GPIO()函数
    ex01_init();                    //调用外部中断 0、外部中断 1 初始化函数
    while(1);                       //模拟一个主程序，等待中断
}
void int0_isr() interrupt 0 //外部中断 0 中断函数
{
    P17=~P17;
}
void int1_isr() interrupt 2 //外部中断 1 中断函数
{
    P47=~P47;
}
```

8.4 STC8A8K64S4A12 单片机外部中断源的扩展

STC8A8K64S4A12 单片机有 5 个外部中断源，在实际应用中，若外部中断源超过 5 个，则需扩展外部中断源。

1．利用外部中断加查询的方法扩展外部中断源

每个外部中断输入引脚（如 P3.2 引脚和 P3.3 引脚）可以通过逻辑与（或逻辑或非）的关系连接多个外部中断源，同时，将并行输入端口线作为多个中断源的识别线。将一个外部中断源扩展成多个外部中断源的电路原理图如图 8.3 所示。

由图 8.3 可知，4 个外部扩展中断源经逻辑与门相与后再与 P3.2 引脚相连，4 个外部扩展中断源 EXINT0～EXINT3 中当有一个或几个中断源出现低电平时，则输出为 0，使 P3.2 引脚为低电平，从而发出中断请求。当 CPU 执行中断服务程序时，先依次查询 P1 口的中断源输入状态，然后转入相应的中断服务程序，4 个外部扩展中断源的优先级顺序由软件查询顺序决定，即最先查询的外部扩展中断源的中断优先级最高，最后查询的外部扩展中断源的中断优先级最低。

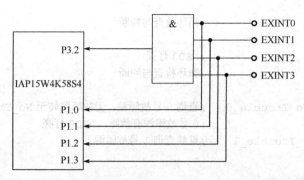

图 8.3　将一个外部中断源扩展成多个外部中断源的电路原理图

例 8.4　机器故障检测与指示系统如图 8.4 所示,当无故障时,LED3 灯亮;当有故障时,LED3 灯灭;0 号故障源有故障时,LED0 灯亮;1 号故障源有故障时,LED1 灯亮;2 号故障源有故障时,LED2 灯亮。

解　由图 8.4 可知,3 个故障信号分别为 0、1、2,故障信号为高电平时有效,当故障信号中至少有一个为高电平时,经逻辑或非门后输出低电平,产生下降沿信号,向 CPU 发出中断请求。

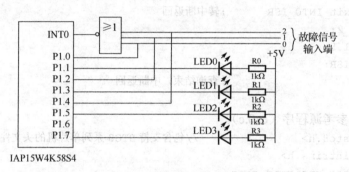

图 8.4　机器故障检测与指示系统

（1）汇编语言参考源程序（EX0.ASM）。

```
$include(stc8.inc)        ;STC8 系列单片机特殊功能寄存器的定义文件
    ORG  0000H
    LJMP MAIN
    ORG  00003H
    LJMP INT0_ISR
    ORG  0100H
MAIN:
    MOV  SP,#60H          ;设定堆栈区域
    SETB IT0              ;设定外部中断 0 为下降沿触发方式
    SETB EX0              ;开放外部中断 0
    SETB EA               ;开放总中断
LOOP:
    MOV  A, P1            ;读取 P1 口中断输入信号
    ANL  A,#15H           ;截取中断输入信号
    JNZ  Trouble          ;有中断请求,转 Trouble,LED3 灭
    CLR  P1.7             ;无中断请求,LED3 灯亮
```

```
    SJMP  LOOP                  ;循环检查与判断
Trouble:
    SETB  P1.7                  ;LED3 灯灭
    SJMP  LOOP                  ;循环检查与判断
INT0_ISR:
    JNB  P1.0,No_Trouble_0      ;查询 0 号故障源，无故障跳转至 No_Trouble_0，LED0 灯灭
    CLR  P1.1                   ;0 号故障源有故障，LED0 灯亮
    SJMP  Check_Trouble_1       ;继续查询 1 号故障源
No_Trouble_0:
    SETB  P1.1
Check_Trouble_1:
    JNB  P1.2,No_Trouble_1      ;1 号故障源无故障跳转至 No_Trouble_1，LED1 灯灭
    CLR  P1.3                   ;1 号故障源有故障，LED1 灯亮
    SJMP  Check_Trouble_2       ;继续查询 2 号故障源
No_Trouble_1:
    SETB  P1.3
Check_Trouble_2:
    JNB  P1.4,No_Trouble_2      ;2 号故障源无故障跳转至 No_Trouble_2，LED2 灯灭
    CLR  P1.5                   ;2 号故障源有故障，LED1 灯亮
    SJMP  Exit_INT0_ISR         ;转中断返回
No_Trouble_2:
    SETB  P1.5
Exit_INT0_ISR:
    RETI                        ;查询结束，中断返回
    END
```

（2）C 语言参考源程序（ex0.c）。

```c
#include <stc8.h>                    //包含支持 STC8 系列单片机的头文件
#include <intrins.h>
#define uchar unsigned char
#define uint  unsigned int
/*--------------外部中断 0 中断函数--------------*/
void  x0_isr(void) interrupt 0
{
    P11=~P10;                        //故障指示灯状态与故障信号状态相反
    P13=~P12;
    P15=~P14;
}
/*--------------主函数--------------*/
void main(void)
{
    uchar x;
    IT0=1;                           //外部中断 0 为下降沿触发方式
    EX0=1;                           //允许外部中断 0
    EA =1;                           //总中断允许
    while(1)
    {
        x=P1;
```

```
        if(!(x&0x15))              //  若没有故障，LED3 灯点亮
            P17=0;
        else
            P17=1;                 //  若有故障，LED3 灯熄灭
    }
}
```

2．利用定时中断扩展外部中断

当定时/计数器不用时，可用来扩展外部中断。将定时/计数器设置在计数状态，初始值设置为全 1，这时的定时/计数器中断即由计数脉冲输入引脚引发的外部中断。

3．利用 PCA 中断扩展外部中断

当 PCA 不用时，也可扩展为下降沿触发的外部中断，具体内容见第 13 章。

8.4.1　工程训练 8.1　定时中断的应用编程

一、工程训练目标

（1）理解中断的工作过程。

（2）掌握 STC8A8K64S4A12 单片机定时中断的应用编程。

二、任务功能与参考程序

1．任务功能与硬件设计

（1）同工程训练 7.1。

（2）同工程训练 7.3

2．参考程序（C 语言版）

（1）工程训练 81_1.c：在工程训练 71.c 的基础上，将定时/计数器计满溢出标志位的判断由查询方式实现改为中断方式实现。

（2）工程训练 81_2.c：在工程训练 73.c 的基础上，将定时/计数器计满溢出标志位的判断由查询方式改为中断方式。

三、训练步骤

1．用 Keil μVision4 集成开发环境编辑、编译与调试秒表用户程序

（1）用 Keil μVision4 集成开发环境新建工程训练 81 项目。

（2）打开工程训练 71.c 并进行修改，将定时/计数器计满溢出标志位的判断由查询方式实现改为中断方式实现，将该文件并另存为工程训练 81_1.c。

（3）将工程训练 81_1.c 添加到当前项目中。

（4）设置编译环境，选择编译时生成机器代码文件。

（5）编译程序，生成工程训练 81.hex。

（6）利用 STC-ISP 在线编程软件将工程训练 81.hex 下载到 STC8 学习板中。

（7）观察与调试秒表用户程序。

2. 用 Keil μVision4 集成开发环境编辑、编译与调试频率计用户程序

（1）打开工程训练 73.c 并进行修改，将定时/计数器计满溢出标志位的判断由查询方式实现改为中断方式实现，并另存为工程训练 81_2.c。

（2）将工程训练 81_1.c 移出当前项目。

（3）将工程训练 81_2.c 添加到当前项目中。

（4）编译程序，生成工程训练 81.hex。

（5）用杜邦线将 STC8 学习板 U16 插座的 24 脚（P3.3）与 26 脚（P3.5）短接。

（6）利用 STC-ISP 在线编程软件将工程训练 81.hex 下载到 STC8 学习板中。

（7）观察与调试频率计用户程序。

注意：中断编程包括两部分，一是中断初始化，主要是进行中断允许设置，必要时进行中断优先级的设置；二是中断函数，编写中断申请需要完成的任务。

8.4.2　工程训练 8.2　外部中断的应用编程

一、工程训练目标

（1）掌握外部中断触发方式的选择与设置。

（2）掌握 STC8A8K64S4A12 单片机外部中断的应用编程。

二、任务功能与参考程序

1. 任务功能

利用两个按钮，通过中断的方式向单片机传递指令，一个按钮用于延长流水灯间隔时间，另一个按钮用于缩短流水灯间隔时间。

2. 硬件设计

SW17、SW18 两个按钮的输入端对应单片机外部中断 2 和外部中断 1 的中断输入引脚，用外部中断 2 和外部中断 1 来接收按钮信号，设 SW17 用于延长流水灯间隔时间，SW18 用于缩短流水灯间隔时间。

3. 参考程序（C 语言版）

（1）程序说明。

将 500ms 的软件延时作为流水灯间隔时间的基准，通过调用 500ms 软件延时程序的次数的不同实现不同的流水灯时间间隔，定义一个全局变量来控制调用 500ms 软件延时程序的次数，再利用外部中断 1、外部中断 2 调整这个全局变量，即可实现用两个按钮来调整流水灯的时间间隔。

（2）参考源程序：工程训练 82.c。

```
#include <stc8.h>                    //包含支持 STC8 系列单片机的头文件
#include <intrins.h>
#define uchar unsigned char
#define uint  unsigned int
```

```
#define LED_OUT  P6
uchar y=0xfe;
uchar k=2;
/*----------------500ms 延时函数----------------*/
void Delay500ms()                        //@12.000MHz
{
    unsigned char i, j, k;

    _nop_();
    i = 31;
    j = 113;
    k = 29;
    do
    {
        do
        {
            while (--k);
        } while (--j);
    } while (--i);
}
/*----------------带形参控制的延时函数----------------*/
void Delayx500ms(uchar x)
{
    uchar i;
    for(i=0;i<x;i++)
    {
        Delay500ms();
    }
}
/*----------------主函数----------------*/
void main(void)
{
    IT1=1;    EX1=1;              //设置外部中断 1 的中断触发方式, 开放外部中断 1
    INT_CLKO=INT_CLKO|0x10;  //开放外部中断 2
    EA=1;                        //开放总中断
    while(1)
    {
        LED_OUT=y;
        y=_crol_(y,1);
        Delayx500ms(k);
    }
}
/*----------------外部中断 2 函数----------------*/
void EX2_INT(void) interrupt 10
{
    k++;
    if(k>20)k=20;               //将最大延时间隔设定为 10s
```

```
    }
/*------------------外部中断 1 函数------------------*/
void EX1_INT(void) interrupt 2
{
    k--;
    if(k==0)k=1;                    //将最小延时间隔设定为 500ms
}
```

三、训练步骤

（1）分析工程训练 82.c。

（2）用 Keil μVision4 集成开发环境编辑、编译用户程序，生成机器代码。

① 用 Keil μVision4 集成开发环境新建工程训练 82 项目。

② 编辑工程训练 82.c。

③ 将工程训练 82.c 添加到当前项目中。

④ 设置编译环境，选择编译时生成机器代码文件。

⑤ 编译程序，生成工程训练 82.hex。

（3）将 STC8 学习板与计算机连接。

（4）利用 STC-ISP 在线编程软件将工程训练 82.hex 下载到 STC8 学习板单片机中。

（5）观察与调试程序。

① 按 SW17 按钮，观察流水灯的时间间隔。

② 按 SW18 按钮，观察流水灯的时间间隔。

四、训练拓展

修改工程训练 82.c，将基准延时用软件时实现改为用定时/计数器 T0 实现。

 本章小结

中断的概念是在 20 世纪中期提出的，中断技术是计算机中一个很重要的技术，它既和硬件有关，也和软件有关。正是因为有了中断技术，计算机的工作才变得更加灵活、高效。现代计算机中操作系统实现的管理调度，其物质基础就是丰富的中断功能和完善的中断系统。由于一个 CPU 要面向多个任务，所以会出现资源竞争，而中断技术实质上是一种资源共享技术。中断技术的出现推动了计算机的发展和应用。中断功能的强弱已成为衡量一台计算机功能完善与否的重要指标。

一个完整的中断过程一般包括中断请求、中断响应、中断服务和中断返回 4 个步骤。

STC8A8K64S4A12 单片机的中断系统有 22 个中断源，多数中断源有 4 个中断优先级可供设置，可实现 4 级中断嵌套。由 IE、IE2、INT_CLKO 等特殊功能寄存器控制 CPU 是否响应中断请求；由中断优先级寄存器 IP、IPH 和 IP2、IP2H 安排各中断源的优先级；同一个中断优先级内当 2 个及 2 个以上的中断源同时提出中断请求时，由内部的查询逻辑确定其响应次序。

习题与思考题

一、填空题

1. CPU 面向 I/O 设备的服务方式包括＿＿＿＿＿＿、＿＿＿＿＿＿与 DMA 通道服务 3 种方式。

2. 中断过程包括中断请求、＿＿＿＿＿＿、＿＿＿＿＿＿与中断返回 4 个步骤。

3. 在中断服务方式中，CPU 与 I/O 设备是＿＿＿＿＿＿工作的。

4. 根据中断请求能否被 CPU 响应，中断可分为非屏蔽中断和＿＿＿＿＿＿两种类型。STC15F2K60S2 单片机中的所有中断都属于＿＿＿＿＿＿。

5. 若要求定时/计数器 T0 中断，除对 ET0 置 1 外，还需要对＿＿＿＿＿＿置 1。

6. STC15F2K60S2 单片机中断源的中断优先级分为＿＿＿＿＿＿个，当处于同一个中断优先级时，前 5 个中断的自然优先顺序由高到低是＿＿＿＿＿＿、定时/计数器 T0 中断、＿＿＿＿＿＿、＿＿＿＿＿＿、串行接口 1 中断。

7. 外部中断 0 的中断请求信号输入引脚是＿＿＿＿＿＿，外部中断 1 的中断请求信号输入引脚是＿＿＿＿＿＿。外部中断 0、外部中断 1 的触发方式有＿＿＿＿＿＿和＿＿＿＿＿＿两种类型。当（IT0）＝1 时，外部中断 0 的触发方式是＿＿＿＿＿＿。

8. 外部中断 2 的中断请求信号输入引脚是＿＿＿＿＿＿，外部中断 3 的中断请求信号输入引脚是＿＿＿＿＿＿，外部中断 4 的中断请求信号输入引脚是＿＿＿＿＿＿。外部中断 2、外部中断 3、外部中断 4 的中断触发方式只有 1 种类型，属于＿＿＿＿＿＿触发方式。

9. 外部中断 0、外部中断 1、外部中断 2、外部中断 3、外部中断 4 的中断请求标志位在中断响应后，相应的中断请求标志位＿＿＿＿＿＿自动清 0。

10. 串行接口 1 中断包括＿＿＿＿＿＿和＿＿＿＿＿＿两个中断请求标志位，对应两个中断请求标志位，串行接口 1 中断的中断请求标志位在中断响应后＿＿＿＿＿＿自动清 0。

11. 中断函数定义的关键字是＿＿＿＿＿＿。

12. 外部中断 0 中断响应入口地址、中断号分别是＿＿＿＿＿＿和＿＿＿＿＿＿。

13. 外部中断 1 中断响应入口地址、中断号分别是＿＿＿＿＿＿和＿＿＿＿＿＿。

14. 定时/计数器 T0 中断的中断响应入口地址、中断号分别是＿＿＿＿＿＿和＿＿＿＿＿＿。

15. 定时/计数器 T1 中断的中断响应入口地址、中断号分别是＿＿＿＿＿＿和＿＿＿＿＿＿。

16. 串行接口 1 中断的中断响应入口地址、中断号分别是＿＿＿＿＿＿和＿＿＿＿＿＿。

二、选择题

1. 执行"EA=1;EX0=1;EX1=1;ES=1;"语句后，叙述正确的是＿＿＿＿＿＿。

A. 外部中断 0、外部中断 1、串行接口 1 中断允许中断

B. 外部中断 0、定时/计数器 T0 中断、串行接口 1 中断允许中断

C. 外部中断 0、定时/计数器 T1 中断、串行接口 1 中断允许中断

D. 定时/计数器 T0 中断、定时/计数器 T1 中断、串行接口 1 中断允许中断

2. 执行"PS=1;PT1=1;"语句后，按照中断优先级由高到低排序，叙述正确的是＿＿＿＿＿＿。

A. 外部中断 0→定时/计数器 T0 中断→外部中断 1→定时/计数器 T1 中断→串行接口 1

中断

B. 外部中断 0→定时/计数器 T0 中断→定时/计数器 T1 中断→外部中断 1→串行接口 1 中断

C. T1 中断→串行接口 1 中断→外部中断 0→定时/计数器 T0 中断→外部中断 1

D. T1 中断→串行接口 1 中断→定时/计数器 T0 中断→外部中断 0→外部中断 1

3. 执行 "PS=1;PT1=1;" 语句后，叙述正确的是_____。

A. 外部中断 1 能中断正在处理的外部中断 0

B. 外部中断 0 能中断正在处理的外部中断 1

C. 外部中断 1 能中断正在处理的串行接口 1 中断

D. 串行接口 1 中断能中断正在处理的外部中断 1

4. 现要求允许定时/计数器 T0 中断，并将其设置为高中断优先级，下列编程正确的是_____。

A. ET0=1;EA=1;PT0=1;   B. ET0=1;IT0=1;PT0=1;

C. ET0=1;EA=1;IT0=1;   D. IT0=1;EA=1;PT0=1;

5. 当（IT0）=1 时，外部中断 0 的触发方式是_____。

A. 高电平触发   B. 低电平触发

C. 下降沿触发   D. 上升沿、下降沿皆触发

6. 当（IT1）=1 时，外部中断 1 的触发方式是_____。

A. 高电平触发   B. 低电平触发

C. 下降沿触发   D. 上升沿、下降沿皆触发

三、判断题

1. 在 STC15F2K60S2 单片机中，只要中断源发出中断请求，CPU 一定会响应该中断请求。（   ）

2. 当某中断请求允许控制位为 1 且总中断允许控制位为 1 时，该中断源发出中断请求，CPU 一定会响应该中断。（   ）

3. 当某中断源在中断允许的情况下发出中断请求，CPU 会立马响应该中断请求。（   ）

4. CPU 响应中断的首要事情是保护断点地址，然后自动转到该中断源对应的中断向量处执行程序。（   ）

5. 外部中断 0 的中断号是 1。（   ）

6. 定时/计数器 T1 中断的中断号是 3。（   ）

7. 在同中断优先级的中断中，外部中断 0 能中断正在处理的串行接口 1 中断。（   ）

8. 高中断优先级的中断能中断正在处理的低中断优先级的中断。（   ）

9. 中断函数中能传递参数。（   ）

10. 中断函数能返回任何类型的数据。（   ）

11. 中断函数定义的关键字是 using。（   ）

12. 在主函数中，能主动调用中断函数。（   ）

四、问答题

1．影响 CPU 中断响应时间的因素有哪些？

2．相比查询服务方式，中断服务有哪些优势？

3．一个中断系统应具备哪些功能？

4．什么叫断点地址？

5．要开放一个中断，应如何编程？

6．STC8A8K64S4A12 单片机有哪几个中断源？各中断请求标志是如何产生的？当中断响应后，中断请求标志位是如何清除的？当 CPU 响应各中断时，其中断向量及中断号各是多少？

7．外部中断 0 和外部中断 1 有哪两种触发方式，这两种触发方式所产生的中断过程有何不同？怎样设定？

8．STC8A8K64S4A12 单片机的中断系统中有几个中断优先级？如何设定？当中断优先级相同时，其自然中断优先级顺序是怎样的？

9．简述 STC8A8K64S4A12 单片机中断响应的过程。

10．CPU 响应中断有哪些条件？在什么情况下中断响应会受阻？

11．STC8A8K64S4A12 单片机的中断响应时间是否固定不变？为什么？

12．简述 STC8A8K64S4A12 单片机扩展外部中断源的方法。

13．简述 STC8A8K64S4A12 单片机中断嵌套的规则。

14．从 STC8A8K64S4A12 单片机的 P3.2（INT0）引脚、P3.3（INT1）引脚分别输入压力超限、温度超限的中断请求信号，将定时/计数器 T0 作为定时检测的实时时钟，用户规定的中断优先级排队次序为压力超限→温度超限→定时检测，试确定 IE、IP 的内容，以实现上述要求。

15．某系统有 3 个外部中断源，当某个外部中断源变低电平时便要求 CPU 处理，它们的中断优先级由高到低为外部中断 3、外部中断 2、外部中断 1，处理程序的入口地址分别为1000H、1200H、1600H。试画出电路图，编写主程序及中断服务程序（转至相应的入口即可）。

16．将例 7.3 的程序功能改为以中断方式实现。

17．将例 7.4 的程序功能改为以中断方式实现。

18．将例 8.1 的程序功能改为用定时/计数器 T2 中断实现。

19．将例 8.2 的程序功能改为用定时/计数器 T2 中断实现。

五、程序设计题

1．设计一个流水灯，流水灯初始时间间隔为 500ms。用外部中断 0 延长间隔时间，上限值为 2s；用外部中断 1 缩短间隔时间，下限值为 100ms，调整步长为 100ms。画出硬件电路图，编写程序并上机调试。

2．利用外部中断 2、外部中断 3 设计加、减计数器，计数值采用 LED 数码管显示。每响应一次外部中断 2，计数值加 1；每响应一次外部中断 3，计数值减 1。画出硬件电路图，编写程序并上机调试。

第9章

STC8A8K64S4A12 单片机的串行接口

内容提要：

微型计算机的数据通信方式有并行通信和串行通信两种。串行通信具备占用 I/O 线少的优势，适用于长距离数据通信。STC8A8K64S4A12 单片机有 4 个可编程全双工串行接口。

STC8A8K64S4A12 单片机的 4 个可编程全双工串行接口的工作原理与控制是一致的，本章重点学习串行接口 1 的结构、波特率设置与控制，以及串行接口 1 的应用编程，并对单片机间的双机通信、单片机与计算机间的串行通信进行工程训练。

9.1 串行通信基础

通信是人们传递信息的方式。计算机通信是将计算机技术和通信技术相结合，完成计算机与 I/O 设备或计算机与计算机之间的信息交换。这种信息交换可分为两种方式：并行通信与串行通信。

并行通信是将数据字节的各位用多条数据线同时进行传送，如图 9.1（a）所示。并行通信的特点是控制简单、传送速度快。并行通信的传输线较多，长距离传送时成本较高，因此仅适用于短距离传送。

串行通信是将数据字节分成一位一位的形式在一条传输线上逐个传送，如图 9.1（b）所示。串行通信的特点是传输速率慢。串行通信的传输线少，长距离传送时成本较低，因此适用于长距离传送。

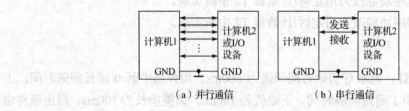

图 9.1 并行通信与串行通信工作示意图

1. 串行通信的分类

按照串行通信数据的时钟控制方式，串行通信可分为异步通信和同步通信两类。

1）异步通信（Asynchronous Communication）

在异步通信中，数据通常是以字符（或字节）为单位组成字符帧传送的。字符帧由发送端一帧一帧地发送，接收设备通过传输线一帧一帧地接收。发送端和接收端可以通过各自的时钟来控制数据的发送和接收，这两个时钟源彼此独立、互不同步，但要求传送速率一致。在异步通信中，两个字符之间的传输间隔时间是任意的，所以每个字符前后都要用一些数位来作为分隔位。

发送端和接收端依靠字符帧格式来协调数据的发送和接收，当通信线路空闲时，发送端为高电平（逻辑1）；当接收端检测到传输线上发送过来的低电平（逻辑0，字符帧中的起始位）时就知道发送端已经开始发送；当接收端接收到字符帧中的停止位（实际上是按一个字符帧约定的位数来确定的）时就知道一帧字符信息已发送完毕。

在异步通信中，字符帧格式和波特率是两个重要指标，可由用户根据实际情况选定。

（1）字符帧（Character Frame）。

字符帧也叫数据帧，异步通信的字符帧由起始位、数据位（纯数据或数据加校验位）和停止位三部分组成，如图9.2所示。

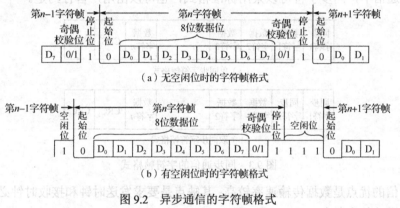

（a）无空闲位时的字符帧格式

（b）有空闲位时的字符帧格式

图9.2 异步通信的字符帧格式

① 起始位：位于字符帧的开头，只占一位，始终为低电平（逻辑0），用于向接收设备表示发送端开始发送一帧信息。

② 数据位：紧跟在起始位后，用户根据情况可取5位、6位、7位或8位，低位在前、高位在后（先发送数据的最低位）。若所传数据为 ASCII 字符，则取7位。

③ 奇偶校验位：位于数据位之后，只占一位，通常用于对串行通信数据进行奇偶校验，可以由用户定义为其他控制含义，也可以没有。

④ 停止位：位于字符帧末尾，为高电平逻辑1，通常可取1位、1.5位或2位，用于向接收端表示一帧字符信息已发送完毕，也为发送下一帧字符做准备。

在串行通信中，发送端一帧一帧地发送信息，接收端一帧一帧地接收信息。两相邻字符帧之间可以无空闲位，也可以有若干空闲位，这由用户根据需要决定。空闲位时的字符帧格式如图9.2（b）所示。

（2）波特率（Baud Rate）。

异步通信的另一个重要指标为波特率。

波特率为每秒钟传送二进制数码的位数，也叫比特数，单位为 bit/s，即位/秒。波特率用于表征数据传输的速率，波特率越高，数据传输速率越快。由于波特率和字符的实际传输速率不同，字符的实际传输速率是每秒内所传字符帧的帧数，因此字符的实际传送速率和字符帧格式有关。例如，波特率为 1200bit/s 的通信系统，若采用如图 9.2（a）所示的字符帧格式（每个字符帧包含 11 位数据），则字符的实际传输速率为 1200/11=109.09 帧/s；若改用如图 9.2（b）所示的字符帧格式（每个字符帧包含 14 位数据，其中含 3 位空闲位），则字符的实际传输速率为 1200/14=85.71 帧/s。

异步通信的优点是不需要传送同步时钟，字符帧长度不受限制，设备简单；其缺点是由于字符帧中包含起始位和停止位，降低了有效数据的传输速率。

2）同步通信（Synchronous Communication）

同步通信是一种连续串行传送数据的通信方式，一次通信传输一组数据（包含若干个字符数据）。在进行同步通信时要建立发送方时钟对接收方时钟的直接控制，使双方完全同步，在发送数据前要先发送同步字符，再连续地发送数据。同步字符有单同步字符和双同步字符之分。同步通信的字符帧由同步字符、数据字符和校验字符 CRC 三部分组成，如图 9.3 所示。在同步通信中，同步字符可以采用标准格式，也可以由用户自行约定。

（a）单同步字符帧格式

（b）双同步字符帧格式

图 9.3　同步通信的字符帧格式

同步通信的优点是数据传输速率较高；其缺点是要求发送时钟和接收时钟必须保持严格同步，硬件电路较为复杂。

2. 串行通信的传输方向

在串行通信中，数据是在两个站之间进行传送的，按照数据的传送方向及时间关系，串行通信可分为单工（Simplex）、半双工（Half Duplex）和全双工（Full Duplex）三种制式，如图 9.4 所示。

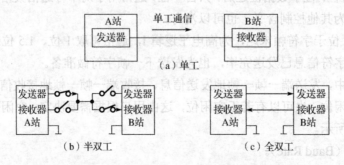

（a）单工

（b）半双工　　　　　　　　　（c）全双工

图 9.4　单工、半双工和全双工三种制式

单工制式：传输线的一端接发送器，另一端接接收器，数据只能按照固定的方向传送，如图 9.4（a）所示。

半双工制式：通信系统中的每个通信设备都由一个发送器和一个接收器组成，如图 9.4（b）所示。在这种制式下，数据既可以从 A 站传送到 B 站，也可以从 B 站传送到 A 站，但是不能同时在两个方向上传送，即只能一端发送，另一端接收，其收发开关一般是由软件控制的电子开关。

全双工制式：通信系统的每一端都有发送器和接收器，并且可以同时发送和接收数据，即数据可以在两个方向上同时传送，如图 9.4（c）所示。

9.2 STC8A8K64S4A12 单片机的串行接口 1

STC8A8K64S4A12 单片机内部有 4 个可编程全双工串行接口，它们具有串行接口的全部功能。每个串行接口由两个数据缓冲器、一个移位寄存器、一个串行控制器和一个波特率发生器组成。每个串行接口的数据缓冲器由相互独立的接收数据缓冲器、发送数据缓冲器构成，可以同时发送和接收数据。发送缓冲器只能写入数据而不能读取数据，接收缓冲器只能读取数据而不能写入数据，因此两个数据缓冲器可以共用一个地址码。

串行接口 1 的两个数据缓冲器的共用地址码是 99H，串行接口 1 的两个数据缓冲器统称为 SBUF，当对 SBUF 进行读操作（MOV A,SBUF 或 x=SBUF;）时，操作对象是串行接口 1 的接收缓冲器；当对 SBUF 进行写操作（MOV SBUF,A 或 SBUF=x;）时，操作对象是串行接口 1 的发送缓冲器。

STC8A8K64S4A12 单片机串行接口 1 默认的发送和接收引脚分别是 TxD/P3.1、RxD/P3.0，通过设置 P_PSW1 中的 S1_S1、S1_S0 控制位，串行接口 1 的 TxD、RxD 硬件引脚可切换为 P1.7、P1.6 或 P3.7、P3.6，具体见附录 E。

9.2.1 串行接口 1 的控制寄存器

与串行接口 1 有关的特殊功能寄存器（见表 9.1）有串行接口 1 的控制寄存器、与波特率设置相关的寄存器、与中断控制相关的寄存器。在与串行接口 1 有关的特殊功能寄存器中，除 SCON 和 SBUF 以外，其他寄存器都是与波特率相关的，而 STC-ISP 在线编程软件中有专门的波特率计算工具，所以对与波特率相关的寄存器只需进行简单了解即可，重点学习 SCON、SBUF。

表 9.1 与单片机串行接口 1 有关的特殊功能寄存器

符号	名称	B7	B6	B5	B4	B3	B2	B1	B0
SCON	串行接口1控制寄存器	SM0/FE	SM1	SM2	REN	TB8	RB8	TI	RI
SBUF	串行接口1数据缓冲器	包含发送数据缓冲器与接收数据缓冲器							
PCON	电源控制寄存器	SMOD	SMOD0	LVDF	POF	GF1	GF0	PD	IDL
AUXR	辅助寄存器	T0x12	T1x12	UART_M 0x6	T2R	T2_C/T̄	T2x12	EXTRAM	S1ST2

符号	名称	B7	B6	B5	B4	B3	B2	B1	B0
TL1	T1 状态寄存器	定时/计数器 T1 的低 8 位							
TH1	T1 状态寄存器	定时/计数器 T1 的高 8 位							
T2L	T2 状态寄存器	定时/计数器 T2 的低 8 位							
T2H	T2 状态寄存器	定时/计数器 T2 的高 8 位							
TMOD	T0/T1 状态寄存器	GATE	C/$\overline{\text{T}}$	M1	M0	GATE	C/$\overline{\text{T}}$	M1	M0
TCON	T0/T1 控制寄存器	TF1	TR1	TF0	TR0	IE1	IT1	IE0	IT0
IE	中断允许寄存器	EA	ELVD	EADC	ES	ET1	EX1	ET0	EX0
IP	中断优先寄存器	PPCA	PLVD	PADC	PS	PT1	PX1	PT0	PX0
IPH	中断优先寄存器	PPCAH	PLVDH	PADCH	PSH	PT1H	PX1H	PT0H	PX0H
P_SW1	A2H	S1_S1	S1_S0	CCP_S1	CCP_S0	SPI_S1	SPI_S0	0	DPS

1. SCON

SCON 用于设定串行接口 1 的工作方式、允许接收控制及状态标志位。SCON 的字节地址为 98H，可进行位寻址，当单片机复位时，所有位全为 0，其格式如下。

	地址	B7	B6	B5	B4	B3	B2	B1	B0	复位值
SCON	98H	SM0/FE	SM1	SM2	REN	TB8	RB8	TI	RI	0000 0000

SM0/FE、SM1：当 PCON 中的 SMOD0 位为 1 时，SM0/FE 用于帧错误检测，当检测到一个无效停止位时，通过串行接口接收器设置该位，并必须由软件清 0。当 PCON 中的 SMOD0 位为 0 时，SM0/FE 和 SM1 一起指定串行通信的工作方式，如表 9.2 所示（其中，f_{SYS} 为系统时钟频率）。

表 9.2　串行方式选择位

SM0SM1	工作方式	功能	波特率
00	工作方式 0	8 位同步移位寄存器	$f_{SYS}/12$ 或 $f_{SYS}/2$
01	工作方式 1	10 位串行接口	可变，取决于定时/计数器 T1 或定时/计数器 T2 的溢出率
10	工作方式 2	11 位串行接口	$f_{SYS}/64$ 或 $f_{SYS}/32$
11	工作方式 3	11 位串行接口	可变，取决于定时/计数器 T1 或定时/计数器 T2 的溢出率

SM2：多机通信控制位，用于工作方式 2 和工作方式 3。在工作方式 2 和工作方式 3 处于接收方式的条件下，若（SM2）=1 且（RB8）=0，则不激活 RI；若（SM2）=1 且（RB8）=1，则置位 RI。在工作方式 2 和工作 3 处于接收方式的条件下，若（SM2）=0，则不论接收到的 RB8 为 0 还是为 1，RI 都以正常方式被激活。

REN：允许串行接收控制位，由软件置位或清 0。当（REN）=1 时，允许接收；当（REN）=0 时，禁止接收。

TB8：在工作方式 2 和工作方式 3 状态下串行发送数据的第 9 位，由软件置位或复位，可作为奇偶校验位，在多机通信中，TB8 可作为地址帧或字符帧的标志位，一般约定地址帧时 TB8 为 1，约定字符帧时 TB8 为 0。

RB8：在工作方式 2 和工和方式 3 状态下串行接收到数据的第 9 位，可作为奇偶校验位或地址帧、字符帧的标志位。

TI：发送中断标志位。在工作方式 0 状态下，发送完 8 位数据后，由硬件置位；在其他工作方式中，在发送停止位之初由硬件置位。TI 是发送完一帧数据的标志位，既可以用查询的方法来响应该标志位，也可以用中断的方法来响应该标志位，然后在相应的查询服务程序或中断服务程序中，由软件清除 TI。

RI：接收中断标志位。在工作方式 0 状态下，接收完 8 位数据后，由硬件置位；在其他工作方式中，在接收停止位的中间由硬件置位。RI 是接收完一帧数据的标志位，与 TI 一样，既可以用查询的方法来响应该标志位，也可以用中断的方法来响应该标志位，然后在相应的查询服务程序或中断服务程序中，由软件清除 RI。

2. PCON

PCON 是单片机的电源控制寄存器，不可以进行位寻址，其字节地址为 87H，复位值为 30H，其中 SMOD、SMOD0 与串行接口控制有关，其格式与说明如下。

	地址	B7	B6	B5	B4	B3	B2	B1	B0	复位值
PCON	87H	SMOD	SMOD0	LVDF	POF	GF1	GF0	PD	IDL	0011 0000

SMOD：波特率倍增系数选择位。在工作方式 1、工作方式 2 和工作方式 3 状态下，串行通信的波特率与 SMOD 有关。当（SMOD）=0 时，通信速度为基本波特率；当（SMOD）=1 时，通信速度为基本波特率的 2 倍。

SMOD0：帧错误检测有效控制位。当（SMOD0）=1 时，SCON 中的 SM0/FE 用于帧错误检测；当（SMOD0）=0 时，SCON 中的 SM0/FE 和 SM1 一起用于指定串行接口的工作方式。

3. AUXR

AUXR 的格式如下。

	地址	B7	B6	B5	B4	B3	B2	B1	B0	复位值
AUXR	8EH	T0x12	T1x12	UART_M0x6	T2R	T2_C/$\overline{\text{T}}$	T2x12	EXTRAM	S1ST2	0000 0000

UART_M0x6：串行接口 1 在工作方式 0 状态下的通信速度设置位。当（UART_M0x6）=0 时，串行接口 1 在工作方式 0 状态下的通信速度与传统 8051 单片机的通信速度一致，波特率为系统时钟频率的 12 分频，即 $f_{SYS}/12$；当（UART_M0x6）=1 时，串行接口 1 在工作方式 0 状态下的通信速度是传统 8051 单片机通信速度的 6 倍，波特率为系统时钟频率的 2 分频，即 $f_{SYS}/2$。

S1ST2：当串行接口 1 在工作方式 1、工作方式 3 状态下工作时，S1ST2 为串行接口 1 波特率发生器选择控制位，当（S1ST2）=0 时，定时/计数器 T1 为波特率发生器；当（S1ST2）=1 时，定时/计数器 T2 为波特率发生器。

T1x12、T2R、T2_C/$\overline{\text{T}}$、T2x12：与定时/计数器有关的控制位，相关控制功能上文已有详细介绍，在此不再赘述。

9.2.2　串行接口 1 的工作方式

STC8A8K64S4A12 单片机的串行通信有 4 种工作方式，当（SMOD0）=0 时，通过 SCON

中的 SM0、SM1 一起指定串行通信的工作方式。

1. 工作方式 0

当串行接口在工作方式 0 状态下工作时为同步移位寄存器，其波特率为 $f_{SYS}/12$（当 UART_M0x6 为 0 时）或 $f_{SYS}/2$（当 UART_M0x6 为 1 时）。串行数据从 RxD（P3.0）引脚输入或输出，同步移位脉冲由 TxD（P3.1）引脚输出。这种方式常用于扩展 I/O 口。

1）发送

当（TI）=0 时，将一个数据写入串行接口 1 的发送数据缓冲器，串行接口 1 将 8 位数据以 $f_{SYS}/12$ 或 $f_{SYS}/2$ 的波特率从 RxD 引脚输出（低位在前），发送完毕后置位 TI，并向 CPU 请求中断。在再次发送数据之前，必须由软件清除 TI。工作方式 0 的数据发送时序如图 9.5 所示。

当串行接口在工作方式 0 状态下发送数据时，可以外接串行输入、并行输出的移位寄存器，如 74LS164、CD4094、74HC595 等，用来扩展并行输出口，其逻辑电路如图 9.6 所示。

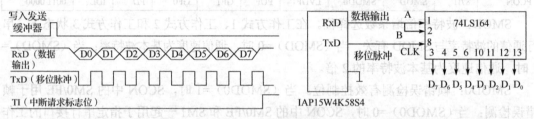

图 9.5 工作方式 0 的数据发送时序　　　图 9.6 工作方式 0 扩展并行输出口的逻辑电路

2）接收

当 RI=0 时，置位 REN，串行接口 1 开始从 RxD 引脚以 $f_{SYS}/12$ 或 $f_{SYS}/2$ 的波特率输入数据（低位在前），当接收完数据后，置位 RI，并向 CPU 请求中断。在再次接收数据之前，必须由软件清除 RI。工作方式 0 的数据接收时序如图 9.7 所示。

当串行接口 1 在工作方式 0 状态下接收数据时可以外接并行输入串行输出的移位寄存器，如 74LS165，用来扩展并行输入口，其逻辑电路如图 9.8 所示。

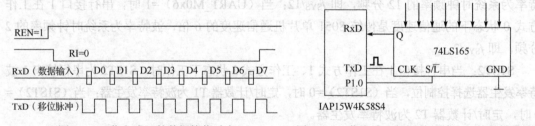

图 9.7 工作方式 0 的数据接收时序　　　图 9.8 工作方式 0 扩展并行输入口的逻辑电路

串行接口 1 控制寄存器中的 TB8 和 RB8 在工作方式 0 状态下未使用。值得注意的是，每当发送或接收完 8 位数据后，硬件会自动置位 TI 或 RI，CPU 响应 TI 或 RI 中断后，TI 或 RI 必须由用户用软件清 0。在工作方式 0 状态下，SM2 必须为 0。

2．工作方式 1

当串行接口 1 在工作方式 1 状态下工作时为波特率可调的 10 位通用异步串行接口，一帧数据包括 1 位起始位（0）、8 位数据位和 1 位停止位（1）。异步通信的字符帧格式如图 9.9 所示。

图 9.9　异步通信的字符帧格式

1）发送

当（TI）=0 时，在数据写入发送缓冲器后，串行接口 1 的数据发送过程就启动了。在发送移位时钟的同时，TxD 端口将先送出起始位，然后送出数据位，最后送出停止位。一帧 10 位数据发送完后，中断请求标志位 TI 置 1。工作方式 1 的数据发送时序如图 9.10 所示。工作方式 1 的数据传输的波特率取决于定时/计数器 T1 的溢出率或定时/计数器 T2 的溢出率。

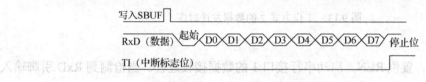

图 9.10　工作方式 1 的数据发送时序

2）接收

当（RI）=0 时，置位 REN，启动串行接口 1 的数据接收过程。当检测到 RxD 端口输入电平发生负跳变时，接收数据缓冲器以选择的波特率的 16 倍速率采样 RxD 端口电平，以 16 个脉冲中的 7、8、9 三个脉冲为采样点，取两个或两个以上相同值为采样电平，若检测电平为低电平，则说明起始位有效，并以同样的检测方法接收这一帧信息的其余位。在接收过程中，8 位数据写入接收缓冲器，接收到停止位时，置位 RI，并向 CPU 发出中断请求。工作方式 1 的数据接收时序如图 9.11 所示。

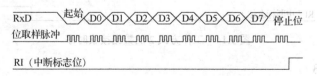

图 9.11　工作方式 1 的数据接收时序

3．工作方式 2

当串行接口 1 在工作方式 2 状态下工作时为 11 位通用异步串行接口。一帧数据包括 1 位起始位（0）、8 位数据位、1 位可编程位（TB8）和 1 位停止位（1），如图 9.12 所示。

图 9.12　11 位通用异步 UART 帧格式

1）发送

在发送数据前，先根据通信协议由软件设置好可编程位（TB8）。当（TI）=0 时，通过指令将要发送的数据写入发送缓冲器，启动发送器的发送过程。在发送移位时钟的同时，TxD 引脚先送出起始位，然后送出 8 位数据位和可编程位，最后送出停止位。一帧 11 位数据发送完毕后，置位中断请求标志位 TI，并向 CPU 发出中断请求。在发送下一帧数据之前，TI 必须由中断服务程序或查询程序清 0。工作方式 2 的数据发送时序如图 9.13 所示。

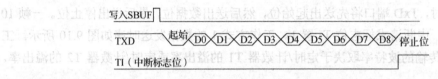

图 9.13　工作方式 2 的数据发送时序

2）接收

当（RI）=0 时，置位 REN，启动串行接口 1 的数据接收过程。当检测到 RxD 引脚输入电平发生负跳变时，接收数据缓冲器以选择的波特率的 16 倍速率采样 RxD 引脚电平，以 16 个脉冲中的 7、8、9 三个脉冲为采样点，取两个或两个以上相同值为采样电平，若检测电平为低电平，则说明起始位有效，并以同样的检测方法接收这一帧信息的其余位。在接收过程中，将 8 位数据写入接收数据缓冲器，将第 9 位数据写入 RB8，在接收到停止位时，若（SM2）=0 或（SM2）=1，且接收到的（RB8）=1，则置位 RI，并向 CPU 发出中断请求；否则不置位 RI，接收数据丢失。工作方式 2 的数据接收时序如图 9.14 所示。

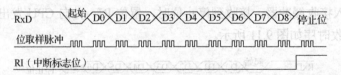

图 9.14　工作方式 2 的数据接收时序

4．工作方式 3

当串行接口 1 在工作方式 3 状态下工作时与其在工作方式 2 状态下工作时一样是 11 位通用异步串行接口。工作方式 2 与工作方式 3 的区别在于波特率的设置方法不同，工作方式 2 的数据传输的波特率为 $f_{SYS}/64$（SMOD 为 0）或 $f_{SYS}/32$（SMOD 为 1）；工作方式 3 的数据传输的波特率同工作方式 1 一样，取决于定时/计数器 T1 的溢出率或定时/计数器 T2 的溢出率。

工作方式 3 的数据发送过程与接收过程，除发送速率、接收速率不同外，其他过程和工作方式 2 完全一致。因此，工作方式 2 和工作方式 3 中的接收过程，只有当（SM2）=0 或（SM2）=1 且接收到的（RB8）=1 时，才会置位 RI，并向 CPU 发出中断请求；否则不置位 RI，接收数据丢失。因此，工作方式 2 和工作方式 3 常用于多机通信。

9.2.3 串行接口 1 的波特率

在串行通信中，收发双方对传送数据的速率（波特率）要有一定的约定才能进行正常的通信。单片机的串行通信有 4 种工作方式，其中工作方式 0 和工作方式 2 的波特率是固定的；工作方式 1 和工作方式 3 的波特率是可变的。串行接口 1 的波特率由定时/计数器 T1 的溢出率决定，串行接口 2 的波特率由定时/计数器 T2 的溢出率决定。

1. 工作方式 0 和工作方式 2

工作方式 0 的波特率为 $f_{SYS}/12$（UART_M0x6 为 0 时）或 $f_{SYS}/2$（UART_M0x6 为 1 时）。

工作方式 2 的波特率取决于 PCON 中的 SMOD 值，当（SMOD）=0 时，波特率为 $f_{SYS}/64$；当（SMOD）=1 时，波特率为 $f_{SYS}/32$，即

$$波特率 = \frac{2^{SMOD}}{64} f_{SYS}$$

2. 工作方式 1 和工作方式 3

工作方式 1 和工作方式 3 的波特率由定时/计数器 T1 或定时/计数器 T2 的溢出率决定。

（1）当（S1ST2）=0 时，定时/计数器 T1 为波特率发生器。波特率由定时/计数器 T1 的溢出率和 SMOD 共同决定，即

$$工作方式 1 和工作方式 3 的波特率 = \frac{2^{SMOD}}{32} T1 溢出率。$$

其中，定时/计数器 T1 的溢出率为定时/计数器 T1 定时时间的倒数，取决于单片机定时/计数器 T1 的计数速率和定时/计数器的预置值。计数速率与 TMOD 寄存器中的 C/$\overline{T}$ 位有关，当（C/$\overline{T}$）= 0 时，计数速率为 $f_{SYS}/12$ [当（T1x12）=0 时] 或 f_{SYS} [当（T1x12）=1 时]；当（C/$\overline{T}$）=1 时，计数速率为外部输入时钟频率。

实际上，当定时/计数器 T1 作为波特率发生器时，通常是在工作方式 0 或工作方式 2 状态下工作的，即自动重装载的 16 位或 8 位定时/计数器，为了避免溢出产生不必要的中断，此时应禁止定时/计数器 T1 中断。

（2）当（S1ST2）=1 时，定时/计数器 T2 为波特率发生器。波特率为定时/计数器 T2 溢出率的 1/4。

例 9.1 设单片机采用频率为 11.059MHz 的晶振，串行接口在工作方式 1 状态下工作，波特率为 9600bit/s。利用 STC-ISP 在线编程软件中的波特率工具，生成波特率发生器的汇编语言代码。

解 首先打开 STC-ISP 在线编程软件，选择工具栏中的波特率计算器，然后根据题目设置工作参数：将单片机系统频率设置为 11.059MHz，将串行接口工作方式设置为工作方式 1，将波特率设置为 9600bit/s，将定时/计数器 T1 作为波特率发生器，定时/计数器 T1 在工作方

式 0 状态下工作。

其次，单击"生成 ASM 代码"按钮，程序框中将出现该波特发生器的 ASM 代码，如下所示（若需要 C 代码，则可单击"生成 C 代码"按钮）。

最后，单击"复制代码"按钮即可将代码复制粘贴到其他应用中。

建议采用演示教学方式。

参考程序如下。

```
UARTINIT:            ;9600bit/s@11.0592MHz
    MOV SCON,#50H    ;串行接口1在工作方式1状态下工作，允许串行接收
    ORL AUXR,#40H    ;定时/计数器1时钟为 fSYS
    ANL AUXR,#0FEH   ;串行接口1选择定时/计数器T1为波特率发生器
    ANL TMOD,#0FH    ;设定定时/计数器T1为在工作方式0状态下工作，16位自动重装方式
    MOV TL1,#0E0H    ;设定定时/计数器初值
    MOV TH1,#0FEH    ;设定定时/计数器初值
    CLR ET1          ;禁止定时/计数器T1中断
    SETB TR1         ;启动定时/计数器T1
    RET
```

9.2.4　串行接口 1 的应用举例

1．工作方式 0 的编程和应用

串行接口 1 的工作方式 0 是同步移位寄存器工作方式。通过工作方式 0 可以扩展并行 I/O 口。每扩展一片移位寄存器可扩展一个 8 位并行输出口，这个 8 位并行输出口可以用来连接一个 LED 显示器作静态显示或用作键盘中的 8 根行列线。

例 9.2　使用 2 块 74HC595 芯片扩展 16 位并行输出口，外接 16 个 LED，其电路原理图，如图 9.15 所示。利用该电路的串入并出及锁存输出功能，使 LED 从右向左依次点亮，并不断循环（16 位流水灯）。

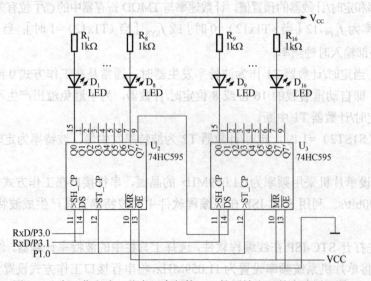

图 9.15　在工作方式 0 状态下串行接口 1 扩展输出口的电路原理图

解　74HC595 和 74LS164 功能相仿，且二者都是 8 位串行输入并行输出移位寄存器。74LS164 的驱动电流（25mA）比 74HC595 的驱动电流（35mA）小。74HC595 的主要优点是具有数据存储寄存器，在移位的过程中，输出端的数据可以保持不变。这在串行速度慢的场合很有意义，可以使 LED 没有闪烁感，而且 74HC595 具有级联功能，通过级联功能可以扩展更多输出口。

Q0～Q7 是并行数据输出端，即存储寄存器的数据输出端；Q7′ 是串行输出端，用于连接级联芯片的串行数据输入端 DS，ST_CP 是存储寄存器的时钟脉冲输入端（低电平锁存），SH_CP 是移位寄存器的时钟脉冲输入端（上升沿移位），$\overline{\text{OE}}$ 是三态输出使能端，$\overline{\text{MR}}$ 是芯片复位端（低电平有效，低电平时移位寄存器复位），DS 是串行数据输入端。

（1）设 16 位 LED 数据存放在 R2 和 R3 中，汇编语言参考源程序如下。

```
        ORG   0000H
        MOV   SCON,#00H    ;将串行接口1设置为同步移位寄存器方式
        CLR   ES           ;禁止串行接口1中断
        CLR   P1.0
        SETB  C
        MOV   R2,#0FFH      ;设置流水灯初始数据
        MOV   R3,#0FEH      ;设置最右边的LED亮
        MOV   R4,#16
LOOP:
        MOV   A,R3
        MOV   SBUF,A        ;启动串行发送
        JNB   TI,$          ;等待发送结束信号
        CLR   TI            ;清除TI标志位，为下一次发送做准备
        MOV   A,R2
        MOV   SBUF,A        ;启动串行发送
        JNB   TI,$          ;等待发送结束信号
        CLR   TI            ;清除TI标志位，为下一次发送做准备
        SETB  P1.0          ;移位寄存器数据送存储锁存器
        NOP
        CLR   P1.0
        MOV   A,R3          ;16位LED数据左移1位
        RLC   A
        MOV   R3,A
        MOV   A,R2
        RLC   A
        MOV   R2,A
        LCALL DELAY         ;插入轮显间隔
        DJNZ  R4,LOOP1
        SETB  C
        MOV   R2,#0FFH      ;设置LED初始数据
        MOV   R3,#0FEH      ;设置最右边的LED亮
        MOV   R4,#16
LOOP1:
        SJMP  LOOP          ;循环
```

```
DELAY:
        ...                      ;延时程序,由同学确定
                                 ;可利用 STC-ISP 在线编程软件中的软件延时计算器获得
        GND
```

（2）C 语言参考源程序。

```
#include <stc8.h>              //包含支持 STC8 系列单片机的头文件
#include<intrins.h>
#define uchar unsigned char
#define uint  unsigned int
uchar x;
uint y=0xfffe;
void main(void)
{
    uchar i ;
    SCON=0x00;
    while(1)
    {
        for(i=0;i<16 ;i++)
        {
            x=y&0x00ff ;
            SBUF=x ;
            while(TI==0) ;
            TI=0 ;
            x=y>>8 ;
            SBUF=x ;
            while(TI==0) ;
            TI=0 ;
            P10=1 ;            //移位寄存器数据送至存储锁存器
            //50μs 的延时函数,建议从 STC-ISP 在线编程软件中获得,并放在主函数的前面
            Delay50us ;
            P10=0 ;
            //500ms 的延时函数,建议从 STC-ISP 在线编程软件中获得,并放在主函数的前面
            Delay500ms ;
            y=_crol_(y,1) ;
        }
    }
}
```

2. 双机通信

双机通信用于单片机间进行交换信息。双机通信的程序通常采用两种方式编程:查询方式和中断方式。在很多应用中,双机通信的接收方都采用中断方式来接收数据,以提高 CPU 的工作效率;发送方采用查询方式发送数据。

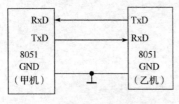

图 9.16　双机通信接口电路

双机通信的两个单片机的硬件可直接连接,如图 9.16 所示,甲机的 TxD 引脚接乙机的 RxD 引脚,甲机的 RxD 引脚接乙机的 TxD 引脚,甲机的 GND 接乙机的 GND。由

于单片机的通信采用 TTL 电平传输信息，其传输距离一般不超过 5m，因此实际应用中通常采用 RS-232C 标准电平进行点对点的通信连接，如图 9.17 所示，MA232A 是电平转换芯片。RS-232C 标准电平是计算机串行通信标准，详细内容见下文。

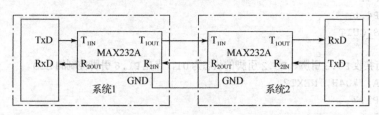

图 9.17　点对点通信接口电路

例 9.3　编程，使甲机和乙机能够进行通信。要求甲机从 P3.2 引脚、P3.3 引脚输入开关信号，并发送给乙机，乙机根据接收到的信号，做出不同的动作：当 P3.2 引脚、P3.3 引脚输入 00 时，点亮 P1.7 引脚控制的 LED；当 P3.2 引脚、P3.3 引脚输入 01 时，点亮 P1.6 引脚控制的 LED；当 P3.2 引脚、P3.3 引脚输入 10 时，点亮 P4.7 引脚控制的 LED；当 P3.2 引脚、P3.3 引脚输入 11 时，点亮 P4.6 引脚控制的 LED。

解　设串行接口 1 在工作方式 1 状态下工作，将定时/计数器 T1 作为波特率发生器，晶振频率为 11.0592MHz，数据传输波特率为 9600bit/s。串行发送采用查询方式，串行接收采用中断方式。

（1）汇编语言参考源程序（UART.ASM）。

```
$include(stc8.inc)          ;STC8 系列单片机特殊功能寄存器的定义文件
    ORG 0000H
    LJMP MAIN
    ORG 0023H
    LJMP S_ISR
MAIN:
    LCALL  UARTINIT          ;串行接口 1 初始化程序
    SETB ES                  ;开放串行接口 1 中断
    SETB EA
    ORL P3,#00001100B        ;将 P3.3 引脚、P3.2 引脚置为输入状态
LOOP:
    MOV A, P3
    ANL A, #00001100B        ;读取 P3.3 引脚、P3.2 引脚的输入状态值
    MOV SBUF, A              ;串行发送
    JNB TI, $
    CLR TI
    LCALL DELAY100MS         ;设置发送间隔
    SJMP LOOP
S_ISR:                       ;串行接收中断服务程序
    PUSH  ACC                ;将累加器值压入堆栈
    JNB RI, S_QUIT           ;确认是否串行接收中断请求
    CLR RI
    MOV  A, SBUF             ;读取串行接收数据
    ANL A,   #00001100B
    ;若串行接收 P3.3 引脚、P3.2 引脚的状态为 00，点亮 P1.7 引脚控制的 LED
```

```
            CJNE A, #00H, NEXT1
            CLR P1.7
            SETB P1.6
            SETB P4.7
            SETB P4.6
            SJMP S_QUIT
    NEXT1:
        ;若串行接收 P3.3 引脚、P3.2 引脚的状态为 01,点亮 P1.6 引脚控制的 LED
            CJNE A, #04H, NEXT2
            SETB P1.7
            CLR P1.6
            SETB P4.7
            SETB P4.6
            SJMP S_QUIT
    NEXT2:
        ;若串行接收 P3.3 引脚、P3.2 引脚的状态为 10,点亮 P4.7 引脚控制的 LED
            CJNE A, #08H, NEXT3
            SETB P1.7
            SETB P1.6
            CLR P4.7
            SETB P4.6
            SJMP S_QUIT
    NEXT3:
        ;若串行接收 P3.3 引脚、P3.2 引脚的状态为 11,点亮 P4.6 引脚控制的 LED
            SETB P1.7
            SETB P1.6
            SETB P4.7
            CLR P4.6
    S_QUIT:
            POP ACC                 ;恢复累加器的状态
            RETI
    UARTINIT:                       ;9600bit/s@11.0592MHz,从 STC-ISP 在线编程软件中获得
            MOV SCON,#50H           ; 串行接口 1 的工作方式为工作方式 1,允许串行接收
            ORL AUXR,#40H           ; 定时/计数器 T1 时钟为 f_SYS
            ANL AUXR,#0FEH          ;串行接口 1 选择定时/计数器 T1 为波特率发生器
            ANL TMOD,#0FH           ;设定定时/计数器 T1 为 16 位自动重装方式
            MOV TL1,#0E0H           ;设定定时初值
            MOV TH1,#0FEH           ;设定定时初值
            CLR ET1                 ;禁止定时/计数器 T1 中断
            SETB TR1                ;启动定时/计数器 T1
            RET
    DELAY100MS:                     ;@11.0592MHz ,从 STC-ISP 在线编程软件中获得
            NOP
            NOP
            NOP
            PUSH 30H
            PUSH 31H
            PUSH 32H
```

```
    MOV 30H,#4
    MOV 31H,#93
    MOV 32H,#152
NEXT:
    DJNZ 32H,NEXT
    DJNZ 31H,NEXT
    DJNZ 30H,NEXT
    POP 32H
    POP 31H
    POP 30H
    RET
    END
```

（2）C 语言参考源程序（uart.c）。

```c
#include <stc8.h>                //包含支持 STC8 系列单片机的头文件
#include <intrins.h>
#define uchar unsigned char
#define uint  unsigned int
uchar temp;
uchar temp1;
void Delay100ms()               //@11.0592MHz
{
    unsigned char i, j, k;

    _nop_();
    _nop_();
    i = 5;
    j = 52;
    k = 195;
    do
    {
        do
        {
            while (--k);
        } while (--j);
    } while (--i);
}
void UartInit(void)             //9600bit/s@11.0592MHz
{
    SCON = 0x50;                //串行接口 1 的工作方式为工作方式 1，允许串行接收
    AUXR |= 0x40;               //定时器 1 时钟为 f_SYS
    AUXR &= 0xFE;               //串行接口 1 选择定时/计数器 T1 为波特率发生器
    TMOD &= 0x0F;               //设定定时/计数器 T1 为 16 位自动重装方式
    TL1 = 0xE0;                 //设定定时初值
    TH1 = 0xFE;                 //设定定时初值
    ET1 = 0;                    //禁止定时/计数器 T1 中断
    TR1 = 1;                    //启动定时/计数器 T1
}
void main()
```

```
{
    UartInit();                      //调用串行接口 1 初始化函数
    ES=1;
    EA=1;
    while(1)
    {
        temp=P3;
        temp=temp&0x0c;              //读取 P3.3 引脚、P3.2 引脚的输入状态值
        SBUF=temp;                   //串行发送
        while(TI==0);                //检测串行发送是否结束
        TI=0;
        Delay100ms();                //设置串行发送间隔
    }
}
void uart_isr() interrupt 4 //串行接收中断函数
{
    if(RI==1)                        //若（RI）=1，执行以下语句
    {
    RI=0;
    temp1=SBUF;                      //读串行接收的 P3.3 引脚、P3.2 引脚的状态
    switch(temp1&0x0c)               //根据 P3.3 引脚、P3.2 引脚的状态，点亮相应的 LED
        {
            case 0x00:P17=0;P16=1;P47=1;P46=1;break;
            case 0x04:P17=1;P16=0;P47=1;P46=1;break;
            case 0x08:P17=1;P16=1;P47=0;P46=1;break;
            default:P17=1;P16=1;P47=1;P46=0;break;
        }
    }
}
```

3. 多机通信

STC8A8K64S4A12 单片机串行接口 1 的工作方式 2 和工作方式 3 有一个专门的应用领域，即多机通信。多机通信通常采用主从式多机通信方式，这种通信方式中有一台主机和多台从机。主机发送的信息可以传送到各个从机或指定的从机，各从机发送的信息只能被主机接收，从机与从机之间不能进行通信。多机通信的连接示意图如图 9.18 所示。

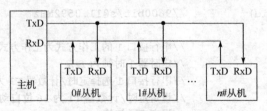

图 9.18　多机通信的连接示意图

多机通信主要依靠主机与从机之间正确地设置与判断 SM2 和发送/接收的第 9 位数据（TB8/RB8）来实现。在单片机串行接口以工作方式 2 或工作方式 3 的方式接收数据时，有两种如下情况。

（1）若（SM2）=1，则表示允许多机通信，当 RB8 为 1 时，置位 RI，并向 CPU 发出中断请求；当 RB8 为 0 时，不置位 RI，不产生中断，数据将丢失，即不能接收数据。

（2）若（SM2）=0，则无论 RB8 是 1 还是 0，都会置位 RI，即接收数据。

在编程前，首先要给各从机定义地址编号，系统中允许接 256 台从机，地址编码为 00H～FFH。当主机想向某个从机发送一个数据块时，必须先发送一帧地址信息，以辨认从机。多机通信的过程如下。

（1）主机发送一帧地址信息，与所需从机联络。主机应将 TB8 置为 1，表示发送的是地址帧。例如

```
MOV   SCON, #0D8H    ;将串行接口的工作方式设置为工作方式 3，(TB8)=1，允许接收
```

（2）所有从机的（SM2）=1，处于准备接收一帧地址信息的状态。例如

```
MOV   SCON, #0F0H    ;将串行接口的工作方式设置为工作方式 3，(SM2)=1，允许接收
```

（3）各从机接收地址信息。各从机串行接收完成后，若 RB8 为 1，则置位 RI。串行接收中断服务程序先判断主机发送过来的地址信息与本机的地址信息是否相符。如果地址相符，那么从机 SM2 清 0，以接收主机随后发来的所有数据信息。如果地址信息不相符，那么从机保持 SM2 为 1 的状态，对主机随后发来的信息不予理睬，直到接收新一帧地址信息。

（4）主机向被寻址的从机发送控制指令或数据信息。其中主机置 TB8 为 0，表示发送的是数据或控制指令。因为没被选中的从机的（SM2）=1，而串行 RB8 为 0，所以不会置位 RI，不接收主机发送的信息；被选中的从机由于（SM2）=0，串行接收后会置位 RI，所以会引发串行接收中断，执行串行接收中断服务程序，接收主机发过来的控制指令或数据信息。

例 9.4 设系统晶振频率为 11.0592MHz，以 9600bit/s 的波特率进行通信。主机向指定从机（如 10#从机）发送以指定位置为起始地址（如扩展 RAM0000H）的若干个（如 10 个）数据，以发送空格（20H）作为结束；从机接收主机发来的地址帧信息，并与本机的地址信息相比较，若不相符，仍保持（SM2）=1 不变；若相符，则使 SM2 清 0，以准备接收后续的数据信息，直至接收到空格数据信息为止，并置位 SM2。

解 主机与从机的程序流程图如图 9.19 所示。

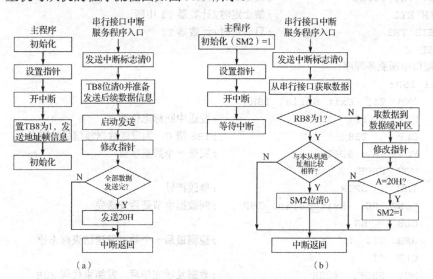

图 9.19　主机与从机的程序流程图

1）主机程序

（1）汇编语言参考源程序（M_SEND.ASM）。

```
$include(stc8.inc)              ;STC8 系列单片机特殊功能寄存器的定义文件,详见附录 F
ADDRT     EQU     0000H
SLAVE     EQU     10            ;从机地址号
NUMBER_1  EQU     10
          ORG     0000H
          LJMP    Main_Send     ;主程序入口地址
          ORG     0023H
          LJMP    Serial_ISR    ;串行接口中断入口地址
          ORG     0100H
Main_Send :
          MOV  SP, #60H
          LCALL    UARTINIT     ;调用串行接口 1 初始化程序
          MOV  DPTR, #ADDRT     ;设置数据地址指针
          MOV  R0, #NUMBER_1    ;设置发送数据字节数
          MOV  R2, #SLAVE       ;从机地址号→R2
          SETB ES               ;开放串行接口 1 中断
          SETB EA
          SETB TB8              ;置位 TB8,作为地址帧信息特征
          MOV  A, R2            ;发送地址帧信息
          MOV  SBUF, A
          SJMP $                ;等待中断
UARTINIT:                       ;9600bit/s@11.0592MHz,从 STC-ISP 在线编程软件中获得
  MOV SCON,#0D0H                ;工作方式 3,允许串行接收
  ORL AUXR,#40H                 ;定时/计数器 T1 的波特率为 fSYS
  ANL AUXR,#0FEH                ;串行接口 1 选择定时/计数器 T1 为波特率发生器
  ANL TMOD,#0FH                 ;设定定时/计数器 T1 为 16 位自动重装方式
  MOV TL1,#0E0H                 ;设定定时初值
  MOV TH1,#0FEH                 ;设定定时初值
  CLR ET1                       ;禁止定时/计数器 T1 中断
  SETB TR1                      ;启动定时/计数器 T1
  RET
;串行接口中断服务程序:
Serial_ISR:
      JNB  TI, Exit_Serial_ISR
      CLR  TI                   ;发送中断标志位清 0
      CLR  TB8                  ;TB8 清 0,为发送数据帧信息做准备
      MOVX A, @DPTR             ;发送一个数据字节
      MOV  SBUF, A
      INC  DPTR                 ;修改指针
      DJNZ R0, Exit_Serial_ISR  ;判数据字节是否发送完
      CLR  ES
      JNB  TI, $                ;检测最后一个数据发送结束标志位
      CLR  TI
      MOV  SBUF, #20H           ;数据发送完毕后,发结束代码 20H
```

```
Exit_Serial_ISR:
        RETI
        END
```

（2）C 语言参考源程序（m_send.c）。

```c
#include <stc8.h>            //包含支持 STC8 系列单片机的头文件
#include <intrins.h>
#define uchar unsigned char
#define uint  unsigned int
uchar xdata  ADDRT[10];      //设置保存数据的扩展 RAM 单元
uchar SLAVE=10;              //设置从机地址号的变量
uchar num=10, *mypdata;      //设置要传送数据的字节数
/*------------------------波特率子函数------------------------*/
void UartInit(void)          //9600bit/s@11.0592MHz
{
    SCON = 0xD0;             //工作方式 3，允许串行接收
    AUXR |= 0x40;            //定时/计数器 T1 的波特率为 f_SYS
    AUXR &= 0xFE;            //串行接口 1 选择定时/计数器 T1 为波特率发生器
    TMOD &= 0x0F;            //设定定时/计数器 T1 为 16 位自动重装方式
    TL1 = 0xE0;              //设定定时初值
    TH1 = 0xFE;              //设定定时初值
    ET1 = 0;                //禁止定时/计数器 T1 中断
    TR1 = 1;                //启动定时/计数器 T1
}


/*----------------------发送中断服务子函数----------------------*/
void Serial_ISR(void) interrupt 4
{
        if(TI==1)
        {
            TI = 0;
            TB8 = 0;
            SBUF = *mypdata;  //发送数据
            mypdata++;        //修改指针
            num--;
            if(num==0)
            {
                ES = 0;
                while(TI==0) ;
                TI = 0;
                SBUF = 0x20;
            }
        }
}
/*----------------------主函数----------------------*/
void main (void)
{
      UartInit();
```

```
        mypdata = ADDRT;
        ES = 1;
        EA = 1;
        TB8 = 1;
        SBUF = SLAVE;              //发送从机地址
        while(1);                  //等待中断
}
```

2）从机程序

（1）汇编语言参考源程序（S_RECIVE.ASM）。

```
$include(stc8.inc)              ;STC8 系列单片机特殊功能寄存器的定义文件
ADDRR      EQU0000H
SLAVE      EQU10                ;从机地址号，依各从机的地址号进行设置
        ORG  0000H
        LJMP  Main_Receive      ;从机主程序入口地址
        ORG  0023H
        LJMP  Serial_ISR        ;串行接口中断入口地址
        ORG  0100H
Main_Receive:
        MOV SP, #60H
        LCALL     UARTINIT
        MOV DPTR, #ADDRR        ;设置数据地址指针
        SETB ES                 ;开放串行接口 1 中断
        SETB EA
        SJMP $                  ;等待中断
UARTINIT:                       ;9600bit/s@11.0592MHz
    MOV  SCON, #0F0H            ;工作方式 3，允许多机通信，允许串行接收
    ORL  AUXR, #40H             ;定时/计数器 T1 的波特率为 fSYS
    ANL  AUXR, #0FEH            ;串行接口 1 选定定时/计数器 T1 为波特率发生器
    ANL  TMOD, #0FH             ;设定定时/计数器 T1 为 16 位自动重装方式
    MOV  TL1, #0E0H             ;设定定时初值
    MOV  TH1, #0FEH             ;设定定时初值
    CLR  ET1                    ;禁止定时/计数器 T1 中断
    SETB TR1                    ;启动定时/计数器 T1
    RET

;   从机接收中断服务程序
Serial_ISR:
    CLR  RI                     ;接收中断标志位清 0
    MOV  A,  SBUF               ;取接收信息
    MOV  C,  RB8                ;取 RB8（信息特征位）→C
    JNC  UAR_Receive_Data       ;（RB8）=0 为数据帧信息，转 UAR_Receive_Data
    XRL  A, #SLAVE              ;（RB8）=1 为地址帧信息，与本机地址号 SLAVE 相异或
    JZ  Address_Ok             ;若地址相等，则转 Address_Ok
    LJMP  Exit_Serial_ISR      ;若地址不相等，则转中断退出（返回）
Address_Ok:
    CLR  SM2                    ;SM2 清 0，为后面接收数据帧信息做准备
```

```
        LJMP  Exit_Serial_ISR ;转中断退出（返回）
UAR_Receive_Data:
        MOVX  @DPTR,A           ;接收的数据→数据缓冲区
        INC   DPTR              ;修改地址指针
        CJNE  A, #20H, Exit_Serial_ISR ;判断接收数据是否为结束代码 20H, 若不是则继续
        SETB  SM2               ;全部接收完, 置位 SM2
Exit_Serial_ISR:
        RETI                    ;中断返回
        END
```

（2）C 语言参考源程序（s_recive.c）。

```c
#include <stc8.h>          //包含支持 STC8 系列单片机的头文件
#include <intrins.h>
#define uchar unsigned char
#define uint  unsigned int
uchar  xdata ADDRR[10];
uchar  SLAVE = 10, rdata, *mypdata;
/*---------------------串行接口波特率子函数-----------------------*/
void UartInit(void)      //9600bit/s@11.0592MHz，从 STC-ISP 在线编程软件中获得
{
    SCON = 0xF0;          //工作方式 3, 允许多机通信, 允许串行接收
    AUXR |= 0x40;         //定时/计数器 T1 的波特率为 f_SYS
    AUXR &= 0xFE;         //串行接口 1 选择定时/计数器 T1 为波特率发生器
    TMOD &= 0x0F;         //设定定时/计数器 T1 为 16 位自动重装方式
    TL1 = 0xE0;           //设定定时初值
    TH1 = 0xFE;           //设定定时初值
    ET1 = 0;             //禁止定时/计数器 T1 中断
    TR1 = 1;             //启动定时/计数器 T1
}

/*---------------------接收中断服务子函数-----------------------*/
void Serial_ISR(void) interrupt 4
{
    RI=0;
    rdata=SBUF;                //将接收缓冲区的数据保存到 rdata 变量中
    if(RB8)                    //RB8 为 1 说明收到的信息是地址信息
    {
        if(rdata==SLAVE)       //如果地址相等, 则（SM2）=0
            SM2 = 0;
    }
    else                       //接收到的信息是数据
    {
        *mypdata=rdata;
        mypdata++;
        if(rdata==0x20)        //所有数据接收完毕, 置 SM2 为 1, 为下一次接收地址信息做准备
            SM2 = 1;
    }
}
```

```
/*------------------------主函数--------------------------*/
void main (void)
{
    UartInit();           //调用串行接口 1 的初始化函数
    mypdata =ADDRR;       //取存放数据数组的首地址
    ES = 1;               //开放串行接口 1 中断
    EA = 1;
    while(1);             //等待中断
}
```

9.3 STC8A8K64S4A12 单片机与计算机的通信

9.3.1 单片机与计算机 RS-232 串行通信接口设计

在单片机应用系统中,单片机与上位机的数据通信主要采用异步串行通信方式。在设计通信接口时,必须根据需要选择标准接口,并考虑传输介质、电平转换等问题。采用标准接口能够方便地把单片机和 I/O 设备、测量仪器等有机地连接起来,从而构成一个测控系统。例如,当需要单片机和计算机通信时,通常采用 RS-232 串行通信接口进行电平转换。

1. RS-232C 串行通信接口

RS-232C 标准是使用最早、应用最多的一种异步串行通信总线标准。它是美国电子工业协会(EIA)于 1962 年公布,并于 1969 年最终修订而成的。其中 RS 表示 Recommended Standard,232 是该标准的标识号,C 表示最后一次修订。

RS-232C 标准主要用来定义计算机系统的一些数据终端设备(DTE)和数据电路终接设备(DCE)之间的电气性能。8051 单片机与计算机的通信通常采用 RS-232C 串行通信接口。

RS-232C 串行通信接口总线适用于设备之间通信距离不大于 15m、传输速率最大为 20KB/s 的应用场合。

1)RS-232C 信息格式

RS-232C 信息格式采用串行格式,如图 9.20 所示。信息开始为起始位,结束为停止位;信息本身可以是 5 位数据位、6 位数据位、7 位数据位或 8 位数据位再加一位奇偶检验位。如果发送两个信息之间无信息,则写入 1,表示空。

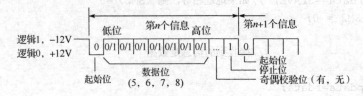

图 9.20 RS-232C 信息格式

2)RS-232C 电平转换电路

RS-232C 标准规定了自己的电气标准,由于它是在 TTL 电路之前研制的,所以它的电平不是+5V 和地,而是采用负逻辑,即逻辑 0 为+5V~+15V;逻辑 1 为-15V~-5V。

因此,RS-232C 不能和 TTL 电路直接相连,使用时必须进行电平转换,否则 TTL 电路将烧坏,在实际应用时必须注意。

目前,常用的电平转换电路是 MAX232 或 STC232,MAX232 的逻辑结构图如图 9.21 所示。

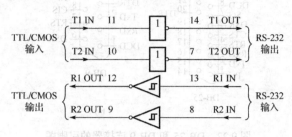

图 9.21 MAX232 的逻辑结构图

3)RS-232C 总线规定

RS-232C 标准总线为 25 根,使用具有 25 个引脚的连接器,RS-232C 标准总线引脚的定义如表 9.3 所示。

表 9.3 RS-232C 标准总线引脚的定义

引脚	定义	引脚	定义
1	保护地(PG)	14	辅助通道发送数据
2	发送数据(TxD)	15	发送时钟(TXC)
3	接收数据(RxD)	16	辅助通道接收数据
4	请求发送(RTS)	17	接收时钟(RXC)
5	清除发送(CTS)	18	未定义
6	数据通信设备准备就绪(DSR)	19	辅助通道请求发送
7	信号地(SG)	20	数据终端设备就绪(DTR)
8	接收线路信号检测(DCD)	21	信号质量检测
9	接收线路建立检测	22	音响指示
10	线路建立检测	23	数据速率选择
11	未定义	24	发送时钟
12	辅助通道接收线信号检测	25	未定义
13	辅助通道清除发送		

4)连接器的机械特性

由于 RS-232C 并未定义连接器的物理特性,所以出现了 DB-25、DB-15 和 DB-9 等类型的连接器,其引脚的定义各不相同。下面介绍两种连接器。

(1)DB-25 连接器。

DB-25 连接器的引脚图如图 9.22(a)所示,各引脚定义与表 9.3 中的一致。

(2)DB-9 连接器。

DB-9 连接器只提供了异步通信的 9 个信号,如图 9.22(b)所示。DB-9 连接器的引脚分配与 DB-25 连接器的不同。因此,若与配接 DB-25 连接器的 DCE 连接,则必须使用专门的电缆线。

当通信速率低于 20B/s 时，RS-232C 所能直接连接的最大物理距离为 15m。

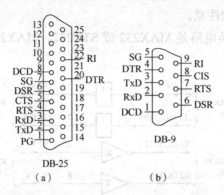

图 9.22　DB-25 和 DB-9 连接器的引脚图

2. RS-232C 串行通信接口与 8051 单片机的通信接口设计

计算机系统内都装有异步通信适配器，利用它可以实现异步串行通信。异步通信适配器的核心元器件是可编程的 Intel 8250 芯片，它使计算机有能力与其他具有标准的 RS-232C 串行通信接口的计算机或设备进行通信。STC8A8K64S4A12 单片机本身具有一个全双工的串行接口，因此只要配以电平转换的驱动电路、隔离电路就可组成一个简单可行的通信接口。同样，计算机和单片机之间的通信分为双机通信和多机通信。

计算机和单片机进行串行通信的硬件连接，最简单的连接是零调制三线经济型连接电路（见图 9.23），这是进行全双工通信所必需的最少线路，计算机的 9 针串行接口只需连接其中的三个引脚：第 5 引脚的 GND，第 2 引脚的 RxD，第 3 引脚的 TxD，这也是STC8A8K64S4A12 单片机程序下载电路之一。

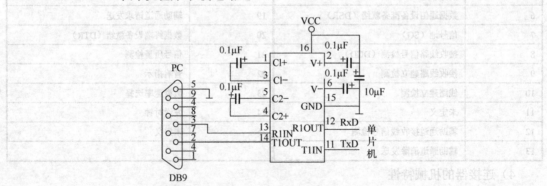

图 9.23　计算机和单片机串行通信的零调制三线经济型连接电路

9.3.2　STC8A8K64S4A12 单片机与计算机的串行通信程序设计

通信程序设计分为计算机（上位机）程序设计与单片机（下位机）程序设计。

为了实现单片机与计算机的串行接口通信，计算机端需要开发相应的串行接口通信程序，这些程序通常用各种高级语言来开发，如 VC、VB 等。在实际开发调试单片机端的串行接口通信程序时，可以通过在 STC 系列单片机上下载程序中内嵌的串行接口调试程序或其他串行接口调试软件（如串行接口调试精灵软件）来模拟计算机端的串行接口通信程序。这也是在实际工程开发中，特别是团队开发时，常用的办法。

利用串行接口调试程序，无须任何编程便可实现 RS-232C 的串行接口通信，这有效地提高了工作效率，使串行接口调试能够方便、透明地进行。串行接口调试程序可以在线设置各种通信速率、奇偶校验位及通信口；可以发送十六进制（HEX）格式和文本（ASCII 码）格式的数据；可以设置定时发送的数据及时间间隔；可以自动显示接收到的数据，支持十六进制格式和文本格式显示。串口调试程序是工程技术人员监视、调试串行接口程序的必备工具。

单片机程序设计需要根据不同的功能要求，设置串行接口并利用串行接口与计算机进行数据通信。

例 9.5　将计算机键盘的输入发送给单片机，单片机收到计算机发来的数据后，回送同一数据给计算机，并在屏幕上显示出来。PC 端采用 STC-ISP 在线编程软件中内嵌的串行接口调试程序进行数据发送与数据接收并显示数据，请编写单片机通信程序。

解　通信双方约定，波特率为 9600bit/s，信息格式为 8 位数据位，1 位停止位，无奇偶校验位。设系统晶振频率为 11.0592MHz。

（1）汇编语言参考源程序（PC_MCU.ASM）。

```
$include(stc8.inc)          ;STC8 系列单片机特殊功能寄存器的定义文件
ORG     0000H
     LJMP  MAIN             ;转初始化程序
ORG     0023H
   LJMP Sirial_ISR          ;转串行接口中断程序
   ORG     0050H
MAIN:
   LCALL  UARTINIT          ;设定串行接口 1 的工作方式为工作方式 1，并启动
   SETB  ES
   SETB  EA                 ;开放串行接口中断
   SJMP  $                  ;模拟主程序
UARTINIT:                   ;9600bit/s@11.0592MHz
   MOV SCON,#50H            ;工作方式 1，允许串行接收
   ORL AUXR,#40H            ;定时/计数器 T1 时钟为 fSYS
   ANL AUXR,#0FEH           ;串行接口 1 选择定时/计数器 T1 为波特率发生器
   ANL TMOD,#0FH            ;设定定时/计数器 T1 为 16 位自动重装方式
   MOV TL1,#0E0H            ;设定定时初值
   MOV TH1,#0FEH            ;设定定时初值
   CLR ET1                  ;禁止定时/计数器 T1 中断
   SETB TR1                 ;启动定时/计数器 T1
   RET
;串行接口中断服务子程序
Sirial_ISR :
   CLR  EA                  ;关中断
   CLR  RI                  ;串行接口中断标志位清 0
   PUSH  DPL                ;保护现场
   PUSH  DPH
```

```
    PUSH  ACC
    MOV   A,SBUF                    ;接收计算机发送的数据
    MOV   SBUF,A                    ;将数据回送给计算机
Check_TI:
    JNB   TI,Check_TI               ;等待发送结束
    CLR   TI
    POP   ACC                       ;恢复现场
    POP   DPH
    POP   DPL
    SETB  EA                        ;开中断
    RETI                            ;返回
    END
```

（2）C 语言参考源程序（pc_mcu.c）。

```c
#include <stc8.h>                   //包含支持 STC8 系列单片机的头文件
#include <intrins.h>
#define uchar unsigned char
#define uint  unsigned int
uchar  temp;
/*-----------------串行接口波特率函数-----------------*/
void UartInit(void)                 //9600bit/s@11.0592MHz
{
    SCON = 0x50;                    //工作方式 1，允许串行接收
    AUXR |= 0x40;                   //定时/计数器 T1 时钟为 f_SYS
    AUXR &= 0xFE;                   //串行接口 1 选择定时/计数器 T1 为波特率发生器
    TMOD &= 0x0F;                   //设定定时/计数器 T1 为 16 位自动重装方式
    TL1 = 0xE0;                     //设定定时初值
    TH1 = 0xFE;                     //设定定时初值
    ET1 = 0;                        //禁止定时/计数器 T1 中断
    TR1 = 1;                        //启动定时/计数器 T1
}

/*-----------------中断服务子函数-----------------*/

void Serial_ISR(void) interrupt 4
{
    RI =0 ;                         //串行接收标志位清 0
    temp = SBUF;                    //接收数据
    SBUF = temp;                    //发送接收到的数据
    while(TI==0);                   //等待发送结束
    TI = 0;                         //TI 清 0
}

/*-----------------主函数-----------------*/
void main(void)
{
    UartInit();                     //调用串行接口初始化函数
    ES=1;                           //开放串行接口 1 中断
```

```
    EA=1;
    while(1);
}
```

9.4　STC8A8K64S4A12 单片机串行接口 1 的中继广播方式

串行接口的中继广播方式，是指单片机串行接口 1 发送引脚（TxD）的输出可以实时反映串行接口接收引脚（RxD）输入的电平状态。

STC8A8K64S4A12 单片机串行接口 1 具有中继广播方式功能，它是通过设置 AUXR2 特殊功能寄存器的 B4 位来实现的。CLK_DIV 的格式如下。

符号	地址	B7	B6	B5	B4	B3	B2	B1	B0
AUXR2	97H	—	—	—	TXLNRX	—	—	—	—

TXLNRX：串行接口 1 中继广播方式控制位。

0：串行接口 1 为正常模式。

1：串行接口 1 为中继广播方式，即将从 RxD 引脚输入的电平状态实时在 TxD 引脚输出，TxD 引脚可以对 RxD 引脚的输入信号进行实时整型放大输出。

串行接口 1 的中继广播方式除可以通过设置 TXLNRX 来选择外，还可以通过 STC-ISP 在线编程软件中的"TxD 脚是否直通输出 RxD 脚的输入电平"复选框来设置。

在 STC-ISP 在线编程软件中，单片机上电后就可以执行；当用户在用户程序中的设置与在 STC-ISP 在线编程软件中的设置不一致时，在执行到相应的用户程序时就会覆盖原来 STC-ISP 在线编程软件中的设置。

9.5　STC8A8K64S4A12 单片机串行接口 2*

STC8A8K64S4A12 单片机串行接口 2 默认发送引脚、接收引脚分别是：TxD2/P1.1、RxD2/P1.0，通过设置 S2_S 控制位，串行接口 2 的硬件引脚 TxD2、RxD2 可切换为 P4.7、P4.6。

与单片机串行接口 2 有关的特殊功能寄存器有单片机串行接口 2 控制寄存器、与波特率设置相关的定时/计数器 T2 的寄存器、与中断控制相关的寄存器，如表 9.4 所示。

表 9.4　与单片机串行接口 2 有关的特殊功能寄存器

	地址	B7	B6	B5	B4	B3	B2	B1	B0	复位值
S2CON	9AH	S2SM0	—	S2SM2	S2REN	S2TB8	S2RB8	S2TI	S2RI	0x00 0000
S2BUF	9BH	串行接口 2 数据缓冲器								xxxx xxxx
T2L	D7H	T2 的低 8 位								0000 0000
T2H	D6	T2 的高 8 位								0000 0000
AUXR	8EH	T0x12	T1x12	UART_M0x6	T2R	T2_C/T̄	T2x12	EXTRAM	S1ST2	0000 0000
IE2	AFH	—	ET4	ET3	ES4	ES3	ET2	ESPI	ES2	x000 0000

续表

	地址	B7	B6	B5	B4	B3	B2	B1	B0	复位值
IP2	B5H	—	—	—	—	—	—	PSPI	PS2	0000 0000
P_SW2	BAH	—	—	—	—	—	S4_S	S3_S	S2_S	xxxx x000

1. 串行接口 2 控制寄存器 S2CON

S2CON 用于设定串行接口 2 的工作方式、串行接收控制及状态标志位。S2CON 的字节地址为 9AH，其格式及说明如下。

	地址	B7	B6	B5	B4	B3	B2	B1	B0	复位值
S2CON	9AH	S2SM0	—	S2SM2	S2REN	S2TB8	S2RB8	S2TI	S2RI	0x00 0000

S2SM0：用于指定串行接口 2 的工作方式，如表 9.5 所示。串行接口 2 的波特率为定时/计数器 T2 溢出率的四分之一。

表 9.5 串行接口 2 的工作方式

S2SM0	工作方式	功能	波特率
0	工作方式 0	8 位串行接口	（定时/计数器 T2 溢出率）$\frac{1}{4}$
1	工作方式 1	9 位串行接口	

S2SM2：串行接口 2 多机通信控制位，在工作方式 1 状态下使用。当工作方式 1 状态下的串行接口 2 处于接收状态时，若（S2SM2）=1 且（S2RB8）=0，则不激活 S2RI；若（S2SM2）=1 且（S2RB8）=1，则置位 S2RI；若（S2SM2）=0，则不论 S2RB8 为 0 还是为 1，S2RI 都以正常方式被激活。

S2REN：允许串行接口 2 接收控制位。其由软件进行置位或清 0。当（S2REN）=1 时，启动接收；当（S2REN）=0 时，禁止接收。

S2TB8：串行接口 2 发送的第 9 位数据。在工作方式 1 状态下，由 S2TB8 软件置位或复位，可作为奇偶校验位。在多机通信中，S2TB8 可作为地址帧或数据帧的标志位，一般约定地址帧时 S2TB8 为 1；约定数据帧时 S2TB8 为 0。

S2RB8：在工作方式 1 状态下，S2RB8 是串行接口 2 接收到的第 9 位数据，可作为奇偶校验位或地址帧或数据帧的标志位。

S2TI：串行接口 2 发送中断标志位，在发送停止位之初由硬件置位。S2TI 是发送完一帧数据的标志位，既可以用查询方式来响应，也可以用中断方式来响应，然后在相应的查询服务程序或中断服务程序中，由软件清 0。

S2RI：串行接口 2 接收中断标志位。在接收停止位的中间由硬件置位。S2RI 是接收完一帧数据的标志位。同 S2TI 一样，S2RI 既可以用查询方式来响应，也可以用中断方式来响应，然后在相应的查询服务程序或中断服务程序中，由软件 S2RI 清 0。

2. 串行接口 2 数据缓冲器 S2BUF

S2BUF 是串行接口 2 的数据缓冲器，同 SBUF 一样，一个地址对应两个物理上的缓冲器。当对 S2BUF 进行写操作时，对应的是串行接口 2 的发送缓冲器，同时写操作还是串行接口 2 的启动发送指令；当对 S2BUF 进行读操作时，对应的是串行接口 2 的接收缓冲器，用于读取串行接口 2 接收进来的数据。

3．串行接口 2 的中断控制寄存器 IE2、IP2

IE2 的 ES2 位是串行接口 2 的中断允许控制位，（IE2）=1 表示允许中断，（IE2）=0 表示禁止中断。

IP2 的 EP2 位是串行接口 2 的中断优先级控制位，（IP2）=1 表示高级，（IP2）=0 表示低级。

串行接口 2 的中断入口地址是 0043H，其中断号是 8。

9.6　STC8A8K64S4A12 单片机串行接口 3*

STC8A8K64S4A12 单片机串行接口 3 默认的发送引脚、接收引脚分别是 TxD3/P0.1、RxD3/P0.0，通过设置 S3_S 控制位，串行接口 3 的硬件引脚 TxD3、RxD3 可切换为 P5.1、P5.0。

与单片机串行接口 3 有关的特殊功能寄存器有单片机串行接口 3 控制寄存器、与波特率设置相关的定时/计数器 T2、定时/计数器 T3 的寄存器、与中断控制相关的寄存器，如表 9.6 所示。

表 9.6　与单片机串行接口 3 有关的特殊功能寄存器

	地址	B7	B6	B5	B4	B3	B2	B1	B0	复位值
S3CON	ACH	S3SM0	S3ST3	S3SM2	S3REN	S3TB8	S3RB8	S3TI	S3RI	0000 0000
S3BUF	ADH	串行接口 3 数据缓冲器								xxxx xxxx
T2L	D7H	定时/计数器 T2 的低 8 位								0000 0000
T2H	D6	定时/计数器 T2 的高 8 位								0000 0000
AUXR	8EH	T0x12	T1x12	UART_M0x6	T2R	T2_C/$\overline{\text{T}}$	T2x12	EXTRAM	S1ST2	0000 0000
T3L	D4H	定时/计数器 T3 的低 8 位								0000 0000
T3H	D5H	定时/计数器 T3 的高 8 位								0000 0000
T4T3M	D1H	T4R	T4_C/$\overline{\text{T}}$	T4x12	T4CLKO	T3R	T3_C/$\overline{\text{T}}$	T3x12	T3CLKO	0000 0000
IE2	AFH	—	ET4	ET3	ES4	ES3	ET2	ESPI	ES2	x000 0000
P_SW2	BAH	—	—	—	—	—	S4_S	S3_S	S2_S	xxxx x000

1．串行接口 3 控制寄存器 S3CON

S3CON 用于设定串行接口 3 的工作方式、串行接收控制及状态标志位。S3CON 的字节地址为 ACH，单片机复位时，所有位全为 0，其格式及说明如下。

	地址	B7	B6	B5	B4	B3	B2	B1	B0	复位值
S3CON	ACH	S3SM0	S3ST3	S3SM2	S3REN	S3TB8	S3RB8	S3TI	S3RI	0000 0000

S3SM0：用于指定串行接口 3 的工作方式，如表 9.7 所示。

表 9.7　串行接口 3 的工作方式

S3SM0	工作方式	功能	波特率
0	方式 0	8 位串行接口	（定时/计数器 T2 溢出率）$\frac{1}{4}$ 或（定时/计数器 T3 溢出率）$\frac{1}{4}$
1	方式 1	9 位串行接口	

S3ST3：串行接口 3 选择波特率发生器控制位。

（S3T3）=0：选择定时/计数器 T2 为波特率发生器，其波特率为定时/计数器 T2 溢出率的四分之一。

（S3T3）=1：选择定时/计数器 T3 为波特率发生器，其波特率为定时/计数器 T3 溢出率的四分之一。

S3SM2：串行接口 3 多机通信控制位，在工作方式 1 状态下使用。在工作方式 1 状态下的串行接口 2 处于接收状态时，若（S3SM2）=1 且（S3RB8）=0，则不激活 S3RI；若（S3SM2）=1 且（S3RB8）=1，则置位 S3RI；若（S3SM2）=0，则不论 S3RB8 为 0 还是为 1，S3RI 都以正常方式被激活。

S3REN：允许串行接口 3 接收控制位，其由软件置位或清 0。当（S3REN）=1 时，启动接收；当（S3REN）=0 时，禁止接收。

S3TB8：串行接口 3 发送的第 9 位数据。在工作方式 1 状态下，由软件置位或复位，可作为奇偶校验位。在多机通信中，S3TB8 可作为地址帧或数据帧的标志位。一般在约定地址帧时 S3TB8 为 1，在约定数据帧时 S3TB8 为 0。

S3RB8：在工作方式 1 状态下，S3RB8 是串行接口 3 接收到的第 9 位数据，可作为奇偶校验位或地址帧或数据帧的标志位。

S3TI：串行接口 3 发送中断标志位，在发送停止位之初由硬件置位。S3TI 是发送完一帧数据的标志位，既可以用查询方式来响应，也可以用中断方式来响应，然后在相应的查询服务程序或中断服务程序中，由软件清除。

S3RI：串行接口 3 接收中断标志位。在接收停止位的中间由硬件置位。S3RI 是接收完一帧数据的标志位。S3RI 同 S3TI 一样，既可以用查询方式来响应，也可以用中断方式来响应，然后在相应的查询服务程序或中断服务程序中，由软件清除。

2．串行接口 3 数据缓冲器 S3BUF

S3BUF 是串行接口 3 的数据缓冲器，同 SBUF 一样，一个地址对应两个物理上的缓冲器，当对 S3BUF 进行写操作时，对应的是串行接口 3 的发送缓冲器，同时写操作还是串行接口 3 的启动发送指令；当对 S3BUF 进行读操作时，对应的是串行接口 3 的接收缓冲器，用于读取串行接口 3 串行接收进来的数据。

3．串行接口 3 的中断控制寄存器 IE2

IE2 的 ES3 位是串行接口 3 的中断允许控制位，（ES3）=1 表示允许中断，（ES3）=0 表示禁止中断。

串行接口 3 的中断入口地址是 008BH，其中断号是 17；串行接口 3 的中断的优先级固定为最低中断优先级。

9.7　STC8A8K64S4A12 单片机串行接口 4*

STC8A8K64S4A12 单片机串行接口 4 默认的发送引脚、接收引脚分别是 TxD4/P0.3、

RxD4/P0.2，通过设置 S4_S 控制位，串行接口 4 的硬件引脚 TxD4、RxD4 可切换为 P5.3、P5.2。

与单片机串行接口 4 有关的特殊功能寄存器有单片机串行接口 4 控制寄存器、与波特率设置相关定时/计数器 T2、定时/计数器 T4 的寄存器、与中断控制相关的寄存器，如表 9.8 所示。

表 9.8 与单片机串行接口 4 有关的特殊功能寄存器

	地址	B7	B6	B5	B4	B3	B2	B1	B0	复位值
S4CON	84H	S4SM0	S4ST4	S4SM2	S4REN	S4TB8	S4RB8	S4TI	S4RI	0000 0000
S4BUF	85H	串行接口 3 数据缓冲器								xxxx xxxx
T2L	D7H	定时/计数器 T2 的低 8 位								0000 0000
T2H	D6	定时/计数器 T2 的高 8 位								0000 0000
AUXR	8EH	T0x12	T1x12	UART_M0x6	T2R	T2_C/$\overline{\text{T}}$	T2x12	EXTRAM	S1ST2	0000 0000
T4L	D2H	定时/计数器 T4 的低 8 位								0000 0000
T4H	D3H	定时/计数器 T5 的高 8 位								0000 0000
T4T3M	D1H	T4R	T4_C/$\overline{\text{T}}$	T4x12	T4CLKO	T3R	T3_C/$\overline{\text{T}}$	T3x12	T3CLKO	0000 0000
IE2	AFH	—	ET4	ET3	ES4	ES3	ET2	ESPI	ES2	x000 0000
P_SW2	BAH	—	—	—	—	—	S4_S	S3_S	S2_S	xxxx x000

1. 串行接口 4 控制寄存器 S4CON

S4CON 用于设定串行接口 4 的工作方式、串行接收控制及状态标志位。S4CON 的字节地址为 84H，单片机复位时，所有位全为 0，其格式及说明如下。

	地址	B7	B6	B5	B4	B3	B2	B1	B0	复位值
S4CON	84H	S4SM0	S4ST3	S4SM2	S4REN	S4TB8	S4RB8	S4TI	S4RI	0000 0000

S4SM0：用于指定串行接口 4 的工作方式，如表 9.9 所示。

表 9.9 串行接口 4 的工作方式

S4SM0	工作方式	功能	波特率
0	方式 0	8 位串行接口	（定时/计数器 T2 溢出率）$\frac{1}{4}$ 或（定时/计数器 T4 溢出率）$\frac{1}{4}$
1	方式 1	9 位串行接口	

S4ST3：串行接口 4 选择波特率发生器控制位。

（S4ST3）=0：选择定时/计数器 T2 为波特率发生器，其波特率为定时/计数器 T2 溢出率的四分之一。

（S4ST3）=1：选择定时/计数器 T4 为波特率发生器，其波特率为定时/计数器 T4 溢出率的四分之一。

S4SM2：串行接口 4 多机通信控制位，在工作方式 1 状态下使用。当工作方式 1 状态下的串行接口处于接收状态时，若（S4SM2）=1 且（S4RB8）=0，则不激活 S4RI；若（S4SM2）=1 且（S4RB8）=1，则置位 S4RI；若（S4SM2）=0，则不论 S4RB8 为 0 还是为 1，S4RI 都以正常方式被激活。

S4REN：允许串行接口 4 接收控制位，其由软件置位或清 0。当（S4REN）=1 时，启动接收；当（S4REN）=0 时，禁止接收。

S4TB8：串行接口 4 发送的第 9 位数据。在工作方式 1 状态下，由软件置位或复位，可作为奇偶校验位。在多机通信中，S4TB8 可作为地址帧或数据帧的标志位。一般在约定地址帧时 S4TB8 为 1，在约定数据帧时 S4TB8 为 0。

S4RB8：在工作方式 1 状态下，S4RB8 是串行接口 4 接收到的第 9 位数据，可作为奇偶校验位或地址帧或数据帧的标志位。

S4TI：串行接口 4 发送中断标志位，在发送停止位之初由硬件置位。S4TI 是发送完一帧数据的标志位，既可以用查询方式来响应，也可以用中断方式来响应，然后在相应的查询服务程序或中断服务程序中，由软件清除。

S4RI：串行接口 4 接收中断标志位，在接收停止位的中间由硬件置位。S4RI 是接收完一帧数据的标志位，同 S4TI 一样，既可以用查询方式来响应，也可以用中断方式来响应，然后在相应的查询服务程序或中断服务程序中，由软件清除。

2. 串行接口 4 数据缓冲器 S4BUF

S4BUF 是串行接口 4 的数据缓冲器，同 SBUF 一样，一个地址对应两个物理上的缓冲器，当对 S4BUF 进行写操作时，对应的是串行接口 4 的发送缓冲器，同时写操作还是串行接口 4 的启动发送指令；当对 S4BUF 进行读操作时，对应的是串行接口 4 的接收缓冲器，用于读取串行接口 4 串行接收进来的数据。

3. 串行接口 4 的中断控制寄存器 IE2

IE2 的 ES4 位是串行接口 4 的中断允许控制位，（IE2）=1 表示允许中断，IE2=0 表示禁止中断。

串行接口 4 的中断入口地址是 0093H，其中断号是 18；串行接口 4 的中断优先级固定为最低中断优先级。

9.7.1 工程训练 9.1 STC8A8K64S4A12 单片机间的双机通信

一、工程训练目标

（1）理解异步通信的工作原理及 STC8A8K64S4A12 单片机串行接口的工作特性。

（2）掌握 STC8A8K64S4A12 单片机串行接口双机通信的应用编程。

二、任务功能与参考程序

1. 任务功能

设定甲机与乙机的功能一致。利用 1 个按钮控制，每按一次按钮，串行接口向对方发送一个数据；当对方发送数据时，串行接收并将其存放在指定的存储器中，LED 数码管显示本机的累计发送数据的次数、当前接收数据及累计发送数据的次数，当发送次数超过 50 时，停止发送。当串行接收次数超过 50 时，LED 数码管显示格式如下。

7	6	5	4	3	2	1	0
累计发送次数		—	当前接收数据		—		累计接收次数

2. 硬件设计

甲机、乙机都用串行接口 1 进行串行通信，甲机的串行发送引脚 P3.1（U16 插座 22 引脚）与乙机的串行接收引脚 P3.0（U16 插座 21 引脚）相接；乙机的串行发送引脚 P3.1（U16 插座 22 引脚）与甲机的串行接收引脚 P3.0（U16 插座 21 引脚）相接，甲机的电源地（U16 插座 20 引脚）与乙机的电源地（U16 插座 20 引脚）相接。将 SW18 作为串行接口发送的控制按钮。

3. 参考程序（C 语言版）

（1）程序说明。

定义一个串行发送数据数组 C_SEND[50]，分配在扩展 RAM 区。同时定义一个串行接收数据数组 C_REV[50]，用于存放接收到的数据。

SW18 通过中断方式控制串行接口 1 发送数据。i 作为串行接口 1 发送的控制变量；j 作为串行接口 1 接收的控制变量。

（2）参考程序：工程训练 91.c。

```
#include <stc8.h>              //包含支持 STC8 系列单片机的头文件
#include <intrins.h>
#define uchar unsigned char
#define uint  unsigned int
#include<LED_display.h>
uchar xdata C_SEND[50];
uchar xdata C_REV[50];
uchar i=0;
uchar j=0;
uchar send_counter=0;
uchar rev_counter=0;
void UartInit(void)        //57600bit/s@12.000MHz
{
    SCON = 0x50;           //8 位数据,可变波特率
    AUXR &= 0xBF;          //定时/计数器 T1 时钟为 Fosc/12,即 12T
    AUXR &= 0xFE;          //串行接口 1 选定时/计数器 T1 为波特率发生器
    TMOD &= 0x0F;          //设定定时/计数器 T1 为 16 位自动重装方式
    TL1 = 0xFC;            //设定定时初值
    TH1 = 0xFF;            //设定定时初值
    ET1 = 0;              //禁止定时/计数器 T1 中断
        TR1 = 1;           //启动定时/计数器 T1
}
void main()
{
    UartInit();
    REN=1;
    IT1=1;EX1=1;
    ES=1;
    EA=1;
    while(1)
    {
        Dis_buf[7]=send_counter/10%10;
```

```
        Dis_buf[6]=send_counter%10;
        Dis_buf[5]=27;
        Dis_buf[4]=C_REV[j]/10%10;
        Dis_buf[3]=C_REV[j]%10;
        Dis_buf[2]=27;
        Dis_buf[1]=rev_counter/10%10;
        Dis_buf[0]=rev_counter%10;
        LED_display();
    }
}
void uart_isr() interrupt 4
{
    RI=0;
    if(j<50)
    {
        C_REV[j]=SBUF;
        j++;
    }
}
void EX1_isr() interrupt 2
{
    if(i<50)
    {
        SBUF=C_SEND[i];
        while(TI==0);
        TI=0;
        i++;
    }
}
```

三、训练步骤

（1）分析工程训练 91.c 程序文件。

（2）用 Keil μVision4 集成开发环境编辑、编译用户程序，生成机器代码。

① 用 Keil μVision4 集成开发环境新建工程训练 91 项目。

② 编辑工程训练 91.c 程序文件。

③ 将工程训练 91.c 程序文件添加到当前项目中。

④ 设置编译环境，选择编译时生成机器代码文件。

⑤ 编译程序文件，生成工程训练 91.hex 程序文件。

（3）将 STC8 学习板（甲机）与计算机相连。

（4）利用 STC-ISP 在线编程软件将工程训练 91.hex 程序文件下载到 STC8 学习板（甲机）中。

（5）将 STC8 学习板（乙机）与计算机相连。

（6）利用 STC-ISP 在线编程软件将工程训练 91.hex 程序文件下载到 STC8 学习板（乙

机）中。

（7）用杜邦线将甲机的 P3.1 与乙机 P3.0 相接，将乙机的 P3.1 与甲机 P3.0 相接，将甲机的电源地与乙机的电源地相接。

（8）观察与调试程序。

① 按住甲机的 SW18，观察甲机的 LED 数码管显示与乙机的 LED 数码管显示；

② 按住乙机的 SW18，观察乙机的 LED 数码管显示与甲机的 LED 数码管显示。

四、训练拓展

如图 9.24 所示，当将开关 S1 拨到下方时，串行接口 2 与串行接口 3 的接收端相接，同时串行接口 3 的发送端与串行接口 2 的接收端相接，可进行串行通信。

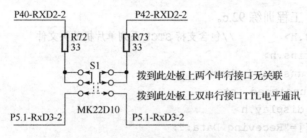

图 9.24　双串行接口通信电路

利用 SW17、SW18 控制两个串行接口的发送工作，当按住 SW17 按钮时，串行接口 2 进行串行发送，串行接口 3 进行串行接收；当按动 SW18 按钮时，串行接口 3 进行串行发送，串行接口 2 进行串行接收。LED 数码管显示发送串行接口的标识号、当前发送数据及累计发送数据的次数，LED 数码管显示格式如下。

7	6	5	4	3	2	1	0
C	串行接口号	—	当前数据		—		累计接收次数

试编写程序，并上机调试。

注意：串行接口 2、串行接口 3 的发送端与接收端的引脚不是默认的引脚，需要通过设置 P_SW2 进行切换。

9.7.2　工程训练 9.2　STC8A8K64S4A12 单片机与计算机间的串行通信

一、工程训练目标

（1）理解异步通信的工作原理及 STC8A8K64S4A12 单片机串行接口的工作特性。

（2）掌握 STC8A8K64S4A12 单片机串行接口与计算机串行通信的应用编程。

二、任务功能与参考程序

1. 任务功能

计算机通过串行接口调试程序发送单个十进制数码（0~9）字符，并串行接收单片机发送过来的数据。

单片机串行接收到计算机串行发送过来的数据后，按"Receving Data:串行接收数据"按钮，将其发送给计算机，同时将串行接收数据送至 LED 数码管显示。

2. 硬件设计

STC8 学习板的程序下载电路就是单片机与计算机的串行通信电路。

3. 参考程序（C 语言版）

（1）程序说明。

计算机利用 STC-ISP 在线编程软件内嵌的串行接口助手来串行发送数据，以及串行接收数据。

（2）参考程序：工程训练 92.c。

```c
#include <stc8.h>              //包含支持 STC8 系列单片机的头文件
#include <intrins.h>
#define uchar unsigned char
#define uint  unsigned int
#include <LED_display.h>
uchar code as[]="Receving Data:";
uchar a=0x30;
/*—————————串行接口初始化函数—————————*/
void UartInit(void)          //19200bit/s@12.000MHz
{
    SCON = 0x50;             //8 位数据，可变波特率
    AUXR &= 0xBF;            //定时/计数器 T1 时钟为 Fosc/12，即 12T
    AUXR &= 0xFE;            //串行接口 1 选择定时/计数器 T1 为波特率发生器
    TMOD &= 0x0F;            //设定定时/计数器 T1 为 16 位自动重装方式
    TL1 = 0xF3;              //设定定时初值
    TH1 = 0xFF;              //设定定时初值
    ET1 = 0;                //禁止定时/计数器 T1 中断
    TR1 = 1;                //启动定时/计数器 T1
}

/*—————————主函数—————————*/
void main(void)
{
    uchar i;
    UartInit();
    ES=1;
    EA=1;
    while(1)
    {
        Dis_buf[0]=a-0x30;
        LED_display();
        if(RI)                   //检测串行接收标志位
```

```
        {
            EA=0;
            RI=0;i=0;        //RI 清 0，并依次发送预置字符串与接收数据
            while(as[i]!='\0'){SBUF=as[i];while(!TI);TI=0;i++;}
            SBUF=a;while(!TI);TI=0;
            EA=1;            //开中断，以接收下一个计算机发送数据
        }
    }
}
/*————————————串行接口中断服务函数————————————*/
void serial_serve(void) interrupt 4
{
    a=SBUF;                 //读串行接收数据
}
```

三、训练步骤

（1）分析工程训练 92.c 程序文件。

（2）用 Keil μVision4 集成开发环境编辑、编译用户程序，生成机器代码。

① 用 Keil μVision4 集成开发环境新建工程训练 92 项目；

② 编辑工程训练 92.c 程序文件；

③ 将工程训练 92.c 程序文件添加到当前项目中；

④ 设置编译环境，选择编译时生成机器代码的文件；

⑤ 编译程序文件，生成工程训练 92.hex 程序文件。

（3）将 STC8 学习板（甲机）与计算机相连。

（4）利用 STC-ISP 在线编程软件将工程训练 92.hex 程序文件下载到 STC8 学习板（甲机）中。

（5）打开 STC-ISP 在线编程软件中的串行助手，使计算机串行接口参数与单片机串行接口通信参数一致（如波特率、数据位），并将发送区与接收区的数据格式设置为文本格式。

（6）打开串行接口。

（7）观察与调试程序。

① 在发送区依次输入数字 0～9，单击"发送数据"按钮，观察学习板的 LED 数码管的显示情况，以及串行接口助手接收区的信息；

② 同理，输入不同的数字，单击"发送数据"按钮，观察学习板的 LED 数码管的显示情况，以及串行接口助手接收区的信息。

（8）在串行接口助手的发送缓冲区输入英文字符，如字符 A，观察串行接口调试助手的接收缓冲区内容和 STC8A8K64S4A12 实验箱数码管显示内容，并做好记录。

（9）比较步骤 7 与步骤 8 观察到的内容有何不同，分析其原因，并提出解决方法。

四、训练拓展

通过计算机串行接口助手发送大写英文字母，单片机在串行接收这些大写英文字母后根

据不同的英文字母向计算机发送不同的信息，并在 STC8A8K64S4A12 实验箱数码管显示串行接收到的英文字母，如表 9.10 所示。

表 9.10 计算机与单片机之间串行通信控制功能表

计算机串行接口助手发送的字符	单片机向计算机发送的信息
A	"你的姓名"
B	"你的性别"
C	"你就读的学校名称"
D	"你就读的专业名称"
E	"你的学生证号"
其他字符	非法指令

本章小结

集散控制和多微机系统及现代测控系统经常采用串行通信方式进行信息交换。串行通信可分为异步通信和同步通信。异步通信是按字符传输的，每传送一个字符，就用起始位来进行收发双方的同步；同步串行通信是按数据块传输的，在进行数据传送时是通过发送同步脉冲来进行同步的，发送和接收双方要保持完全的同步，因此接收设备和发送设备必须使用同一时钟。同步传送的优点是可以提高传送速率，缺点是硬件电路比较复杂。

在串行通信中，按照在同一时刻数据流的传送方向可分为单工、半双工和全双工 3 种制式。

STC8A8K64S4A12 单片机有 4 个可编程串行接口：串行接口 1、串行接口 2、串行接口 3 和串行接口 4。

串行接口 1 有 4 种工作方式：同步移位寄存器输入/输出方式、10 位异步通信方式及波特率不同的两种 11 位的异步通信方式。工作方式 0 和工作方式 2 的波特率是固定的，而工作方式 1 和工作方式 3 的波特率是可变的，由定时/计数器 T1 的溢出率或定时/计数器 T2 的溢出率来决定。工作方式 0 主要用于扩展 I/O 口，工作方式 1 可以实现 10 位串行接口，工作方式 2、工作方式 3 可实现 11 位串行接口。

串行接口 2、串行接口 3、串行接口 4 有两种工作方式：8 位异步通信及 9 位异步通信。串行接口 2 的波特率为定时/计数器 T2 溢出率的四分之一，串行接口 3 的波特率为定时/计数器 T2 溢出率的四分之一或定时/计数器 T3 溢出率的四分之一，串行接口 4 的波特率为定时/计数器 T2 溢出率的四分之一或定时/计数器 T4 溢出率的四分之一。

串行接口 1 和串行接口 2、串行接口 3、串行接口 4 的发送、接收引脚都可以通过软件设置，将串行接口 1 和串行接口 2、串行接口 3、串行接口 4 的发送端与接收端切换到其他端口上。

利用单片机的串行接口通信，可以实现单片机与单片机之间的双机或多机通信，也可以实现单片机与计算机之间的双机或多机通信。

STC8A8K64S4A12 单片机串行接口 1 具有中继广播功能，即线传播功能，串行接口的串行发送引脚输出能实时反映串行接收引脚输入的电平状态,将对各单片机的串行接口构成一个线移位寄存器,可大大地节省利用串行接口接收再发送方式所需要的时间。

RS-232C 串行通信接口是一种被广泛使用的标准串行接口,其优点是信号线根数少,有多种可供选择的数据传送速率,缺点是信号传输距离仅为几十米。计算机与单片机的通信采用的接口是 RS-232 串行通信接口,但 RS-232 串行通信接口已不是计算机的标配,现在更多的是采用 USB 接口模拟 RS-232 串行通信接口进行串行通信。

在工控系统(尤其是多点现场工控系统)设计实践中,单片机与计算机组合构成分布式控制系统是一个重要的发展方向。

 思考与提高题

一、填空题

1. 微型计算机的数据通信分为_____与串行通信两种类型。

2. 在串行通信中,按数据传送方向分为_____、半双工、_____三种制式。

3. 在串行通信中,按同步时钟类型分为_____与同步串行通信两种方式。

4. 异步串行通信以字符帧为发送单位,每个字符帧包括_____、数据位与_____三个部分。

5. 在异步串行通信中,起始位是_____,停止位是_____。

6. STC8A8K64S4A12 单片机有_____个_____的串行接口。

7. STC8A8K64S4A12 单片机包含 2 个_____、1 个移位寄存器、1 个串行接口控制寄存器与 1 个_____。

8. STC8A8K64S4A12 单片机串行接口 1 的数据缓冲器是_____,实际上一个地址对应 2 个寄存器,当对数据缓冲器进行写操作时,对应的是_____数据寄存器,同时写操作还是串行接口 1 发送的启动指令;当对数据缓冲器进行读操作时,对应的是_____数据寄存器。

9. STC8A8K64S4A12 单片机串行接口 1 有 4 种工作方式,工作方式 0 是_____,工作方式 1 是_____,工作方式 2 是_____,工作方式 3 是_____。

10. STC8A8K64S4A12 单片机串行接口 1 的多机通信控制位是_____。

11. STC8A8K64S4A12 单片机串行接口 1 工作方式 0 的波特率是_____,工作方式 1、工作方式 3 的波特率是_____,工作方式 2 的波特率是_____。

12. STC8A8K64S4A12 单片机串行接口 1 的中断请求标志位包含 2 个,发送中断请求标志位是_____,接收中断请求标志位是_____。

二、选择题

1. 当(SM0)=0、(SM1)=1 时,STC8A8K64S4A12 单片机串行接口 1 的工作方式为_____。

A. 工作方式 0   B. 工作方式 1   C. 工作方式 2   D. 工作方式 3

2. 若使 STC8A8K64S4A12 单片机串行接口 1 在工作方式 2 的状态下工作时，SM0、SM1 的值应设置为_____。

    A. 0、0   B. 0、1   C. 1、0   D. 1、1

3. STC8A8K64S4A12 单片机串行接口 1 串行接收时，在_____情况下串行接收结束后，RI 不会置位。

    A.（SM2）=1、（RB8）=1   B.（SM2）=0、（RB8）=1

    C.（SM2）=1、（RB8）=0   D.（SM2）=0、（RB8）=0

4. STC8A8K64S4A12 单片机串行接口 1 在工作方式 2、工作方式 3 状态下工作时，若使串行发送的第 9 位数据为 1，则在串行发送前，应使_____置 1。

    A. RB8   B. TB8   C. TI   D. RI

5. STC8A8K64S4A12 单片机串行接口 1 在工作方式 2、工作方式 3 状态下工作时，若想串行发送的数据为奇偶校验数据，应使 TB8_____。

    A. 置 1   B. 置 0   C. =P   D. =$\overline{P}$

6. STC8A8K64S4A12 单片机串行接口 1 在工作方式 1 状态下工作时，一个字符帧的位数是_____位。

    A. 8   B. 9   C. 10   D. 11

三、判断题

1. 在同步串行通信中，发送、接收双方的同步时钟必须完全同步。（   ）

2. 在异步串行通信中，发送、接收双方可以拥有各自的同步时钟，但发送、接收双方的通信速率要求一致。（   ）

3. STC8A8K64S4A12 单片机串行接口 1 在工作方式 0、工作方式 2 状态下工作时，S1ST2 的值不影响波特率的大小。（   ）

4. STC8A8K64S4A12 单片机串行接口 1 在工作方式 0 状态下工作时，PCON 的 SMOD 控制位的值会影响波特率的大小。（   ）

5. STC8A8K64S4A12 单片机串行接口 1 在工作方式 1 状态下工作时，PCON 的 SMOD 控制位的值会影响波特率的大小。（   ）

6. STC8A8K64S4A12 单片机串行接口 1 在工作方式 1、工作方式 3 状态下工作，当（S1ST2）=1 时，选择定时/计数器 T1 为波特率发生器。（   ）

7. STC8A8K64S4A12 单片机串行接口 1 在工作方式 1、工作方式 3 状态下工作，当（SM2）=1，串行接收到的第 9 位数据为 1 时，串行接收中断请求标志位 RI 不会置 1。（   ）

8. STC8A8K64S4A12 单片机串行接口 1 串行接收的允许控制位是 REN。（   ）

9. STC8A8K64S4A12 单片机的串行接口 2 有 4 种工作方式。（   ）

10. STC8A8K64S4A12 单片机串行接口 1 有 4 种工作方式，而串行接口 2 只有 2 种工作方式。（   ）

11. STC8A8K64S4A12 单片机在应用中，串行接口 1 的串行发送与接收引脚是固定不变的。（   ）

12．通过编程设置，STC8A8K64S4A12 单片机串行接口 1 的串行发送引脚的输出信号可以实时反映串行接收引脚的输入信号。（　　）

四、问答题

1．微型计算机数据通信有哪两种工作方式？各有什么特点？

2．异步串行通信中字符帧的数据格式是怎样的？

3．什么叫波特率？如何利用 STC-ISP 在线编程软件获得 STC8A8K64S4A12 单片机串行接口波特率的应用程序？

4．STC8A8K64S4A12 单片机串行接口 1 有哪 4 种工作方式？如何设置？各有什么功能？

5．简述 STC8A8K64S4A12 单片机串行接口 1 的工作方式 2、工作方式 3 的相同点与不同点。

6．STC8A8K64S4A12 单片机的串行接口 2 有哪两种工作方式？如何设置？各有什么功能？

7．简述 STC8A8K64S4A12 单片机串行接口 1 多机通信的实现方法。

8．简述 STC8A8K64S4A12 单片机串行接口 1 中继广播功能的实现方法。

五、程序设计题

1．甲机按 1s 定时从 P1 口读取输入数据，并通过串行接口 2 按奇校验方式发送到乙机；乙机通过串行接口 1 串行接收甲机发过来的数据，并进行奇校验，如无误，则 LED 数码管显示串行接收到的数据；如有误，则重新接收。若连续 3 次有误，则向甲机发送错误信号，甲、乙机同时进行声光报警。

要求画出硬件电路图，编写程序并上机调试。

2．通过计算机向 STC8A8K64S4A12 单片机发送控制指令的要求如表 9.11 所示。

表 9.11　通过计算机向 STC8A8K64S4A12 单片机发送控制指令的要求

计算机发送字符	STC8A8K64S4A12 单片机功能要求
0	P1 控制的 LED 循环左移
1	P1 控制的 LED 循环右移
2	P1 控制的 LED 按 500ms 时间间隔闪烁
3	P1 控制的 LED 按 500ms 时间间隔高 4 位与低 4 位交叉闪烁
其他字符	P1 控制的 LED 全亮

要求画出硬件电路图，编写程序并上机调试。

第 10 章

人机对话接口的应用设计

内容提要：

键盘电路和显示电路是单片机应用系统基本的外围接口电路。键盘用来向单片机（或CPU）传递指令与数据，显示装置用于显示单片机处理后的数据或单片机应用系统的工作状态。有了键盘和显示装置才可以构建完整的单片机应用系统。

本章先介绍单片机应用系统的设计和开发流程，包括单片机应用系统的设计原则、开发流程，以及工程报告的编制；在键盘方面，主要学习非编码键盘中的独立键盘和矩阵键盘；在显示装置方面，常见的 LED 数码管在前面章节中已有过多次实践，所以本章重点学习 LCD 显示模块，其内容包括字符型 LCD1602 和含中文字库的点阵型 LCD12864。

10.1　单片机应用系统的设计和开发流程

不同单片机应用系统的应用目的不同，设计时要考虑其应用特点，有些单片机应用系统可能对用户的操作体验有苛刻要求，有些单片机应用系统可能对测量精度有很高要求，有些单片机应用系统可能对实时控制能力有较高要求，也有些单片机应用系统可能对数据处理能力有特别要求。因此，要设计一个符合生产要求的单片机应用系统，就必须充分了解这个单片机应用系统的应用目的和其特殊性。虽然不同的单片机应用系统有不同的特点，但一般的单片机应用系统的设计和开发流程具有一定的共性。本节从单片机应用系统的设计原则、开发流程和工程报告的编制方面来介绍一般的单片机应用系统的设计和开发流程。

10.1.1　单片机应用系统的设计原则

1. 系统功能应满足生产要求

以系统功能需求为出发点，根据实际生产要求设计各个功能模块，如显示、键盘、数据采集、检测、通信、控制、驱动等模块。

2. 系统运行应安全可靠

在元器件的选择和使用上，应选用可靠性高的元器件，防止元器件损坏从而影响系统的可靠运行；在硬件电路设计上，应选用典型应用电路，以排除电路的不稳定因素；在系统工艺设计上，除应采取必要的抗干扰措施，如去耦、光耦隔离和屏蔽等防止环境干扰的硬件抗干扰措施外，同时还应注意传输速率、节电方式和掉电保护等软件抗干扰措施。

3．系统应具有较高的性能价格比

简化外围硬件电路，在系统性能允许的范围内尽可能用软件程序取代硬件电路，从而降低系统的制造成本，取得最好的性能价格比。

4．系统应易于操作和维护

操作方便表现为操作简单、形象直观和便于操作。在进行系统设计时，在系统性能不变的情况下，应尽可能地简化人机交互接口，可以有操作菜单，但常用参数的设置应简单、明了，做到良好的用户体验。

5．系统功能应灵活，便于扩展

系统要提供灵活的功能扩展，就要充分考虑和利用现有的各种资源，在系统结构、数据接口方面灵活扩展，为将来可能的应用拓展提供空间。

6．系统应具有自诊断功能

系统应采用必要的冗余设计或增加自诊断功能，这方面在成熟的批量化生产的电子产品上体现得很明显。空调、洗衣机、电磁炉等产品当出现故障时，通常会显示相应的代码，提示用户或专业人员是哪个模块出现了故障，有助于快速锁定故障点并进行维修。

7．系统应能与上位机通信或并用

上位机具有强大的数据处理能力及友好的控制界面，系统的许多操作可通过单击上位机软件界面中相应的按钮来完成。单片机系统与上位机通信常通过串行接口传输数据来实现相关的操作。

在所有设计原则中，适用、可靠、经济最为重要。一个单片机应用系统的设计原则，应根据具体任务和实际情况进行具体分析后再提出。

10.1.2　单片机应用系统的开发流程

通常，开发一个单片机应用系统需要经过以下几个流程。

1．系统需求调查分析

做好详细的系统需求调查是研制新系统准确定位的关键。当要开发一个新系统时，首先要调查市场或用户的需求，了解用户对新系统的希望和要求，通过对各种需求信息进行综合分析，得出市场或用户是否需要新系统的结论；其次应对国内外同类系统的状况进行调查。调查的主要内容包括以下几点。

（1）原有系统的结构、功能及存在的问题。

（2）国内外同类系统的最新发展情况及与新系统有关的各种技术资料。

（3）在同行业中哪些用户已经采用了新系统，它们的结构、功能、使用情况及所产生的经济效益如何。

通过需求调查，整理出需求报告，作为系统可行性分析的主要依据。显然，需求报告的准确性将决定可行性分析的结果。

2．可行性分析

可行性分析用于明确整个设计任务在现有的技术条件和知识储备上是可行的。首先，要保证设计要求可以利用现有的技术来实现，通过查找资料和寻找类似设计找到与该任务相关的设计方案，从而分析该项目是否可行，以及如何实现。如果设计的是一个全新的项目，则需要了解该项目的功能需求、系统规模和功耗等，同时需要熟悉当前的技术条件和元器件性能，以确保合适的元器件能够完成所有功能。其次，需要了解是否具备整个项目开发所需要的知识，如果不具备，则需要估计在现有的知识背景和时间限制下能否掌握并完成整个设计，必要的时候，可以选用成熟的开发板来加快学习和程序设计的速度。

可行性分析将对新系统开发研制的必要性及可实现性给出明确的结论，根据这一结论决定系统的开发研制工作是否进行下去。可行性分析通常从以下几个方面进行论述：

（1）市场或用户需求；

（2）经济效益和社会效益；

（3）技术支持与开发环境；

（4）现在的竞争力与未来的生命力。

3．系统总体方案设计

系统总体方案设计是系统实现的基础，做这项工作要十分仔细、考虑周全。系统总体方案设计的主要依据是市场或用户的需求、应用环境状况、关键技术支持、同类系统经验借鉴及开发人员设计经验等，其主要内容包括系统结构设计、系统功能设计和系统实现方法。首先是单片机的选型和元器件的选择。单片机的选型和元器件的选择要做到性能特点适合所要完成的任务，避免过多的功能闲置；性能价格比要高，以提高整个系统的性能价格比；开发人员要熟悉所选用的系统部件的结构原理，以缩短开发周期；货源要稳定，有利于批量增加和系统维护。其次是硬件与软件的功能划分。在 CPU 时间不紧张的情况下，应尽量采用软件来实现相关功能；如果系统回路多、实时性要求高，则要考虑用硬件完成。

4．系统硬件电路设计、印制电路板设计和硬件焊接调试

1）硬件电路设计

硬件电路设计主要包括单片机电路设计、扩展电路设计、输入输出通道应用功能模块设计和人机交互控制面板设计等。单片机电路设计主要是进行单片机的选型，如 STC 单片机，一个合适的单片机能最大限度地减小其外围连接电路，从而简化整个系统的硬件。扩展电路设计主要是 I/O 口电路的设计，根据实际情况确定是否需要扩展程序存储器 ROM、数据存储器 RAM 等电路的设计。输入输出通道应用功能模块设计主要是涉及采集、测量、控制、通信等功能的传感器电路、放大电路、多路开关、A/D 转换电路、D/A 转换电路、开关量接口电路、驱动及执行机构电路等电路的设计。人机交互控制面板设计主要是用户操作接触到的按键、开关、显示屏、报警和遥控等电路的设计。

2）印制电路板设计

印制电路板设计采用专门的绘图软件来完成，如 Altium Designer 等，从电路原理图转化成印制电路板必须做到正确、可靠、合理和经济。印制电路板要结合产品外壳的内部尺寸确定印刷电路板的形状、外形尺寸、基材和厚度等。印制电路板是单面板、双面板还是多层板，要根据电路原理的复杂程度确定。印制电路板元器件布局通常按信号的流向保持一致，做到以每个功能电路的核心元器件为中心，围绕该核心元器件布局，元器件应均匀、整齐、紧凑地排列在印制电路板上，尽量减少各元器件之间的引线和缩短各元器件之间的连线。印制电路板导线的最小宽度主要由导线与绝缘基板间的黏附强度和流过它们的电流值决定，在密度允许的条件下尽可能使用宽线，尤其注意加宽电源线和地线，导线越短，间距越大，绝缘电阻越大。在印制电路板布线过程中，尽量采用手工布线方式，同时布线人员需要具有一定的印制电路板设计经验，对电源线、地线等进行周全的考虑，避免引入不必要的干扰。

3）硬件焊接调试

硬件焊接之前需要准备所有的元器件，将所有元器件准确无误地焊接完成后就进入硬件焊接调试阶段。硬件焊接调试分为静态调试和动态调试。静态调试是指检查印制电路板、连接线路及元器件部分是否有物理性故障，其主要手段有目测、用万用表检测和通电检查等。

目测可以检查印制电路板的印制线是否有断线、毛刺，线与线和线与焊盘之间是否有粘连，焊盘是否脱落，过孔是否未金属化等现象；还可以检查元器件是否焊接准确、焊点是否有毛刺、焊点是否有虚焊、焊锡是否使线与线或线与焊盘之间短路等现象。通过目测可以查出某些明显的元器件缺陷及设计缺陷，并及时进行处理。必要时还可以使用放大镜进行辅助观察。

在目测过程中，有些可疑的边线或接点需要用万用表进行检测，以进一步排除可能存在的问题，然后检查所有电源的电源线和地线之间是否有短路现象。

经过以上的检查没有明显问题后就可以尝试进行通电检查。接通电源后，首先检查电源电压是否正常，然后检查各个芯片插座的电源端的电压是否在正常范围内、某些固定引脚的电平是否准确。切断电源，将芯片逐一准确地安装到相应的插座中，再次接通电源时，不要急于用仪器观测波形和数据，而是要及时地仔细观察各芯片或元器件是否出现过热、变色、冒烟、异味、打火等现象，如果有异常应立即断电，查找原因并解决问题。

接通电源后若没有明显异常情况即可进行动态调试。动态调试是一种在系统工作状态下发现和排除硬件中存在的元器件内部故障、元器件间连接的逻辑错误等问题的硬件检查方法。硬件的动态调试必须在开发系统的支持下进行，故又称联机仿真调试，具体方法是利用开发系统友好的交互界面，对单片机外围扩展电路进行访问、控制，使单片机外围扩展电路在运行中暴露问题，从而发现故障并予以排除。典型有效的访问、控制外围扩展电路的方法是对电路进行循环读或写操作。

5. 系统软件程序设计与调试

单片机应用系统的软件程序设计通常包括数据采集和处理程序、控制算法实现程序、人机对话程序和数据处理与管理程序。

在开始具体的程序设计之前需要进行程序的总体设计。程序的总体设计是指从系统高度考虑程序结构、数据格式和程序功能的实现方法和手段。程序的总体设计包括拟定总体设计方案、确定算法和绘制程序流程图等。对于经验丰富的设计人员来说，往往不需要很详细的程序固定流程图；而对于初学者来说，绘制程序流程图是非常有必要的。

常用的程序设计方法有模块化程序设计和自顶向下逐步求精程序设计。

模块化程序设计的思想是将一个完整的、较长的程序分解成若干个功能相对独立的、较小的程序模块，分别对各个程序模块进行设计、编程和调试，最后把各个调试好的程序模块装配起来进行联调，最终形成一个有实用价值的程序。

自顶向下逐步求精程序设计要求从系统级的主干程序开始，从属程序和子程序先用符号来代替，集中力量解决全局问题，然后层层细化、逐步求精地编制从属程序和子程序，最终完成一个复杂程序的设计。

软件调试是通过对目标程序的编译、链接、执行来发现程序中存在的语法错误与逻辑错误，并加以排除纠正。软件调试的原则是先独立后联机，先分块后组合，先单步后连续。

6. 系统软硬件联合调试

系统软硬件联合调试是指目标系统的软件在其硬件上实际运行，将软件和硬件联合起来进行调试，从中发现硬件故障或软硬件设计错误。软硬件联合调试的目的是检验所设计的系统的正确性与可靠性，并从中发现组装问题或设计错误。这里所指的设计错误，是指设计过程中所出现的小错误或局部错误，决不允许出现重大错误。

系统软硬件联合调试主要是解决软件及硬件无法按设计的要求配合工作；系统在运行时有潜在的在设计时难以预料的错误；系统的精度、速度等动态性能指标无法满足设计要求等问题。

7. 系统方案局部修改、再调试

对于在系统调试中发现的问题或错误，以及出现的不可靠因素，要提出有效的解决方法，然后对原方案进行局部修改，再进行调试。

8. 生成正式系统或产品

最后不仅要提供一个能正确、可靠运行的系统或产品，还要提供关于该系统或产品的全部文档。这些文档包括系统设计方案、硬件电路原理图、软件程序清单、软硬件功能说明书、软硬件装配说明书、系统操作手册等。在开发产品时，还要考虑产品的外观设计、包装、运输、促销、售后服务等商品化问题。

10.1.3 单片机应用系统工程报告的编制

在一般情况下，开发单片机应用系统需要编制一份工程报告，报告的内容主要包括封面、目录、摘要、正文、参考文献、附录等，至于具体的书写格式要求（如字体、字号、图表、公式等）美观、大方和规范。

1. 报告内容

1）封面

封面上应包括设计系统的名称、设计人与设计单位的名称、完成时间等。名称应准确、鲜明、简洁，并能概括整个设计系统中最主要和最重要的内容，应避免使用不常用缩略词、首字母缩写字、字符、代号和公式等。

2）目录

目录应按章、节序号编写，一般为二级或三级，包含摘要（中文、英文）、正文各章节标题、结论、参考文献、附录，以及相对应的页码等。目录的页码可通过 Word 的自动生成目录的功能来完成。

3）摘要

摘要应包含目的、方法、结果和结论等内容，也就是包括对设计报告内容、方法和创新点的总结，一般为 300 字左右，应避免将摘要写成目录式的内容介绍。摘要还应有 3～5 个关键词，按词条的外延层次排列（外延大的排在前面）。有时可能需要相对应的英文版的摘要和关键词。

4）正文

正文是整个报告的核心，主要包括系统整体设计方案、硬件电路框图及原理图设计、软件程序流程图及程序设计、系统软硬件联合调试、关键数据测量及结论等。正文应分章节撰写，每章应另起一页。章节标题要突出重点、简明扼要、层次清晰，字数一般在 15 字以内，不得使用标点符号。总体来说，正文要求结构合理，层次分明，推理严密，重点突出，图表、公式、源程序规范，内容集中简练，文笔通顺流畅。

5）参考文献

所有直接引用他人成果（文字、数据、事实）及转述他人的观点的地方均应加标注说明，按文中出现的顺序列出引用的参考文献。引用参考文献的标注方式应全文统一，标注的格式为［序号］，放在引文或转述观点的最后一个句号前，所引文献序号以上角标形式置于方括号中。参考文献的格式如下。

（1）学术期刊文献。

［序号］作者. 文献题名[J]. 刊名，出版年份，卷号（期号）：起始页码-终止页码

（2）学术著作。

［序号］作者. 书名[M]. 版次（首次可不注）. 翻译者. 出版地：出版社，出版年：起始页码-终止页码

（3）有 ISBN 号的论文集。

［序号］作者. 题名[A]. 主编. 论文集名[C]. 出版地：出版社，出版年：起始页码-终止页码

（4）学位论文。

［序号］作者. 题名[D]. 保存地：保存单位，年份

（5）电子文献。

［序号］作者. 电子文献题名[文献类型（DB 数据库）/载体类型（OL 联机网络）]. 文献网址或出处，发表或更新日期/引用日期（任选）

6）附录

对于与设计系统相关但不适合写在正文中的元器件清单、仪器仪表清单、电路原理图图

纸、设计的源程序、系统操作使用说明等有特色的内容，可作为附录并按"附录 A""附录 B"的顺序排。

2．书写格式要求

1）字体和字号

一级标题是各章标题，字体为小二号黑体，居中排列；二级标题是各节一级标题，字体为小三号宋体，居左顶格排列；三级标题是各节二级标题，字体为四号黑体，居左顶格排列；四级标题是各节三级标题，字体为小四号加粗楷体，居左顶格排列；四级标题下的分级标题为五号宋体，标题中的英文字体均采用 Times New Roman 字体，字号同标题字号；正文一般为五号宋体。不同场合下字体和字号不尽相同，上述格式仅供参考。

2）名词术语

科技名词术语及设备、元器件的名称，应采用国家标准或行业标准中规定的术语或名称。标准中未规定的术语或名称要采用行业通用术语或名称。全文名词术语必须统一。一些特殊名词或新名词应在适当位置加以说明或注解。采用英语缩写词时，除本行业广泛应用的通用缩写词外，文中第一次出现的缩写词应该用括号注明英文全文。

3）物理量

物理量的名称和符号应统一。物理量的计量单位及符号除用人名命名的单位的第一个字母用大写字母外，其他字母一律用小写字母。物理量符号、物理常量、变量符号用斜体，计量单位等符号均用正体。

4）公式

公式原则上居中书写。公式序号按章编排，如第一章第一个公式序号为"(1-1)"，附录 B 中的第一个公式为"(2-1)"等。文中一般用"见式(1-1)"或"由式(1-1)可知"等语言来引用公式。公式中用斜线表示"除"的关系，若有多个字母，则应加括号，以免含糊不清，如 $a/(b\cos x)$。

5）插图

插图包括曲线图、结构图、示意图、框图、流程图、记录图、布置图、地图、照片等。每个图均应有图题（由图号和图名组成）。图号按章编排，如第一章第一图的图号为"图 1-1"等。图题置于图下，有图注或其他说明时应置于图题之上。图名排在图号之后，空一格。插图与其图题为一个整体，不得拆开排于两页。该页空白不够排该插图整体时，可将其后文字部分提前排写，将图移至次页最前面。插图应符合国家标准及专业标准，对无规定符号的图形应采用该行业的常用画法。插图应与文字紧密配合，且保证文图相符，技术内容正确。

6）表

表不加左边线、右边线，表头设计应简单明了，尽量不用斜线。每个表都应有表号与表名，表号与表名之间空一格，置于表上。表号一般按章编排，如第一章第一个表的序号为"表 1-1"等。表名中不允许使用标点符号，表名后不加标点，整个表如用同一单位，应将单位符号移至表头右上角，加圆括号。如某个表需要跨页接排，在随后的各页应重复编排表头、表号、表名（可省略）和"续表"字样。表中数据应正确无误，书写清楚，数字空缺的格内加一字线，不允许用空格、同上之类的写法。

10.2 键盘接口与应用编程

键盘可分为编码键盘和非编码键盘。编码键盘是指键盘上闭合键的识别由专用的硬件编码器来实现，并产生键编码号或键值的键盘，如计算机键盘；非编码键盘是指靠软件编程来识别的键盘。在单片机应用系统中，常用的是非编码键盘。非编码键盘又分为独立键盘和矩阵键盘。

1．按键工作原理

1）按键外形及符号

常用的单片机应用系统中的机械按键实物图如图 10.1 所示。单片机应用系统中常用的按键都是机械弹性按键，当用力按下按键时，按键闭合，两个引脚之间导通；当松开按键后，按键自动恢复常态，两个引脚断开。按键符号如图 10.2 所示。

图 10.1 常用的单片机应用系统中的机械按键实物图

图 10.2 按键符号

2）按键触点的机械抖动及处理

机械式按键在按下或松开时，由于机械弹性作用的影响，通常伴有一定时间的触点机械抖动，之后其触点才稳定下来。按键触点的机械抖动如图 10.3 所示。

按键在按下或松开瞬间有明显的抖动现象，抖动时间的长短和按键的机械特性有关，一般为 5～10ms。按下按键且未松开的时间一般被称为按键稳定闭合期，这个时间由用户操作按键的动作决定，一般为几十毫秒至几百毫秒，甚至更长时间。

因此，单片机应用系统中检测按键是否按下时都要加上去抖动处理，去抖动处理通常有硬件电路去抖动和软件延时去抖动两种方法。硬件电路去抖动主要有 R-S 触发器去抖动电路、RC 积分去抖动电路和专用去抖动芯片电路

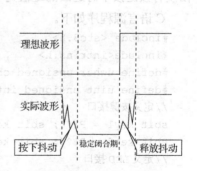

图 10.3 按键触点的机械抖动

等。软件延时去抖动的方法也可以很好地解决按键抖动问题，并且不需要添加额外的硬件电路，从而节省硬件成本，其在实际单片机应用系统中得到了广泛的应用。

2．独立键盘的原理及应用

在单片机应用系统中，如果不需要输入数字 0～9，只需要几个功能键，则可采用独立键盘结构。

1）独立键盘的结构与原理

独立键盘是由单片机 I/O 口构成的单个按键电路，其特点是每个按键单独占用一个 I/O 口，且每个按键的工作不会影响其他 I/O 口的状态。独立键盘的电路原理图如图 10.4 所示。在按键没按下的状态下，由于单片机硬件复位后端口默认是高电平，所以按键输入采用低电平有效，即按下按键时出现低电平。

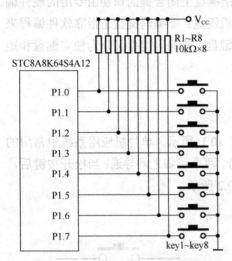

图 10.4　独立键盘的电路原理图

2）查询式独立按键的原理及应用

查询式独立按键是单片机应用系统中常用的按键结构，先逐位查询每个 I/O 口的输入状态，如果某个 I/O 口输入低电平，则进一步确认该 I/O 口所对应的按键是否已按下，如果确实是低电平则输出该按键的键值，主函数则可以根据按键的键值做出对应的处理。

软件处理的流程如下。

（1）循环检测是否有按键按下且出现低电平。

（2）调用延时子程序进行软件去抖动处理。

（3）再次检测是否有按键按下且出现低电平。

（4）输出该按键的键值。

（5）等待按键松开。

例 10.1　根据图 10.4，当 key1～key8 按下时，对应点亮 P0.0～P0.7 控制的 LED，LED 是低电平驱动。

解　设计一个独立键盘扫描函数，返回按键键值，设 key1～key8 对应的键值为 1～8，在没有按键按下时返回的键值为 0。

C 语言源程序如下。

```
#include <stc8.h>                    //包含支持 STC8 系列单片机头文件
#include<intrins.h>
#define uchar unsigned char
#define uint unsigned int
//定义按键接口
sbit key1 = P1^0; sbit key2= P1^1; sbit key3 = P1^2; sbit key4 = P1^3;
sbit key5 = P1^4; sbit key6 = P1^5; sbit key7 = P1^6; sbit key8 = P1^7;
//定义 LED 接口
sbit LED1 = P0^0; sbit LED2 = P0^1; sbit LED3 = P0^2; sbit LED4 = P0^3;
sbit LED5 = P0^4; sbit LED6 = P0^5; sbit LED7 = P0^6; sbit LED8 = P0^7;
void Delay10ms()                    //@12.000MHz
{
    unsigned char i, j;

    _nop_();
    _nop_();
    i = 156;
    j = 213;
```

```
        do
        {
            while (--j);
        } while (--i);
}
    uchar M_scan()                      //独立键盘扫描函数
    {
        char x=0;
        if(key1==0| key2==0| key3==0| key4==0| key5==0| key6==0| key7==0| key8==0)
        {
            Delay10ms();
            if(key1==0| key2==0| key3==0| key4==0| key5==0| key6==0| key7==0| key8
==0)
            {
                if(key1==0)  x=1;
                else if(key2==0) x=2;
                else if(key3==0) x=3;
                else if(key4==0) x=4;
                else if(key5==0) x=5;
                else if(key6==0) x=6;
                else if(key7==0) x=7;
                else  x=8;
                while(key1==0| key2==0| key3==0| key4==0| key5==0| key6==0| key7==0|
key8==0);
            }
        }
        return(x);
    }
    void main ( )                       //主程序
    {
        uchar y;
        while(1)
        {
            y= M_scan();
            if(y!=0)
            {
                if(y==1) LED1=!LED1;
                else if(y==2)LED2=!LED2;
                else if(y==3)LED3=!LED3;
                else if(y==4)LED4=!LED4;
                else if(y==5)LED5=!LED5;
                else if(y==6)LED6=!LED6;
                else if(y==7)LED7=!LED7;
                else LED8=!LED8;
            }
        }
    }
```

M_scan()程序中等待按键松开语句 while(key1==0| key2==0| key3==0| key4==0| key5==0| key6==0| key7==0| key8==0);用于严格检测按键是否松开，只有按键松开了，才能完成当次按键操作。这样处理的好处是每按一次按键，都只进行一次操作，避免出现按键连续识别的情况。但有些按键需要连续按下，如按键加 1 或减 1，如果要实现按下按键不松开一直连续加 1 或减 1，则可以把语句 while(key1==0| key2==0| key3==0| key4==0| key5==0| key6==0| key7==0| key8==0);换成一句延时语句，为使用户有更好的操作体验，这个延时时间需要根据实际按键效果调整，程序设计时可以根据需要进行选择。

3）中断式独立按键的原理及应用

中断式独立按键是单片机外部中断的典型应用，是利用单片机的两个外部中断源 INT0（P3.2）和 INT1（P3.3）组成的中断式独立按键，如图 10.5 所示。很明显，如图 10.5 所示的中断式独立按键的电路原理图中的每个按键都占用了一个外部中断源，造成了单片机的资源浪费。

改进后的中断式独立按键的电路原理图如图 10.6 所示，其有 4 个独立按键并可以扩展为更多，却只占用一个外部中断源。

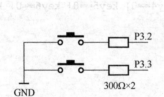

图 10.5　中断式独立按键的电路原理图

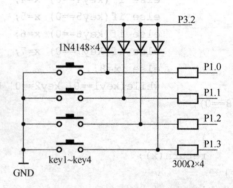

图 10.6　改进后的中断式独立按键的电路原理图

例 10.2　如图 10.6 所示，设 key1～key4 分别控制由 P0.0～P0.3 控制的 LED。

解　当 key1～key4 中有按键按下时，引发外部中断 0，然后按顺序判断 4 个按键的输入信号，输出相应按键的键值。key1～key4 对应的键值为 1～4，没有按键按下时返回的键值为 0，按键的键值存放在一个全局变量中。

C 语言源程序如下：

```
#include <stc8.h>                    //包含支持 STC8 系列单片机头文件
#include<intrins.h>
#define uchar unsigned char
#define uint unsigned int
//定义按键接口
sbit key1 = P1^0; sbit key2= P1^1; sbit key3 = P1^2; sbit key4 = P1^3;
//定义 LED 接口
sbit LED1 = P0^0; sbit LED2 = P0^1; sbit LED3 = P0^2; sbit LED4 = P0^3;
uchar x=0;
void Delay10ms()                     //@12.000MHz
{
```

```
        unsigned char i, j;

        _nop_();
        _nop_();
        i = 156;
        j = 213;
        do
        {
            while (--j);
        } while (--i);
}

void main ( )                              //主程序
{
        IT0=1;
        ET0=1;
        EA=1;
        while(1)
        {
            if(x!=0)
            {
                x=0;
                if(x==1) LED1=!LED1;
                else if(x==2)LED2=!LED2;
                else if(x==3)LED3=!LED3;
                else LED4=!LED4;
            }
        }
}
void ex0_int0() interrupt 0
{
        Delay10ms();
        if(key1==0| key2==0| key3==0| key4==0)
        {
            if(key1==0) x=1;
                else if(key2==0) x=2;
                    else if(key3==0) x=3;
                        else x=4;
            while(key1==0| key2==0| key3==0| key4==0);
        }
}
```

3. 矩阵键盘的原理及应用

在单片机应用系统中，如果需要输入数字 0~9，那么采用独立键盘就会占用过多单片机 I/O 口资源，在这种情况下通常选用矩阵键盘。

1）矩阵键盘的结构与原理

矩阵键盘由行线和列线组成，按键位于行线和列线的交叉点上，矩阵键盘的电路原理图如图 10.7 所示，只需要 8 个 I/O 口就可以构成 4×4 共 16 个按键，比独立键盘多出一倍。

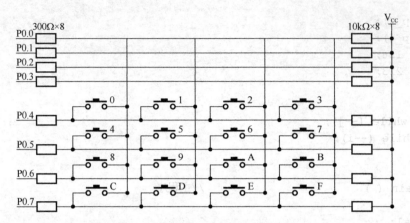

图 10.7　矩阵键盘的电路原理图

在矩阵键盘中，行线和列线分别连接按键开关的两端，列线通过上拉电阻接正电源，并将行线所接的单片机的 I/O 口作为输出端，列线所接的 I/O 口则作为输入端。当没有按键按下时，所有的输入端都是高电平，代表无按键按下，行线输出是低电平；一旦有按键按下，输入端的高电平就会被拉低，所以通过读取输入端电平的状态就可得知是否有按键按下。若要判断具体是哪一个按键被按下，则需要将行线、列线信号配合起来进行适当处理。

2）矩阵键盘的识别与编码

（1）判断有无按键按下。

① 行全扫描：将所有行线置为低电平，然后检测列线的状态。只要列线不全是高电平，即只要有一列为低电平，就表示有按键被按下。

② 调用延时程序去抖动。

③ 再进行行全扫描。

（2）判断闭合按键所在位置。在确认有按键按下后，即可进入确定闭合的键所在位置的过程。常见的判断方法有两种：扫描法和反转法。

① 扫描法。

依次将行线置为低电平，在确定某根为低电平的行线的位置后，逐行检测各列线的电平状态。若某列线为低电平，则该列线与置为低电平的行线交叉处的按键就是闭合的按键，根据闭合按键的行值和列值得到按键的键码计算公式：键值=行号×4+列号。

② 反转法。

通过行全扫描，读取列码；通过列全扫描，读取行码；将行码、列码组合在一起，得到按键的键码。

预先将各按键对应行全扫描、列全扫描的组合码按照按键序号（0～15）存放在一个数组中，然后现场读取通过反转法得到的组合码并与预存的数组数据进行比较，二者相同时数组序号即按键的键值。

例 10.3　矩阵键盘的电路原理图如图 10.7 所示，工作方法为反转法，键值送至 LED 数码管显示。

解　显示函数采用 5.2.3 节工程训练 5.1 中的 LED_display()，矩阵键盘函数定义为 keyscan()，0～15 按键对应的键值为 0～15，无按键按下时扫描函数返回的键值为 16。

C 语言源程序如下：

```
#include <stc8.h>                    //包含支持 STC8 系列单片机的头文件
#include <intrins.h>
#define uchar unsigned char
#define uint  unsigned int
#include <display.h>
#define KEY P1
uchar key_volume;                    //定义键值存放变量
uchar    code    key[]={0xee,0xed,0xeb,0xe7,0xde,0xdd,0xdb,0xd7,0xbe,0xbd,
0xbb,0xb7,0x7e,0x7d,0x7b,0x77};
void Delay10ms()                     //@12.000MHz
{
    unsigned char i, j;

    i = 20;
    j = 113;
    do
    {
        while (--j);
    } while (--i);
}

/*----------------键盘扫描子程序----------------------*/
uchar keyscan()
{
    uchar i=0,row,column;            //定义行变量、列变量
    KEY=0x0f;                        //先对 KEY 置数，行全扫描
    if(KEY!=0x0f)
    {
        Delay10ms();
        if(KEY!=0x0f)
        {
            column=KEY;
            KEY=0xf0;
            Delay10ms();
            row=KEY;
            key_volume=row+column ;
            while(i<16)
            {
                if(key_volume==key[i]){key_volume=i;goto l1;}
                i++;
```

```
            l1:;
        }
    }
    else
    KEY=0xff;
    return (16);
}

/*--------------主程序--------------------------------*/
main()
{
    KEY = 0xff;
    while(1)
    {
        keyscan();
        Dis_buf[0]=key_volume;
        display();
    }
}
```

不管是反转法、扫描法，还是其他方法，都是把按键按下时所在的位置找出来，并加以编码，从而使每一个按键对应一个数值，以实现对相关功能的控制。

3）矩阵键盘的应用

矩阵键盘的应用主要由键盘的工作方式来决定，键盘的工作方式应根据实际应用系统中程序结构和功能实现的复杂程度等因素来选取，键盘的工作方式主要有查询扫描、定时扫描和中断扫描三种。

（1）查询扫描。查询扫描是把键盘扫描子程序和其他子程序并列，单片机循环分时运行各个子程序，在按键被按下且被单片机查询到的时候立即响应键盘输入操作，根据键值执行相应的功能操作。

（2）定时扫描。定时扫描是利用单片机内部的定时/计数器产生一定时间的定时，定时检测键盘是否有操作。一旦检测到有按键被按下则立即响应，并根据键值执行相应的功能操作。

（3）中断扫描。中断扫描能够提高单片机工作效率，当没有按键被按下时，单片机并不理会键盘程序，一旦有按键被按下，单片机通过硬件产生外部中断，且立即扫描键盘，并根据键值执行相应的功能操作。

中断扫描需要修改矩阵键盘电路，并将键盘的按键信号产生的中断请求信号送至某个外部中断输入引脚。中断扫描键盘电路如图 10.8 所示，当有按键按下时会引发外部中断 1。

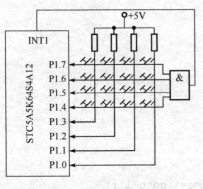

图 10.8 中断扫描键盘电路

10.3 LCD 接口与应用编程

10.3.1 LCD 模块概述

LCD 模块是一种将 LCD 元器件、连接件、集成电路、印制电路板、背光源、结构件装配在一起的组件。根据显示方式和内容不同，LCD 模块可以分为数显笔段型 LCD 模块、点阵字符型 LCD 模块和点阵图形型 LCD 模块。

（1）数显笔段型 LCD 模块是一种段型 LCD 元器件，主要用于显示数字和一些标识符号（通常由 7 段笔画在形状上组成数字"8"的结构），被广泛应用于计算器、电子手表、数字万用表等产品中。

（2）点阵字符型 LCD 模块是由点阵字符 LCD 元器件和专用的行列驱动器、控制器，以及必要的连接件、结构件装配而成的，能够显示 ASCII 码字符（如数字、字母、各种符号等），但不能显示图形，每一个字符单元显示区域由一个 5×7 的点阵组成，典型产品有 LCD1602和 LCD2004 等。

（3）点阵图形型 LCD 模块的点阵像素在行和列上是连续排列的，不仅可以显示字符，还可以显示连续、完整的图形，甚至集成了字库，可以直接显示汉字，典型产品有 LCD12864和 LCD19264 等。

从 LCD 模块的命名数字可以看出，LCD 模块通常是按照显示字符的行数或 LCD 点阵的行列数来命名的，如 1602 是指 LCD 模块每行可以显示 16 个字符，一共可以显示 2 行；12864 是指 LCD 点阵区域有 128 列、64 行，可以控制任意一个点显示或不显示。

常用的 LCD 模块均自带背光，不开背光的时候需要通过自然采光才可以看清楚，开启背光则是通过背光源采光，在黑暗的环境下也可以正常使用。

内置控制器的 LCD 模块可以和单片机 I/O 端口直接连接，且硬件电路简单，使用方便，显示信息量大，不需要占用 CPU 扫描时间，其在实际产品中得到了广泛的应用。

本节主要介绍 LCD1602 和 LCD12864 两种典型的 LCD 模块，详细分析并行数据操作方式和串行数据操作方式。目前常用的 LCD1602 和 LCD12864 都可以工作于并行或串行数据操作方式，但在实际应用中 LCD1602 常工作于并行数据操作方式，LCD12864 则在两种方式中都得到了广泛应用。

10.3.2 点阵字符型 LCD 模块 LCD1602

LCD1602 是由 32 个 5×7 的点阵块组成的字符块集，每个字符块是一个字符位，每一位显示一个字符，字符位之间有一个点的间隔，起到字符间距和行距的作用，其内部集成了日立公司的控制器 HD44780U 或与 LCD1602 兼容的 HD44780U 的替代品。

1. LCD1602 特性概述

（1）LCD1602 采用+5V 供电，对比度可调整，背光灯可控制。

（2）LCD1602 内含振荡电路，系统内含重置电路。

（3）LCD1602 提供各种控制指令，如复位显示器、光标归位设置、字符进入模式设置等。

（4）显示用数据 RAM 共 80 字节。

（5）字符产生器 ROM 共有 160 个 5×7 的点阵字形。

（6）字符产生器 RAM 可由用户自行定义 8 个 5×7 的点阵字形。

2. LCD1602 引脚说明及应用电路

LCD1602 的实物图如图 10.9 所示。LCD1602 硬件接口采用标准的 16 引脚单列直插式封装 SIP16。LCD1602 的引脚及应用电路图如图 10.10 所示。

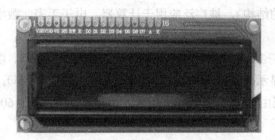
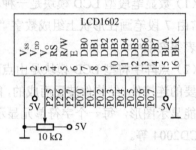

图 10.9　LCD1602 的实物图　　　　图 10.10　LCD1602 的引脚及应用电路图

（1）第 1 引脚 V_{SS}：电源负极。

（2）第 2 引脚 V_{DD}：电源正极。

（3）第 3 引脚 V_{O}：LCD 对比度调节端，一般接 10 kΩ 的电位器调整对比度，或接合适的固定电阻固定对比度。

（4）第 4 引脚 RS：数据/指令选择端，当（RS）= 0 时，读/写指令；当（RS）= 1 时，读/写数据。RS 可接单片机 I/O 口。

（5）第 5 引脚 R/W：读/写选择端，当（R/W）= 0 时，执行写操作；当（R/W）= 1 时，执行读操作。R/W 可接单片机 I/O 口。

（6）第 6 引脚 E：使能信号控制端，高电平有效。E 可接单片机 I/O 口。

（7）第 7～14 引脚 DB0～DB7：数据 I/O 引脚。一般接单片机 P0 口，也可以接 P1、P2、P3 口，由于 LCD1602 内部自带上拉电阻，所以在设计实际硬件电路时可以不加上拉电阻。

（8）第 15 引脚 BLA：背光灯电源正极。

（9）第 16 引脚 BLK：背光灯电源负极。

3. LCD1602 的操作方式

以 MCU 来控制 LCD 元器件，其内部可以看作两组寄存器：一组为指令寄存器，另一组为数据寄存器，由 RS 引脚来控制。所有对指令寄存器或数据寄存器的存取均需要检查 LCD 内部的忙碌标志位。LCD1602 的操作方式有以下 4 种。

1）写指令

①（RS）=0；②（R/W）= 0；③将指令送至 LCD1602 的数据总线上；④（E）=1，并适当延时；⑤（E）=0。

写指令用于向 LCD1602 传送控制指令，具体控制指令见下文。

2）写数据

①（RS）=1；②（R/W）=0；③将显示字符的编码值送至 LCD1602 的数据总线；④（E）=1，并适当延时；⑤（E）=0。

当写数据到 CGRAM 或 DDRAM 中时，需要先设置 CGRAM 或 DDRAM 地址，再写数据。

3）读指令（实际为读忙碌标志位）

①（RS）=0；②（R/W）=1；③（E）=1，并适当延时；④读 LCD1602 数据总线的数据；⑤（E）=0。

忙碌标志位在数据的最高位，忙碌标志位读取指令格式如表 10.1 所示。

表 10.1　忙碌标志位读取指令格式

位号	DB7	DB6	DB5	DB4	DB3	DB2	DB1	DB0
位名称	BF	A6	A5	A4	A3	A2	A1	A0

LCD 的忙碌标志位 BF 用于指示 LCD 目前的工作情况。当（BF）=1 时，表示 LCD 正在做内部数据处理，不接受外界送来的指令或数据；当（BF）=0 时，表示 LCD 已准备好接受指令或数据。

当程序读取一次数据的内容时，DB7 表示忙碌标志位，另外 7 个位地址表示 CGRAM 或 DDRAM 中的地址，至于指向哪一个地址，根据最后写入的地址设置指令而定。

忙碌标志位用来告知 LCD 内部正在工作，并不允许接受任何控制指令。对于这个位的检查，可以通过令（RS）=0，再读取 DB7 来判断。当 BF 为 0 时，才可以写入指令或数据。LCD1602 内部的控制器共有 11 条控制指令。

4）读数据

①（RS）=1；②（R/W）=1；③（E）=1，并适当延时；④读 LCD1602 数据总线的数据；⑤（E）=0。

从 CGRAM 或 DDRAM 中读取数据时，需要先设置 CGRAM 或 DDRAM 地址，再读取数据。

4．LCD1602 的控制指令

（1）复位显示器，指令码为 0x01，将 LCD 的 DDRAM 数据全部填入空白码 20H，执行此指令，将清除 LCD 的内容，同时光标移到左上角。

（2）光标归位设置，指令码为 0x02，地址计数器被清 0，DDRAM 数据不变，光标移到左上角。

（3）字符进入模式设置，其指令格式如表 10.2 所示。

表 10.2　字符进入模式设置指令格式

位号	DB7	DB6	DB5	DB4	DB3	DB2	DB1	DB0
位名称	0	0	0	0	0	0	I/D	S

I/D：地址计数器递增或递减控制。当（I/D）=1 时地址计数器递增，每读写一次显示 RAM 中的字符码，地址计数器加 1，同时光标所显示的位置右移 1 位；同理，当（I/D）=0

时地址计数器递减，每读写一次显示 RAM 中的字符码，地址计数器减 1，同时光标所显示的位置左移 1 位。

S：显示屏移动或不移动控制。当（S）=1 时，向 DDRAM 中写入一个字符，若（I/D）=1 则显示屏向左移动一格，若（I/D）=0 则显示屏向右移动一格，而光标位置不变；当（S）=0 时，显示屏不移动。

（4）显示器开关，其指令格式如表 10.3 所示。

表 10.3 显示器开关指令格式

位号	DB7	DB6	DB5	DB4	DB3	DB2	DB1	DB0
位名称	0	0	0	0	1	D	C	B

D：显示屏打开或关闭控制位。当（D）=1 时，显示屏打开；当（D）=0 时，显示屏关闭。

C：光标出现控制位。当（C）=1 时，光标出现在地址计数器所指的位置；当（C）=0 时，光标不出现。

B：光标闪烁控制位。当（B）=1 时，光标出现后会闪烁；当（B）=0 时，光标出现后不闪烁。

（5）显示光标移位，其指令格式如表 10.4 所示。

表 10.4 显示光标移位指令格式

位号	DB7	DB6	DB5	DB4	DB3	DB2	DB1	DB0
位名称	0	0	0	1	S/C	R/L	*	*

注："*"表示"0"或者"1"都可以。

显示光标移位操作控制如表 10.5 所示。

表 10.5 显示光标移位操作控制

S/C	R/L	操 作
0	0	光标向左移，即 10H
0	1	光标向右移，即 14H
1	0	字符和光标向左移，即 18H
1	1	字符和光标向右移，即 8CH

（6）功能置位，其指令格式如表 10.6 所示。

表 10.6 功能置位指令格式

位号	DB7	DB6	DB5	DB4	DB3	DB2	DB1	DB0
位名称	0	0	1	DL	N	F	*	*

注："*"表示"0"或者"1"都可以。

DL：数据长度选择位。当（DL）=1 时，传输 8 位数据；当（DL）=0 时，传输 4 位数据，使用 D7～D4 各位，分 2 次送入一个完整的字符数据。

N：显示屏为单行或双行选择位。当（N）=1 时，双行显示；当（N）=0 时，单行显示。

F：大小字符显示选择位。当（F）=1 时，为 5×10 点阵字形，字会大些；当（F）=0 时，为 5×7 点阵字形。

　　LCD1602 常被设置为 8 位数据接口，16×2 双行显示，5×7 点阵，则初始化数据为 0011
1000B，即 38H。

　　（7）CGRAM 地址设置，其指令格式如表 10.7 所示。将 CGRAM 设置为 6 位的地址值，
便可对 CGRAM 进行读/写数据操作。

表 10.7　CGRAM 地址设置指令格式

位号	DB7	DB6	DB5	DB4	DB3	DB2	DB1	DB0
位名称	0	1	A5	A4	A3	A2	A1	A0

　　（8）DDRAM 地址设置，其指令格式如表 10.8 所示。将 DDRAM 设置为 7 位的地址值，
便可对 DDRAM 进行读/写数据操作。

表 10.8　DDRAM 地址设置指令格式

位号	DB7	DB6	DB5	DB4	DB3	DB2	DB1	DB0
位名称	1	A6	A5	A4	A3	A2	A1	A0

5. LCD1602 显示位置与显示 RAM 地址映射

　　LCD 模块的操作需要一定的时间，所以在执行每条指令之前，一定要确认 LCD 模块的
忙碌标志位为低电平，否则此指令无效。当需要显示字符时，需要先指定要显示字符的地址
（告诉 LCD 模块显示字符的位置），再指定具体的显示字符内容，LCD1602 的内部显示地址
如图 10.11 所示。

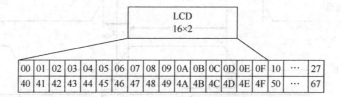

图 10.11　LCD1602 的内部显示地址

　　由于在写入显示地址时，要求最高位 D7 恒定为高电平，所以实际写入显示地址的指令为
0x80+DDRAM 地址

6. LCD1602 显示字符的编码数据

　　LCD1602 显示字符的编码数据实际上就是字符对应的 ASCII 码值。

　　当我们需要使 LCD1602 显示屏显示某个字符时，就是将这个字符对应的 ASCII 码写入
这个位置对应的显示 RAM 中。例如，在第 1 行第 3 个位置显示一个"3"，就是将 3 的 ASCII
码（'3'）写入 02H 地址的显示 RAM 中。

7. LCD1602 的读/写时序图

　　LCD1602 的读/写时序图是有严格要求的，在实际应用中，由单片机控制 LCD 模块的读/
写时序，并对其进行相应的显示操作。LCD1602 的写操作时序图如图 10.12 所示。

　　由 LCD1602 的写操作时序图可知 LCD1602 的写操作流程如下。

　　① 通过 RS 确定是写数据还是写指令。写指令包括使 LCD 模块的光标显示/不显示、光
标闪烁/不闪烁、需要/不需要移屏，以及指定显示位置等；写数据是指定显示内容。

② 读/写控制端设置为低电平，则为写模式。

③ 将数据或指令送到数据线上。

④ 给 E 一个高脉冲将数据送入液晶控制器，完成写操作。

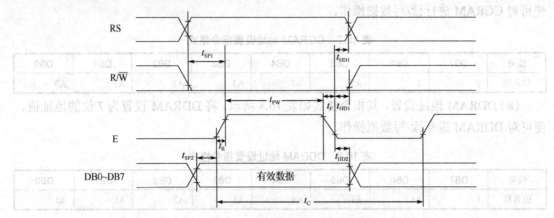

图 10.12 LCD1602 的写操作时序图

LCD1602 的读操作时序图如图 10.13 所示。

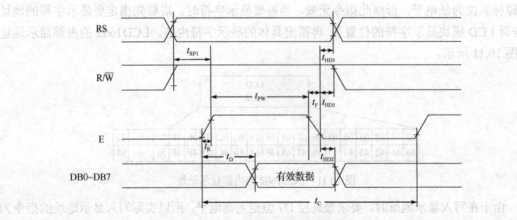

图 10.13 LCD1602 的读操作时序图

由 LCD1602 的读操作时序图可知 LCD1602 的读操作流程如下。

① 通过 RS 确定是读取忙碌标志位及地址计数器内容还是读取数据寄存器。

② 读/写控制端设置为高电平，则为读模式。

③ 将忙碌标志位或数据送到数据线上。

④ 给 E 一个高脉冲将数据送入单片机，完成读操作。

8．LCD1602 的软件程序设计应用

例 10.4 在 LCD1602 硬件电路连接图（见图 10.10）中，在指定位置显示数据，该数据可通过两个外部中断按键实现加 1 或者减 1，并能通过运算得到个位、十位、百位；在指定位置显示 ASCII 字符；在指定位置显示数字。

解 LCD1602 的应用思路，就是指定显示位置，指定显示内容，注意显示内容有字符、数字和变量的区别。

C 语言源程序如下。

```
#include <stc8.h>                          //包含 STC8 系列单片机头文件
#include<intrins.h>
#define uchar unsigned char
#define uint unsigned int
unsigned int i=315;                        //定义变量 i 的初始值为 315
sbit RS=P2^5;                              //定义 LCD1602 的 RS
sbit RW=P2^6;                              //定义 LCD1602 的 RW
sbit E=P2^7;                               //定义 LCD1602 的 E
#define  Lcd_Data  P0                      //定义 LCD1602 数据端口
unsigned char code Lcddata[ ] = {"0123456789:"};
void Delay10us()                           //@12.000MHz
{
    unsigned char i;

    i = 38;
    while (--i);
}
void Read_Busy(void)                       //读忙信号判断
{
    unsigned char ch;
    cheak:Lcd_Data=0xff;
    RS=0;
    RW=1;
    E=1;
    Delay10us();
    ch=Lcd_Data;
    E=0;
    ch=ch|0x7f;
    if(ch!=0x7f)
    goto cheak;
}
void Write_Comm(unsigned char lcdcomm)     //写指令函数
{
    Read_Busy();
    RW=0;
    Lcd_Data=lcdcomm;
    E=1;
    Delay10us();
    E=0;
}
void Write_Char(unsigned int num)          //写字符函数
{
    Read_Busy();
    RS=1;
    RW=0;
    Lcd_Data = Lcddata[ num ];
```

```
    E=1;
    Delay10us();
    E=0;
}
void Write_Data(unsigned char lcddata)    //写数据函数
{
    Read_Busy();
    RS=1;
    RW=0;
    Delay10us();
    Lcd_Data = lcddata;
    E=1;
    E=0;
}
void Init_LCD(void)                       //初始化 LCD1026
{
    Write_Comm(0x01);                     //清除显示
    Write_Comm(0x38);                     //8 位数据 2 行 5×7
    Write_Comm(0x06);                     //文字不动，光标右移
    Write_Comm(0x0c);                     //显示开/关，光标开闪烁开
}
void main(void)                           //主函数
{
    IT0=1;                                //外部中断 0 边沿触发
    EX0=1;                                //外部中断 0 允许
    IT1=1;                                //外部中断 1 边沿触发
    EX1=1;                                //外部中断 1 允许
    EA=1;                                 //打开总中断
    Init_LCD( );                          //初始化 LCD1602
    Write_Comm(0xC2);                     //指定显示位置
    Write_Data( 'I' );                    //指定显示数据
    Write_Data( 'A' );
    Write_Data( 'P' );
    Write_Comm(0xC5);                     //指定显示位置
    Write_Data( '1' );                    //指定显示数据
    Write_Data( '5' );
    Write_Data( 'W' );
    Write_Data( '4' );
    Write_Data( 'K' );
    Write_Char(5);
    Write_Char(8);
    Write_Data( 'S' );
    Write_Char(4);
    while(1)
    {
        Write_Comm(0x80);                 //指定显示位置
        Write_Char(i/100);                //显示 i 的百位
```

```
        Write_Char(i%100/10);          //显示 i 的十位
        Write_Char(i%100%10);          //显示 i 的个位
    }
}
void INT0() interrupt 0                //外部中断 0 处理按键程序
{
    EA=0;                              //禁止总中断
    i--;                               //变量 i 减 1
    if(i<0){i=999;}                    //判断如果 i 小于 0 就回到 999
    EA=1;                              //打开总中断
}
void INT1() interrupt 2                //外部中断 1 处理按键程序
{
    EA=0;                              //禁止总中断
    i++;                               //变量 i 加 1
    if(i>999){i=0;}                    //判断如果 i 大于 999 就回到 0
    EA=1;                              //打开总中断
}
```

　　指定显示位置使用 Write_Comm( )语句；显示运算后得到的数字使用 Write_Char( )语句；显示 ASCII 字符使用 Write_Data(' ')语句；显示数字使用 Write_Char( )语句或 Write_Data(' ')语句都可以。

10.3.3　点阵图形型 LCD 模块 LCD12864

　　点阵图形型 LCD 模块一般简称为图形 LCD 模块或点阵 LCD 模块，分为含中文字库的点阵图形型 LCD 模块与不包含中文字库的点阵图形型 LCD 模块；其数据接口可分为并行接口（8 位或 4 位）和串行接口。本节以含中文字库 LCD12864 为例，介绍点阵图形型 LCD 模块的应用。虽然不同厂家生产的 LCD12864 不一定完全一样，但具体应用大同小异，以厂家配套的技术文档为依据。

1. LCD12864 特性概述

　　内部包含 GB2312 中文字库的 LCD12864 的控制器芯片型号是 ST7920，具有 128×64 点阵，能够显示 4 行，每行 8 个汉字，每个汉字是 16×16 点阵的。为了便于显示汉字，LCD12864 具有 2MB 的中文字形 CGROM，其中含有 8192 个 16×16 点阵的中文字库；为了便于显示汉字拼音、英文和其他常用字符，LCD12864 具有 16KB 的 16×8 点阵的 ASCII 字符库；为了便于构造用户图形，LCD12864 提供了一个 64×256 点阵的 GDRAM 绘图区域；为了便于用户自定义字形，LCD12864 提供了 4 组 16×16 点阵的造字空间。所以 LCD12864 能够实现汉字、ASCII 码、点阵图形、自定义字形的同屏显示。

　　LCD12864 的工作电压为 5V 或 3.3V，具有睡眠、正常及低功耗工作模式，可满足系统各种工作电压及电池供电的便携仪器低功耗的要求。LCD12864 具有 LED 背光灯显示功能，外观尺寸为 93mm×70mm，具有硬件接口电路简单、操作指令丰富和软件编程应用简便等优点，可构成全中文人机交互图形操作界面，在实际应用中被广泛使用。

2. LCD12864 引脚说明及应用电路

LCD12864 的实物图如图 10.14 所示。LCD12864 硬件接口采用标准的 20 引脚单列直插封装 SIP20。LCD12864 的引脚及并行数据应用电路图如图 10.15 所示。

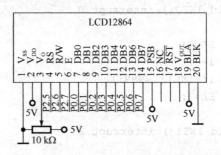

图 10.14　LCD12864 的实物图　　　　图 10.15　LCD12864 的引脚及并行数据应用电路图

（1）第 1 引脚 V_{SS}：电源负极。

（2）第 2 引脚 V_{DD}：电源正极。

（3）第 3 引脚 V_O：空引脚或对比度调节电压输入端，悬空或接 $10k\Omega$ 的电位器调整对比度，或接合适的固定电阻固定对比度。

（4）第 4 引脚 RS（CS）：数据/指令选择端，当（RS）=0 时，读/写指令；当（RS）=1 时，读/写数据。LCD12864 工作于串行数据传输模式时为 CS，模块的片选端，高电平有效。该引脚可接单片机 I/O 口，或者串行数据时 CS 直接接高电平。

（5）第 5 引脚 R/W（SID）：读/写选择端，当（R/W）=0 时，选择写入操作；当（R/W）=1 时，选择读操作。LCD12864 工作于串行数据传输模式时，第 5 引脚为 SID，为串行传输数据端。该引脚可接单片机 I/O 口。

（6）第 6 引脚 E（SCLK）：使能信号控制端，高电平有效。LCD12864 工作于串行数据传输模式时，第 6 引脚为 SCLK，为串行传输的时钟输入端。该引脚可接单片机 I/O 口。

（7）第 7～14 引脚 DB0～DB7：三态数据 I/O 口。一般接单片机 P0 口，也可以接 P1、P2、P3 口，由于 LCD12864 内部自带上拉电阻，所以在设计实际硬件电路时可以不加上拉电阻。LCD12864 工作于串行数据传输模式时，第 7～14 引脚留空即可。

（8）第 15 引脚 PSB：当（PSB）=1 时，并行数据模式；当（PSB）=0 时，串行数据模式。

（9）第 16 引脚 NC：空引脚。

（10）第 17 引脚 $\overline{RST}$：复位端，低电平有效。LCD12864 内部接有上电复位电路，在不需要经常复位的一般电路设计中，直接悬空即可。

（11）第 18 引脚 V_{OUT}：空引脚或驱动电源电压输出端。

（12）第 19 引脚 BLA：背光灯电源正极。

（13）第 20 引脚 BLK：背光灯电源负极。

3. LCD12864 的操作方式

LCD12864 的操作方式同 LCD1602 一样，有写指令、读忙碌标志位、写数据、读数据 4 种方式。每次写操作必须读取忙碌标志位，以确认 LCD12864 内部是否有时间。忙碌标志位读取指令格式如表 10.9 所示，读取忙碌标志位 BF 可以确认内部动作是否完成，同时读出地址计数器 AC 的值。

表 10.9　忙碌标志位读取指令格式

位号	DB7	DB6	DB5	DB4	DB3	DB2	DB1	DB0
位名称	BF	AC6	AC5	AC4	AC3	AC2	AC1	AC0

4．LCD12864 的控制指令

LCD12864 提供了两套编程控制指令。当（RE）= 0 时，基本编程指令表如表 10.10 所示；当（RE）= 1 时，扩展编程指令表如表 10.11 所示。

表 10.10　基本编程指令表

指令名称	指令码								功能说明
	D7	D6	D5	D4	D3	D2	D1	D0	
清除显示	0	0	0	0	0	0	0	1	将 DDRAM 填满 20H，并将 DDRAM 的地址计数器 AC 设定为 00H
地址归位	0	0	0	0	0	0	1	X	将 DDRAM 的地址计数器 AC 设定为 00H，并且将游标移到开头原点位置；这个指令不改变 DDRAM 的内容
显示状态开/关	0	0	0	0	1	D	C	B	（D）= 1，整体显示 ON（C）= 1，游标 ON（B）= 1，游标位置反白允许
进入模式设定	0	0	0	0	0	1	I/D	S	数据在读取与写入时设定光标的移动方向及指定显示的移位
光标或显示移位控制	0	0	0	1	S/C	R/L	X	X	设定光标的移动与显示的移位控制位；该指令不改变 DDRAM 的内容
功能设置	0	0	1	DL	X	RE	X	X	（DL）= 0/1：4/8 位数据（RE）= 1：扩充指令操作（RE）= 0：基本指令操作
设置 CGRAM 地址	0	1	AC5	AC4	AC3	AC2	AC1	AC0	设定 CGRAM 地址
设置 DDRAM 地址	1	0	AC5	AC4	AC3	AC2	AC1	AC0	设定 DDRAM 地址（显示位置）

表 10.11　扩展编程指令表

指令名称	指令码								功能说明
	D7	D6	D5	D4	D3	D2	D1	D0	
待命模式	0	0	0	0	0	0	0	1	进入待命模式，执行其他指令都将终止待命模式
卷动地址或 IRAM 地址选择	0	0	0	0	0	0	1	SR	（SR）= 1：允许输入垂直卷动地址（SR）= 0：允许输入 IRAM 地址
反白选择	0	0	0	0	0	1	R1	R0	选择 4 行中的任一行作反白显示，可循环设置反白显示或正常显示

指令名称	指令码								功能说明
	D7	D6	D5	D4	D3	D2	D1	D0	
睡眠模式	0	0	0	0	1	SL	X	X	(SL) = 0: 进入睡眠模式
									(SL) = 1: 脱离睡眠模式
扩充功能设定	0	0	1	CL	X	RE	G	0	(CL) = 0/1: 4/8 位数据
									(RE) = 1: 扩充指令操作
									(RE) = 0: 基本指令操作
									(G) = 1: 绘图显示开
									(G) = 0: 绘图显示关
设定 IRAM 地址 或卷动地址	0	1	AC5	AC4	AC3	AC2	AC1	AC0	(SR) = 1: AC5~AC0 为垂直卷动地址
									(SR) = 0: AC3~AC0 为 ICON IRAM 地址
设定绘图 RAM 地址	1	AC6	AC5	AC4	AC3	AC2	AC1	AC0	设定 CGRAM 地址到地址计数器 AC

5. LCD12864 的字符显示

（1）LCD12864 的字符显示位置与显示 RAM 地址的关系。

带中文字库的 LCD12864 每屏可显示 4 行 8 列共 32 个 16×16 点阵的汉字，每个显示 RAM 可显示 1 个中文字符或 2 个 16×8 点阵的全高 ASCII 码字符，即每屏最多可同时实现 32 个中文字符或 64 个 ASCII 码字符。

字符显示是通过将字符的显示编码写入该字符显示位置对应的显示 RAM 中实现的。LCD12864 每屏有 32 个汉字显示位，对应有 32 个显示 RAM 地址，每个存储地址存储的数据为 16 位。LCD12864 字符显示位置与显示 RAM 地址的关系如表 10.12 所示。

表 10.12　LCD12864 字符显示位置与显示 RAM 地址的关系

80H		81H		82H		83H		84H		85H		86H		87H	
90H		91H		92H		93H		94H		95H		96H		97H	
88H		89H		8AH		8BH		8CH		8DH		8EH		8FH	
98H		99H		9AH		9BH		9CH		9DH		9EH		9FH	
H	L	H	L	H	L	H	L	H	L	H	L	H	L	H	L

在实际应用 LCD12864 时需要特别注意，每个显示地址包括 2 个单元，当字符编码为 2 个字节时，应先写入高位字节，再写入低位字节，中文字符编码的第 1 个字节只能出现在高位字节（H）的位置，否则会出现乱码现象。当使 LCD12864 显示中文字符时，应先设定显示字符的位置，即先设定显示地址，再写入中文字符编码。显示 ASCII 字符的过程与显示中文字符的过程相同，不过在显示连续字符时，只需要设定一次显示地址，之后由 LCD12864 自动对地址加 1 并指向下一个字符位置，否则，显示的字符中将有一个空 ASCII 字符位置。

（2）LCD12864 字符的显示编码。

根据写入编码的不同，可分别在 LCD12864 屏上显示 CGROM、HCGROM 及 CGRAM 的内容。

① 显示半宽字形（ASCII 码字符）：字符显示编码范围为 02H～7FH。

② 显示中文字形。字符显示编码范围为 A1A0H～F7FFH（GB2313 中文字库字形编码）。

③ 显示 CGRAM。字符显示编码范围为 0000～0006H（实际上只有 0000H、0002H、0004H、0006H，共 4 单元）。

（3）LCD12864 字符显示的操作步骤。

① 根据显示位置，设置显示 RAM 的地址；

② 根据显示内容，写入显示字符的编码值。

注意：每次写入指令或显示编码数据都需要读取 LCD12864 的指令状态数据，判断 LCD12864 是否忙碌。只有 LCD12864 处于不忙碌状态时，才可以写入指令或显示编码数据。

6. LCD12864 图形显示

（1）LCD12864 图形显示位置与显示 RAM 地址的关系。

LCD12864 图形显示位置与显示 RAM 地址的关系如图 10.16 所示。以行、列来标注显示位置与显示 RAM 的关系，LCD12864 可分上屏（00H～07H）和下屏（08H～0FH），一个 RAM 地址包含 16 个二进制位，数据为"1"时点亮对应的显示位，为数据"0"时对应的显示位灭。访问时按行（垂直坐标）、列（水平坐标）顺序访问，垂直坐标的更换必须通过指令进行设置，水平坐标的起始地址需要通过指令进行设置，当写入两个 8 位显示图形数据后，水平坐标地址计数器会自动加 1。具体过程：先连续写入垂直坐标（AC6～AC0）与水平坐标（AC3～AC0），再写入两个 8 位图形数据到绘图 RAM，此时水平坐标地址计数器 AC 会自动加 1。

注意：在利用字模工具获取图形的字模数据时，必须按横向模式获取图形的字模数据。

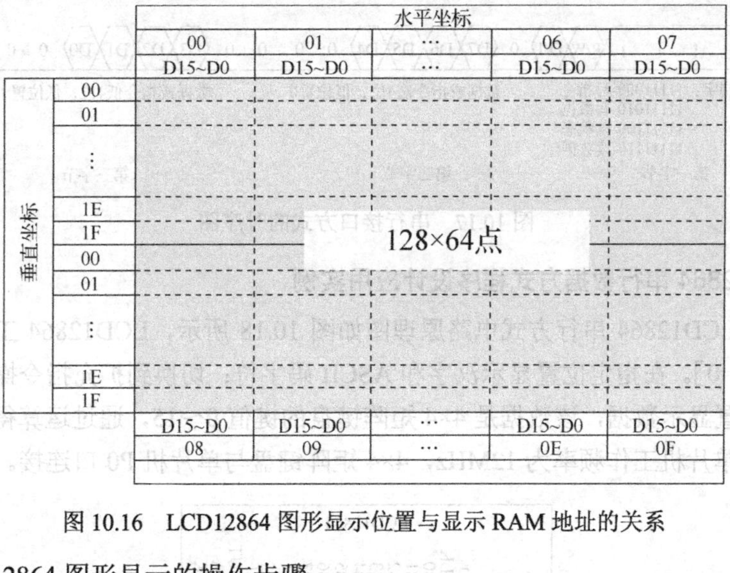

图 10.16　LCD12864 图形显示位置与显示 RAM 地址的关系

（2）LCD12864 图形显示的操作步骤。

① 写入绘图 RAM 前，先进入扩充指令操作。

② 将垂直坐标写入绘图 RAM 地址。

③ 将水平坐标写入绘图 RAM 地址。

④ 返回基本指令操作。

⑤ 将图形数据的 DB15～DB8 写入绘图 RAM。

⑥ 将图形数据的 DB7～DB0 写入绘图 RAM。

7. LCD12864 接口时序图

（1）当 LCD12864 的第 15 引脚 PSB 接高电平时，LCD12864 工作于并行数据传输模式，单片机与 LCD12864 通过第 4 引脚 RS、第 5 引脚 R/W、第 6 引脚 E、第 7～14 引脚 DB0～DB7 完成数据传输。LCD12864 工作于并行工作方式时，单片机写数据到 LCD12864 和单片机从 LCD12864 读取数据时序图与 LCD1602 并行数据工作方式类似。

（2）当 LCD12864 的第 15 引脚 PSB 接低电平时，LCD12864 工作于串行数据传输模式，单片机通过与 LCD12864 第 4 引脚 CS、第 5 引脚 SID、第 6 引脚 SCLK 完成数据传输。一个完整的串行传输流程是，先传输起始字节（又称同步字符串）（5 个连续的 1）。在传输起始字节时，传输计数将被重置并且串行传输将被同步。跟随着起始字节 2 个位字符串分别指定传输方向位 RW 及寄存器选择位 RS，最后第 8 位则为 0。在接收到同步位及传输方向位 RW 和寄存器选择位 RS 资料的起始字节后，每一个 8 位指令都将被分成 2 个字节接收：高 4 位（D7～D4）的指令资料将会被放在第一个字节的 LSB 部分，而低 4 位（D3～D0）的指令资料将被放在第二个字节的 LSB 部分，至于相关的另 4 位则都为 0。串行接口方式的时序图如图 10.17 所示。

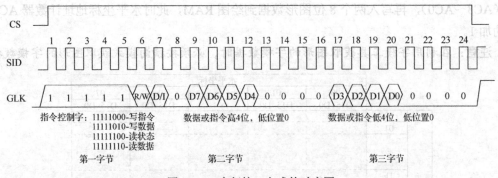

图 10.17　串行接口方式的时序图

8. LCD12864 串行数据方式程序设计应用实例

例 10.5　LCD12864 串行方式电路原理图如图 10.18 所示，LCD12864 工作于串行数据方式 [（PSB）=0]。在指定位置显示汉字和 ASCII 码字符；切换到扩充指令操作进行绘图操作；在指定位置显示数据，该数据是 4×4 矩阵键盘的键值 0～15，通过运算得到个位、十位并分别显示。单片机工作频率为 12MHz，4×4 矩阵键盘与单片机 P0 口连接。

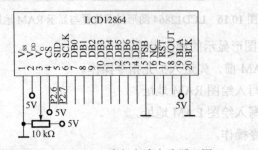

图 10.18　LCD12864 串行方式电路原理图

解　C 语言源程序如下。

```c
#include <stc8.h>                  //包含 STC8 系列单片机头文件
#include<intrins.h>
#define uchar unsigned char
#define uint unsigned int
#define KeyBus P0                  //矩阵键盘接口
sbit  PSB  = P2^4;                 //（PSB）=0 串行数据，如果 PSB 连接 P2.4,则令（P2.4）=0
sbit  CS   = P2^5;                 //（CS）=1 打开显示，如果 CS 连接 P2.5,则令（P2.5）=1
sbit  SID  = P2^6;                 //数据引脚定义
sbit  SCLK = P2^7;                 //时钟引脚定义
delayms(unsigned int t)            //延时
{
    unsigned int i,j;
    for(i=0;i<t;i++)
    for(j=0;j<120;j++);
}
unsigned char lcm_r_byte(void)//接收一个字节
{
    unsigned char i,temp1,temp2;
    temp1 = 0;
    temp2 = 0;
    for(i=0;i<8;i++)
    {
        temp1=temp1<<1;
        SCLK = 0;
        SCLK = 1;
        SCLK = 0;
        if(SID) temp1++;
    }
    for(i=0;i<8;i++)
    {
        temp2=temp2<<1;
        SCLK = 0;
        SCLK = 1;
        SCLK = 0;
        if(SID) temp2++;
    }
    return ((0xf0&temp1)+(0x0f&temp2));
}
void lcm_w_byte(unsigned char bbyte)//发送一个字节
{
    unsigned char i;
    for(i=0;i<8;i++)
    {
        SID=bbyte&0x80;                     //取出最高位
        SCLK=1;
        SCLK=0;
```

```
            bbyte<<=1;                           //左移
        }
}
void CheckBusy( void )                           //检查忙状态
{
    do    lcm_w_byte(0xfc);                      //11111, RW(1), RS(0), 0
    while(0x80&lcm_r_byte());                    //(BF)=1 忙
}
void lcm_w_test(bit start, unsigned char ddata)  //写指令或数据
{
    unsigned char start_data,Hdata,Ldata;
    if(start==0)      start_data=0xf8;           //0 写指令
    else      start_data=0xfa;                   //1 写数据
    Hdata=ddata&0xf0;                            //取高四位
    Ldata=(ddata<<4)&0xf0;                       //取低四位
    lcm_w_byte(start_data);                      //发送起始信号
    lcm_w_byte(Hdata);                           //发送高四位
    lcm_w_byte(Ldata);                           //发送低四位
    CheckBusy( );                                //检查忙碌标志位
}
void lcm_w_char(unsigned char num)               //向 LCD12864 发送一个数字
{
    lcm_w_test(1,num+0x30);
}
void lcm_w_word(unsigned char *str) //向 LCD12864 发送一个字符串,长度在 64 字符之内
{
    while(*str != '\0')
    {
        lcm_w_test(1,*str++);
    }
    *str = 0;
}
void lat_disp (unsigned char data1,unsigned char data2)
{
    unsigned char i,j,k,x,y;
    x=0x80;y=0x80;                               //上半屏显示
    for(k=0;k<2;k++)
    {
        for(j=0;j<16;j++)
        {
            for(i=0;i<8;i++)
            {
                lcm_w_test(0,0x36);             //扩充指令操作
                lcm_w_test(0,y+j*2);            //将垂直坐标写入绘图 RAM 地址
                lcm_w_test(0,x+i);              //将水平坐标写入绘图 RAM 地址
                lcm_w_test(0,0x30);             //基本指令操作
                lcm_w_test(1,data1);           //位元数据的 DB15~DB8 写入绘图 RAM
```

```
        lcm_w_test(1,data1);              //位元数据的 DB7~DB0 写入绘图 RAM
    }
    for(i=0;i<8;i++)
    {
        lcm_w_test(0,0x36);               //扩充指令操作
        lcm_w_test(0,y+j*2+1);            //将垂直坐标写入绘图 RAM 地址
        lcm_w_test(0,x+i);                //将水平坐标写入绘图 RAM 地址
        lcm_w_test(0,0x30);               //基本指令操作
        lcm_w_test(1,data2);              //位元数据的 DB15~DB8 写入绘图 RAM
        lcm_w_test(1,data2);              //位元数据的 DB7~DB0 写入绘图 RAM
    }
    }
    x=0x88;                               //下半屏显示
    }
}
void lcm_init(void)                       //初始化 LCD12864
{
    delayms(100);                         //延时
    lcm_w_test(0,0x30);                   //8 位数据，基本指令集
    lcm_w_test(0,0x0c);                   //显示打开，光标关，反白关
    lcm_w_test(0,0x01);                   //清屏，将 DDRAM 的地址计数器清 0
    delayms(100);                         //延时
}
void lcm_clr(void)                        //清屏函数
{
    lcm_w_test(0,0x01);
    delayms(40);
}
unsigned char keyscan(void)
{
    unsigned char temH, temL, key;
    KeyBus = 0x0f;                        //高四位输出 0
    if(KeyBus!=0x0f)
    {
    temL = KeyBus;                        //读入，低四位含有按键信息
    KeyBus = 0xf0;                        //低四位输出 0
    _nop_();_nop_();_nop_();_nop_();       //延时
    temH = KeyBus;                        //读入，高四位含有按键信息
    switch(temL)
    {
        case 0x0e: key = 1; break;
        case 0x0d: key = 2; break;
        case 0x0b: key = 3; break;
        case 0x07: key = 4; break;
        default: return 0;                //没有按键按下输出 0
    }
    switch(temH)
```

```
    {
        case 0xe0: return key;break;
        case 0xd0: return key + 4;break;
        case 0xb0: return key + 8;break;
        case 0x70: return key + 12;break;
        default: return 0;                        //没有按键按下输出 0
    }
}

main( )  //主程序
{
    unsigned char i=0,j=0;
    P0M1 = 0x00;                                  //设置 P0 准双向口
    P0M0 = 0x00;                                  //设置 P0 准双向口
    P2M1 = 0x00;                                  //设置 P2 准双向口
    P2M0 = 0x00;                                  //设置 P2 准双向口
    PSB = 0;                                      // (PSB) =0 表示串行数据
    CS = 1;                                       // (CS) =1 打开显示
    lcm_init( );                                  //初始化液晶显示器
    lcm_clr( );                                   //清屏
    //先指定显示位置再显示内容
    lcm_w_test(0,0x80);lcm_w_word("┌──────────┐");
    lcm_w_test(0,0x90);lcm_w_word("│ STC8A8K64S4A12 │");
    lcm_w_test(0,0x88);lcm_w_word("│ LCD12864 应用│");
    lcm_w_test(0,0x98);lcm_w_word("└──────────┘");
    delayms(20000);                               //延时，观察显示内容
    lcm_clr( );                                   //清屏
    lat_disp (0xaa,0x55);                         //10101010 和 01010101 交错显示
    delayms(5000);                                //延时，观察显示内容
    lcm_clr( );                                   //清屏
    lcm_w_test(0,0x90);                           //指定显示位置
    lcm_w_word("4X4 矩阵键盘应用");                //显示
    lcm_w_test(0,0x88);                           //指定显示位置
    lcm_w_word("================");               //显示
    while(1)
    {
        i=keyscan();                              //按键值赋予变量 i
        if(i!=0)                                  //有按键按下刷新显示按键值
        {
            j=i-1;                                //对应按键 0~15
            lcm_w_test(0,0x9C);                   //先指定显示位置
            lcm_w_char(j/10);                     //计算十位并显示
            lcm_w_char(j%10);                     //计算个位并显示
        }
    }
}
```

10.3.4　工程训练 10.1　STC8A8K64S4A12 单片机与矩阵键盘的接口与应用

一、工程训练目标

（1）理解矩阵键盘的结构。

（2）掌握矩阵键盘的识别方法，包括扫描法与反转法。

（3）掌握 STC8A8K64S4A12 单片机与矩阵键盘的接口与应用编程。

二、任务功能与参考程序

1．任务功能

设计一个 4×4 矩阵键盘，16 个按键对应十六进制数码 0～9、A～F，当按住按键时，对应的数码在 LED 数码管最右边位置显示。

2．硬件设计

4×4 矩阵键盘的 4 根行线与 P0.4、P0.5、P0.6、P0.7 相连，4 根列线与 P0.0、P0.1、P0.2、P0.3 相连。

3．参考程序（C 语言版）

（1）程序说明。

采用扫描法识别矩阵键盘，设计一个独立的矩阵键盘函数（函数名为 M_scan），返回键码值，0～F 按键的键码依次为 0、1、2、3、4、5、6、7、8、9、10、11、12、13、14、15，无按键动作时，返回的键码值为 16。在使用矩阵键盘函数时，要先判断是否有按键动作，当有按键动作时，再根据键码值做出相应动作。

（2）参考程序：工程训练 101.c。

```
#include <stc8.h>              //包含支持 STC8 系列单片机的头文件
#include <intrins.h>
#define uchar unsigned char
#define uint  unsigned int
#include <LED_display.h>
#define KEY P0
void Delay10ms()              //@11.0592MHz，从 STC-ISP 在线编程软件中获得
{
    unsigned char i, j;

    i = 108;
    j = 145;
    do
    {
        while (--j);
    } while (--i);
}
/*----------------键盘扫描子程序----------------*/
```

```c
uchar  M_scan()
{
    uchar x=0xff,row,column;        //定义键值、行变量、列变量
    KEY=0x0f;                       //先对 KEY 置数，行全扫描
    if(KEY!=0x0f)                   //判断是否有键按下
    {
        Delay10ms();                //延时，软件去抖
        if(KEY!=0x0f)               //确认按键按下
        {
            KEY=0xef;               //0 行扫描
            if(KEY!=0xef)
            {
                row=0;
                goto colume_scan;
            }
            KEY=0xdf;               //1 行扫描
            if(KEY!=0xdf)
            {
                row=1;
                goto colume_scan;
            }
            KEY=0xbf;               //2 行扫描
            if(KEY!=0xbf)
            {
                row=2;
                goto colume_scan;
            }
            KEY=0x7f;               //3 行扫描
            if(KEY!=0x7f)
            {
                row=3;
                goto colume_scan;
            }
            KEY=0xff;
            return(x);
colume_scan:
            if((KEY&0x01)==0)column=0;
                else if((KEY&0x02)==0)column=1;
                    else if((KEY&0x04)==0)column=2;
                        else  column=3;
            x=row*4+column;
            KEY=0x0f;               //行全扫描
            while(KEY!=0x0f);
        }
    }
    else
    KEY=0xff;
```

```
        return (x);
}

/*--------------主程序---------------------------*/
main()
{
    uchar y;
    KEY = 0xff;
    while(1)
    {
        y=M_scan();
        if(y!=0xff)
        {
            Dis_buf[0]=y;
        }
        LED_display();
    }
}
```

三、训练步骤

（1）分析工程训练 101.c 程序文件。

（2）用 Keil μVision4 集成开发环境编辑、编译用户程序，生成机器代码工程训练 101.hex 程序文件。

（3）将 STC8 学习板（甲机）与计算机连接。

（4）利用 STC-ISP 在线编程软件将工程训练 101.hex 程序文件下载到 STC8 学习板中。

（5）开机时，LED 数码管显示初始值：0。

（6）调试矩阵键盘：

① 依次按下 0~F 按键，观察 LED 数码管显示的内容是否符合要求。

② 同时按住两个或两个以上按键，观察 LED 数码管的显示情况。

四、训练拓展

（1）修改程序，新输入的按键值在数码管的最低位显示，原本在数码管上的值依次往左移动 1 位，最高位自然丢失，并要求能实现高位自动灭零（高位无效的零不显示）。

（2）修改程序，矩阵键盘的识别从用扫描法实现改为用反转法实现。

10.3.5 工程训练 10.2 STC8A8K64S4A12 单片机与 LCD12864（含中文字库）的接口与应用

一、工程训练目标

（1）理解 LCD12864（含中文字库）显示屏引脚的含义。

（2）掌握字符、中文，以及图形的显示方法。

（3）掌握 STC8A8K64S4A12 单片机与 LCD12864（含中文字库）的接口与应用编程。

二、任务功能与参考程序

1. 任务功能

在 LCD12864 上显示"江苏国芯科技""STC8A8K64S4A12""www.stcmcu.com"等信息，随后交替显示 和 两个图片（图片也可用绘图软件自行设计）。

2. 硬件设计

LCD12864（含中文字库）的接口电路如图 10.19 所示。

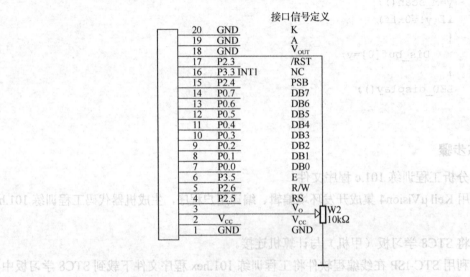

接口信号定义

20	GND		K
19	GND		A
18	GND		V_{OUT}
17	P2.3		/RST
16	P3.3 INT1		NC
15	P2.4		PSB
14	P0.7		DB7
13	P0.6		DB6
12	P0.5		DB5
11	P0.4		DB4
10	P0.3		DB3
9	P0.2		DB2
8	P0.1		DB1
7	P0.0		DB0
6	P3.5		E
5	P2.6		R/W
4	P2.5		RS
3			V_O
2	V_{CC}		V_{CC}
1	GND		GND

W2
10kΩ

图 10.19　LCD12864（含中文字库）的接口电路

3. 参考程序（C 语言版）

（1）程序说明。

为了便于更多地应用调用 LCD12864（含中文字库）显示函数，设计一个独立的 LCD12864（含中文字库）显示文件 LCD12864_HZ.h，包含如下函数。

```
void lcd_str(uchar X,uchar Y,uchar *s)   //指定位置显示汉字与字符
void lcd_draw(unsigned char code *pic)    //图片显示函数
void init()                               //LCD 初始化
```

（2）LCD12864 显示文件（文件名为 LCD12864_HZ.h）参考程序。

```
#define pdata P0
sbit rs=P2^5;                    //写指令/数据
sbit rst=P2^3;                   //写指令/数据
sbit rw=P2^6;                    //读状态/写
sbit e=P3^5;                     //使能端
sbit psb=P2^4;                   //串/并输入
/*-----------系统时钟为 11.0592MHz 时 100μs 的延时函数---------*/
void Delay100us()                //@11.0592MHz
{
```

```
    unsigned char i, j;

    _nop_();
    _nop_();
    i = 2;
    j = 15;
    do
    {
        while (--j);
    } while (--i);
}
```

/*-----------系统时钟为 11.0592MHz 时 100μs 的延时函数--------*/

```
void delay(uint i)
{
    uint j;
    for(j=0;j<i;j++)Delay100us();
}
```

/*-----------LCD 忙碌标志位检测-----------*/

```
void check_busy()
{
    rs=0;
    rw=1;
    e=1;
    pdata=0xff;
    while((pdata&0x80)==0x80);
    e=0;
}
```

/*-----------写指令-----------*/

```
void write_com(uchar com)
{
    check_busy();
    rs=0;
    rw=0;
    e=1;
    pdata=com;
    delay(5);
    e=0;
    delay(5);
}
```

/*-----------写数据-----------*/

```
void write_data(uchar _data)
{
    check_busy();
    rs=1;
    rw=0;
    e=1;
    pdata=_data;
```

```
        delay(5);
        e=0;
        delay(5);
}
/*-----------LCD 初始化-----------*/
void init()
{
    rw=0;
    psb=1;                          //选择为并行输入
    delay(50);
    write_com(0x30);                //基本指令操作
    delay(5);
    write_com(0x0c);                //显示开，关光标
    delay(5);
    write_com(0x06);                //写入一个字符，地址加 1
    delay(5);
    write_com(0x01);
    delay(5);
}
/*-----------图片显示函数 128×604-----------*/
void lcd_draw(unsigned char code *pic)
{
    unsigned i,j,k;
    write_com(0x34);                //扩充指令集
    for(i=0;i<2;i++)                //上半屏和下半屏
    {
        for(j=0;j<32;j++)           //上半屏、下半屏各 32 行
        {
            write_com(0x80+j);      //写行地址
            if(i==0)
            {
                write_com(0x80);    //写列地址，上半屏列地址为 0x80
            }
            else
            {
                write_com(0x88);    //写列地址，下半屏列地址为 0x88
            }
            for(k=0;k<16;k++)       //写入列数据
            {
                write_data(*pic++);
            }
        }
    }
    write_com(0x36);                //显示图形
    write_com(0x30);                //基本指令集
}
```

```
/*-----------指定位置显示汉字与字符-----------*/
void lcd_str(uchar X,uchar Y,uchar *s)
{
    uchar  pos;
    if(X==0)        {X=0x80;}
    else if(X==1)   {X=0x90;}
    else if(X==2)   {X=0x88;}
    else if(X==3)   {X=0x98;}
    pos=X+Y ;
    write_com(pos);
    while(*s>0)
    {
        write_data(*s++);
        delay(50);
    }
}
```

（3）主函数文件参考程序：工程训练 102.c。

```
#include <stc8.h>
#include <intrins.h>
#define uchar unsigned char
#define uint  unsigned int
#include <LCD12864_HZ.h>
/*------------图片的字模数组，可利用字模提取软件获取-------------*/
unsigned  char  code  image1[]={0x00,0x00,0x00,0x00,0x00,0x00,0x00,0x00,
0x00,0x00,0x00,0x00,0x00,0x00,0x00,0x00,0x00,0x00,0x00,0x00,0x00,0x00,0x00,0x0
0,0x00,0x00,0x00,0x00,0x00,0x00,0x00,0x00,
    0x00,0x00,0x00,0x00,0x00,0x00,0x00,0x00,0x00,0x00,0x00,0x00,0x00,0x00,0x0
0,0x00,
    0x00,0x00,0x00,0x00,0x00,0x00,0x00,0x00,0x00,0x00,0x00,0x00,0x00,0x00,0x0
0,0x00,
    0x00,0x00,0x00,0x00,0x00,0x00,0x00,0x00,0x00,0x00,0x00,0x00,0x00,0x00,0x0
0,0x00,
    0x00,0x00,0x00,0x00,0x00,0x00,0x00,0x00,0x00,0x00,0x00,0x00,0x00,0x00,0x0
0,0x00,
    0x00,0x00,0x00,0x00,0x00,0x00,0x00,0x00,0x00,0x00,0x00,0x00,0x00,0x00,0x0
0,0x00,
    0x00,0x00,0x00,0x17,0xFA,0x00,0x00,0x00,0x00,0x00,0x00,0x17,0xFA,0x00,0x0
0,0x00,
    0x00,0x00,0x00,0xFF,0xFF,0xC0,0x00,0x00,0x00,0x00,0x00,0xFF,0xFF,0xC0,0x0
0,0x00,
    0x00,0x00,0x07,0xFF,0xFF,0xF0,0x00,0x00,0x00,0x00,0x07,0xFF,0xFF,0xF0,0x0
0,0x00,
    0x00,0x00,0x0D,0xFF,0xFF,0xF8,0x00,0x00,0x00,0x00,0x0D,0xFF,0xFF,0xF8,0x0
0,0x00,
    0x00,0x00,0x39,0xFF,0xFF,0xFE,0x00,0x00,0x00,0x00,0x39,0xFF,0xFF,0xFE,0x0
0,0x00,
    0x00,0x00,0x63,0xFF,0xFF,0xF3,0x00,0x00,0x00,0x00,0x63,0xFF,0xFF,0xF3,0x0
```

```
0,0x00,
    0x00,0x00,0xC1,0xFF,0xFF,0xF9,0x80,0x00,0x00,0x00,0xC1,0xFF,0xFF,0xF9,0x8
0,0x00,
    0x00,0x01,0x81,0xFF,0xFD,0xF0,0xC0,0x00,0x00,0x01,0x81,0xFF,0xFD,0xF0,0xC
0,0x00,
    0x00,0x03,0x01,0xFF,0xFC,0xF0,0x60,0x00,0x00,0x03,0x01,0xFF,0xFC,0xF0,0x6
0,0x00,
    0x00,0x03,0x00,0xE7,0xFC,0xF0,0x30,0x00,0x00,0x03,0x00,0xE7,0xFC,0xF0,0x3
0,0x00,
    0x00,0x06,0x00,0xE7,0xF8,0x60,0x30,0x00,0x00,0x06,0x00,0xE7,0xF8,0x60,0x3
0,0x00,
    0x00,0x06,0x00,0xCF,0xF8,0x40,0x18,0x00,0x00,0x06,0x00,0xCF,0xF8,0x40,0x1
8,0x00,
    0x00,0x0C,0x00,0x8F,0xF0,0x80,0x0C,0x00,0x00,0x0C,0x00,0x8F,0xF0,0x80,0x0
C,0x00,
    0x00,0x0C,0x00,0x8F,0xF0,0x00,0x0C,0x00,0x00,0x0C,0x00,0x8F,0xF0,0x00,0x0
C,0x00,
    0x00,0x18,0x00,0x1F,0xC0,0x00,0x06,0x00,0x00,0x18,0x00,0x1F,0xC0,0x00,0x0
6,0x00,
    0x00,0x18,0x01,0x9E,0x80,0x38,0x06,0x00,0x00,0x18,0x01,0x9E,0x80,0x38,0x0
6,0x00,
    0x00,0x10,0x07,0xE0,0x00,0xFC,0x03,0x00,0x00,0x10,0x07,0xE0,0x00,0xFC,0x0
3,0x00,
    0x00,0x10,0x06,0x20,0x00,0xCE,0x03,0x00,0x00,0x10,0x06,0x20,0x00,0xCE,0x0
3,0x00,
    0x00,0x30,0x0C,0x30,0x01,0x82,0x01,0x00,0x00,0x30,0x0C,0x30,0x01,0x82,0x0
1,0x00,
    0x00,0x30,0x08,0x10,0x01,0x01,0x01,0x80,0x00,0x30,0x08,0x10,0x01,0x01,0x0
1,0x80,
    0x00,0x20,0x10,0x08,0x02,0x01,0x01,0x80,0x00,0x20,0x10,0x08,0x02,0x01,0x0
1,0x80,
    0x00,0x20,0x00,0x00,0x00,0x00,0x00,0x80,0x00,0x20,0x00,0x00,0x00,0x00,0x0
0,0x80,
    0x00,0x60,0x00,0x00,0x00,0x00,0x00,0xC0,0x00,0x60,0x00,0x00,0x00,0x00,0x0
0,0xC0,
    0x03,0x60,0x00,0x00,0x00,0x00,0x00,0xC0,0x03,0x60,0x00,0x00,0x00,0x00,0x0
0,0xC0,
    0x03,0xE8,0x00,0x00,0x00,0x00,0x00,0xC0,0x03,0xE8,0x00,0x00,0x00,0x00,0x0
0,0xC0,
    0x02,0xFE,0xA8,0x00,0x00,0x05,0x50,0xC0,0x02,0xFE,0xA8,0x00,0x00,0x05,0x5
0,0xC0,
    0x07,0xD3,0xBF,0x00,0x00,0x7F,0xF0,0x60,0x07,0xD3,0xBF,0x00,0x00,0x7F,0xF
0,0x60,
    0x07,0xF5,0x83,0xC0,0x00,0xF0,0x00,0x40,0x07,0xF5,0x83,0xC0,0x00,0xF0,0x0
0,0x40,
    0x07,0xE2,0xC0,0xF0,0x03,0x80,0x00,0x60,0x07,0xE2,0xC0,0xF0,0x03,0x80,0x0
0,0x60,
```

```
   0x05,0xD5,0x80,0x38,0x07,0x00,0x00,0x60,0x05,0xD5,0x80,0x38,0x07,0x00,0x0
0,0x60,
   0x0F,0xAB,0x80,0x0C,0x0C,0x00,0x00,0x60,0x0F,0xAB,0x80,0x0C,0x0C,0x00,0x0
0,0x60,
   0x0B,0xD3,0x80,0x00,0x00,0x00,0x50,0x60,0x0B,0xD3,0x80,0x00,0x00,0x00,0x5
0,0x60,
   0x1F,0x95,0x80,0x00,0x00,0x05,0x10,0x60,0x1F,0x95,0x80,0x00,0x00,0x05,0x1
0,0x60,
   0x07,0xEB,0x28,0x00,0x00,0x08,0x04,0x60,0x07,0xEB,0x28,0x00,0x00,0x08,0x0
4,0x60,
   0x01,0xFB,0x04,0x00,0x00,0x40,0x02,0x60,0x01,0xFB,0x04,0x00,0x00,0x40,0x0
2,0x60,
   0x00,0x8F,0x00,0x80,0x02,0x80,0x01,0x60,0x00,0x8F,0x00,0x80,0x02,0x80,0x0
1,0x60,
   0x01,0x83,0x00,0x60,0x18,0x00,0x00,0x60,0x01,0x83,0x00,0x60,0x18,0x00,0x0
0,0x60,
   0x01,0xA2,0x00,0x0A,0xA0,0x00,0x09,0x20,0x01,0xA2,0x00,0x0A,0xA0,0x00,0x0
9,0x20,
   0x01,0xA2,0x00,0x00,0x00,0x00,0x11,0x60,0x01,0xA2,0x00,0x00,0x00,0x00,0x1
1,0x60,
   0x01,0x82,0x00,0x00,0x00,0x00,0x51,0x60,0x01,0x82,0x00,0x00,0x00,0x00,0x5
1,0x60,
   0x01,0xAE,0xC0,0x00,0x00,0x03,0xB1,0x60,0x01,0xAE,0xC0,0x00,0x00,0x03,0xB
1,0x60,
   0x01,0x84,0xB0,0x00,0x00,0x1A,0x00,0x60,0x01,0x84,0xB0,0x00,0x00,0x1A,0x0
0,0x60,
   0x01,0xAD,0x0A,0xC0,0x00,0x00,0x01,0x60,0x01,0xAD,0x0A,0xC0,0x00,0x00,0x0
1,0x60,
   0x00,0xFF,0x00,0x00,0x00,0x00,0x02,0x40,0x00,0xFF,0x00,0x00,0x00,0x00,0x0
2,0x40,
   0x00,0xC3,0x80,0x00,0x00,0x00,0x02,0xC0,0x00,0xC3,0x80,0x00,0x00,0x00,0x0
2,0xC0,
   0x01,0x80,0xC0,0x00,0x00,0x00,0x04,0xC0,0x01,0x80,0xC0,0x00,0x00,0x00,0x0
4,0xC0,
   0x03,0x00,0xC0,0x00,0x00,0x00,0x09,0x80,0x03,0x00,0xC0,0x00,0x00,0x00,0x0
9,0x80,
   0x02,0x00,0x60,0x00,0x00,0x00,0x11,0x80,0x02,0x00,0x60,0x00,0x00,0x00,0x1
1,0x80,
   0x02,0x00,0x60,0x00,0x00,0x00,0xA7,0x00,0x02,0x00,0x60,0x00,0x00,0x00,0xA
7,0x00,
   0x02,0x00,0x30,0x00,0x00,0x05,0x0E,0x00,0x02,0x00,0x30,0x00,0x00,0x05,0x0
E,0x00,
   0x02,0x00,0x66,0xBF,0xF5,0x50,0x78,0x00,0x02,0x00,0x66,0xBF,0xF5,0x50,0x7
8,0x00,
   0x03,0x00,0x78,0x00,0x00,0x03,0xF0,0x00,0x03,0x00,0x78,0x00,0x00,0x03,0xF
0,0x00,
   0x01,0x00,0xDF,0xF5,0x57,0xFF,0x00,0x00,0x01,0x00,0xDF,0xF5,0x57,0xFF,0x0
```

```
    0x01,0xC1,0x82,0xFF,0xFF,0xD0,0x00,0x00,0x01,0xC1,0x82,0xFF,0xFF,0xD0,0x0
0,0x00,

    0x00,0x7F,0x00,0x00,0x00,0x00,0x00,0x00,0x00,0x7F,0x00,0x00,0x00,0x00,0x0
0,0x00,

    0x00,0x08,0x00,0x00,0x00,0x00,0x00,0x00,0x00,0x08,0x00,0x00,0x00,0x00,0x0
0,0x00,

    0x00,0x00,0x00,0x00,0x00,0x00,0x00,0x00,0x00,0x00,0x00,0x00,0x00,0x00,0x0
0,0x00,

    0x00,0x00,0x00,0x00,0x00,0x00,0x00,0x00,0x00,0x00,0x00,0x00,0x00,0x00,0x0
0,0x00
    };
    unsigned char code image2[]={
    0x00,0x00,0x00,0x00,0x00,0x00,0x00,0x00,0x00,0x00,0x00,0x00,0x00,0x00,0x0
0,0x00,

    0x00,0x00,0x00,0x00,0x00,0x00,0x00,0x00,0x00,0x00,0x00,0x00,0x00,0x00,0x0
0,0x00,

    0x00,0x00,0x00,0x00,0x00,0x00,0x00,0x00,0x00,0x00,0x00,0x00,0x00,0x00,0x0
0,0x00,

    0x00,0x00,0x00,0x00,0x00,0x00,0x00,0x00,0x00,0x00,0x00,0x00,0x00,0x00,0x0
0,0x00,

    0x00,0x00,0x00,0x00,0x00,0x00,0x00,0x00,0x00,0x00,0x00,0x00,0x00,0x00,0x0
0,0x00,

    0x00,0x00,0x00,0x00,0x1C,0x00,0x00,0x00,0x00,0x00,0x00,0x00,0x00,0x00,0x0
0,0x00,

    0x00,0x00,0x00,0x00,0x13,0x00,0x00,0x00,0x00,0x00,0x00,0x00,0x00,0x00,0x0
0,0x00,

    0x00,0x00,0x00,0x00,0x21,0x00,0x00,0x00,0x00,0x00,0x00,0x00,0x00,0x00,0x0
0,0x00,

    0x00,0x00,0x00,0x00,0x21,0x80,0x00,0x00,0x00,0x00,0x00,0x00,0x00,0x00,0x0
0,0x00,

    0x00,0x00,0x00,0x00,0x20,0xB0,0x00,0x00,0x00,0x00,0x00,0x00,0x00,0x00,0x0
0,0x00,

    0x00,0x00,0x00,0x00,0x60,0x0F,0x00,0x00,0x00,0x00,0x00,0x00,0x00,0x00,0x0
0,0x00,

    0x00,0x00,0x00,0x00,0x80,0x01,0xC0,0x00,0x00,0x00,0x00,0x00,0x0E,0x00,0x0
0,0x00,

    0x00,0x00,0x00,0x00,0x80,0x00,0x70,0x00,0x00,0x00,0x00,0x3F,0x00,0x00,0x0
0,0x00,

    0x00,0x00,0x00,0x00,0x03,0x00,0x00,0x0E,0x00,0x00,0x00,0x00,0x7F,0x00,0x0
0,0x00,

    0x00,0x00,0x00,0x02,0x00,0x00,0x01,0x80,0x00,0x00,0x05,0xFF,0x80,0x00,0x0
0,0x00,

    0x00,0x00,0x00,0x04,0x00,0x00,0x00,0x60,0x00,0x00,0xFF,0xFF,0x00,0x00,0x0
0,0x00,

    0x00,0x00,0x00,0x08,0x00,0x00,0x00,0x31,0x00,0x0F,0xFF,0xFF,0x80,0x00,0x0
0,0x00,

    0x00,0x00,0x00,0x18,0x00,0x00,0x00,0x0F,0xE0,0xBF,0xFF,0xFF,0xC0,0x00,0x0
0,0x00,
```

```
    0x00,0x00,0x00,0x10,0x10,0x00,0x00,0x00,0x1D,0xFF,0xFF,0xFF,0xE0,0x00,0x0
0,0x00,
    0x00,0x00,0x00,0x30,0x78,0x00,0x00,0x00,0x0F,0xFF,0xFF,0xFF,0xE0,0x00,0x0
0,0x00,
    0x00,0x00,0x00,0x20,0x78,0x00,0x00,0x00,0x1F,0xFF,0xFF,0xFF,0xF0,0x00,0x0
0,0x00,
    0x00,0x00,0x00,0x40,0x30,0x00,0x00,0x00,0x3F,0xFF,0xFF,0xFF,0xF0,0x00,0x0
0,0x00,
    0x00,0x00,0x00,0x40,0x01,0xE0,0x00,0x00,0x3F,0xFF,0xFF,0xFF,0xF8,0x00,0x0
0,0x00,
    0x00,0x00,0x00,0xC0,0x04,0x18,0x00,0x00,0x7F,0xFF,0xFF,0xFF,0xF8,0x00,0x0
0,0x00,
    0x00,0x00,0x00,0x80,0x04,0x07,0xC0,0x00,0x7F,0xFF,0xFF,0xF7,0xFC,0x00,0x0
0,0x00,
    0x00,0x00,0x01,0x00,0x04,0x60,0x40,0x00,0x7F,0xFF,0xFF,0xC7,0xFC,0x00,0x0
0,0x00,
    0x00,0x00,0x01,0x00,0x04,0xE1,0x33,0x00,0x7F,0xFF,0xFF,0xC3,0xFC,0x00,0x0
0,0x00,
    0x00,0x00,0x01,0x00,0x02,0x03,0x17,0x80,0xFF,0xFF,0xF4,0xC7,0xFE,0x00,0x0
0,0x00,
    0x00,0x00,0x02,0x00,0x01,0x44,0x17,0x80,0x7F,0xFF,0xD0,0xFF,0xFE,0x00,0x0
0,0x00,
    0x00,0x00,0x02,0x00,0x00,0x30,0x23,0x00,0xFF,0xFC,0x00,0x7F,0xFF,0x00,0x0
0,0x00,
    0x00,0x00,0x02,0x00,0x00,0x0F,0x40,0x01,0xFD,0xF8,0x0C,0x3F,0xFF,0x00,0x0
0,0x00,
    0x00,0x00,0x06,0x00,0x00,0x00,0x80,0x01,0xF8,0x73,0x8C,0x7F,0xFF,0x80,0x0
0,0x00,
    0x00,0x00,0x04,0x00,0x00,0x00,0x00,0x01,0xF8,0xE1,0x80,0x7F,0xFF,0x80,0x0
0,0x00,
    0x00,0x00,0x04,0x00,0x00,0x00,0x00,0x01,0xFC,0xF1,0x83,0xFF,0xFF,0x80,0x0
0,0x00,
    0x00,0x00,0x0C,0x00,0x00,0x00,0x00,0x03,0xFF,0xF0,0x3F,0xFF,0xFF,0xC0,0x0
0,0x00,
    0x00,0x00,0x0C,0x00,0x00,0x00,0x00,0x01,0xFF,0xF8,0xFF,0xFF,0xFF,0xC0,0x0
0,0x00,
    0x00,0x00,0x08,0x00,0x00,0x00,0x00,0x06,0xFF,0xFF,0xFF,0xFF,0xFF,0xC0,0x0
0,0x00,
    0x00,0x00,0x0C,0x00,0x00,0x00,0x00,0x04,0xFF,0xFF,0xFF,0xFF,0xFF,0xC0,0x0
0,0x00,
    0x00,0x00,0x08,0x00,0x00,0x00,0x00,0x0C,0xFF,0xFF,0xFF,0xFF,0xFF,0xC0,0x0
0,0x00,
    0x00,0x00,0x0C,0x00,0x00,0x00,0x00,0x08,0x7F,0xFF,0xFF,0xFF,0xFF,0xE0,0x0
0,0x00,
    0x00,0x00,0x0C,0x00,0x00,0x00,0x00,0x08,0x7F,0xFF,0xFF,0xFF,0xFF,0xE0,0x0
0,0x00,
    0x00,0x00,0x0C,0x00,0x00,0x00,0x00,0x10,0x7F,0xFF,0xFF,0xFF,0xFF,0xE0,0x0
```

```
0,0x00,
    0x00,0x00,0x08,0x00,0x00,0x00,0x00,0x30,0x3F,0xFF,0xFF,0xFF,0xFF,0xE0,0x0
0,0x00,
    0x00,0x00,0x0D,0xE0,0x00,0x00,0x00,0x20,0x3F,0xFF,0xFF,0xFF,0xFF,0xE0,0x0
0,0x00,
    0x00,0x00,0x07,0xB8,0x00,0x00,0x00,0x40,0x3F,0xFF,0xFF,0xFF,0xFF,0xE0,0x0
0,0x00,
    0x00,0x00,0x02,0x0E,0x00,0x00,0x00,0x40,0x1F,0xFF,0xFF,0xFF,0xFF,0xE0,0x0
0,0x00,
    0x00,0x00,0x00,0x01,0xC0,0x00,0x00,0x80,0x0F,0xFF,0xFF,0xFF,0xFF,0xE0,0x0
0,0x00,
    0x00,0x00,0x00,0x00,0x38,0x00,0x01,0x00,0x07,0xFF,0xFF,0xFF,0xFF,0xE0,0x0
0,0x00,
    0x00,0x00,0x00,0x00,0x0F,0x00,0x03,0x00,0x07,0xFF,0xFF,0xFF,0xFF,0xC0,0x0
0,0x00,
    0x00,0x00,0x00,0x00,0x00,0xC0,0x06,0x00,0x07,0xFF,0xFF,0xFF,0xF3,0xC0,0x0
0,0x00,
    0x00,0x00,0x00,0x00,0x00,0x7E,0x0C,0x00,0x01,0xFF,0xFF,0xFF,0xE2,0x00,0x0
0,0x00,
    0x00,0x00,0x00,0x00,0x00,0x02,0x08,0x00,0x01,0xFF,0xFF,0xFF,0x00,0x00,0x0
0,0x00,
    0x00,0x00,0x00,0x00,0x00,0x03,0x30,0x00,0x01,0xFF,0xFF,0xF8,0x00,0x00,0x0
0,0x00,
    0x00,0x00,0x00,0x00,0x00,0x01,0xC0,0x00,0x00,0xFF,0xFF,0x80,0x00,0x00,0x0
0,0x00,
    0x00,0x00,0x00,0x00,0x00,0x00,0x00,0x00,0x00,0x7F,0xFE,0x00,0x00,0x00,0x0
0,0x00,
    0x00,0x00,0x00,0x00,0x00,0x00,0x00,0x00,0x00,0x3F,0xB0,0x00,0x00,0x00,0x0
0,0x00,
    0x00,0x00,0x00,0x00,0x00,0x00,0x00,0x00,0x00,0x1F,0x80,0x00,0x00,0x00,0x0
0,0x00,
    0x00,0x00,0x00,0x00,0x00,0x00,0x00,0x00,0x00,0x0F,0x80,0x00,0x00,0x00,0x0
0,0x00,
    0x00,0x00,0x00,0x00,0x00,0x00,0x00,0x00,0x00,0x07,0x00,0x00,0x00,0x00,0x0
0,0x00,
    0x00,0x00,0x00,0x00,0x00,0x00,0x00,0x00,0x00,0x00,0x00,0x00,0x00,0x00,0x0
0,0x00,
    0x00,0x00,0x00,0x00,0x00,0x00,0x00,0x00,0x00,0x00,0x00,0x00,0x00,0x00,0x0
0,0x00,
    0x00,0x00,0x00,0x00,0x00,0x00,0x00,0x00,0x00,0x00,0x00,0x00,0x00,0x00,0x0
0,0x00,
    0x00,0x00,0x00,0x00,0x00,0x00,0x00,0x00,0x00,0x00,0x00,0x00,0x00,0x00,0x0
0,0x00
};
/*-----------系统时钟为 11.0592MHz 时 1ms 的延时函数------------*/
```

```
void Delay1ms()          //@11.0592MHz
{
        unsigned char i, j;
        _nop_();
        _nop_();
        _nop_();
        i = 11;
        j = 190;
        do
        {
            while (--j);
        } while (--i);
}
/*------------系统时钟为 11.0592MHz 时 t×1ms 的延时函数------------*/
void Delayxms(uint t)       //@11.0592MHz
{
        uint i;
        for(i=0;i<t;i++)Delay1ms();
}
/*------------主函数------------*/
void main()
{
        init();
        lcd_str(0,0,"江苏国芯科技");
        Delayxms(500);
        lcd_str(1,0,"江苏省南通市崇川区紫琅路 28 号");
        Delayxms(500);
        lcd_str(2,0," STC8A8K64S4A12");
        Delayxms(500);
        lcd_str(3,0,"www.stcmcu.com 0513-55012928 ");
        Delayxms(1000);
        write_com(0x01);
        Delayxms(5);
        while(1)
        {
            lcd_draw(image2); Delayxms(1000);
            lcd_draw(image1); Delayxms(1000);
        }
}
```

三、训练步骤

（1）分析工程训练 102.c 程序文件。

（2）用 Keil μVision4 集成开发环境编辑、编译用户程序，生成机器代码工程训练 102.hex 工程文件。

（3）将 STC8 学习板（甲机）与计算机连接。

（4）外置 LCD12864（含中文字库）显示屏正确插入 LCD12864 接口插座。

（5）利用 STC-ISP 在线编程软件将工程训练 102.hex 程序文件下载到 STC8 学习板中。

（6）LCD12864 显示屏显示指定的中文和字符。

（7）LCD12864 显示屏交替显示两个指定的图形。

四、训练拓展

将 8.3.1 工程训练中 LED 数码管显示改为用 LCD12864 显示，修改程序并上机调试。

 本章小结

本章从单片机应用系统的设计原则、开发流程和工程报告的编制方面论述了一般通用的单片机应用系统的设计和开发过程。

单片机键盘电路主要有独立键盘电路和矩阵键盘电路。如果只需要几个功能键，一般采用独立键盘电路；如果需要输入数字 0～9，通常采用矩阵键盘电路。本章重点介绍了查询扫描、定时扫描和中断扫描工作方式的详细应用。

根据显示方式和内容的不同，LCD 模块可以分为数显笔段型 LCD 模块、点阵字符型 LCD 模块与点阵图形型 LCD 模块（又分为含中文字库与不含中文字库）。本章重点介绍了 LCD1602 和带中文字库的 LCD12864 的硬件接口、指令表，以及应用编程。

 习题与思考题

一、填空题

1．按键的机械抖动时间一般为_____。消除机械抖动的方法有硬件去抖和软件去抖，硬件去抖主要有_____触发器和_____两种；软件去抖是通过调用的_____延时程序来实现的。

2．键盘按按键的结构原理可分为_____和_____两种；按接口原理可分为_____和_____两种；按按键的连接结构可分为_____和_____两种。

3．独立键盘中的各个按键是_____，与微处理器的接口关系是每个按键占用一个_____。

4．当单片机有 8 位 I/O 口用于扩展键盘时，若采用独立键盘结构，可扩展_____个按键；若采用矩阵键盘结构，最多可扩展_____个按键。

5．为保证每次按键动作只完成一次的功能，必须对按键进行_____处理。

6．单片机应用系统的设计原则，包括_____、_____、操作维护方便与_____四个方面。

7．在 LCD1602 中，16 代表_____，02 代表_____。

8．在 LCD12864 中，128 代表_____，64 代表_____。

9．在 LCD1602 的引脚中，RS 引脚的功能是_____，R/W 引脚的功能是_____，

E 引脚的功能是_____。

10．在 LCD1602 的引脚中，V_0 引脚的功能是_____。

11．在 LCD1602 的引脚中，BLA 引脚的功能是_____，BLK 引脚的功能是_____。

12．在 LCD12864（含中文字库）的引脚中，PSB 引脚的功能是_____。

13．在 LCD1602 中，第 1 行第 2 位对应的 DDRAM 地址是_____，若要显示某个字符，则把该字符的_____写入该位置的 DDRAM 地址中。

二、选择题

1．按键的机械抖动时间一般为_____。

A．1～5ms　　　　　B．5～10ms　　　　　C．10～15ms　　　　　D．15～20ms

2．软件去抖是通过调用延时程序来避开按键的抖动时间，去抖动延时程序的延时时间一般为_____。

A．5ms　　　　　　B．10ms　　　　　　C．15ms　　　　　　D．20ms

3．人为按键的操作时间一般为_____。

A．100ms　　　　　B．500ms　　　　　C．750ms　　　　　D．1000ms

4．若 P1.0 连接一个独立按键，按键未按下时是高电平，按键释放处理正确的语句是_____。

A．while(P10==0)　B．if(P10==0)　　C．while(P10!=0)　D．while(P10==1)

5．若 P1.1 连接一个独立按键，按键未按下时是高电平，按键识别处理正确的语句是_____。

A．if(P11==0)　　　B．if(P11==1)　　　C．while(P11==0)　D．while(P11==1)

6．在画程序流程图时，代表疑问性操作的框图是_____。

A．▭　　　　　　　B．⬭　　　　　　　C．◇　　　　　　　D．◯

7．在工程设计报告的参考文献中，代表期刊文章的标识是_____。

A．M　　　　　　　B．J　　　　　　　C．S　　　　　　　D．R

8．在工程设计报告的参考文献中，D 代表的是_____。

A．专著　　　　　　B．论文集　　　　　C．学位论文　　　　D．报告

9．在 LCD 控制中，若（RS）=1，（R/W）=0，E 为使能，此时 LCD 的操作是_____。

A．读数据　　　　　B．写指令　　　　　C．写数据　　　　　D．读忙碌标志位

10．在 LCD 控制中，若（RS）=1，（R/W）=1，E 为使能，此时 LCD 的操作是_____。

A．读数据　　　　　B．写指令　　　　　C．写数据　　　　　D．读忙碌标志位

11．在 LCD 控制中，若（RS）=0，（R/W）=0，E 为使能，此时 LCD 的操作是_____。

A．读数据　　　　　B．写指令　　　　　C．写数据　　　　　D．读忙碌标志位

12．在 LCD 控制中，若（RS）=0，（R/W）=1，E 为使能，此时 LCD 的操作是_____。

A．读数据　　　　　B．写指令　　　　　C．写数据　　　　　D．读忙碌标志位

13．在 LCD1602 指令中，01H 指令的功能是_____。

A．光标返回　　　　　　　　　　　　　B．清除显示

C. 设置字符输入模式　　　　　　　　　　D. 显示开/关控制

14. 在 LCD1602 指令中，88H 指令代码的功能是＿＿＿＿＿＿＿。

A. 设置字符发生器的地址　　　　　　　　B. 设置 DDRAM 地址

C. 光标或字符移位　　　　　　　　　　　D. 设置基本操作

15. 若要在 LCD1602 的第 2 行第 0 位显示字符"D"，则应把＿＿＿＿＿＿＿数据写入 LCD1602 对应的 DDRAM 中。

A. 0DH　　　　　　B. 44H　　　　　　C. 64H　　　　　　D. D0H

16. 在 LCD12864（含中文字库）的指令中，RE 的作用是＿＿＿＿＿＿＿。

A. 显示开/关选择　　　　　　　　　　　　B. 游标开/关选择

C. 4/8 位数据选择　　　　　　　　　　　　D. 扩充指令/基本指令选择

17. 在 LCD12864（含中文字库）的基本指令中，81H 指令代码代表的功能是＿＿＿＿＿＿＿。

A. 设置 CGRAM 地址　　　　　　　　　　B. 设置 DDRAM 地址

C. 地址归位　　　　　　　　　　　　　　D. 显示状态的开/关

三、判断题

1. 机械开关与机械按键的工作特性是一致的，仅是称呼不同而已。（　　）

2. 计算机键盘属于非编码键盘。（　　　　）

3. 单片机用于扩展键盘的 I/O 口线为 10 根，可扩展的最大按键数为 24 个。（　　）

4. 在按键释放处理中，必须进行去抖动处理。（　　　　）

5. 参考文献的文献题名后面的英文标识 M 代表的是专著。（　　　　）

6. LCD 是主动显示的，而 LED 是被动显示的。（　　　　）

7. LCD1602 可以显示 32 个 ASCII 码字符。（　　　　）

8. LCD12864（含中文字库）可以显示 32 个中文字符。（　　　　）

9. LCD12864（含中文字库）可以显示 64 个 ASCII 码字符。（　　　　）

10. 一个 16×16 点阵字符的字模数据需要占用 32 字节的地址空间。（　　　　）

11. 一个 32×32 点阵字符的字模数据需要占用 128 字节的地址空间。（　　　　）

12. LCD12864（不含中文字库）写入数据是按屏按页按列进行的。（　　　　）

四、问答题

1. 简述编码键盘与非编码键盘的工作特性。在单片机应用系统中，一般是采用编码键盘还是采用非编码键盘？

2. 画出 RS 触发器的硬件去抖电路，并分析其工作原理。

3. 编程实现独立按键的键识别与键确认功能。

4. 在矩阵键盘处理中，全扫描指的是什么？

5. 简述矩阵键盘中巡回扫描识别键盘的工作过程。

6. 简述矩阵键盘中反转法识别键盘的工作过程。

7. 在有按键释放处理的程序中，当按键时间较长，会出现动态 LED 数码管显示变暗或闪烁的情况，请分析原因并提出解决方法。

8．在 LED 数码管显示中，如何让选择位闪烁显示？

9．很多单片机应用系统为了防止用户误操作，设计了键盘锁定功能，请问应该如何实现键盘锁定功能？

10．简述单片机应用系统的开发流程。

11．在 LCD 模块的操作中，如何写入数据？

12．在 LCD 模块的操作中，如何写入指令？

13．在 LCD 模块的操作中，如何读取忙碌标志位？

14．向 LCD 模块写入数据或写入指令，应注意什么？

15．在 LCD1602 显示模块中，若要在第 2 行第 5 位显示字符"W"，应如何操作？

16．若要在 LCD12864（含中文字库）中显示 ASCII 码字符，请简述操作步骤。

17．若要在 LCD12864（含中文字库）中显示中文字符，请简述操作步骤。

18．若要在 LCD12864（含中文字库）中绘图，请简述操作步骤。

19．在 LCD12864（含中文字库）中，如何实现基本指令与扩充指令的切换？

20．在字模提取软件的参数设置中，横向取模方式与纵向取模方式有何不同？

21．在字模提取软件的参数设置中，倒序设置的含义是什么？

五、程序设计题

1．设计一个电子时钟，采用 24 小时制计时，具备闹铃功能。

（1）采用独立键盘实现校对时间与设置闹铃时间功能。

（2）采用矩阵键盘实现校对时间与设置闹铃时间功能。

2．设计 2 个按键，1 个用于数字加，1 个用于数字减，采用 LCD1602 显示数字，初始值为 100。画出硬件电路图，编写程序并上机调试。

3．设计一个图片显示器，采用 LCD12864（不含中文字库）显示。采用 1 个按键进行图片切换，共 4 幅图片，图片内容自定义。画出硬件电路图，编写程序并上机调试。

4．设计一个图片显示器，采用 LCD12864（含中文字库）显示。采用按键手工切换与定时自动切换。手工切换采用 2 个按键，1 个按键用于往上翻，1 个按键用于往下翻。定时自动切换时间为 2s，显示屏中同时显示图片与自动切换时间（倒计时形式）。画出硬件电路图，编写程序并上机调试。

5．将本题中第 1 小题的电子时钟的显示改为用 LCD1602 显示，编写程序并上机调试。

6．将本题中第 1 小题的电子时钟的显示改为用 LCD12864（含中文字库）显示，编写程序并上机调试。

第 11 章

STC8A8K64S4A12 单片机的比较器

🔍**内容提要：**

比较器是 STC8A8K64S4A12 单片机的高功能模块，用于实施对模拟信号的比较判断。

本章介绍 STC8A8K64S4A12 单片机比较器的结构与工作原理、比较器同相端与反相端的输入信号源的选择、比较输出信号的控制及应用编程。

11.1 比较器的内部结构与控制寄存器

1. 比较器的内部结构

STC8A8K64S4A12 单片机比较器的内部结构如图 11.1 所示，该比较器内部电路由集成运放比较电路、滤波电路、中断标志形成电路（含中断允许控制）、输出结果及控制电路 4 部分组成。

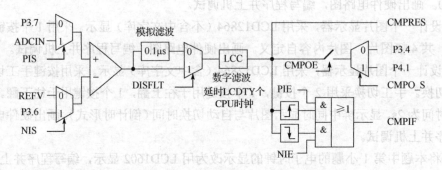

图 11.1 STC8A8K64S4A12 单片机比较器的内部结构

1）集成运放比较电路

集成运放比较电路的同相输入端和反相输入端的输入信号可通过比较器的控制寄存器 1（CMPCR1）进行选择，即选择接内部信号或外接输入信号。集成运放比较电路的输出通过滤波电路形成稳定的输出信号。

2）滤波电路

当集成运放比较电路的输出信号发生跳变时，不立即认为是跳变，而是经过一定延时后，再判断其是否为跳变。

3）中断标志形成电路

中断标志形成电路可以实现中断标志类型的选择、中断标志的形成及中断标志的允许。

2．比较器的控制寄存器

STC8A8K64S4A12 单片机的比较器由 CMPCR1、CMPCR2、IP2H、IP2 进行控制管理，如表 11.1 所示。

表 11.1　STC8A8K64S4A12 单片机比较器的控制寄存器

符号	名称	地址	位位置与符号								复位值
			B7	B6	B5	B4	B3	B2	B1	B0	
CMPCR1	比较器控制寄存器 1	E6H	CMPEN	CMPIF	PIE	NIE	PIS	NIS	CMPOE	CMPRES	0000 0000
CMPCR2	比较器控制寄存器 2	E7H	INVCMPO	DISFLT	LCDTY[5:0]						0000 0000
IP2H	中断优先级控制寄存器 2（高位）	B6H	—	PI2CH	PCMPH	PX4H	PPWMFDH	PPWMH	PSPIH	PS2H	x000 0000
IP2	中断优先级控制寄存器 2（低位）	B5H	—	PI2C	PCMP	PX4	PPWMFD	PPWM	PSPI	PS2	x000 0000
P_SW2	—		EAXFR		I2C_S[1:0]		CMPO_S	S4_S	S3_S	S2S	0x00 0000

（1）比较器的使能控制。

比较器的使能控制由 CMPCR1 中的 CMPEN 实现。

CMPEN：比较器模块使能位。

（CMPEN）=1，使能比较器模块。

（CMPEN）=0，禁用比较器模块，比较器的电源关闭。

（2）比较器输入源的选择。

比较器输入源的选择由 CMPCR1 中的 PIS、NIS 进行控制。

PIS：比较器正极选择位。

（PIS）=1，通过 ADC_CONTR 中 ADC_CHS[3:0]选择的模拟输入端作为比较器的正极输入源。

（PIS）=0，选择外部端口 P3.7 作为比较器的正极输入源。

NIS：比较器负极选择位

（NIS）=1，选择外部端口 P3.6 作为比较器的负极输入源。

（NIS）=0，选择内部 BandGap 电压 BGV 作为比较器的负极输入源。

注意：内部 BandGap 电压 BGV 在程序存储器中的第 7、8 字节中，高字节在前，单位为 mV。对于 STC8A8K64S4A12 单片机，BGV 电压值在 F3F7H 单元和 F3F8H 单元中。

（3）比较器的中断控制。

CMPIF：比较器中断标志位。当比较器有中断请求时，置位 CMPIF，并向 CPU 发出中断请求，但此标志位必须由用户用软件清 0。比较器中断的中断向量是 00ABH，中断号是 21。

PIE（Pos-edge Interrupt Enabling）：比较器上升沿中断使能位。

（PIE）=1，当比较器的输出电平由低变高时，置位 CMPIF，并向 CPU 发出中断请求。

（PIE）=0，禁用比较器上升沿中断。

NIE（Neg-edge Interrupt Enabling）：比较器下降沿中断使能位

（NIE）=1，当比较器的输出电平由高变低时，置位 CMPIF，并向 CPU 发出中断请求。

（NIE）=0，禁用比较器下降沿中断。

PCMPH、PCMP：比较器中断优先级控制位。

（PCMPH）（PCMP）=00，比较器中断优先级为最低级（0 级）。

（PCMPH）（PCMP）=01，比较器中断优先级为较低级（1 级）。

（PCMPH）（PCMP）=10，比较器中断优先级为较高级（2 级）。

（PCMPH）（PCMP）=11，比较器中断优先级为最高级（3 级）。

（4）比较器比较结果的输出及控制。

CMPOE：比较结果输出控制位。

（CMPOE）=1，允许比较器的比较结果输出到 P3.4 引脚或 P4.1 引脚（由 P_SW2 中的 CMPO_S 进行选择）。

（CMPOE）=0，禁止比较器的比较结果输出。

CMPO_S：比较结果输出通道的选择控制位。

（CMPO_S）=1，比较器的比较结果输出到 P3.4 引脚。

（CMPO_S）=0，比较器的比较结果输出到 P4.1 引脚。

CMPRES：比较器比较结果标志位（Comparator Result），此位为只读位。

（CMPRES）=1，表示 CMP+的电平高于 CMP-的电平。

（CMPRES）=0，表示 CMP+的电平低于 CMP-的电平。

注意：CMPRES 是一个只读位，软件对它进行写入的动作没有任何意义，且软件所读到的结果是经过"过滤"控制后的结果，而非集成运放比较电路的直接输出结果。

INVCMPO（Inverse Comparator Output）：比较器输出取反控制位。

（INVCMPO）=1，比较结果反向输出，若 CMPRES 为 0，则 P3.4（或 P4.1）引脚输出高电平；反之，P3.4（或 P4.1）引脚输出低电平。

（INVCMPO）=0，比较结果正向输出，若 CMPRES 为 0，则 P3.4（或 P4.1）引脚输出低电平；反之，P3.4（或 P4.1）引脚输出高电平。

DISFLT：模拟滤波功能控制位。

（DISFLT）=1，关掉 0.1μs 模拟滤波，可略微提高比较器的比较速度。

（DISFLT）=0，使能 0.1μs 模拟滤波。

LCDTY[5:0]：数字滤波功能控制位。

① 当比较器的输出由低电平变为高电平时，必须检测到后来的高电平持续了至少 LCDTY[5:0]个系统时钟，此芯片线路才认定比较器的输出是由低电平转至高电平。如果在 LCDTY[5:0]个系统时钟内，集成运放比较电路的输出又恢复至低电平，则此芯片线路认为什么都没发生，即

认为比较器的输出一直维持在低电平。

② 当比较器的输出由高电平变为低电平时，必须检测到后来的低电平持续了至少 LCDTY [5:0]个系统时钟，此芯片线路才认定比较器的输出是由高电平转至低电平。如果在 LCDTY[5:0] 个系统时钟内，集成运放比较电路的输出又恢复至高电平，则此芯片线路认为什么都没发生，即认为比较器的输出一直维持在高电平。

（5）集成运放比较器中断优先等级的设置。

集成运放比较器中断优先等级由 IP2H 中的 PCMPH 和 IP2 中的 PCMP 控制，当 PCMPH/PCMP 值为 0/0 时，集成运放比较器中断优先等级为 0 级；当 PCMPH/PCMP 值为 0/1 时，集成运放比较器中断优先等级为 1 级；当 PCMPH/PCMP 值为 1/0 时，集成运放比较器中断优先等级为 2 级；当 PCMPH/PCMP 值为 1/1 时，集成运放比较器中断优先等级为 3 级。

11.2　比较器的应用

1. 比较器中断方式程序举例

例 11.1　P1.7、P1.6、P1.2 引脚分别接 LED7、LED8、LED9，这 3 只 LED 由低电平驱动，LED9 直接由比较器输出进行控制，当有上升沿中断请求时，点亮 LED7，当有下降沿中断请求时，点亮 LED8。P3.2 引脚接 1 个开关，开关断开时输出高电平，比较器处于上升沿中断请求工作方式，直接同相输出；开关合上时输出低电平，比较器处于下降沿中断请求工作方式，直接反相输出。要求以中断方式编程。

解　C 语言参考程序如下：

```
#include <stc8.h>                      //包含支持 STC8 系列单片机的头文件
#include <intrins.h>
#define uchar unsigned char
#define uint  unsigned int
#define CMPEN 0x80                      //CMPCR1.7：比较器模块使能位
#define CMPIF 0x40                      //CMPCR1.6：比较器中断标志位
#define PIE 0x20                        //CMPCR1.5：比较器上升沿中断使能位
#define NIE 0x10                        //CMPCR1.4：比较器下降沿中断使能位
#define PIS 0x08                        //CMPCR1.3：比较器正极选择位
#define NIS 0x04                        //CMPCR1.2：比较器负极选择位
#define CMPOE 0x02                      //CMPCR1.1：比较结果输出控制位
#define CMPRES 0x01                     //CMPCR1.0：比较器比较结果标志位
#define INVCMPO 0x80                    //CMPCR2.7：比较器输出取反控制位
#define DISFLT 0x40                     //CMPCR2.6：比较器输出端滤波使能控制位
#define LCDTY 0x3F                      //CMPCR2.[5:0]：比较器输出的去抖时间控制
sbit LED7 = P1^7;                       //上升沿中断请求指示灯
sbit LED8 = P1^6;                       //下降沿中断请求指示灯
sbit LED9 = P1^2;                       //比较器直接输出指示灯
sbit SW17 = P3^2;                       //中断请求方式控制开关
void cmp_isr() interrupt 21 using 1     //比较器中断向量
{
```

```
    CMPCR1 &= ~CMPIF;                //清除完成标志
    if(SW17==1)
    {
        LED7=0;                      //点亮上升沿中断请求指示灯
    }
    else
    {
        LED8=0;                      //点亮下降沿中断请求指示灯
    }
}
void main()
{
    CMPCR1 = 0;                      //初始化比较器控制寄存器1
    CMPCR2 = 0;                      //初始化比较器控制寄存器2
    CMPCR1 &= ~PIS;                  //选择外部引脚 P5.5（CMP+）为比较器的正极输入源
    CMPCR1 &= ~NIS;                  //选择内部 BandGap 电压 BGV 为比较器的负极输入源
    CMPCR1 |= CMPOE;                 //允许比较器的比较结果输出
    CMPCR2 &= ~DISFLT;               //不禁用（使能）比较器输出端的 0.1μs 滤波电路
    CMPCR2 &= ~LCDTY;                //比较器结果不去抖动，直接输出
    CMPCR1 |= PIE;                   //使能比较器的上升沿中断
    CMPCR1 |= CMPEN;                 //使能比较器
    EA = 1;
    while (1)
    {
        if(SW17==1)
        {
            CMPCR2 &= ~INVCMPO;      //比较器的比较结果正常输出到 P1.2 引脚
            CMPCR1 |= PIE;           //使能比较器的上升沿中断
            CMPCR1&=~ NIE;           //关闭比较器的下降沿中断

        }
        else
        {
            CMPCR2 |= INVCMPO;       //比较器的比较结果取反后输出到 P1.2 引脚
            CMPCR1 |= NIE;           //使能比较器的下降沿中断
            CMPCR1&=~ PIE;           //关闭比较器的上升沿中断
        }
    }
}
```

2. 比较器查询方式程序举例

　　例 11.2　　P1.7、P1.6、P1.2 引脚分别接 LED7、LED8、LED9，这 3 只 LED 由低电平驱动，LED9 直接由比较器输出进行控制，当有上升沿中断请求时，点亮 LED7，当有下降沿中断请求时，点亮 LED8。P3.2 引脚接 1 个开关，开关断开时输出高电平，比较器处于上升沿中断请求工作方式，直接同相输出；开关合上时输出低电平，比较器处于下降沿中断请求工作方式，直接反相输出。要求以查询方式编程。

解　C 语言参考程序如下：

```c
#include <stc8.h>                    //包含支持 STC8 系列单片机的头文件
#include <intrins.h>
#define uchar unsigned char
#define uint  unsigned int
#define CMPEN 0x80                   //CMPCR1.7：比较器模块使能位
#define CMPIF 0x40                   //CMPCR1.6：比较器中断标志位
#define PIE 0x20                     //CMPCR1.5：比较器上升沿中断使能位
#define NIE 0x10                     //CMPCR1.4：比较器下降沿中断使能位
#define PIS 0x08                     //CMPCR1.3：比较器正极选择位
#define NIS 0x04                     //CMPCR1.2：比较器负极选择位
#define CMPOE 0x02                   //CMPCR1.1：比较结果输出控制位
#define CMPRES 0x01                  //CMPCR1.0：比较器比较结果标志位
#define INVCMPO 0x80                 //CMPCR2.7：比较器输出取反控制位
#define DISFLT 0x40                  //CMPCR2.6：比较器输出端滤波使能控制位
#define LCDTY 0x3F                   //CMPCR2.[5:0]：比较器输出的去抖时间控制
sbit LED7 = P1^7;                    //上升沿中断请求指示灯
sbit LED8 = P1^6;                    //下降沿中断请求指示灯
sbit LED9 = P1^2;                    //比较器直接输出指示灯
sbit SW17= P3^2;                     //中断请求方式控制开关
void main()
{
    CMPCR1 = 0;                      //初始化比较器控制寄存器 1
    CMPCR2 = 0;                      //初始化比较器控制寄存器 2
    CMPCR1 &= PIS;                   //选择外部引脚 P5.5（CMP+）为比较器的正极输入源
    CMPCR1 &= ~NIS;                  //选择内部 BandGap 电压 BGV 为比较器的负极输入源
    CMPCR1 &= ~CMPOE;                //禁用比较器的比较结果输出
    CMPCR2 &= ~DISFLT;               //不禁用（使能）比较器输出端的 0.1μs 滤波电路
    CMPCR2 &= ~LCDTY;                //比较器结果不去抖动，直接输出
    CMPCR1 |= CMPEN;                 //使能比较器
    while (1)
    {
        if(SW17==1)
        {
            CMPCR2 &= ~INVCMPO;      //比较器的比较结果正常输出到 P1.2 引脚
            CMPCR1 |= PIE;           //使能比较器的上升沿中断
            CMPCR1&=~ NIE;           //关闭比较器的下降沿中断
        }
        else
        {
            CMPCR2 |= INVCMPO;       //比较器的比较结果取反后输出到 P1.2 引脚
            CMPCR1 |= NIE;           //使能比较器的下降沿中断
            CMPCR1&=~ PIE;           //关闭比较器的上升沿中断
        }
        if(CMPCR1 & CMPIF)
        {
            CMPCR1 &= ~CMPIF;        //清除完成标志
```

```
        if(SW17==1)
        {
            LED7=0;              //点亮上升沿中断请求指示灯
        }
        else
        {
            LED8=0;              //点亮下降沿中断请求指示灯
        }
    }
}
```

 本章小结

STC8A8K64S4A12 单片机的比较器内置 1 个集成运放比较电路，该集成运放比较电路同相输入端、反相输入端的输入源可设置为内部输入或外接输入；比较器中设置了滤波电路，集成运放比较电路的输出不直接作为比较输出信号和中断请求信号，而是采用延时的方法去抖动，延时时间可调；比较器的比较结果可直接同相输出或反相输出，也可采用查询方式或中断方式检测比较器的结果状态，比较器中断有上升沿中断和下降沿中断 2 种形式。

STC8A8K64S4A12 单片机比较器可取代外部通用比较器功能电路（如温度、湿度、压力等控制领域中的比较器功能电路），且比一般比较器控制电路具有更可靠及更强的控制功能。除此之外，STC8A8K64S4A12 单片机比较器还可模拟实现 A/D 转换功能。

 思考与提高题

一、填空题

1．STC8A8K64S4A12 单片机的比较器由_____、过滤电路、中断标志形成电路和_____4 部分组成。

2．STC8A8K64S4A12 单片机内部 BandGap 电压 BGV 存放在程序存储器的倒数第_____字节中，高字节在前，单位为_____。STC8A8K64S4A12 单片机内部 BandGap 电压 BGV 存放在程序存储器的_____单元和_____单元中。

3．STC8A8K64S4A12 单片机比较器比较结果的输出引脚是_____。

4．STC8A8K64S4A12 单片机比较器反相输入端有 BGV 和_____两种信号源，由 CMPCR1 中的 NIS 位进行控制。当 NIS 为 1 时选择的反相输入信号是_____，当 NIS 为 0 时选择的反相输入信号是_____。

5．STC8A8K64S4A12 单片机比较器同相输入端有 P5.5 和_____两种信号源，由 CMPCR1 中的 PIS 位进行控制。当 PIS 为 1 时选择的同相输入信号是_____，当 PIS 为 0 时选择的同相输入信号是_____。

6. CMPCR2 中的_____是比较器输出取反控制位，当其为_____时取反输出，当其为_____时正常输出。

7. CMPCR2 中的_____是比较器输出 0.1μs Filter（过滤）的选择控制位。

8. CMPCR2 中的_____是比较器输出结果确认时间长度的选择控制位。

二、选择题

1. 当 CMPCR1 中的 PIS 为 1 时，比较器同相输入端的选择信号源是_____。

A. 选择的模拟输入通道信号　　　　　　　B. P5.4

C. P5.5　　　　　　　　　　　　　　　　D. BGV

2. 当 CMPCR1 中的 NIS 为 1 时，比较器反相输入端的选择信号源是_____。

A. 选择的模拟输入通道信号　　　　　　　B. P5.4

C. P5.5　　　　　　　　　　　　　　　　D. BGV

3. 当 CMPCR1 中的 PIE 为 1 时，比较器的有效中断请求信号是_____。

A. 上升沿　　　　　B. 高电平　　　　　C. 下降沿　　　　　D. 低电平

4. 当 CMPCR1 中的 NIE 为 1 时，比较器的有效中断请求信号是_____。

A. 上升沿　　　　　B. 高电平　　　　　C. 下降沿　　　　　D. 低电平

5. 当 CMPCR1 中的 LCDTY[5:0]为 26 时，比较器比较结果确认时间为_____个系统时钟。

A. 9　　　　　　　B. 26　　　　　　　C. 13　　　　　　　D. 17

三、判断题

1. 当 CMPCR1 中的比较器输出结果的允许控制位 CMPOE 为 1 时，允许比较器的比较结果输出到 P1.0。（　　　）

2. 只有当 CMPCR1 中的 CMPEN 为 1 时，比较器才能正常工作。（　　　）

四、问答题

1. 比较器中断的中断信号是什么？其中断优先级是如何控制的？

2. 比较器的中断请求标志位是哪个？在什么情况下，其标志位会置 1？

3. 比较器比较结果输出引脚是哪个？

4. CMPCR2 中 LCDTY[5:0]的含义是什么？

5. 比较器比较结果的取反输出是如何实现的？

五、程序设计题

1. 编程读取内部 BandGap 电压 BGV 值，并送至 LED 数码管进行显示。

2. 编程实现 P5.4 与 P5.5 引脚信号大小的比较，当 P5.4 引脚输入大于 P5.5 引脚输入时，点亮 P2.0 引脚控制的 LED；反之，点亮 P2.1 引脚控制的 LED。LED 由低电平驱动。

第 12 章

STC8A8K64S4A12 单片机的 A/D 转换模块

🔍**内容提要：**

A/D 转换模块是 STC8A8K64S4A12 单片机的高功能模块，用于对模拟信号进行数字转换。STC8A8K64S4A12 单片机的 A/D 转换模块是 16 通道 12 位的，转换速率可达 300kHz。

本章介绍 STC8A8K64S4A12 单片机 A/D 转换模块的结构与工作原理、A/D 转换模块模拟信号输入通道的选择、输出信号格式的选择、启动控制与转换结束信号的获取，以及 A/D 转换的应用编程。

12.1　A/D 转换模块的结构

STC8A8K64S4A12 单片机集成有 16 通道 12 位高速电压输入型模拟数字转换器（第 16 路通道只能用于检测内部 REFV 参考电压，REFV 的电压值为 1.344V），即 A/D 转换模块，采用逐次比较方式进行 A/D 转换，转换速率可达 300kHz（30 万次/s），可将连续变化的模拟电压转化成相应的数字信号，可应用于温度检测、电池电压检测、距离检测、按键扫描、频谱检测等。

1．A/D 转换模块的结构

STC8A8K64S4A12 单片机 A/D 转换模块模拟信号输入通道与 P1 口复用，单片机上电复位后 P1 口为弱上拉型 I/O 口，用户可以通过程序设置特殊功能寄存器 P1ASF 将 16 路通道中的任何一路通道设置为 A/D 转换模块模拟信号输入通道，不作为 A/D 转换模块模拟信号输入通道的仍可作为普通 I/O 口使用。

STC8A8K64S4A12 单片机 A/D 转换模块的结构图如图 12.1 所示。

STC8A8K64S4A12 单片机 A/D 转换模块由多路选择开关、比较器、逐次比较寄存器、12 位数字模拟量转换器（D/A 转换器）、A/D 转换结果寄存器（ADC_RES 和 ADC_RESL）及 A/D 转换控制寄存器（ADC_CONTR 和 ADCCFG）构成。

STC8A8K64S4A12 单片机的 A/D 转换模块是逐次比较型模拟数字转换器，通过逐次比较逻辑，从最高位（MSB）开始，逐次地对每一输入电压模拟量与内置 D/A 转换器输出进行比较，经过多次比较，使转换所得的数字量逐次逼近输入模拟量对应值，直至 A/D 转换结束，并将最终的转换结果保存在 ADC_RES 和 ADC_RESL 中，同时，置位 ADC_CONTR 中的 ADC_FLAG，以供程序查询或发出中断请求。

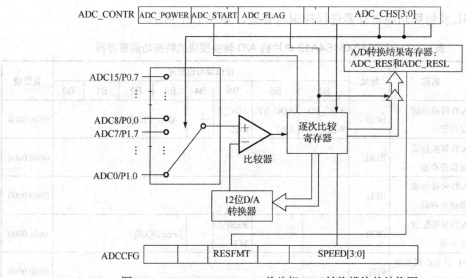

图 12.1 STC8A8K64S4A12 单片机 A/D 转换模块的结构图

2. A/D 转换模块的参考电压源

STC8A8K64S4A12 单片机的 A/D 转换模块有自己的工作电源（AV$_{CC}$、AGND）和参考电压源（AV$_{ref}$、AGND）输入端。

若测量精度要求不是很高，可以直接使用单片机的工作电源，则 AV$_{CC}$、AV$_{ref}$ 直接与单片机工作电源 V$_{CC}$ 相接，AGND 与单片机工作电源地 GND 相接；若需要获得高测量精度，A/D 转换模块就需要独立的工作电源与精准的参考电压，如图 12.2 所示。

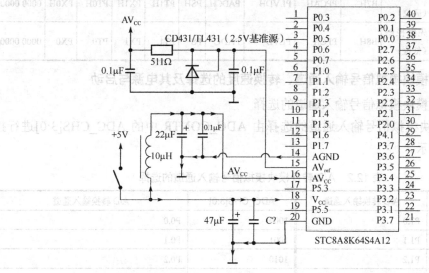

图 12.2 STC8A8K64S4A12 单片机 A/D 转换模块的工作电源与参考电压源电路

12.2 A/D 转换模块的控制

STC8A8K64S4A12 单片机的 A/D 转换模块主要由 ADC_CONTR、ADCCFG、ADC_RES

和 ADC_RESL 及特殊功能寄存器进行控制与管理，如表 12.1 所示。

表 12.1　STC8A8K64S4A12 单片机 A/D 转换模块的特殊功能寄存器

符号	名称	地址	位位置与位符号								复位值
			B7	B6	B5	B4	B3	B2	B1	B0	
ADC_CONTR	A/D 转换控制寄存器	BCH	ADC_PO WER	ADC_ST ART	ADC_F LAG	—	ADC_CHS[3:0]				000x 0000
ADC_RES	A/D 转换结果高位寄存器	BDH									0000 0000
ADC_RESL	A/D 转换结果低位寄存器	BEH									0000 0000
ADCCFG	A/D 转换配置寄存器	DEH	—	—	RESF MT	—	SPEED[3:0]				xx0x 0000
P1M1	P1 口工作模式设置寄存器（高位）	91H	当某位需要设置为 A/D 转换模块模拟信号输入通道时，就将该端口设置为高阻工作模式								0000 0000
P1M0	P1 口工作模式设置寄存器（低位）	92H									0000 0000
P0M1	P0 口工作模式设置寄存器（高位）	93H	当某位需要设置为 A/D 转换模块模拟信号输入通道时，就将该端口设置为高阻工作模式								0000 0000
P0M0	P0 口工作模式设置寄存器（低位）	94H									0000 0000
IE	中断允许寄存器	A8H	EA	ELVD	EADC	ES	ET1	EX1	ET0	EX0	0000 0000
IPH	中断优先级控制寄存器（高位）	B7H	PPCAH	PLVDH	PADCH	PSH	PT1H	PX1H	PT0H	PX0H	0000 0000
IP	中断优先级控制寄存器（低位）	B8H	PPCA	PLVD	PADC	PS	PT1	PX1	PT0	PX0	0000 0000

1．A/D 转换模块模拟信号输入通道、转换速度的选择及其电源与启动

1）A/D 转换模块模拟信号输入通道的选择

A/D 转换模块模拟信号输入通道的选择由 ADC_CONTR 中的 ADC_CHS[3:0]进行控制，如表 12.2 所示。

表 12.2　A/D 转换模块模拟信号输入通道的选择

ADC_CHS[3:0]	A/D 转换输入通道	ADC_CHS[3:0]	A/D 转换输入通道
0000	P1.0	1000	P0.0
0001	P1.1	1001	P0.1
0010	P1.2	1010	P0.2
0011	P1.3	1011	P0.3
0100	P1.4	1100	P0.4
0101	P1.5	1101	P0.5
0110	P1.6	1110	P0.6
0111	P1.7	1111	P0.7

2）A/D 转换模块转换速度的选择

A/D 转换模块转换速度的选择由 ADCCFG 中的 SPEED[3:0]进行控制，A/D 转换速度的设置如表 12.3 所示。A/D 转换频率与 SPEED[3:0]的关系为

$$f_{ADC}=SYSclk/2/16/(SPEED[3:0]+1)$$

表 12.3　A/D 转换速度的设置

SPEED[3:0]	A/D 转换时间（系统时钟个数）	SPEED[3:0]	A/D 转换时间（系统时钟个数）
0000	32	1000	288
0001	64	1001	320
0010	96	1010	352
0011	128	1011	384
0100	160	1100	416
0101	192	1101	448
0110	224	1110	480
0111	256	1111	512

3）A/D 转换模块的电源与启动

A/D 转换模块的电源与启动由 ADC_CONTR 中的 ADC_POWER、ADC_START 进行控制，具体如下。

（1）ADC_POWER：A/D 转换模块电源控制位。

（ADC_POWER）=0，关闭 A/D 转换模块电源；（ADC_POWER）=1，打开 A/D 转换模块电源。

在启动 A/D 转换前一定要确认 A/D 转换模块电源已打开，A/D 转换结束后关闭 A/D 电源可降低功耗。在初次打开内部 A/D 转换模块电源时，需要适当延时，等内部相关电路稳定后再启动 A/D 转换。

在进入空闲模式和掉电模式前将 A/D 转换模块电源关闭，以降低功耗。

（2）ADC_START：A/D 转换启动控制位。

（ADC_START）=1，开始转换，转换完成后硬件自动将此位清 0。

（ADC_START）=0，无影响，A/D 转换模块已经开始转换后，即使该位为 0 也不会停止 A/D 转换。

2．A/D 转换模块转换结果格式的选择

A/D 转换模块转换结束后，转换结果存储在 ADC-RES 和 ADC-RESL 中，有两种存储格式，这两种存储格式是由 ADCCFG 中的 RESFMT 来控制的，具体如下。

（RESFMT）=0，转换结果是左对齐，如图 12.3 所示。

（RESFMT）=1，转换结果是右对齐，如图 12.4 所示。

3．A/D 转换模块转换结束标志与 A/D 转换的中断控制

1）转换结束标志

ADC_CONTR 中的 ADC_FLAG 是 A/D 转换模块转换结束标志位。当 A/D 转换模块完成一次转换后，硬件会自动将 ADC_FLAG 标志位置 1，并向 CPU 发出中断请求。此标志位

必须由用户用软件清 0。

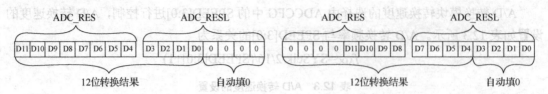

图 12.3 转换结果左对齐的存储格式   图 12.4 转换结果右对齐的存储格式

2）A/D 转换的中断控制

A/D 转换的中断由 IE 中的 EADC 进行控制，(EADC)=0，禁止 A/D 转换中断；(EADC)=1，允许 A/D 转换中断。

A/D 转换结束中断的中断向量为 002BH，中断号为 5。

3）A/D 转换中断优先级

A/D 转换中断优先级由 IPH 中的 PADCH 和 IP 中的 PADC 进行控制。

(PADCH)（PADC）=00，A/D 转换中断优先级为最低级（0 级）。

(PADCH)（PADC）=01，A/D 转换中断优先级为较低级（1 级）。

(PADCH)（PADC）=10，A/D 转换中断优先级为较高级（2 级）。

(PADCH)（PADC）=11，A/D 转换中断优先级为最高级（3 级）。

12.3 A/D 转换模块的应用

1. A/D 转换模块应用的编程要点

- 设置 ADC_CONTR 中的（ADC_POWER）=1，打开 A/D 转换模块工作电源。
- 一般延时 1ms 左右，使 A/D 转换模块内部模拟电源稳定。
- 设置 ADC_CONTR 中的 ADC_CHS[3:0]，选择 A/D 转换模块输入通道，并设置为高阻工作模式。
- 根据需要设置 ADCCFG 中的 RESFMT，选择转换结果存储格式。
- 置位 ADC_CONTR 中的 ADC_START，启动 A/D 转换模块进行 A/D 转换。
- 若采用中断方式，还需要进行中断设置，即进行中断控制和中断优先级的设置。
- A/D 转换结束的判断与读取转换结果。

（1）查询方式。

查询 ADC_FLAG，判断 A/D 转换是否完成，若完成，则将 ADC_FLAG 清 0，读取 A/D 转换结果，并进行数据处理。

如果是多通道模拟量进行转换，则更换 A/D 转换模块模拟信号输入通道后要适当延时，使输入电压稳定，延时量与输入电压源的内阻有关，一般延时 20μs~200μs。如果输入电压源的内阻在 10kΩ 以下，可不加延时；如果是单通道模拟量输入，则不需要更换 A/D 转换模块模拟信号输入通道，也就不需要延时。

（2）中断方式。

编写 A/D 转换中断服务函数，在程序中首先将 ADC_FLAG 清 0，然后读取 A/D 转换结果，并进行数据处理。

2．A/D 转换结果的显示及应用

1）A/D 转换结果的显示

STC8A8K64S4A12 单片机集成的 12 位 A/D 转换结果既可以是 12 位精度的，也可以是 8 位精度的。A/D 转换模块采样到的数据主要有 3 种显示方式：通过串行接口发送到上位机显示、LED 数码管显示、LCD 液晶显示模块显示。

（1）通过串行接口发送到上位机显示。

由于串行接口每次只能发送 8 位的数据，所以如果 A/D 转换结果是 8 位精度的，则 A/D 转换结果可以直接通过串行接口发送到上位机进行显示；如果 A/D 转换结果是 12 位精度的，则 A/D 转换结果分成高位和低位的 2 个独立的数据，可分别通过串行接口发送到上位机进行显示。

（2）LED 数码管显示和 LCD 液晶显示模块显示。

A/D 转换结果如果是 12 位精度的，对应十进制数是 0～4091；如果是 8 位精度的，对应十进制数是 0～255。若要通过 LED 数码管和 LCD 液晶显示模块显示，则需要先将十进制数通过运算分别得到个位、十位、百位、千位的数据，再逐位进行显示。

已知 A/D 转换结果保存于整型变量 adc_value 中，通过运算分别得到个位、十位、百位、千位对应的数据 g、s、b、q 如下。

千位显示数据 q=adc_value/1000%10。

百位显示数据 b=adc_value%100%10。

十位显示数据 s=adc_value/10%10。

个位显示数据 g=adc_value%10。

2）A/D 转换结果的应用

由 A/D 转换模块模拟信号输入通道输入的模拟电压经过 A/D 转换后得到的只是一个对应大小的数字信号，当需要用 A/D 转换结果来表示具有实际意义的物理量时，还需要对数据进行一定的处理。这部分数据的处理方法主要有查表法和运算法。查表法主要是指建立一个数组，再查找并得到相应的数据的方法；运算法则是经过 CPU 运算得到相应的数据的方法。

例 12.1 通过 A/D 转换模块测量温度并通过 LED 数码管显示该温度，假设 A/D 转换模块输入端电压变化范围为 0～5.0V，要求数码管显示范围为 0～100。

解 A/D 转换模块输入端电压为 0.0～5.0V，8 位精度 A/D 转换结果就是 0～255，转换成 0～100 进行显示，需要线性地转换，实际乘以一个系数就可以了，该系数是 100/256=0.3906……，为了避免使用浮点数，先乘以一个定点数 100，再除以 256（2^8）即可。

同理，若 A/D 转换模块输入端电压为 0.0～5.0V，12 位精度 A/D 转换结果就是 0～4091，转换成 0～100 进行显示，需要线性地转换，先乘以 100，再除以 4092（2^{12}）即可。

例 12.2 STC8A8K64S4A12 单片机的工作电压为 5V，设计一个数字电压表，对输入端电压（0～5.0V）进行测量，并用 LED 数码管显示测量结果。

解 若 A/D 转换模块输入端电压为 0.0～5.0V，测量精度是 8 位，则 A/D 转换结果是 0～255，因为需要用 LED 数码管显示测量电压值，所以应根据不同的测量精度对数据进行不同的线性转换。

如果乘以系数 5/256，则显示为 0～5V。

如果乘以系数 50/256，再加入小数点（左移 1 位），则显示为 0.0～5.0V。

如果乘以系数 500/256，再加入小数点（左移 2 位），则显示为 0.00～5.00V。

以此类推，可提高显示精度。

若测量精度为 12 位，则 A/D 转换结果是 0～4091，需要根据不同的测量精度对数据进行不同的线性转换。

如果乘以系数 5/4092，则显示为 0～5V。

如果乘以系数 50/4092，再加入小数点（左移 1 位），则显示为 0.0～5.0V。

如果乘以系数 500/4092，再加入小数点（左移 2 位），则显示为 0.00～5.00V。

以此类推，可提高显示精度。

若测量的电压范围为 0～30.0V 的直流电压，测量精度为 12 位，则需要在 STC8A8K64S4A12 单片机 A/D 转换模块的输入端加上相应的分压电阻调理电路，使输入的 0～30.0V 电压转换成 0～5.0V 电压后传到 A/D 转换模块的输入端口，再对数据进行线性转换，之后在上述 0～5.0V 测量数据处理的基础上，将基数 5 换成 30。

工程训练 12.1　利用 STC8A8K64S4A12 单片机比较器和 A/D 转换模块测量 STC8A8K64S4A12 单片机片内 BGV 电压

一、工程训练目标

（1）理解 STC8A8K64S4A12 单片机片内 BGV 电压的含义。

（2）理解 STC8A8K64S4A12 单片机比较器的电路结构。

（3）掌握 STC8A8K64S4A12 单片机比较器的工作特性与应用编程。

（4）理解 STC8A8K64S4A12 单片机 A/D 转换模块的电路结构。

（5）掌握 STC8A8K64S4A12 单片机 A/D 转换模块的工作特性与应用编程。

二、任务功能与参考程序

1．任务功能

利用 STC8A8K64S4A12 单片机比较器和 A/D 转换模块测量 STC8A8K64S4A12 单片机片内 BGV 电压。

2．硬件设计

STC8A8K64S4A12 单片机比较器的反相输入端为 BGV 输入，同相输入端为 P5.5，P5.5 外接一个可调直流电源，该直流电源可利用 W2（可调电位器）对 V_{CC} 分压获得，如图 12.5 所示。

具体连接方式：用杜邦线将 12864 模块接口的 18 （V$_{OUT}$）引脚接 U16 插座的 18 （V$_{CC}$）引脚，12864 模块接口的 3 （V$_O$）引脚接 U16 插座的 19 （P5.5）引脚。调节旋钮 W2 的 V$_O$ 引脚可输出 0~V$_{CC}$ 的电压，送到比较器的同相输入端。比较器直接输出端 P1.2（U16 插座的 8 引脚）接到 LED18 （U16 插座的 13 引脚），同时 W2 输出电压连接 A/D 转换模块的 ADC2 输入端，即将 12864 模块接口的 3 （V$_O$）引脚接 U16 插座的 9 （P1.3）引脚，测量值在 LED 数码管中进行显示。

3. 参考程序（C 语言版）

（1）程序说明。

对通过 W2 送至比较器同相输入端的电压与反相输入端的 BGV 电压进行比较，确定 BGV 电压对应 W2 输出的位置，同时用 A/D 转换模块测量 W2 的输出电压，并在 LED 数码管中进行显示。

（2）参考程序：工程训练 121.c。

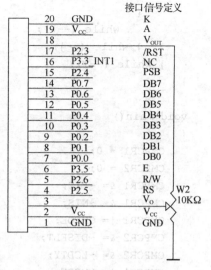

图 12.5 W2 电路图

```
#include <stc8.h>              //包含支持 STC8 系列单片机的头文件
#include <intrins.h>
#define uchar unsigned char
#define uint  unsigned int
uint  adc_data;
#include <LED_display.h>
#define CMPEN 0x80             //CMPCR1.7：比较器模块使能位
#define CMPIF 0x40             //CMPCR1.6：比较器中断标志位
#define PIE 0x20               //CMPCR1.5：比较器上升沿中断使能位
#define NIE 0x10               //CMPCR1.4：比较器下降沿中断使能位
#define PIS 0x08               //CMPCR1.3：比较器正极选择位
#define NIS 0x04               //CMPCR1.2：比较器负极选择位
#define CMPOE 0x02             //CMPCR1.1：比较结果输出控制位
#define CMPRES 0x01            //CMPCR1.0：比较器比较结果标志位
#define INVCMPO 0x80           //CMPCR2.7：比较器输出取反控制位
#define DISFLT 0x40            //CMPCR2.6：比较器输出端滤波使能控制位
#define LCDTY 0x3F             //CMPCR2.[5:0]：比较器输出的去抖时间控制
void Delay100ms()             //@12.000MHz
{
    unsigned char i, j, k;

    _nop_();
    i = 7;
    j = 23;
    k = 105;
    do
```

```
    {
        do
        {
            while (--k);
        } while (--j);
    } while (--i);
}

void main()
{
    CMPCR1 = 0;                         //初始化比较器控制寄存器 1
    CMPCR2 = 0;                         //初始化比较器控制寄存器 2
    CMPCR1 &= ~PIS;                     //选择外部引脚 P5.5（CMP+）为比较器的正极输入源
    CMPCR1 &= ~NIS;                     //选择内部 BandGap 电压 BGV 为比较器的负极输入源
    CMPCR1 |= CMPOE;                    //允许比较器的比较结果输出
    CMPCR2 &= ~DISFLT;                  //不禁用（使能）比较器输出端的 0.1μs 滤波电路
    CMPCR2 &= ~LCDTY;                   //比较器结果不去抖动，直接输出
    CMPCR1 |= CMPEN;                    //使能比较器工作
    P1M1|=0x08;                         //将模拟电压输入通道设置为高阻模式
    ADCCFG|=0x20;                       //设置 A/D 转换数据格式
    ADC_CONTR = 0x83;                   // 打开 A/D 转换电源，设置模拟信号输入通道
    Delay100ms();                       //适当延时，机器预热
    ADC_CONTR |= 0x40;                  //启动 A/D 转换
    EADC = 1;
    EA = 1;
    while (1)
    {
        Dis_buf[3]=adc_data/1000%10+17;
        Dis_buf[2]=adc_data/100%10;
        Dis_buf[1]= adc_data/10%10;
        Dis_buf[0]= adc_data%10;
        LED_display();
    }
}
void  ADC_int (void) interrupt 5
{
    ADC_CONTR=ADC_CONTR&0xdf;;          // 将 ADC_FLAG 清 0
    adc_data = (ADC_RES<<8)+ ADC_RESL;  //10 位 A/D 转换结果
    adc_data= adc_data*5000/4096;       //数据处理：adc_data*5000/1024
    ADC_CONTR |= 0x40;                  //重新启动 A/D 转换
}
```

三、训练步骤

（1）分析"工程训练 121.c"程序文件。

（2）用 Keil μVision4 集成开发环境编辑、编译用户程序，生成机器代码。

① 用 Keil μVision4 集成开发环境新建工程训练 111 项目。

② 输入与编辑"工程训练 121.c"程序文件。

③ 将"工程训练 121.c"程序文件添加到当前项目中。

④ 设置编译环境，勾选编译时生成机器代码文件。

⑤ 编译程序文件，生成"工程训练 121.hex"程序文件。

（3）将 STC8 学习板连接计算机。

（4）利用 STC-ISP 在线编程软件将"工程训练 121.hex"程序文件下载到 STC8 学习板中。

（5）观察 LED 数码管的数值显示情况，观察 LED18 的点亮情况，若是亮的，说明 W2 输出电压低于 BGV 电压；若是暗的，说明 W2 输出电压高于 BGV 电压。

（6）调整 W2 的输出电压，确定 BGV 电压及测量 BGV 电压。

若 LED18 是亮的，说明 W2 的输出电压低于 BGV 电压，调节 W2，观察 LED 数码管的显示情况，使得 W2 的输出电压增加，直至 LED 熄灭，再轻微调节 W2，使得 LED18 又点亮，此时，LED 数码管显示的电压即 BGV 电压。

若 LED18 是灭的，说明 W2 的输出电压高于 BGV 电压，调节 W2，观察 LED 数码管的显示情况，使得 W2 的输出电压减小，直至 LED18 点亮，再轻微调节 W2，使得 LED18 又熄灭，此时，LED 数码管显示的电压即 BGV 电压的大小。

四、训练拓展

NTC 测温电路如图 12.6 所示，SDNT2012X103F3950FTF 热敏电阻的计算公式为

$$R_T = R_{T_0} \times \text{EXP}[Bn \times (1/T - 1/T_0)]$$

式中，R_T、R_{T_0} 分别为温度为 T、T_0 时的电阻值；Bn 为 3950。

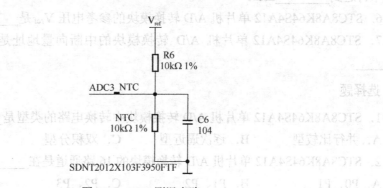

图 12.6　NTC 测温电路

热敏电阻转换后的电压从 ADC3 模拟通道输入，经单片机 A/D 转换模块测量，再根据热敏电阻的关系转换为温度（精确到 1 位小数），在 LED 数码管进行显示。试画出完整的硬件电路，编写程序并上机调试。

本章小结

STC8A8K64S4A12 单片机集成了 16 通道 12 位高速电压输入型模拟数字转换器，即 A/D

转换模块。A/D 转换模块采用逐次比较方式进行 A/D 转换，转换速率可达 300kHz（30 万次/s）。STC8A8K64S4A12 单片机 A/D 转换模块模拟信号输入通道与 P1 口复用，单片机上电复位后 P1 口为弱上拉型 I/O 口，用户可以通过程序设置特殊功能寄存器 P1ASF 将 16 路通道中的任何一路通道设置为 A/D 转换模块模拟信号输入通道，不作为 A/D 转换模块模拟信号输入通道的仍可作为普通 I/O 口使用。

STC8A8K64S4A12 单片机 A/D 转换模块主要由 ADC_CONTR、ADCCFG、ADC_RES 和 ADC_RESL，以及特殊功能寄存器进行控制与管理。STC8A8K64S4A12 单片机 A/D 转换模块的 16 路通道位于 P1、P0 口，当设置为高阻状态时，可用作模拟输入信号通道。

思考与提高题

一、填空题

1. A/D 转换电路按转换原理一般分为_____、_____与_____等 3 种类型。

2. 在 A/D 转换电路中，转换位数越大，说明 A/D 转换电路的转换精度越_____。

3. 在 12 位 A/D 转换模块中，V_{ref} 为 5V。当模拟输入电压为 3V 时，转换后对应的数字量为_____。

4. 在 8 位 A/D 转换模块中，V_{ref} 为 5V。转换后获得的数字量为 7FH，请问对应的模拟输入电压是_____。

5. STC8A8K64S4A12 单片机内部集成了_____通道_____位的 A/D 转换模块，转换速率可达到_____kHz。

6. STC8A8K64S4A12 单片机 A/D 转换模块的参考电压 V_{ref} 是_____。

7. STC8A8K64S4A12 单片机 A/D 转换模块的中断向量地址是_____，中断号是_____。

二、选择题

1. STC8A8K64S4A12 单片机 A/D 转换模块中转换电路的类型是_____。
   A. 并行比较型　　　　B. 逐次逼近型　　　　C. 双积分型

2. STC8A8K64S4A12 单片机 A/D 转换模块的 16 路通道是在_____口。
   A. P0、P1　　　　B. P1、P2　　　　C. P2、P3　　　　D. P0、P3

3. 当（ADC_CONTR）=83H 时，STC8A8K64S4A12 单片机的 A/D 转换模块选择_____为当前模拟信号输入通道。
   A. P0.1　　　　B. P1.2　　　　C. P1.3　　　　D. P0.4

4. 当（ADCCFG）=A3H 时，STC8A8K64S4A12 单片机 A/D 转换模块的转换速度设置为_____个系统时钟。
   A. 288　　　　B. 64　　　　C. 128　　　　D. 96

5. STC8A8K64S4A12 单片机工作电源电压为 5V，当 ADCCFG 中 RESFMT 为 1，（ADC_RES）=25H、（ADC_RESL）=33H 时，测得的模拟输入信号约为_____V。

A. 1.26　　　　B. 2.52　　　　C. 0.98　　　　D. 0.72

三、判断题

1. STC8A8K64S4A12 单片机 A/D 转换模块有 16 路通道，意味着可同时测量 8 路模拟输入信号。（　　）

2. STC8A8K64S4A12 单片机 A/D 转换模块的转换位数是 12 位，但也可用作 8 位测量。（　　）

3. STC8A8K64S4A12 单片机 A/D 转换模块的 A/D 转换中断标志在中断响应后会自动清 0。（　　）

4. STC8A8K64S4A12 单片机 A/D 转换模块的 A/D 转换中断有 2 个中断优先级。（　　）

5. STC8A8K64S4A12 单片机 A/D 转换模块的 A/D 转换类型是双积分型。（　　）

6. 当 STC8A8K64S4A12 单片机的 I/O 口用作 A/D 转换模块模拟信号输入通道时，必须设置为高阻模式。（　　）

四、问答题

1. STC8A8K64S4A12 单片机 A/D 转换模块的转换位数是多少？其最大转换速度可达多少？

2. STC8A8K64S4A12 单片机 A/D 转换模块转换后数字量的数据格式是怎样设置的？

3. 简述 STC8A8K64S4A12 单片机 A/D 转换模块的应用编程步骤。

4. STC8A8K64S4A12 单片机的 I/O 口在用作 A/D 转换模块模拟信号输入通道时，应注意哪些问题？

5. STC8A8K64S4A12 单片机 A/D 转换模块模拟信号输入通道有多少个？如何进行选择？

五、程序设计题

1. 利用 STC8A8K64S4A12 单片机 A/D 转换模块设计一个 8 路定时巡回检测模拟输入信号，每 10s 巡回检测一次，采用 LED 数码管显示测量数据，测量数据精确到小数点后 2 位。要求画出硬件电路图，绘制程序流程图，编写程序并上机调试。

2. 利用 STC8A8K64S4A12 单片机设计一个温度控制系统。测温元器件为热敏电阻，采用 LED 数码管显示温度数据，测量数据精确到 1 位小数。当温度低于 30℃时，发出长"嘀"报警声和光报警，当温度高于 60℃时，发出短"嘀"报警声和光报警。要求画出硬件电路图，绘制程序流程图，编写程序并上机调试。

第 13 章

STC8A8K64S4A12 单片机的 PCA 模块

🔍**内容提要：**

PCA 模块是 STC8A8K64S4A12 单片机的高功能模块，STC8A8K64S4A12 单片机集成了 4 路可编程计数器阵列模块，即 PCA 模块，可实现外部脉冲的捕获、软件定时、高速脉冲输出及脉冲宽度调制输出 4 种功能。

本章学习 STC8A8K64S4A12 单片机 PCA 模块的结构与工作原理，包括 PCA 模块 16 位 PCA 计数器的设置与控制，掌握 PCA 模块外部脉冲的捕获、软件定时、高速脉冲输出、脉冲宽度调制输出的工作特性及功能选择。

13.1 PCA 模块的结构

STC8A8K64S4A12 单片机集成了 4 路可编程计数器阵列（Programmable Counter Array，PCA）模块，可实现外部脉冲的捕获（Capture）、软件定时 [实质是对计数值进行比较（Compare）]、高速脉冲输出 [实质是对计数值进行比较（Compare）并输出]、脉冲宽度调制（Pulse Width Modulation，PWM，简称脉宽调制）输出 4 种功能，常简称这 4 种功能为 PCA 模块的 CCP 功能，有时 PCA 和 CCP 也会等同使用。

在 STC8A8K64S4A12 单片机中，PCA 模块中含有一个特殊的 16 位计数器（CH 和 CL），有 4 个 16 位的捕获/比较模块与之相连，PCA 模块的结构如图 13.1 所示。

在图 13.1 中，模块 0 连接到 P1.7 引脚，模块 1 连接到 P1.6 引脚，模块 2 连接到 P1.5 引脚，模块 3 连接到 P1.4 引脚。通过设置 P_PSW1 中的 CCP_S[1:0]可对 PCA 模块的 CCP0、CCP1、CCP2、CCP3 引脚进行切换，详见附录 E。

16 位的 PCA 定时/计数器是 4 个 16 位的捕获/比较模块的公共时间基准，其结构如图 13.2 所示。

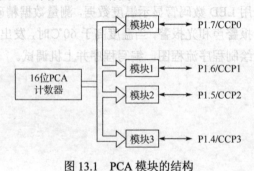

图 13.1 PCA 模块的结构

CH 和 CL 构成 16 位 PCA 模块的自动递增计数器，称为 PCA 计数器，CH 是高 8 位，CL 是低 8 位。PCA 计数器的时钟源有以下几种：

1/12 系统时钟、1/2 系统时钟、定时/计数器 T0 溢出时钟、外部 ECI（P1.2）引脚的输入时钟、系统时钟、1/4 系统时钟、1/6 系统时钟、1/8 系统时钟，可通过设置 PCA 计数器工作模式寄存器 CMOD 中的 CPS[2:0]来选择所需要的时钟源。

　　PCA 计数器主要由 PCA 计数器工作模式寄存器 CMOD 和 PCA 计数器控制寄存器 CCON 进行管理与控制。

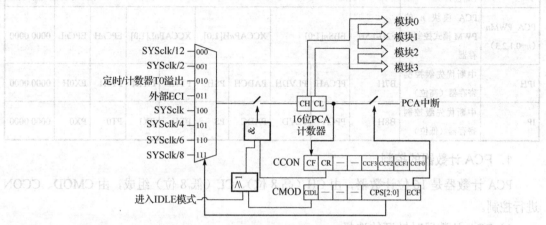

图 13.2　16 位的 PCA 定时/计数器结构

13.2　PCA 模块的控制

　　PCA 模块的特殊功能寄存器如表 13.1 所示。

表 13.1　PCA 模块的特殊功能寄存器表

符号	名称	地址	位位置与位符号								复位值
			B7	B6	B5	B4	B3	B2	B1	B0	
CCON	PCA 计数器控制寄存器	D8H	CF	CR	—	—	CCF3	CCF2	CCF1	CCF0	000x 0000
CMOD	PCA 计数器工作模式寄存器	D9H	CIDL	—	—	—	CPS[2:0]			ECF	0000 0000
CL	PCA 计数器的低 8 位	E9H									
CH	PCA 计数器的高 8 位	F9H									
CCAPMn （n=0,1,2,3）	PCA 模块 n 的工作模式寄存器	DAH-DDH	—	ECOMn	CCAPPn	CCAPNn	MATn	TOGn	PWMn	ECCFn	0000 0000
CCAPnL （n=0,1,2,3）	PCA 模块 n 的捕获/比较寄存器（低位）	EAH-EDH									xx0x 0000

符号	名称	地址	位位置与符号								复位值
			B7	B6	B5	B4	B3	B2	B1	B0	
CCAP*n*H (*n*=0,1,2,3)	PCA 模块 *n* 的捕获/比较寄存器（高位）	FAH-FDH									0000 0000
PCA_PWM*n* (*n*=0,1,2,3)	PCA 模块 *n* 的 PWM 模式控制寄存器	F2H-F5H	EBS*n*[1:0]		XCCAP*n*H[1:0]		XCCAP*n*L[1:0]		EPC*n*H	EPC*n*L	0000 0000
IPH	中断优先级控制寄存器（高位）	B7H	PPCAH	PLVDH	PADCH	PSH	PT1H	PX1H	PT0H	PX0H	0000 0000
IP	中断优先级控制寄存器（低位）	B8H	PPCA	PLVD	PADC	PS	PT1	PX1	PT0	PX0	0000 0000

1．PCA 计数器的控制

PCA 计数器是 16 位计数器，由 CH（高 8 位）、CL（低 8 位）组成，由 CMOD、CCON 进行控制。

1）PCA 计数器时钟源的选择

PCA 计数器时钟源的选择由 CMOD 的 CPS[2:0]进行控制，具体如表 13.2 所示。

表 13.2　PCA 计数器时钟源的选择

CPS[2:0]	PCA 计数器的时钟源
000	系统时钟/12
001	系统时钟/2
010	定时/计数器 T0 溢出时钟
011	外部 ECI（P1.2）引脚的输入时钟
100	系统时钟
101	系统时钟/4
110	系统时钟/6
111	系统时钟/8

2）PCA 计数器的控制

PCA 计数器的控制包括控制 PCA 计数器的启动与溢出，以及控制 PCA 计数器在空闲模式下的工作状态。

CIDL：空闲模式下是否停止 PCA 计数器的控制位。

（CIDL）=0，空闲模式下 PCA 计数器继续计数。

（CIDL）=1，空闲模式下 PCA 计数器停止计数。

CR：PCA 计数器的运行控制位。

（CR）=1，启动 PCA 计数器计数。

（CR）=0，停止 PCA 计数器计数。

CF：PCA 计数器计满溢出标志位。当 PCA 计数器计满溢出时，CF 由硬件置位。如果

CMOD 的 ECF 为 1，则 CF 作为 PCA 计数器计满溢出标志位，会向 CPU 发出中断请求，该中断响应后 CF 不会自动清 0，只能通过软件清 0。

2. PCA 模块的控制

PCA 模块（见图 13.1）包含一个公共的计数器和 4 个 PCA 捕获/比较模块，分别是模块 0、模块 1、模块 2 和模块 3。模块 0、模块 1、模块 2 和模块 3 可实现的功能与控制方法是一样的，但它们是相互独立的。每个模块由一组 16 位的捕获/比较寄存器（CCAPnH、CCAPnL）组成，主要受各自的 CCAPMn 控制，可实现外部脉冲的捕获、软件定时、高速脉冲输出及脉宽调制输出 4 种功能。PCA 模块的功能与 CCAPMn（n=0,1,2,3）的控制关系如表 13.3 所示。

表 13.3 PCA 模块的功能与 CCAPMn（n=0,1,2,3）的控制关系

ECOMn	CCAPPn	CCAPNn	MATn	TOGn	PWMn	PCA 模块的功能
0	0	0	0	0	0	无操作
1	0	0	0	0	1	PWM 模式，不产生中断
1	1	0	0	0	1	PWM 模式，上升沿中断
1	0	1	0	0	1	PWM 模式，下降沿中断
1	1	1	0	0	1	PWM 模式，边沿（含上升沿、下降沿）中断
0	1	0	0	0	0	16 位上升沿捕获模式
0	0	1	0	0	0	16 位下降沿捕获模式
0	1	1	0	0	0	16 位边沿捕获模式
1	0	0	1	0	0	16 位软件定时
1	0	0	1	1	0	16 位高速脉冲输出

ECOMn（n=0,1,2,3）：比较器功能允许控制位。（ECOMn）=1，允许 PCA 模块 n 的比较器功能。

CCAPPn（n=0,1,2,3）：上升沿捕获控制位。（CCAPPn）=1，允许 PCA 模块 n 的引脚的上升沿捕获。

CCAPNn（n=0,1,2,3）：下降沿捕获控制位。（CCAPNn）=1，允许 PCA 模块 n 的引脚的下降沿捕获。

MATn（n=0,1,2,3）：匹配控制位。当（MATn）=1 且 CH、CL 的计数值与 PCA 模块 n 的 CCAPnH、CCAPnL 的值相等时，将置位 CCON 中的中断请求标志位 CCFn。

TOGn（n=0,1,2,3）：翻转控制位。（TOGn）=1，PCA 模块 n 工作于高速脉冲输出模式。当 CH、CL 的计数值与 PCA 模块 n 的 CCAPnH、CCAPnL 的值相等时，PCA 模块 n 的引脚的输出状态翻转。

PWMn（n=0,1,2,3）：脉宽调制模式控制位。（PWMn）=1，PCA 模块 n 工作于脉宽调制输出模式，PCA 模块 n 的引脚用作脉宽调制输出。

3. PCA 模块中断的控制

PCA 模块的中断标志位有 5 个，包括 CF 和 PCA 模块 n（n=0,1,2,3）的 4 个中断标志位（CCF0、CCF1、CCF2 和 CCF3），均位于 CCON 中。PCA 模块的中断向量是 003BH，中断

号是 7。

（1）中断允许。

PCA 模块的 5 个中断请求分别受各自的中断允许位控制，具体如下。

ECF：PCA 计数器计满溢出中断使能位。

（ECF）=1，允许 PCA 计数器计满溢出中断。

（ECF）=0，禁止 PCA 计数器计满溢出中断。

ECCFn（n=0,1,2,3）：PCA 模块 n 的中断使能位。

（ECCFn）=1，允许 PCA 模块 n 的 CCFn 被置 1，产生中断。

（ECCFn）=0，禁止中断。

（2）中断优先级。

PCA 模块的中断优先级由 IPH 中的 PPCAH 和 IP 中的 PPCA 进行控制，具体如下。

（PPCAH）（PPCA）=00，PCA 模块的中断优先级为最低级（0 级）。

（PPCAH）（PPCA）=01，PCA 模块的中断优先级为较低级（1 级）。

（PPCAH）（PPCA）=10，PCA 模块的中断优先级为较高级（2 级）。

（PPCAH）（PPCA）=11，PCA 模块的中断优先级为最高级（3 级）。

13.3 PCA 模块的工作模式与应用编程

13.3.1 捕获模式与应用编程

PCA 模块捕获模式结构图如图 13.3 所示。当 PCA 模块的 CCAPMn 中的上升沿捕获位 CCAPPn 或下降沿捕获位 CCAPNn 中至少有一位为高电平时，PCA 模块工作在捕获模式，此时对 PCA 模块 n 的外部输入引脚 CCPn（n=0,1,2,3）电平的跳变进行采样。

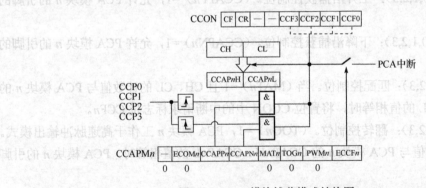

图 13.3 PCA 模块捕获模式结构图

当外部输入引脚采样到上升沿或下降沿有效跳变时，PCA 计数器的计数值被装载到 PCA 模块 n 的 CCAPnH、CCAPnL 中，并将 CCON 中的 CCFn 位置 1，产生中断请求。当 PCA 模块 n 的中断使能位 ECCFn 被置位，总中断 EA 也为 1 时，CPU 就会响应 PCA 模块中断，然后在 PCA 模块中断服务程序中判断是哪一个模块产生了中断，并进行相应的中断处理。

需要注意的是，在退出中断前，必须用软件将对应的中断标志位清 0。

PCA 模块捕获模式功能的应用编程主要有两步：一是正确初始化，包括写入控制字、捕捉常数的设置等；二是中断服务程序的编写，在中断服务程序中编写需要完成的任务的程序。PCA 模块的初始化思路如下。

① 设置 PCA 模块的工作方式，将控制字写入 CMOD、CCON 和 CCAPMn。

② 设置 CCAPnL 和 CCAPnH 的初值。

③ 根据需要，开放 PCA 中断，包括 PCA 计数器计满溢出中断、PCA 模块 n 中断，同时要开放 CPU 中断（置位 EA）。

④ 置位 CR，启动 PCA 计数器，进行计数。

例 13.1　利用 STC8A8K64S4A12 单片机 PCA 模块捕获模式功能，对输入信号的上升沿或下降沿进行捕获，设计一个简易频率计，信号从 PCA 模块 0（P1.7 引脚）输入，单片机晶振频率为 12.0MHz，频率通过数码管进行显示。

解　在 STC8A8K64S4A12 单片机 PCA 模块的捕获模式下，设置对信号的上升沿或下降沿进行捕获，记录相邻两次捕获计数值，差值即信号周期，从而得到信号频率。如果设置对信号的上升沿和下降沿都可以进行捕获，则得到的频率值翻倍。

C 语言源程序如下。

```c
#include "stc8.h"                //包含支持 STC8 系列单片机的头文件
unsigned int Last_Cap=0;         //上一次捕获数据
unsigned int New_Cap=0;          //本次捕获数据
unsigned int g_Period=0;         //保存周期的变量=两次捕获数据之差
unsigned int g_Freq=0;           //保存频率的变量
unsigned long Freq;              //用于显示的频率变量
unsigned char bdata OutByte;     //定义待输出字节变量
sbit Bit_Out=OutByte^7;          //定义输出字节的最高位，即输出位
sbit SER=P4^0;                   //位输出引脚
sbit SRCLK=P4^3;                 //位同步脉冲输出
sbit RCLK=P5^4;                  //锁存脉冲输出
unsigned char code Segment[]={0x3f,0x06,0x5b,0x4f,0x66,0x6d,0x7d,0x07,0x7f,
0x6f,0x00};                      //LED 段码表
unsigned char code Addr[]={0x00,0x01,0x02,0x04,0x08,0x10,0x20,0x40,0x80};
//输出点亮一个 7 段 LED 数码管
void OneLed_Out(unsigned char i,unsigned char Location)
{
    unsigned char j;
    OutByte=~Addr[Location];     //先输出位码
    for(j=1;j<=8;j++)
    {
        SER=Bit_Out;
        SRCLK=0;SRCLK=1;SRCLK=0; //位同步脉冲输出
        OutByte=OutByte<<1;
    }
    OutByte=Segment[i];          //再输出段码
```

```
        for(j=1;j<=8;j++)
        {
            SER=Bit_Out;
            SRCLK=0;SRCLK=1;SRCLK=0; //位同步脉冲输出
            OutByte=OutByte<<1;
        }
        RCLK=0;RCLK=1;RCLK=0;           //一个锁存脉冲输出
}

void main()
{
    unsigned char i;
    CMOD = 0x00;        //空闲时 PCA 也计数，计数时钟为 Fosc/12，关闭 PCA 计数器计满溢出中断
    CCON = 0x00;        //PCA 计数器控制寄存器初始化
    CCAP0L = 0x00;  //清 0
    CCAP0H = 0x00;
    CL = 0x00;          //PCA 计数器清 0
    CH = 0x00;
    EA = 1;
    CR = 1;             //启动 PCA 计数器进行计数
//  CCAPM0 = 0x21;  //PCA 模块 0 为 16 位上升沿捕获模式，且产生捕获中断
    CCAPM0 = 0x11;  //PCA 模块 0 为 16 位下降沿捕获模式，且产生捕获中断
//  CCAPM0 = 0x31;  //PCA 模块 0 为 16 位上升沿/下降沿捕获模式，且产生捕获中断
    while (1)
    {
        Freq = g_Freq;                                  //更新频率显示数据
        for(i=0;i<120;i++)
        {
            OneLed_Out(Freq/10000,4);                   //数码管显示
            OneLed_Out(Freq%10000/1000,5);              //数码管显示
            OneLed_Out(Freq%10000%1000/100,6);          //数码管显示
            OneLed_Out(Freq%10000%1000%100/10,7);       //数码管显示
            OneLed_Out(Freq%10000%1000%100%10,8);       //数码管显示
        }
    }// while (1)
}// main

void PCA_Int(void) interrupt 7                          //PCA 中断服务函数
{
    if (CCF0)                                           //PCA 模块 0 中断
    {
        CCF0 = 0;                                       //清除 CCF 中断标志位
        if(Last_Cap == 0)                               //说明是第一个边沿
        {
            Last_Cap = CCAP0H;                          //获得捕获数据的高 8 位
            Last_Cap = (Last_Cap << 8) + CCAP0L;
```

```
    }
    else                                  //说明是第二个边沿
    {
        CCF0 = 0;                         //清除 CCF 中断标志位
        New_Cap = CCAP0H;                 //获得捕获数据的高 8 位
        New_Cap = (New_Cap << 8) + CCAP0L;
        g_Period = New_Cap - Last_Cap;    //计数值单位为 μs
        g_Freq = (long)1000000 / g_Period; //得到周期
        Last_Cap=0;                       //为下一次捕获设定初始条件
        CCAP0L = 0x00;                    //清 0
        CCAP0H = 0x00;
        CL = 0x00;                        //PCA 计数器清 0
        CH = 0x00;
    }
}
```

13.3.2 16 位软件定时器模式与应用编程

当 CCAPMn 中的 ECOMn 和 MATn 置 1 时,PCA 模块 n 工作于 16 位软件定时器模式,16 位软件定时器模式结构图如图 13.4 所示。

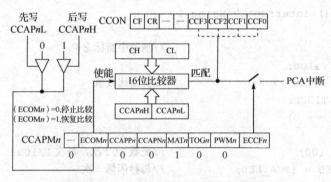

图 13.4 16 位软件定时器模式结构图

当 PCA 模块用作软件定时器时,将 CH、CL 的计数值与 CCAPnH、CCAPnL 的值相比较,当二者相等时,自动置位 CCFn。如果 CCAPMn 中的 ECCFn 为 1,总中断 EA 也为 1,则 CPU 响应 PCA 中断,然后在 PCA 中断服务程序中判断是哪一个模块产生了中断,并进行相应的中断处理与清 0 该中断请求标志位。

通过设置 CCAPnH、CCAPnL 的值与 PCA 计数器的时钟源,可调整定时时间。在进行设置时,应先给 CCAPnL 设置值,再给 CCAPnH 设置值。一般在应用时,设置 CH、CL 为 0,CH、CL 计数值与定时时间的计算公式为 CH、CL 计数值(CCAPnH、CCAPnL 的设置值和递增步长值)=定时时间/时钟源周期。

PCA 模块用于软件定时器模式的初始化思路如下。

① 设置 CCPAMn 初值为 48H,如果允许定时器中断则初值为 49H。

② 设置 CH、CL 和 CCAPnH、CCAPnL 初值。

③ CCON 中的 CR 置 1,启动 PCA 计数器进行计数。

④ 如果允许 PCA 中断,则打开总中断 EA 及相应的 PCA 中断使能位。

例 13.2 利用 STC8A8K64S4A12 单片机 PCA 模块的软件定时功能,在 P4.7 引脚输出周期为 1s 的方波,P4.7 引脚连接 LED 指示灯,低电平时 LED 指示灯点亮。单片机工作频率为 18.432MHz。

解 通过置位 CCAPM0 中的 ECOM0 和 MAT0,使 PCA 模块 0 工作于软件定时器模式。定时时间的长短取决于 CCAP0H、CCAP0L 的值与 PCA 计数器的时钟源。在本例中,因为系统时钟频率等于晶振频率,所以 f_{SYS}=18.432 MHz,选择 PCA 模块的时钟源为 f_{SYS}/12,定时基准 T 为 5ms。对 5ms 计数 100 次,即可实现 0.5s 的定时,0.5s 时间到,对 P4.7 引脚的输出取反,即可实现输出周期为 1s 的方波。

C 语言源程序如下。

```c
#include "stc8.h"                  //包含支持 STC8 系列单片机的头文件
#define FOSC    18432000L          //工作频率为 18.432MHz
#define T100Hz  (FOSC / 12 / 100)
sbit PCA_LED  =   P4^7;            //PCA 测试 LED
unsigned char cnt;                 //定义计数次数
unsigned int value;                //定义变量

void PCA_isr() interrupt 7 using 1
{
    CCF0 = 0;                      //清除中断标志位
    CCAP0L = value;
    CCAP0H = value >> 8;           //更新比较值
    value += T100Hz;
    if (cnt-- == 0)
    {
        cnt = 100;                 //记数 100 次,每次 1/100s
        PCA_LED = !PCA_LED;        //每秒闪烁一次
    }
}

void main()
{
    CCON = 0;                      //PCA 定时器停止,清除 CF 标志位,清除中断标志位
    CL = 0;                        //复位 PCA 寄存器
    CH = 0;
    CMOD = 0x00;                   //设置 PCA 时钟源,禁止 PCA 定时器溢出中断
    value = T100Hz;
    CCAP0L = value;
    CCAP0H = value >> 8;           //初始化 PCA 模块 0
    value += T100Hz;
    CCAPM0 = 0x49;                 //PCA 模块 0 为 16 位定时器模式
```

```
CR = 1;                          //PCA 定时器开始工作
EA = 1;                          //开总中断 EA
cnt = 0;                         //初始化计数值
while (1);
}
```

　　题目小结：在本例中，更改 PCA 模块的时钟源（可以改变定时基准 T），或者更改计数的次数 cnt，均可以更改输出周期的大小，也就是改变了 LED 闪烁的频率。

　　STC8A8K64S4A12 单片机 PCA 模块软件定时器模式的应用，与 PCA 模块 I/O 引脚没有直接联系，在本例中可以任意指定 LED 硬件连接单片机的引脚。

13.3.3　高速脉冲输出模式与应用编程

　　当 CCAPMn 中的 ECOMn、MATn 和 TOGn 置 1 时，PCA 模块工作在高速脉冲输出模式。高速脉冲输出模式结构图如图 13.5 所示。

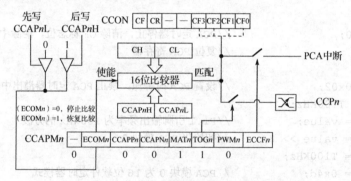

图 13.5　高速脉冲输出模式结构图

　　当 PCA 模块工作在高速脉冲输出模式时，将 CH、CL 的计数值与 CCAPnH、CCAPnL 的值相比较，当二者相等时，PCA 模块 n 的输出引脚 CCPn 将发生翻转，同时置位中断请求标志位，如果（ECCFn）=1 且 EA 为 1，则 CPU 响应 PCA 中断，然后在 PCA 中断服务程序中判断是哪一个模块产生了中断，并进行相应的中断处理与清 0 该中断请求标志。

　　高速脉冲输出周期=PCA 计数器时钟源周期×计数次数（[CCAPnH : CCAPnL]－[CH : CL]）

$$×2$$

　　计数次数（取整数）=高速脉冲输出周期/（PCA 计数器时钟源周期×2）

$$=PCA 计数器时钟源频率/（高速输出频率×2）$$

　　例 13.3　利用 STC8A8K64S4A12 单片机 PCA 模块 0（P1.1 引脚）进行高速脉冲输出，输出频率 f 为 100kHz 的方波信号，可通过连接示波器观察。单片机工作频率为 18.432 MHz。

　　解　通过置位 CCAPM0 中的 ECOM0、MAT0 和 TOG0，使 PCA 模块 0 工作在高速脉冲输出模式。在本例中，系统时钟频率等于晶振频率，所以 f_{SYS}=18.432MHz，假设选择 PCA 模块的时钟源为 $f_{SYS}/2$，则高速输出所需要的计数次数是 INT（$f_{SYS}/4/f$）= INT（18432000/4/100000）。

　　在初始化时，CH、CL 从 0 开始计数，直到与 CCAP0H、CCAP0L 匹配时，中断服务程序中再次将该值赋给 CCAP0H、CCAP0L。

C 语言源程序如下。

```
#include "stc8.h"              //包含支持 STC8 系列单片机的头文件
#define FOSC    18432000L      //工作频率为 18.432MHz
#define T100KHz (FOSC / 4 / 100000)
unsigned int value;            //定义变量

void PCA_isr( ) interrupt 7 using 1
{
    CCF0 = 0;                  //清除中断标志位
    CCAP0L = value;
    CCAP0H = value >> 8;       //更新比较值
    value += T100KHz;
}

void main()
{
    CCON = 0;                  //PCA 定时器停止，清除 CF 标志位，清除中断标志位
    CL = 0;                    //复位 PCA 寄存器
    CH = 0;
    CMOD = 0x02;               //设置 PCA 时钟源，禁止 PCA 定时器溢出中断
    value = T100KHz;
    CCAP0L = value;            //P1.1 引脚输出频率为 100kHz 的方波
    CCAP0H = value >> 8;       //初始化 PCA 模块 0
    value += T100KHz;
    CCAPM0 = 0x4d;             //PCA 模块 0 为 16 位软件定时器模式
    CR = 1;                    //PCA 定时器开始工作
    EA = 1;                    //开总中断 EA
    while (1);
}
```

题目小结：在本例中，更改 PCA 模块的时钟源，或者更改高速输出所需要的计数次数，均可以改变方波信号输出的频率和周期。

STC8A8K64S4A12 单片机 PCA 模块高速脉冲输出模式的应用，只能由 PCA 模块 0 或 PCA 模块 1 的输出引脚输出脉冲信号。

13.3.4 脉宽调制模式与应用编程

脉宽调制，即 PWM，是一种使用程序来控制波形占空比、周期、相位波形的技术，在三相电动机驱动、D/A 转换等场合得到广泛应用。

PCA 模块 8 位 PWM 模式结构如图 13.6 所示。当 CCAPMn（n=0,1,2,3）中的 ECOMn 和 PWMn 置 1 时，PCA 模块工作于 PWM 模式。然后在 PCA_PWMn（n=0,1,2,3）中的 EBSn [1:0]的控制下，可分别实现 6 位、7 位、8 位、10 位 PWM，具体控制关系如表 13.4 所示。

表 13.4 PCA 模块 PWM 模式的控制关系

EBSn[1:0]	PWM 位数	重载值寄存器	比较值寄存器
00	8	{EPCnH,CCAPnH[7:0]}	{EPCnL,CCAPnL[7:0]}
01	7	{EPCnH,CCAPnH[6:0]}	{EPCnL,CCAPnL[6:0]}
10	6	{EPCnH,CCAPnH[5:0]}	{EPCnL,CCAPnL[5:0]}
11	10	{EPCnH,XCCAPnH[1:0],CCAPnH[7:0]}	{EPCnL,XCCAPnL[1:0],CCAPnL[7:0]}

1. 8 位 PWM 模式

当 CCAPMn（n=0,1,2,3）中的 ECOMn 和 PWMn 置 1，且 PCA_PWMn（n=0,1,2,3）中的 EBSn[1:0]为 00 时，PCA 模块处于 8 位 PWM 模式，如图 13.6 所示。

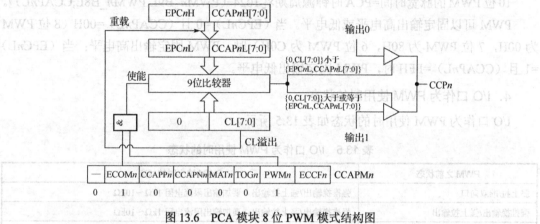

图 13.6 PCA 模块 8 位 PWM 模式结构图

2. PWM 的输出频率

STC8A8K64S4A12 单片机 PCA 模块在用作 PWM 输出时，其输出频率相同。采用何种输出频率由 PCA 计数器的时钟源决定，而 PCA 计数器的时钟源的输入由 CMOD 决定（时钟源有 SYSclk、SYSclk/2、SYSclk/4、SYSclk/6、SYSclk/8、SYSclk/12、定时/计数器 T0 溢出、外部 ECI（P1.2）引脚）。

8 位 PWM 的周期=PCA 时钟源周期×256，或者其频率= PCA 时钟源频率/256。

7 位 PWM 的周期=PCA 时钟源周期×128，或者其频率= PCA 时钟源频率/128。

6 位 PWM 的周期=PCA 时钟源周期×64，或者其频率= PCA 时钟源频率/64。

10 位 PWM 的周期=PCA 时钟源周期×1024，或者其频率= PCA 时钟源频率/1024。

如果要实现可调频率的 PWM 输出，则选择定时/计数器 T0 溢出时钟或外部 ECI（P1.2）引脚的输入时钟作为 PCA 定时器的时钟源。

3. PWM 的脉宽

PWM 的脉宽由 PCA 模块的 PCA_PWMn 和 CCAPnH/CCAPnL 设置。8 位 PWM、7 位 PWM、6 位 PWM 的比较值由[EPCnL,CCAPnL（8/7/6:0）]组成，重装值由[EPCnH，CCAPnH（8/7/6:0）]组成；10 位 PWM 的比较值由[PWMn_B9L，PWMn_B8L，CCAPnL（8:0）]组成，重装值由[PWMn_B9H，PWMn_B8H，CCAPnH（8:0）]组成。

当[0,CL]的值小于比较值时，输出为低电平；当[0,CL]的值等于或大于比较值时，输出为高电平。当 CL 的值变为 00H 溢出时，重装值再次装载到比较值相应寄存器，从而实现无干扰地更新 PWM。

在设定脉宽时，不仅要对比较值赋初始值，更要对重装值赋初始值，比较值和重装值的初始值是相等的。对 10 位 PWM 重装值进行更新时，必须先写高两位 PWMn_B9H 和 PWMn_B8H，后写低八位 CCAPnH。

8 位 PWM 的脉宽时间=PCA 时钟源周期× [256−（CCAPnL）]。

7 位 PWM 的脉宽时间=PCA 时钟源周期× [128−（CCAPnL）]。

6 位 PWM 的脉宽时间=PCA 时钟源周期× [64−（CCAPnL）]。

10 位 PWM 的脉宽时间=PCA 时钟源周期×[1024−（PWMn_B9L,PWMn_B8L,CCAPnL）]。

PWM 可以固定输出高电平或低电平。当（EPCnL）=0 且（CCAPnL）=00H（8 位 PWM 为 00H，7 位 PWM 为 80H，6 位 PWM 为 C0H）时，PWM 固定输出高电平；当（EPCnL）=1 且（CCAPnL）=FFH 时，PWM 固定输出低电平。

4．I/O 口作为 PWM 使用时的状态

I/O 口作为 PWM 使用时的状态如表 13.5 所示。

表 13.5　I/O 口作为 PWM 使用时的状态

PWM 之前状态	PWM 输出时的状态
弱上拉/准双向口	强推挽输出/强上拉输出，要加输出限流电阻 1kΩ～10kΩ
强推挽输出/强上拉输出	强推挽输出/强上拉输出，要加输出限流电阻 1kΩ～10kΩ
仅为输入（高阻）	PWM 输出无效
开漏	开漏

5．PWM 实现 D/A 转换

利用 PWM 输出功能可实现 D/A 转换，如图 13.7 所示。在图 13.7 中，2 个 3.3kΩ 的电阻和 2 个 0.1μF 的电容构成滤波电路，对 PWM 输出波形进行平滑滤波，从而在 D/A 输出端得到稳定的直流电压。采用两级 RC 滤波可以进一步减小输出电压的纹波电压。改变 PWM 输出波形的占空比即可改变 D/A 输出的直流电压。但由于 PWM 波形的输出最大值 VH 和输出最小值 VL 受到单片机输出电平的限制，一般情况下 VL 不等于 0V，VH 也不等于 V_{CC}，所以 D/A 输出的直流电压变化范围不是 0～V_{CC}。

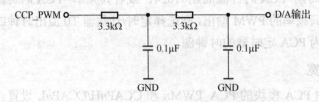

图 13.7　PWM 用于 D/A 转换的典型电路

例 13.4　利用 STC8A8K64S4A12 单片机 PCA 模块 0 的第 2 组输出引脚（P3.5 引脚）进行 8 位 PWM、7 位 PWM、6 位 PWM 波形输出，利用 PCA 模块 1 的第 2 组输出引脚（P3.6

引脚）进行 10 位 PWM 波形输出。其中，PCA 时钟源等于系统时钟，2 组 PWM 波形初始占空比均为 50%，输出波形占空比均可以同时由按键 SW17（P3.2 引脚）和按键 SW18（P3.3 引脚）增加或减少。其中 PCA 模块 0 的第 2 组输出引脚（P3.5 引脚）接如图 13.7 所示电路进行 D/A 输出，占空比在变化时，可以用直流电压表观察输出直流电压的变化。

解 假设系统晶振频率为 18.432MHz。CCAP0H、CCAP0L 计数值对于 8 位 PWM 波形来说取值范围为 0～255；在初始化时占空比为 50%，对应的初值是 128；7 位 PWM 波形对应取值范围为 0～127，对应 50%占空比的初值是 64；6 位 PWM 波形对应取值范围为 0～63，对应 50%占空比的初值是 32；10 位 PWM 波形对应取值范围为 0～1023，对应 50%占空比的初值是 512。

C 语言源程序如下。

```c
#include "stc8.h"              //包含支持 STC8 系列单片机的头文件
sbit SW17 = P3^2;              //按键-
sbit SW18 = P3^3;              //按键+
signed int Duty0=128;          //初始化 8 位 PWM 占空比 50%
signed int Duty1=512;          //初始化 10 位 PWM 占空比 50%
#define CCP_S0 0x10            //P_SW1.4
#define CCP_S1 0x20            //P_SW1.5
void Delay(unsigned int x)     //延时
{
    for(;x>0;x--);
}
void main()
{
//     以下为使用第 2 组接口 P3.4/ECI_2, P3.5/CCP0_2, P3.6/CCP1_2
    ACC = P_SW1;
    ACC &= ~(CCP_S0 | CCP_S1); //CCP_S0=1, CCP_S1=0
    ACC |= CCP_S0;
    P_SW1 = ACC;
    CCON = 0;                  //PCA 定时器停止，清除 CF 标志位，清除中断标志位
    CL = 0;                    //复位 PCA 寄存器
    CH = 0;
    CMOD = 0x08;               //设置 PCA 时钟源等于系统时钟
    CCAPM0 = 0x42;             //PCA 模块 0 为 PWM 模式
    CCAPM1 = 0x42;             //PCA 模块 1 为 PWM 模式
    CR = 1;                    //PCA 定时器开始工作
    while (1)
    {
        if( SW17 == 0 )        //按键-
        {
            Delay(100);
            if( SW17 == 0 )
            {
                Duty0--;                          //PWM0 占空比减 1
                if(Duty0<0) { Duty0=0; }          //Duty0 最小值为 0
```

```
                    Duty1=Duty1-4;                      //PWM1 占空比减 4
                    if(Duty1<0) { Duty1=0; }            //Duty1 最小值为 0
                    while( SW17 == 0 );                 //等待按键松开
                }
            }
            if( SW18 == 0 )                             //按键+
            {
                Delay ( 100 );
                if( SW18 == 0 )
                {
                    Duty0++;                            //PWM0 占空比加 1
                    //取值范围,8 位 PWM 对应 0~255,7 位 PWM 对应 0~127,6 位 PWM 对应 0~63
                    if ( Duty0 > 255) { Duty0 = 255;}
                    Duty1=Duty1+4;                      //PWM1 占空比加 4
                    //取值范围 10 位 0~1023
                    if ( Duty1 > 1023 ) { Duty1 = 1023; }
                    while( SW18 == 0 );                 //等待按键松开
                }
            }
//      以下选择 PCA 模块 0 工作于 8 位 PWM 模式、7 位 PWM 模式、6 位 PWM 模式并刷新占空比
        PCA_PWM0 = 0x00;                                //PCA 模块 0 工作于 8 位 PWM 模式
        PCA_PWM0 = 0x40;                                //PCA 模块 0 工作于 7 位 PWM 模式
        PCA_PWM0 = 0x80;                                //PCA 模块 0 工作于 6 位 PWM 模式
        CCAP0H = CCAP0L = Duty0;                        //刷新 PWM0 的占空比
//      以下选择 PCA 模块 1 工作于 10 位 PWM 模式并刷新占空比
        //PWM1_B9H = PWM1_B9L =0; PWM1_B8H = PWM1_B8L =0
        if ( Duty1 < 256 )                  { PCA_PWM1 = 0xC0; }
        //PWM1_B9H = PWM1_B9L =0; PWM1_B8H = PWM1_B8L =1
        if ( Duty1>255 && Duty1 < 512 )     { PCA_PWM1 = 0xD4; }
        //PWM1_B9H = PWM1_B9L =1; PWM1_B8H = PWM1_B8L =0
        if ( Duty1 > 511 && Duty1 < 768 )   { PCA_PWM1 = 0xE8; }
        //PWM1_B9H = PWM1_B9L =1; PWM1_B8H = PWM1_B8L =1
        if ( Duty1 > 767 && Duty1 < 1024 )  { PCA_PWM1 = 0xFC; }
        //刷新 PWM1 占空比低 8 位
        CCAP1H = CCAP1L = (unsigned char)( Duty1 & 0xff );
        }
    }
```

题目小结:在本例中,由 CMOD 决定 PCA 时钟源,也就确定了 PWM 方波信号的频率;对于 PCA 模块 0 工作于 8 位 PWM 模式、7 位 PWM 模式、6 位 PWM 模式来说,只要改变 CCAP0H、CCAP0L 的值,就可以改变输出 PWM 方波信号的占空比;对于 PCA 模块 1 工作于 10 位 PWM 模式来说,则需要改变 PCA_PWM1 的 PWM1_B9H、PWM1_B9L、PWM1_B8H、PWM1_B8L 的值和 CCAP1H、CCAP1L 的值,才可以改变输出 PWM 方波信号的占空比。

13.3.5　工程训练 13.1　PCA 模块的软件定时器应用

一、工程训练目标

（1）理解 STC8A8K64S4A12 单片机 PCA 模块的电路结构。

（2）理解 STC8A8K64S4A12 单片机 PCA 模块软件定时功能的设置与应用编程。

二、任务功能与参考程序

1. 任务功能

利用 PCA 模块软件定时功能设计一个秒表。设计 2 个按键 key1 和 key2，key1 用于启、停秒表，key2 用于复位秒表；秒表计时精确到 0.1s，计时最大值为 1000s。

2. 硬件设计

利用 SW17、SW18 作为 key1 和 key2，key1 的输出信号接到 P3.6 引脚，key2 的输出信号接到 P3.3 引脚，采用 LED 数码管进行显示，采用 LED10 作为工作指示灯，LED10 通过 P4.2 引脚控制。

3. 参考程序（C 语言版）

1）程序说明

采用 PCA 模块 0，设置 PCA 模块 0 软件定时器基本定时时间为 5ms，累计 20 次为 0.1s。再通过 0.1s 的累加、递增获得秒表值，并将该值送至 LED 数码管显示，系统时钟频率为 11.0592MHz。

2）参考程序：工程训练 131.c

```
#include <stc8.h>              //包含支持 STC8 系列单片机的头文件
#include <intrins.h>
#define uchar unsigned char
#define uint  unsigned int
#include <LED_display.h>
uchar  counter5mS=20;          //5ms 计数器
uint   counter100mS=0;         //0.1s 计数器
sbit LED_MCU_START=P4^2;       //工作指示灯
sbit key1=P3^6;                //秒表启动和停止按键
sbit key2=P3^3;                //秒表复位按键

/*------系统时钟频率为 11.0592MHz 时为 tms 的延时函数----------*/
void Delayxms(uint t)
{
     uchar i;
     for(i=0;i<t;i++)
     {
         Delay1ms();           //在 display.h 文件中已定义
     }
}
```

```c
uchar I_key()
{
    uchar x=0;
    if(key1==0)                          //key1 启动或停止计时
    {
        Delayxms(10);
        if(key1==0)
        x=1;
        while(key1==0);
    }
    if(key2==0)                          //key2 复位秒表
    {
        Delayxms(10);
        if(key2==0)
        x=2;
        while(key2==0);
    }
    return(x);
}
/*———————主函数———————*/
void  main(void)
{
    uchar y;
    LED_MCU_START=0;                     //点亮工作指示灯
    CMOD=0x80;                           //设置 PCA 模块在空闲模式下停止 PCA 计数器工作
                                         //PCA 计数器时钟源为 $f_{SYS}$ / 12
                                         //禁止 PCA 计数器溢出中断
    CCON=0;                              //将 PCA 模块各中断请求标志位 CCFn 清 0
    CL=0;                                //PCA 计数器从 0000H 开始计数
    CH=0;
    CCAP0L=0;                            //为 PCA 模块 0 的 CCAP0L 赋初值（5ms 的初始值）
    CCAP0H=0x12;
    CCAPM0=0x49;                         //设置 PCA 模块 0 为 16 位软件定时器
                                         //开放 PCA 模块 0 中断
    EA=1;                                //开放总中断
    while(1)
    {
        LED_display();
        y=I_key();
        if(y!=0)
        {
            if(y==1)CR=~CR;
            if(y==2)IAP_CONTR=0x20;
        }
    }
}
```

```
/*——————————PCA 中断函数——————————*/
void  PCA_int(void)interrupt 7                //PCA 中断服务程序
{
        union                                 //定义一个联合体
        {
        uint num;
        struct
            {                                 //在联合体中定义一个结构
            uchar  Hi,  Lo;
            }Result;
        }temp;
        temp.num=(uint)(CCAP0H<<8)+CCAP0L+0x1200;
        CCAP0L=temp.Result.Lo;               //取计算结果的低 8 位
        CCAP0H=temp.Result.Hi;               //取计算结果的高 8 位
        CCF0=0;                              //将 PCA 模块 0 中断请求标志位清 0
        counter5mS--;                        //中断次数计数器减 1
        if(counter5mS==0)                    //如果 counter5mS 为 0,说明 0.1s 时间到
        {
        counter5mS=20;                       //恢复中断计数初值
        counter100mS++;                      //0.1s 计数器加 1
        if(counter100mS==10000) counter100mS=0;
        Dis_buf[0]=counter100mS%10;              //取小数点后的数送显示缓冲区
        Dis_buf[1]=counter100mS/10%10+17;        //取个位数送显示缓冲区
        Dis_buf[2]= counter100mS/100%10;         //取十位数送显示缓冲区
        Dis_buf[3]= counter100mS/1000%10;        //取百位数送显示缓冲区
        Dis_buf[4]= counter100mS/10000%10;       //取千位数送显示缓冲区
        }
}
```

三、训练步骤

（1）分析"工程训练 131.c"程序文件。

（2）用 Keil μVision4 集成开发环境编辑、编译用户程序，生成机器代码文件"工程训练 131.hex"。

（3）将 STC8 学习板（甲机）连接计算机。

（4）利用 STC-ISP 在线编程软件将"工程训练 131.hex"文件下载到 STC8 学习板中。

（5）观察 LED 数码管显示秒表的初始值。

（6）启动与调试秒表。

① 按动 SW17，启动秒表计时；再次按动 SW17，秒表停止计时。

② 按动 SW18，秒表回零。

③ 观察秒表计时的最大值。

四、训练拓展

（1）修改程序，实现显示高位灭零，即无用的零不显示。

（2）设计一个倒计时秒表，具体参数自行设计。

13.3.6 工程训练 13.2 PCA 模块的 PWM 应用

一、工程训练目标

（1）进一步理解 STC8A8K64S4A12 单片机 PCA 模块的电路结构。

（2）理解 STC8A8K64S4A12 单片机 PCA 模块 PWM 功能的设置与应用编程。

二、任务功能与参考程序

1. 任务功能

LED 亮度的控制。设计 2 个按键 key1 和 key2，key1 用于增加 LED 亮度，key2 用于减小 LED 亮度，可实现连续调节。

2. 硬件设计

利用 SW17、SW18 作为 key1 和 key2，key1 的输出信号接到 P3.6 引脚，key2 的输出信号接到 P3.3 引脚，采用 LED10 作为亮度可调的工作指示灯，LED10 通过 P4.2 引脚控制。

3. 参考程序（C 语言版）

1）程序说明

采用 PCA 模块 0（P1.1 引脚）输出 PWM 信号，然后通过采集 P1.1 引脚输出信号再通过 P4.2 引脚驱动 LED10。采用 1/2 系统时钟作为 PWM 模块的计数脉冲，系统时钟频率为 11.0592MHz。

2）参考程序：工程训练 132.c

```
#include <stc8.h>                        //包含支持 STC8 系列单片机的头文件
#include <intrins.h>
#define uchar unsigned char
#define uint  unsigned int
uchar PWM_counter=0;
sbit key1=P3^6;
sbit key2=P3^7;
sbit led=P1^1;
/*-----------系统时钟为 11.0592MHz 时 1ms 的延时函数------------*/
void Delay1ms()                          //@11.0592MHz
{
    unsigned char i, j;
    _nop_();
    _nop_();
    _nop_();
    i = 11;
    j = 190;
    do
    {
        while (--j);
    } while (--i);
}
```

```
/*------------系统时钟为 11.0592MHz 时 t×1ms 的延时函数------------*/
void DelayX10ms(uchar t)        //@18.432MHz
{
    uchar i;
    for(i=0;i<t;i++)
    {
        Delay1ms();
    }
}
/*------------PWM 初始化函数------------*/
void PWM_init(void)
{
    CMOD = 0x02;                //设置 PCA 计数时钟源
    CH = 0x00;                  //设置 PCA 计数初始值
    CL = 0x00;
    CCAPM0 = 0x42;              //设置 PCA 模块为 PWM 功能
    CCAP0L = 0xC0;             //设定 PWM 的脉冲宽度
    CCAP0H = 0xC0;             //与 CCAP0L 相同，寄存 PWM 的脉冲宽度参数
    CR =1 ;                    //启动 PCA 计数器计数
}
uchar I_key()
{
    uchar x=0;
    if(key1==0)                //key1 启动或停止计时
    {
        DelayX10ms(10);
        if(key1==0)
        x=1;
        DelayX10ms(10);  ;
    }
    if(key2==0)                //key2 复位秒表到初始状态
    {
        DelayX10ms(10);
        if(key2==0)
        x=2;
        DelayX10ms(10);  ;
    }
    return(x);
}
/*------------主函数------------*/
void main(void)
{
    uchar y;
    PWM_init();
    while(1)
```

```
    {
        y= I_key();
        if(y!=0)
        {
            if(y==1)
            {
                PWM_counter++;
                CCAP0L=256-PWM_counter;
                CCAP0H=256-PWM_counter;
            }
            if(y==2)
            {
                if(PWM_counter>0)PWM_counter--;
                CCAP0L=256-PWM_counter;
                CCAP0H=256-PWM_counter;
            }
        }
    }
}
```

三、训练步骤

（1）分析"工程训练 132.c"程序文件。

（2）用 Keil μVision4 集成开发环境编辑、编译用户程序，生成机器代码文件"工程训练 131.hex"。

（3）将 STC8 学习板（甲机）连接计算机。

（4）利用 STC-ISP 在线编程软件将"工程训练 131.hex"文件下载到 STC8 学习板中。

（5）观察与调试 LED10 的亮度。

① 按动 SW17，观察 LED10 的亮度。

② 按动 SW18，观察 LED10 的亮度。

③ 长按 SW17 或长按 SW18，观察 LED10 的亮度。

四、训练拓展

利用 STC8A8K64S4A12 单片机 PCA 模块的 PWM 功能，设计一个智能台灯，台灯亮度能自动跟随台灯环境亮度（如光照度）的变化而变化。

提示：可外接光照电路，可用模拟电压模拟光照度。

 本章小结

STC8A8K64S4A12 单片机集成了 4 路 PCA 模块，可实现外部脉冲的捕获、软件定时、高速脉冲输出及 PWM 输出 4 种功能。

PWM 模式又分为 8 位 PWM、7 位 PWM、6 位 PWM、10 位 PWM 这 4 种模式，可改变 PWM 输出波形的占空比，利用 PWM 功能还可实现 D/A 转换。

习题与思考题

一、填空题

1. STC8A8K64S4A12 单片机集成了_____路 PCA 模块，可实现_____、_____、_____及_____功能。

2. STC8A8K64S4A12 单片机 PCA 计数器的时钟源有 1/12 系统时钟、_____、1/6 系统时钟、_____、1/2 系统时钟、_____、定时/计数器 T0 溢出时钟和_____等 8 种，由_____寄存器 CMOD 中的 CPS[2:0]来选择。

3. STC8A8K64S4A12 单片机 CCON 中_____控制位是 PCA 计数器的启动控制位。

4. STC8A8K64S4A12 单片机 PCA 模块 PWM 的位数有_____、_____、_____和_____4 种，PWM 的位数由 PCA_PWMn 中的_____控制位来选择。

5. STC8A8K64S4A12 单片机 PCA 模块的中断向量是_____，中断号是_____。

二、选择题

1. 在 STC8A8K64S4A12 单片机中，当（CCAPM0）=42H 时，PCA 模块 0 的工作模式是_____。

　A. PWM，无中断

　B. PWM，由低到高产生中断

　C. PWM，由高到低产生中断

　D. PWM，由高到低或由低到高产生中断

2. 在 STC8A8K64S4A12 单片机中，当（CCAPM1）=21H 时，PCA 模块 1 的工作模式是_____。

　A. 16 位捕获模式，由 PCA1 的上升沿触发

　B. 16 位捕获模式，由 PCA1 的下降沿触发

　C. 16 位高速脉冲输出模式

　D. 16 位软件定时器模式

3. 在 STC8A8K64S4A12 单片机中，当（CCAPM0）=4DH 时，PCA 模块 0 的工作模式是_____。

　A. 16 软件定时器模式　　　　　　　　B. 无操作

　C. 16 位高速脉冲输出模式　　　　　　D. PWM 模式

4. 在 STC8A8K64S4A12 单片机中，当（CCAPM0）=42H、（PCA_PWM0）=40H 时，PCA 模块 0 PWM 的位数是_____。

　A. 8　　　　　　　B. 7　　　　　　　C. 6　　　　　　　D. 无效

三、判断题

1. STC8A8K64S4A12 单片机 PCA 中断的中断请求标志位包括 CF、CCF0、CCF1、CCF2，当 PCA 中断响应后，其中断请求标志不会自动撤除。（　　）

2. STC8A8K64S4A12 单片机 PCA 模块 0、PCA 模块 1、PCA 模块 2 不可以设置在同一种工作模式。（　　）

3. STC8A8K64S4A12 单片机 PCA 计数器是 16 位的，是 PCA 模块 0、PCA 模块 1、PCA 模块 2 的公共时间基准。（　　）

4. STC8A8K64S4A12 单片机 PCA 模块 8 位 PWM 周期是定时时钟源周期乘以 256。（　　）

四、问答题

1. STC8A8K64S4A12 单片机 PCA 模块包括几个独立的工作模块？PCA 计数器是多少位的？PCA 计数器的脉冲源有哪些，如何选择？

2. STC8A8K64S4A12 单片机 PCA 模块的工作模式是如何设置的？

3. 简述 STC8A8K64S4A12 单片机 PCA 模块高速脉冲输出的工作特性。

4. 简述 STC8A8K64S4A12 单片机 PCA 模块软件定时功能的工作特性。

5. 简述 STC8A8K64S4A12 单片机 PCA 模块 PWM 输出的工作特性。

6. 简述 STC8A8K64S4A12 单片机 PCA 模块 16 位捕获的工作特性。

7. STC8A8K64S4A12 单片机 PCA 模块处于 PWM 输出模式时，在什么情况下固定输出高电平？在什么情况下输出低电平？

8. STC8A8K64S4A12 单片机 PCA 模块 PWM 输出的输出周期如何计算？其占空比如何计算？

五、程序设计题

1. 利用 STC8A8K64S4A12 单片机 PCA 模块的软件定时功能设计一个 LED 闪烁灯，闪烁间隔为 500ms。要求画出硬件电路图，绘制程序流程图，编写程序并上机调试。

2. 利用 STC8A8K64S4A12 单片机 PCA 模块的 PWM 功能设计一个周期为 1s、占空比为 1/20～9/20 可调的 PWM 脉冲。一个按键用于增加占空比，一个按键用于减小占空比。要求画出硬件电路图，绘制程序流程图，编写程序并上机调试。

3. 利用 STC8A8K64S4A12 单片机 PCA 模块的 PWM 功能和外接滤波电路，设计一个频率为 100Hz 的正弦波信号。要求画出硬件电路图，绘制程序流程图，编写程序并上机调试。

第 14 章

STC8A8K64S4A12 单片机的增强型 PWM 模块

🔍 **内容提要：**

　　增强型 PWM 模块是 STC8A8K64S4A12 单片机的高功能模块，STC8A8K64S4A12 单片机集成了 8 路独立的增强型 PWM 波形发生器，相比 PCA 模块中的 PWM，每路 PWM 波形发生器的初始状态可设定，任意 2 路配合使用可实现互补对称输出及死区控制等特殊功能。

　　本章介绍 STC8A8K64S4A12 单片机增强型 PWM 模块的结构与工作原理、增强型 PWM 模块的管理与控制，以及增强型 PWM 模块的应用编程。

　　STC8A8K64S4A12 单片机集成了 8 路独立的增强型 PWM 波形发生器。由于 8 路 PWM 波形发生器是各自独立的，且每路 PWM 波形发生器的初始状态可以进行设定，所以用户可以将其中任意 2 路配合使用，这样可以实现互补对称输出及死区控制等特殊功能。

　　增强型 PWM 波形发生器还可实现对外部异常事件（包括外部 P3.5 引脚的电平异常、比较器比较结果异常）进行监控的功能，可用于紧急关闭 PWM 输出。增强型 PWM 波形发生器还可与 A/D 转换模块相关联，可设置在 PWM 周期的任一时间点触发 A/D 转换。

14.1　增强型 PWM 模块的结构

1. 增强型 PWM 模块的框图

　　STC8A8K64S4A12 单片机增强型 PWM 模块波形发生器框图如图 14.1 所示。增强型 PWM 发生器模块内部有一个 15 位的 PWM 计数器供 8 路 PWM 波形发生器使用，用户可以设置每路 PWM 的初始电平。另外，PWM 模块为每路 PWM 又设计了两个用于控制波形翻转的计数器 PWMnT1 和 PWMnT2，可以非常灵活地设置每路 PWM 的高电平、低电平宽度，从而达到对增强型 PWM 模块的占空比及 PWM 的输出延迟进行控制的目的。

2. 增强型 PWM 模块各通道的输出引脚

　　STC8A8K64S4A12 单片机增强型 PWM 模块 PWM0～PWM7 通道的默认输出引脚对应为 P2.0～P2.7。通过设置 PWM 通道控制寄存器 PWMnCR 中的 Cn_S[1:0]可切换 PWM 各通道的输出引脚，具体详见附录 E。

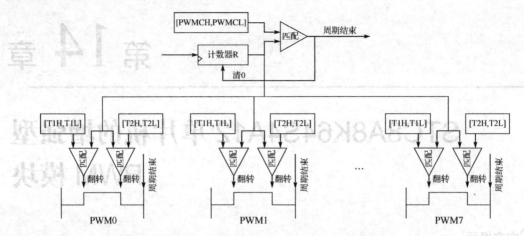

图 14.1　STC8A8K64S4A12 单片机增强型 PWM 模块波形发生器框图

14.2　增强型 PWM 模块的控制

STC8A8K64S4A12 单片机增强型 PWM 模块涉及的特殊功能寄存器较多，具体如表 14.1 所示。

表 14.1　增强型 PWM 模块的特殊寄存器

符号	名称	地址	位位置与位符号								复位值
			B7	B6	B5	B4	B3	B2	B1	B0	
PWMCFG	增强型 PWM 配置寄存器	F1H	CBIF	ETADC	—	—	—	—	—	—	00xx xxxx
PWMIF	增强型 PWM 中断（通道）标志寄存器	F6H	C7IF	C6IF	C5IF	C4IF	C3IF	C2IF	C1IF	C0IF	0000 0000
PWMCR	增强型 PWM 控制寄存器	FEH	ENPWM	ECBI	—	—	—	—	—	—	00xx xxxx
PWMFDCR	增强型 PWM 外部异常检测控制寄存器	F7H	INVCMP	INVIO	ENFD	FLTFLIO	DFDI	FDCMP	FDIO	FDIF	0000 0000
IP2	中断优先级控制寄存器 2	B5H	—	PI2C	PCMP	PX4	PPWMFD	PPWM	PSPI	PS2	x000 0000
IP2H	高中断优先级控制寄存器 2	B6H	—	PI2CH	PCMPH	PX4H	PPWMFDH	PPWMH	PSPIH	PS2H	x000 0000
P_SW2	外设端口切换控制寄存器 2	BAH	EAXSFR	—	I2C_S[1:0]		CMPO_S	S4_S	S3_S	S2_S	0x00 0000
PWMCH	增强型 PWM 计数器（高 8 位）	FFF0H	—								x000 0000

续表

符号	名称	地址	位置与位符号								复位值
			B7	B6	B5	B4	B3	B2	B1	B0	
PWMCL	增强型 PWM 计数器（低 8 位）	FFF1H									0000 0000
PWMCKS	增强型 PWM 计数器时钟选择寄存器	FFF2H	—	—	—	SELT2	PWM_PS[3:0]				xxx0 0000
TADCPH	触发 A/D 转换计数值的高 8 位	FFF3H	—	TADCPH[6:0]							x000 0000
TADCPL	触发 A/D 转换计数值的低 8 位	FFF4H	TADCPL[7:0]								0000 0000
PWMnT1H (n=0~7)	PWMn T1 计数值的高 8 位	FF00H+ n×16	—								x000 0000
PWMnT1L (n=0~7)	PWMn T1 计数值的低 8 位	FF01H+ n×16									0000 0000
PWMnT2H (n=0~7)	PWMn T2 计数值的高 8 位	FF02H+ n×16	—								x000 0000
PWMnT2L (n=0~7)	PWMn T2 计数值的低 8 位	FF03H+ n×16									0000 0000
PWMnCR (n=0~7)	PWMn 控制寄存器	FF04H+ n×16	ENCnO	CnINI	-	Cn_S[1:0]		ECnI	ECnT 2SI	ECnT 1SI	00x0 0000
PWMnHLD (n=0~7)	PWMn 电平保持控制寄存器	FF05H+ n×16							HCnH	HCnL	xxxx xx00

1. 增强型 PWM 模块的公共部分

（1）外设端口切换控制寄存器 2 为 P_SW2，其各位的定义如下。

位号	B7	B6	B5	B4	B3	B2	B1	B0
位名称	EAXSFR	—	I2C_S[1:0]		CMPO_S	S4_S	S3_S	S2_S

EAXSFR：扩展 SFR 访问控制使能位。

（EAXSFR）=0，MOVX A,@DPTR/MOVX @DPTR,A 指令的操作对象为扩展 RAM（XRAM）。

（EAXSFR）=1，MOVX A,@DPTR/MOVX @DPTR,A 指令的操作对象为扩展 SFR（XSFR）。

注意： 若要访问 PWM 在扩展 RAM 区的特殊功能寄存器，必须先将 EAXSFR 置 1。

（2）增强型 PWM 配置寄存器为 PWMCFG，其各位的定义如下。

位号	B7	B6	B5	B4	B3	B2	B1	B0
位名称	CBIF	ETADC	—	—	—	—	—	—

① CBIF：PWM 计数器归零中断位。当 15 位的 PWM 计数器计满溢出归零时，硬件自动将此位置 1，并向 CPU 发出中断请求，此中断请求标志位需要用软件清零。

① ETADC：PWM 与 A/D 转换关联控制位。

（ETADC）=0，PWM 与 A/D 转换无关联。

（ETADC）=1，PWM 与 A/D 转换有关联，允许在 PWM 周期中某个时间点触发 A/D 转换，使用 TADCPH 和 TADCPL 进行设置。

（3）增强型 PWM 控制寄存器为 PWMCR，其各位的定义如下。

位号	B7	B6	B5	B4	B3	B2	B1	B0
位名称	ENPWM	ECBI	—	—	—	—	—	—

① ENPWM：使能增强型 PWM 波形发生器位。

（ENPWM）=0，关闭 PWM 波形发生器。

（ENPWM）=1，使能 PWM 波形发生器，PWM 计数器开始计数。

② ECBI：PWM 计数器归零中断使能位。

（ECBI）=0，关闭 PWM 计数器归零中断，但 CBIF 依然会被硬件置位。

（ECBI）=1，使能 PWM 计数器归零中断。

（4）增强型 PWM 计数器时钟选择寄存器为 PWMCKS，其各位的定义如下。

位号	B7	B6	B5	B4	B3	B2	B1	B0
位名称	—	—	—	SELT2	PWM_PS[3:0]			

① SELT2：PWM 计数器时钟源选择位。

当（SELT2）=0 时，PWM 计数器时钟源为系统时钟经分频器分频之后的时钟。

当（SELT2）=1 时，PWM 计数器时钟源为定时器 T2 的溢出脉冲。

② PWM_PS[3:0]：PWM 计数器的预分频参数位。当（SELT2）=0 时，PWM 计数器时钟为系统时钟/(PS[3:0]+1)。

（5）PWM 周期寄存器。

PWM 周期寄存器是一个 15 位寄存器，其状态由 PWMCH 和 PWMCL 组成，其中，PWMCH 的低 7 位为 PWM 周期的高 7 位，PWMCL 为 PWM 周期的低 8 位。

PWM 周期可通过对 PWMCH 和 PWMCL 赋值设定为 1～32767 的任意值。PWM 波形发生器内部的计数器从 0 开始计数，每个 PWM 计数时钟加 1，当内部计数器的计数值达到 [PWMCH,PWMCL]所设定的 PWM 周期时，PWM 波形发生器内部的计数器将会从 0 重新开始计数，硬件会自动将 CBIF 置 1。若（ECBI）=1，则程序将跳转到相应中断入口执行中断服务程序。

（6）PWM 触发 A/D 转换触发时间设置寄存器为 TADCPH 和 TADCPL。

当 PWM 处在允许触发 A/D 转换模块启动转换工作状态（ETADC 为 1）时，TADCPH 的低 7 位和 TADCPL 构成一个 15 位的寄存器（TADCPH[6:0],TADCPL[7:0]）；当在 PWM 计数周期中，PWM 内部计数器计数值与（TADCPH[6:0],TADCPL[7:0]）的值相等时，硬件自动触发 A/D 转换模块启动转换。

（7）增强型 PWM 外部异常检测控制寄存器为 PWMFDCR，其各位的定义如下。

位号	B7	B6	B5	B4	B3	B2	B1	B0
位名称	INVCMP	INVIO	ENFD	FLTFLIO	EFDI	FDCMP	FDIO	FDIF

① INVCMP：比较器结果异常信号处理控制位。

（INVCMP）=0，比较器结果由低电平到高电平为异常信号。

（INVCMP）=1，比较器结果由高电平到低电平为异常信号。

② INVIO：外部端口 P3.5 异常信号处理控制位。

（INVIO）=0，P3.5 的信号由低电平到高电平为异常信号。

（INVIO）=1，P3.5 的信号由高电平到低电平为异常信号。

③ ENFD：PWM 外部异常检测功能控制位。

（ENFD）=0，关闭 PWM 的外部异常检测功能。

（ENFD）=1，使能 PWM 的外部异常检测功能。

④ FLTFLIO：发生 PWM 外部异常时对 PWM 输出口控制位。

（FLTFLIO）=0，发生 PWM 外部异常时 PWM 的输出口不进行任何改变。

（FLTFLIO）=1，发生 PWM 外部异常时 PWM 的输出口立即被设置为高阻输入模式，只有（ENCnO）=1 所对应的端口才会被强制悬空。

⑤ EFDI：PWM 异常检测中断使能位。

（EFDI）=0，关闭 PWM 异常检测中断，但 FDIF 依然会被硬件置位。

（EFDI）=1，使能 PWM 异常检测中断。

⑥ FDCMP：比较器输出异常检测使能位。

（FDCMP）=0，比较器与 PWM 无关。

（FDCMP）=1，设定 PWM 异常检测源为比较器输出（异常类型由 INVCMP 设定）。

⑦ FDIO：P3.5 端口电平异常检测使能位。

（FDIO）=0，P3.5 的状态与 PWM 无关；

（FDIO）=1，设定 PWM 异常检测源为 P3.5 端口（异常类型由 INVIO 设定）。

⑧ FDIF：PWM 异常检测中断标志位。

当发生 PWM 异常（比较器比较结果发生变化或 P3.5 端口电平发生变化）时，硬件自动将 FDIF 置 1，并向 CPU 发出中断请求。当（EFDI）=1 时，程序会跳转到相应中断入口执行中断服务程序，该标志位需要用软件清 0。

（8）增强型 PWM 中断的管理与控制。

增强型 PWM 中断包括 PWM 计数器归零中断（CBIF）和 PWM0～PWM7 通道的翻转（含第一个翻转点和第二个翻转点）中断（C0IF～C7IF），当相应中断允许，且中断标志位为 1 时，CPU 会响应 PWM 中断，并转入 PWM 中断服务程序，但各中断标志位也必须在 PWM 中断服务程序中用软件清零，增强型 PWM 的中断向量是 00B3H，中断号是 22。

PWM 计数器归零中断的中断标志位和中断允许位是 PWMCFG 中的 CBIF 和 PWMCR 中的 ECBI。

PWM 通道中断的中断标志位是 PWMIF 中的 CnIF，PWM 通道中断的中断允许位是 PWMnCR 中的 ECnI、ECnT2SI、ECnT1SI。

PWM 中断优先级控制寄存器为 IP2、IP2H，其各位的定义如下。

位号		B7	B6	B5	B4	B3	B2	B1	B0
位名称	IP2	—	PI2C	PCMP	PX4	PPWMFD	PPWM	PSPI	PS2
	IP2H	—	PI2CH	PCMPH	PX4H	PPWMFDH	PPWMH	PSPIH	PS2H

① PPWMH、PPWM：PWM 中断优先级控制位。

（PPWMH）（PPWM）= 00，PWM 中断优先级为最低级（0 级）。

（PPWMH）（PPWM）= 01，PWM 中断优先级为较低级（1 级）。

（PPWMH）（PPWM）= 10，PWM 中断优先级为较高级（2 级）。

（PPWMH）（PPWM）= 11，PWM 中断优先级为最高级（3 级）。

② PPWMFDH、PPWMFD：PWM 异常检测中断优先级控制位。

（PPWMFDH）（PPWMFD）= 00，PWM 异常检测中断优先级为最低级（0 级）。

（PPWMFDH）（PPWMFD）= 01，PWM 异常检测中断优先级为较低级（1 级）。

（PPWMFDH）（PPWMFD）= 10，PWM 异常检测中断优先级为较高级（2 级）。

（PPWMFDH）（PPWMFD）= 11，PWM 异常检测中断优先级为最高级（3 级）。

2. 增强型 PWM 模块通道部分

（1）PWM 通道控制寄存器为 PWMnCR，其各位的定义如下。

位号	B7	B6	B5	B4	B3	B2	B1	B0
位名称	ENCnO	CnINI	—	Cn_S[1:0]		ECnI	ECnT2SI	ECnT1SI

① ENCnO：PWM 输出使能位。

（ENCnO）= 0，相应 PWM 通道的输出端口为 GPIO。

（ENCnO）= 1，相应 PWM 通道的输出端口为 PWM 输出口，受 PWM 波形发生器控制。

② CnINI：设置 PWM 输出端口的初始电平。

（CnINI）= 0，相应 PWM 通道的 PWM 初始电平为低电平。

（CnINI）= 1，相应 PWM 通道的 PWM 初始电平为高电平。

③ Cn_S[1:0]：PWM 输出引脚切换控制位。

④ ECnI：PWM 通道中断使能位。

（ECnI）= 0，关闭相应 PWM 通道的中断。

（ECnI）= 1，允许相应 PWM 通道的中断。

⑤ ECnT2SI：PWM 通道第二个翻转点中断使能控制位。

（ECnT2SI）= 0，关闭相应 PWM 通道的第二个翻转点中断。

（ECnT2SI）= 1，允许相应 PWM 通道的第二个翻转点中断，当 PWM 波形发生器内部计数值与该通道 T2 计数器所设定的值相匹配时，PWM 的波形发生翻转，同时硬件将 CnIF 置 1。若（ECnI）=1，则程序将跳转到相应中断入口执行中断服务程序。

⑥ ECnT1SI：PWM 通道第一个翻转点中断使能控制位。

（ECnT1SI）= 0，关闭相应 PWM 通道的第一个翻转点中断。

（ECnT1SI）= 1，允许相应 PWM 通道的第一个翻转点中断，当 PWM 波形发生器内部计数值与 T1 计数器所设定的值相匹配时，PWM 的波形发生翻转，同时硬件将 CnIF 置 1。若（ECnI）=1，则程序将跳转到相应中断入口执行中断服务程序。

（2）PWM 输出翻转控制寄存器：PWMnT1H、PWMnT1L，PWMnT2H、PWMnT2L。

PWM 波形发生器设置了两个用于控制 PWM 波形翻转的 15 位计数器，可设定 1～32767 的任意值。第一个翻转点的值由（PWMnT1H[6:0],PWMnT1L[7:0]）组成，第二个翻转点的值由（PWMnT2H[6:0],PWMnT2L[7:0]）组成。当 PWM 波形发生器内部计数器的计数值与第一个翻转点的值（PWMnT1H[6:0],PWMnT1L[7:0]）相等时，PWM 的输出波形会自动翻转为低电平；当 PWM 波形发生器内部计数器的计数值与第二个翻转点的值（PWMnT2H[6:0],PWMnT2L[7:0]）相等时，PWM 的输出波形会自动翻转为高电平。

注意：当第一个翻转点的值（PWMnT1H[6:0],PWMnT1L[7:0]）与第二个翻转点的值（PWMnT2H[6:0],PWMnT2L[7:0]）相等时，第二个翻转点的匹配将被忽略。

（3）增强型 PWM 中断（通道）标志寄存器为 PWMIF，其各位的定义如下。

位号	B7	B6	B5	B4	B3	B2	B1	B0
位名称	C7IF	C6IF	C5IF	C4IF	C3IF	C2IF	C1IF	C0IF

CnIF：第 n 路通道 PWM 的中断标志位。

当设置的翻转点发生翻转事件时，硬件自动将此标志位置 1，并向 CPU 发出中断请求，此标志位需要用软件清 0。

（4）PWM 电平保持控制寄存器为 PWMnHLD，其各位的定义如下所示。

位号	B7	B6	B5	B4	B3	B2	B1	B0
位名称	—	—	—	—	—	—	HCnH	HCnL

① HCnH：PWM 通道强制输出高电平控制位。

（HCnH）= 0，相应 PWM 通道正常输出。

（HCnH）= 1，相应 PWM 通道强制输出高电平。

② HCnL：PWM 通道强制输出低电平控制位。

（HCnL）= 0，相应 PWM 通道正常输出。

（HCnL）= 1，相应 PWM 通道强制输出低电平。

14.3　增强型 PWM 模块的应用编程

STC8A8K64S4A12 单片机内部共有 8 路增强型 PWM 模块，每路的结构一样，都包含两个 15 位的 PWM 输出翻转控制寄存器 PWMnT1 和 PWMnT2。当内部 PWM 计数器的值与某个翻转控制寄存器的值相等时，就对对应的输出引脚取反，从而对 PWM 波形占空比进行控制。

内部 15 位的 PWM 计数器一旦运行，就会从 0 开始在每个内部 PWM 计数器计数时钟到来时加 1，其值线性上升，当计数到与 15 位的周期设置寄存器[PWMCH,PWMCL]相等时，内部 PWM 计数器归零，并产生中断，称为"归零中断"。

根据 STC8A8K64S4A12 单片机 PWM 模块的特性，任意 1 路 PWM 模块都能够实现占空比和频率实时调整的 PWM 波形输出，任意 2 路 PWM 模块配合都能够实现互补对称输出及死区控制等功能。

1. 增强型 PWM 模块输出 PWM 波形应用

例 14.1　利用 STC8A8K64S4A12 单片机增强型 PWM 模块，生成一个重复的 PWM 波形，PWM 波形发生器的时钟频率为系统时钟频率，波形由通道 7（P1.7 引脚）输出。设置 2

个按键分别控制占空比的加和减，占空比初始值为 50%。再设置 2 个按键分别控制频率的加和减，系统晶振频率为 24.0MHz。

解 由于 STC8A8K64S4A12 单片机增强型 PWM 模块的特殊功能寄存器位于扩展 RAM 区，在对 PWM 模块进行操作设置时，必须先将 P_SW2 中的 EAXSFR 置为 1。

C 语言源程序如下。

```c
#include "stc8.h"                        //包含支持 STC8 系列单片机头的文件
#define EAXSFR()          P_SW2 |= 0x80
            /* MOVX A,@DPTR/MOVX @DPTR,A 指令的操作对象为扩展 SFR (XSFR) */
#define EAXRAM()    P_SW2 &= ~0x80
            /* MOVX A,@DPTR/MOVX @DPTR,A 指令的操作对象为扩展 RAM (XRAM) */
sbit SW17 = P3^2;                        //按键占空比+
sbit SW18 = P3^3;                        //按键占空比-
sbit key24 = P2^4;                       //按键频率+
sbit key25 = P2^5;                       //按键频率-
void Delay(unsigned  int x)              //延时
{
 for(;x>0;x--);
}
void FlashDuty(unsigned int Duty)        //刷新占空比
{
 EAXSFR();                               // 先将 P_SW2 中的 BIT7 置为 1，访问 XFR
 PWM7T2H=(Duty) / 256;                   // 第二个翻转计数高字节
 PWM7T2L=(Duty) % 256;                   // 第二个翻转计数低字节
 EAXRAM();                               // 恢复访问 XRAM
}
void FlashFreq(unsigned int Freq)        //刷新频率
{
 EAXSFR();                               // 先将 P_SW2 中的 BIT7 置为 1，访问 XFR
 PWMCH = Freq / 256;                     // PWM 计数器的高字节
 PWMCL = Freq % 256;                     // PWM 计数器的低字节
 EAXRAM();                               // 恢复访问 XRAM
}
void main(void)                          //主程序
{
 unsigned int Duty=600;                  //初始化 PWM 占空比为 50%
 unsigned int Freq = 1200;
 EAXSFR();                               // 先将 P_SW2 中的 BIT7 置为 1，访问 XFR
 PWM7T1H=0;                              // 第一个翻转计数高字节
 PWM7T1L=0;                              // 第一个翻转计数低字节
 PWM7T2H = Duty / 256;                   // 第二个翻转计数高字节
 PWM7T2L = Duty % 256;                   // 第二个翻转计数低字节
 PWM7CR= 0;                              // PWM7 输出选择 P1.7，无中断
 PWMCR |= 0x20;          // 相应 PWM 通道的端口为 PWM 输出端口，受 PWM 波形发生器控制
 //   PWMCFG &= ~0x20;                   // 设置 PWM 输出端口的初始电平为 0
 PWMCFG |= 0x20;                         // 设置 PWM 输出端口的初始电平为 1
 P17 = 1;                                // 设置 P1.7 初始电平为 1
```

```
    P1M1 &= ~(1<<7);                        // 设置 P1.7 强推挽输出
    P1M0 |=  (1<<7);                        // 设置 P1.7 强推挽输出

    PWMCH = Freq / 256;                     // PWM 计数器的高字节 PWM 的周期
    PWMCL = Freq % 256;                     // PWM 计数器的低字节
    PWMCKS= 0;                              // PWMCKS, PWM 时钟选择 PwmClk_1T
    EAXRAM();                               // 恢复访问 XRAM

    PWMCR |= 0x80;                          // 使能 PWM 波形发生器，PWM 计数器开始计数
    PWMCR &= ~0x40;                         // 禁止 PWM 计数器归零中断
    //  PWMCR |=  0x40;                     // 允许 PWM 计数器归零中断
    while (1)
    {
        if(SW17==0)                         //按键
        {
            Delay(100);
            if(SW17==0)
            {
                Duty=Duty-10;               //改变 PWM 占空比
                if(Duty<1)  { Duty=1;  }    //取值范围
                FlashDuty(Duty);            //刷新占空比
                while(SW17==0);             //等待按键松开
            }
        }
        if(SW18==0)                         //按键
        {
            Delay(100);
            if(SW18==0)
            {
                Duty=Duty+10;               //改变 PWM 占空比
                if(Duty>=Freq)  {Duty=Freq;}//取值范围
                FlashDuty(Duty);            //刷新占空比
                while(SW18==0);             //等待按键松开
            }
        }
        if(key24==0)                        //按键
        {
            Delay(100);
            if(key24==0)
            {
                Freq=Freq-10;               //改变 PWM 频率
                if(Freq<Duty)  { Freq=Duty;}//取值范围
                FlashFreq(Freq);            //刷新频率
                while(key24==0);            //等待按键松开
            }
        }
        if(key25==0)                        //按键
```

```
    {
        Delay(100);
        if(key25==0)
            {
            Freq=Freq+10;                    //改变 PWM 频率
            if(Freq>=32767) {Freq=32767;}    //取值范围
            FlashFreq(Freq);                 //刷新频率
            while(key25==0);                 //等待按键松开
            }
        }
}//while
}//main
```

题目小结：改变 PWMCH、PWMCL 和 PWM 波形发生器的时钟频率就可以改变输出 PWM 波形的频率和周期；改变两个用于控制波形翻转的计数器 T1 和 T2 的值，PWM 的输出波形将发生翻转，从而可以改变输出 PWM 波形的占空比。

2. 增强型 PWM 模块互补对称输出及死区控制功能的应用

例 14.2 利用 STC8A8K64S4A12 单片机的 2 个 PWM 模块，生成两个互补对称输出的 PWM 波形。假设晶振频率为 24.0MHz，PWM 波形发生器的时钟频率为系统时钟频率，PWM 周期为 2400，死区有 12 个时钟（0.5μs），正弦波表用 200 点，则输出正弦波频率 = 24000000 / 2400 / 200 = 50 Hz。由 PWM6（P1.6 引脚）输出正向脉冲，由 PWM7（P1.7 引脚）输出反向脉冲，两个脉冲互补对称，频率相同。

解 本例周期设置为 2400，也就是内部 PWM 计数器从 0 计到 2399，下一个时钟就归零。假设（PWM6T1）=65，（PWM6T2）=800，（PWM7T1）=53，（PWM7T2）=812，并且 PWM6 输出引脚 P1.6 初始状态为低电平 0，PWM7 输出引脚 P1.7 初始状态为高电平 1，当内部 PWM 计数器计到（PWM7T1）=53 时，P1.7 引脚输出电平由高变低，计到（PWM6T1）=65 时，P1.6 引脚输出电平由低变高，计到（PWM6T2）=800 时，P1.6 引脚输出电平由高变低，计到（PWM7T2）=812 时，P1.7 引脚输出电平由低变高。

C 语言源程序如下。

```
#include "stc8.h"            //包含支持 STC8 系列单片机的头文件
unsigned char   PWM_Index;   //SPWM 查表索引
#define PWM_DeadZone   12   /* 死区时钟数，6~24 */
#define EAXSFR()       P_SW2 |= 0x80
        /* MOVX A,@DPTR/MOVX @DPTR,A 指令的操作对象为扩展 SFR(XSFR) */
#define EAXRAM()     P_SW2 &= ~0x80
        /* MOVX A,@DPTR/MOVX @DPTR,A 指令的操作对象为扩展 RAM(XRAM) */
unsigned int code T_SinTable[]={
1220,  1256,  1292,  1328,  1364,  1400,  1435,  1471,  1506,  1541,
1575,  1610,  1643,  1677,  1710,  1742,  1774,  1805,  1836,  1866,
1896,  1925,  1953,  1981,  2007,  2033,  2058,  2083,  2106,  2129,
2150,  2171,  2191,  2210,  2228,  2245,  2261,  2275,  2289,  2302,
2314,  2324,  2334,  2342,  2350,  2356,  2361,  2365,  2368,  2369,
2370,  2369,  2368,  2365,  2361,  2356,  2350,  2342,  2334,  2324,
2314,  2302,  2289,  2275,  2261,  2245,  2228,  2210,  2191,  2171,
```

```
2150,  2129,  2106,  2083,  2058,  2033,  2007,  1981,  1953,  1925,
1896,  1866,  1836,  1805,  1774,  1742,  1710,  1677,  1643,  1610,
1575,  1541,  1506,  1471,  1435,  1400,  1364,  1328,  1292,  1256,
1220,  1184,  1148,  1112,  1076,  1040,  1005,   969,   934,   899,
 865,   830,   797,   763,   730,   698,   666,   635,   604,   574,
 544,   515,   487,   459,   433,   407,   382,   357,   334,   311,
 290,   269,   249,   230,   212,   195,   179,   165,   151,   138,
 126,   116,   106,    98,    90,    84,    79,    75,    72,    71,
  70,    71,    72,    75,    79,    84,    90,    98,   106,   116,
 126,   138,   151,   165,   179,   195,   212,   230,   249,   269,
 290,   311,   334,   357,   382,   407,   433,   459,   487,   515,
 544,   574,   604,   635,   666,   698,   730,   763,   797,   830,
 865,   899,   934,   969,  1005,  1040,  1076,  1112,  1148,  1184,
};


void main(void)                         //主程序
{
    EAXSFR();                           //先将 P_SW2 中的 BIT7 置为 1，访问 XFR
    PWM6T1H = 0;                        // PWM6 第一个翻转计数高字节
    PWM6T1L = 65;                       // PWM6 第一个翻转计数低字节
    PWM6T2H = 1220 / 256;               // PWM6 第二个翻转计数高字节
    PWM6T2L = 1220 % 256;               // PWM6 第二个翻转计数低字节
    PWM6CR = 0;                         // PWM6 输出选择 P1.6，无中断
    PWMCR  |= 0x10;                     // 相应 PWM 通道的端口为 PWM 输出端口，受 PWM 波形发生器控制
    PWMCFG &= ~0x10;                    // 设置 PWM 输出端口的初始电平为 0
//  PWMCFG |= 0x10;                     // 设置 PWM 输出端口的初始电平为 1
    P16 = 0;                            // 设置 P1.6 初始电平为 0
    P1M1 &= ~(1<<6);                    // 设置 P1.6 强推挽输出
    P1M0 |=  (1<<6);                    // 设置 P1.6 强推挽输出
    PWM7T1H=0;                          // PWM7 第一个翻转计数高字节
    PWM7T1L=65-PWM_DeadZone;            // PWM7 第一个翻转计数低字节
    PWM7T2H=(1220+PWM_DeadZone) / 256;  // PWM7 第二个翻转计数高字节
    PWM7T2L=(1220+PWM_DeadZone) % 256;  // PWM7 第二个翻转计数低字节
    PWM7CR= 0;                          // PWM7 输出选择 P1.7，无中断
    PWMCR  |= 0x20;                     // 相应 PWM 通道的端口为 PWM 输出口，受 PWM 波形发生器控制
//  PWMCFG &= ~0x20;                    // 设置 PWM 输出端口的初始电平为 0
    PWMCFG |= 0x20;                     // 设置 PWM 输出端口的初始电平为 1
    P17 = 1;                            // 设置 P1.7 初始电平为 0
    P1M1 &= ~(1<<7);                    // 设置 P1.7 强推挽输出
    P1M0 |=  (1<<7);                    // 设置 P1.7 强推挽输出
    PWMCH = 2400 / 256;                 // PWM 计数器的高字节
    PWMCL = 2400 % 256;                 // PWM 计数器的低字节
    PWMCKS= 0;                          // PWMCKS，PWM 时钟选择 PwmClk_1T
    EAXRAM();                           // 恢复访问 XRAM
    PWMCR |= 0x80;                      // 使能 PWM 波形发生器，PWM 计数器开始计数
//  PWMCR &= ~0x40;                     // 禁止 PWM 计数器归零中断
    PWMCR |= 0x40;                      // 允许 PWM 计数器归零中断
    EA = 1;                            // 开总中断
    while (1)
    {

    }
```

```
}

void PWM_int (void) interrupt 22              //PWM 中断函数
{
unsigned int    j;
unsigned char   SW2_tmp;
if(PWMIF & 0x40)                             //PWM 计数器归零中断标志位
{
    PWMIF &= ~0x40;                          //清除中断标志位
    SW2_tmp = P_SW2;                         //保存 SW2 设置
    EAXSFR();                                //访问 XFR
    j = T_SinTable[PWM_Index];
    PWM6T2H = (unsigned char)(j >> 8);       //PWM6 第二个翻转计数高字节
    PWM6T2L = (unsigned char)j;              //PWM6 第二个翻转计数低字节
    j += PWM_DeadZone;                       //死区
    PWM7T2H = (unsigned char)(j >> 8);       //PWM7 第二个翻转计数高字节
    PWM7T2L = (unsigned char)j;              //PWM7 第二个翻转计数低字节
    P_SW2 = SW2_tmp;                         //恢复 SW2 设置
    if(++PWM_Index >= 200)  PWM_Index = 0;
}
}
```

题目小结：直接用示波器观察，会看到比较凌乱的波形，这是因为 PWM 一直在变化。在测试时使用数字示波器观察波形，按下 Run/Stop 按钮让示波器处于某一时刻，则可以清楚观察到两路互补对称的 PWM 波形，并且两路 PWM 波形高、低电平转换接近位置相差 12 个时钟数。

两路 PWM 波形信号通过由 1kΩ 的电阻和 1μF 的电容组成的 RC 低通滤波器滤波之后，就得到两个反相的正弦波。本例使用频率为 24MHz 的时钟，PWM 时钟为 1T 模式，PWM 周期为 2400，正弦采样为 200 点，则输出正弦波频率 = 24000000/2400/200=50Hz。

工程训练 14.1 增强型 PWM 模块的应用

一、工程训练目标

（1）理解 STC8A8K64S4A12 单片机增强型 PWM 模块的电路结构与工作特性。

（2）掌握 STC8A8K64S4A12 单片机增强型 PWM 模块相关功能的设置与应用编程。

二、任务功能与参考程序

1．任务功能

利用 STC8A8K64S4A12 单片机增强型 PWM 模块中的 2 个 PWM 模块，输出频率为 60Hz、具有死区控制功能的互补对称 PWM 波形。

2．硬件设计

采用 PWM6、PWM7 通道实现 PWM 脉冲的互补输出，互补信号从 P1.6、P1.7 引脚输出。

3．参考程序（C 语言版）

（1）程序说明。

假设晶振频率为 12.0MHz，PWM 波形发生器的时钟频率为系统时钟的 1/10，PWM 周期为 20000，则输出波形频率 =12000000 / 10 / 20000= 60 Hz。死区时间为 450 个计数时钟。由 PWM6（P1.6 引脚）输出正向脉冲，由 PWM7（P1.7）输出反向脉冲，两个脉冲互补对称、频率相同。

（2）参考程序：工程训练 141.c。

```c
#include "stc8.h"
#define  PWM_DeadZone    450
#define  EAXSFR()        P_SW2 |= 0x80
#define  EAXRAM()        P_SW2 &= ~0x80

void main(void)
{
    EAXSFR();
    PWM6T1H = 1000/256;
    PWM6T1L = 1000%256;
    PWM6T2H = 11000 / 256;
    PWM6T2L = 11000 % 256;
    PWM6CR = 0;              //选择 P1.6 输出 PWM6 信号；无中断
    PWMCR  |= 0x10;          //使能 PWM6
    PWMCFG &= ~0x10;         //PWM6 初始输出电平为低电平
    P16 = 0;
    P1M1 &= ~(1<<6);         //强推挽输出
    P1M0 |=  (1<<6);
    PWM7T1L=(1000-PWM_DeadZone)%256;
    PWM7T1H=(1000-PWM_DeadZone)/256;
    PWM7T2H=(11000+PWM_DeadZone) / 256;
    PWM7T2L=(11000+PWM_DeadZone) % 256;
    PWM7CR= 0;              //选择 P1.7 输出 PWM7 信号，无中断
    PWMCR  |= 0x20;         //使能 PWM7
    PWMCFG |= 0x20;         //PWM7 初始输出电平为高电平
    P17 = 1;
    P1M1 &= ~(1<<7);        //强推挽输出
    P1M0 |=  (1<<7);
    PWMCH = 19999 / 256;
    PWMCL = 19999 % 256;
    PWMCKS= 0x09;          //PWM 计数时钟为系统时钟的十分频信号
    EAXRAM();
    PWMCR |= 0x80;         //使能 PWM 波形发生器，启动 PWM 计数器计数
    while (1);
}
```

三、训练步骤

（1）分析"工程训练 141.c"程序文件。

（2）用 Keil μVision4 集成开发环境编辑、编译用户程序，生成机器代码文件"工程训练 141.hex"。

（3）将 STC8 学习板（甲机）连接计算机。

（4）利用 STC-ISP 在线编程软件将"工程训练 141.hex"文件下载到 STC8 学习板中。

（5）用示波器观测 P1.6、P1.7 引脚输出波形。

四、训练拓展

（1）设计一个按键，死区时间可调。

（2）设计一个按键，输出信号周期可调。

（3）采用 LED 数码管显示死区时间与输出信号的频率。

 本章小结

STC8A8K64S4A12 单片机集成了 8 通道增强型带死区控制功能的 PWM 波形发生器，PWM 波形发生器为每路 PWM 又设置了 2 个用于控制波形翻转的寄存器 PWMnT1 和 PWMnT2，可以非常灵活地控制 PWM 输出波形的占空比及频率，并且每路 PWM 的初始状态高、低电平可以进行设定，所以其中任意 2 路配合使用可以实现互补对称输出及死区控制等特殊功能。

 习题与思考题

一、填空题

1．STC8A8K64S4A12 单片机增强型 PWM 的输出通道有_____路。

2．当 P_SW2 中的 EAXSFR 为_____时，访问的特殊功能寄存器是基本特殊功能寄存器；当 P_SW2 中的 EAXSFR 为_____时，访问的特殊功能寄存器是扩展特殊功能寄存器。

3．PWM 波形发生器为每路 PWM 设置了 2 个用于控制波形翻转的计数器，分别是_____和_____，可以非常灵活地设置每路的 PWM 的高、低电平。

4．PWM 时钟源的选择控制位是 PWMCKS 中的 SELT2，当 SELT2 为_____时，PWM 时钟源是定时/计数器 T2 的溢出时钟；当 SELT2 为_____时，PWM 时钟源是系统时钟经分频器分频之后的时钟。

二、选择题

1．当单片机时钟频率为 12MHz 时，PWMCKS 中的 SELT2 为 0、PWMCKS 中的 PS[3:0] 为 0011 时，PWM 时钟频率为_____。

A. 2MHz　　　　　　B. 3MHz　　　　　　C. 4MHz　　　　　　D. 6MHz

2. PWM 中断是由_____个中断源构成的。

A. 9　　　　　　　　B. 5　　　　　　　　C. 6　　　　　　　　D. 8

3. PWM 计数器是一个_____位计数器。

A. 8　　　　　　　　B. 9　　　　　　　　C. 15　　　　　　　D. 16

4. PWM 中断的中断号是_____。

A. 21　　　　　　　B. 22　　　　　　　C. 23　　　　　　　D. 24

三、判断题

1. 当 PWM 波形发生器内部计数值与 PWMnT2 计数器设置值相匹配时，PWMn 波形发生器发生反转，同时将 CnIF 置 1，并引发中断。（　　）

2. PWM 计数器归零时，一定会产生归零中断。（　　）

3. PWM 中断内含 9 个中断源。（　　）

4. PWM 通道输出的初始电平为低电平。（　　）

四、问答题

1. 如何设置 PWM 通道输出的初始电平？

2. 如何设置 PWM 输出的占空比？

3. 如何选择 PWM 时钟？如何设置 PWM 周期？

4. 何为 PWM 死区控制？如何设置死区时间？

5. PWM 异常检测中断指的是什么？

五、程序设计题

1. 利用 STC8A8K64S4A12 单片机增强型 PWM 模块如何实现对 LED 亮、暗的控制？编写程序实现。

2. 利用 STC8A8K64S4A12 单片机的 3 路增强型 PWM 模块对 RGB 全彩 LED 进行控制，3 路 PWM 模块可独立控制实现任意颜色的混合发光效果。编写程序实现。

3. 利用 STC8A8K64S4A12 单片机增强型 PWM 模块实现三相 SPWM，三相相位差为120°。编写程序实现波形的输出。

第 15 章

STC8A8K64S4A12 单片机的 SPI 接口

🔍**内容提要：**

　　SPI 接口是一种全双工、高速、同步的通信总线，具有主机模式和从机模式两种操作模式，可以与具有 SPI 兼容接口的元器件进行同步通信。

　　本章介绍 STC8A8K64S4A12 单片机 SPI 接口的控制、设置，以及 SPI 接口的通信方式与应用编程。

15.1　SPI 接口的结构

1. SPI 接口的简介

　　STC8A8K64S4A12 单片机集成了串行外设接口，即 SPI 接口。SPI 接口是一种全双工、高速、同步的通信总线，有两种操作模式：主机模式和从机模式。SPI 接口工作在主机模式时支持高达 3Mbit/s 的速率（工作频率为 12MHz），可以与具有 SPI 兼容接口的元器件（如存储器、A/D 转换器、D/A 转换器、LED 驱动器或 LCD 驱动器等）进行同步通信；SPI 接口还可以和其他 CPU 进行通信，但工作于从机模式时速度无法太快，频率在 $f_{SYS}/4$ 以内较好。此外，SPI 接口还具有传输完成标志位和写冲突标志保护功能。

2. SPI 接口的结构

　　STC8A8K64S4A12 单片机 SPI 接口功能方框图如图 15.1 所示。

　　SPI 接口的核心结构是 8 位移位寄存器和数据缓冲器，可以同时发送和接收数据。在 SPI 数据的传输过程中，发送和接收的数据都存储在数据缓冲器中。

　　对于主机模式，若要发送 1 字节数据，只需要将这个数据写到 SPDAT 寄存器中，在主机模式下不是一定要有 $\overline{SS}$ 信号才能进行数据的传输。但在从机模式下，必须在 $\overline{SS}$ 信号变为有效并接收到合适的时钟信号后，方可进行数据的传输。在从机模式下，如果 1 字节数据传输完成后，$\overline{SS}$ 信号变为高电平，这个字节立即被硬件逻辑标志为接收完成，SPI 接口准备接收下一个数据。

　　任何 SPI 控制寄存器的改变都将复位 SPI 接口，并清除相关寄存器。

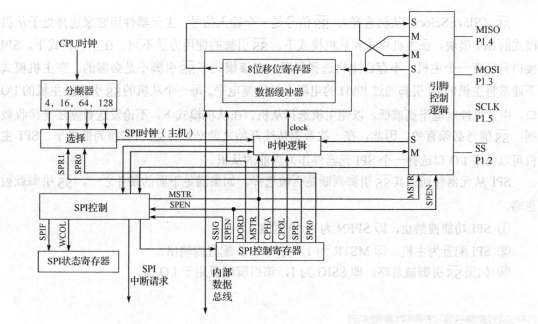

图 15.1　STC8A8K64S4A12 单片机 SPI 接口功能方框图

3. SPI 接口的信号

SPI 接口由 MOSI（P1.3）、MISO（P1.4）、SCLK（P1.5）和 $\overline{SS}$（P1.2）4 根信号线构成，可通过设置 P_SW1 中的 SPI_S1 和 SPI_S0 将 MOSI、MISO、SCLK 和 $\overline{SS}$ 功能脚切换到 P2.3、P2.2、P2.1、P2.4，或 P4.0、P4.1、P4.3、P5.4。

MOSI（Master Out Slave In，主出从入）：主元器件的输出引脚和从元器件的输入引脚，用于主元器件到从元器件的串行数据传输。根据 SPI 规范，多个从机共享一根 MOSI 信号线。在时钟边界的前半周期，主机将数据传至 MOSI 信号线，从机在前半周期边界处获取该数据。

MISO（Master In Slave Out，主入从出）：从元器件的输出引脚和主元器件的输入引脚，用于实现从元器件到主元器件的数据传输。在 SPI 规范中，一个主机可连接多个从机，因此，主机的 MISO 信号线会连接到多个从机上，或者说，多个从机共享一根 MISO 信号线。当主机与一个从机通信时，其他从机应将其 MISO 引脚驱动置为高阻状态。

SCLK（SPI Clock，串行时钟）：主元器件串行时钟信号的输出引脚和从元器件串行时钟信号的输入引脚，用于同步主元器件和从元器件之间在 MOSI 信号线和 MISO 信号线上的串行数据传输。当主元器件启动一次数据传输时，自动产生 8 个 SCLK 信号传给从机。在 SCLK 信号的每个跳变处（上升沿或下降沿）移出 1 位数据。所以，一次数据传输可以传输 1 字节的数据。

信号线 SCLK、MOSI 和 MISO 通常用于将两个或多个 SPI 元器件连接在一起。数据通过 MOSI 信号线由主机传送到从机，通过 MISO 信号线由从机传送到主机。SCLK 信号在主机模式时为输出，在从机模式时为输入。如果 SPI 接口被禁止，则这些引脚都可作为 I/O 口使用。

$\overline{SS}$（Slave Select，从机选择）：$\overline{SS}$ 信号是一个输入信号，主元器件用它来选择处于从机模式的 SPI 模块。在主机模式和从机模式下，$\overline{SS}$ 引脚的使用方法不同。在主机模式下，SPI 接口只能有一个主机，不存在主机选择问题，在该模式下 $\overline{SS}$ 引脚不是必需的。在主机模式下通常将主机的 $\overline{SS}$ 引脚通过 10kΩ 的电阻上拉为高电平。每一个从机的 $\overline{SS}$ 引脚接主机的 I/O 口，由主机控制电平高或低，以便主机选择从机。在从机模式下，不论发送数据还是接收数据，$\overline{SS}$ 信号必须有效。因此，在一次数据传输开始之前必须将 $\overline{SS}$ 引脚拉为低电平。SPI 主机可以使用 I/O 口选择一个 SPI 元器件作为当前的从机。

SPI 从元器件通过其 $\overline{SS}$ 引脚判断是否被选择。如果满足下面的条件之一，$\overline{SS}$ 引脚就被忽略。

① SPI 功能被禁止，即 SPEN 为 0（复位值）。

② SPI 配置为主机，即 MSTR 为 1，并且 P1.2 配置为输出。

③ 如果 $\overline{SS}$ 引脚被忽略，即 SSIG 为 1，该引脚配置用于 I/O 口。

15.2 SPI 接口的控制

与 SPI 接口有关的特殊功能寄存器有 SPI 控制寄存器 SPCTL、SPI 状态寄存器 SPSTAT、SPI 数据寄存器 SPDAT 及 SPI 中断控制位，具体如表 15.1 所示。

表 15.1 SPI 接口的特殊功能寄存器表

符号	名称	位位置与位符号							
		B7	B6	B5	B4	B3	B2	B1	B0
SPCTL	SPI 控制寄存器	SSIG	SPEN	DORD	MSTR	CPOL	CPHA	SPR[1:0]	
SPSTAT	SPI 状态寄存器	SPIF	WCOL	—	—	—	—	—	—
SPDAT	SPI 数据寄存器								
IE2	中断允许寄存器 2	—	ET4	ET3	ES4	ES3	ET2	ESPI	ES2
IP2H	中断优先级控制寄存器 2（高位）	—	PI2CH	PCMPH	PX4H	PPWMFDH	PPWHM	PSPIH	PS2H
IP2	中断优先级控制寄存器 2（低位）	—	PI2C	PCMP	PX4	PPWMFD	PPWM	PSPI	PS2

1. SPI 时钟频率的选择

SPI 时钟频率由 SPCTL 中的 SPR[1:0]进行选择，具体控制关系如表 15.2 所示。

表 15.2 SPI 时钟频率选择表

SPR[1:0]	SPI 时钟（SCLK）频率
00	系统时钟（SYSclk）/4
01	系统时钟（SYSclk）/8
10	系统时钟（SYSclk）/16
11	系统时钟（SYSclk）/32

2．SPI 时钟信号的极性与相位

（1）SPI 时钟信号极性与相位的控制位，由 SPCTL 中的 CPOL、CPHA 进行选择。

① CPOL：SPI 时钟信号极性选择位。

（CPOL）=1，SPI 空闲时 SCLK 为高电平，SCLK 的前跳变沿为下降沿，后跳变沿为上升沿。

（CPOL）=0，SPI 空闲时 SCLK 为低电平，SCLK 的前跳变沿为上升沿，后跳变沿为下降沿。

② CPHA：SPI 时钟信号相位选择位。

（CPHA）=1，SPI 数据由前跳变沿驱动到口线，后跳变沿采样。

（CPHA）=0，当 $\overline{SS}$ 引脚为低电平（且 SSIG 为 0）时，数据被驱动到口线，并在 SCLK 的后跳变沿被改变，在 SCLK 的前跳变沿采样数据（SSIG 为 1 时）。

（2）SPI 数据模式（通信时序）。

CPHA 用于设置采样和改变数据的时钟边沿，CPOL 用于设置时钟极性，SPI 数据发送与接收顺序的控制位 DORD 用于设置数据传送高、低位的顺序。如图 15.2～图 15.5 所示，通过对 SPI 相关参数进行设置，可以满足各种外设 SPI 通信的要求。

①（CPHA）=0 时的从机 SPI 总线数据传输时序如图 15.2 所示，数据在时钟的第一个边沿被采样，在第二个边沿被改变。主机将数据写入 SPDAT 后，SPDAT 的首位即可呈现在 MOSI 引脚上，从机的 $\overline{SS}$ 引脚被拉低时，从机发送数据寄存器 SPDAT 的首位即可呈现在 MISO 引脚上。当数据发送完毕不再发送其他数据时，时钟恢复至空闲状态，MOSI、MISO 两根信号线上均保持最后一位数据的状态，从机的 $\overline{SS}$ 引脚的电平被拉高时，从机的 MISO 引脚呈现高阻态。

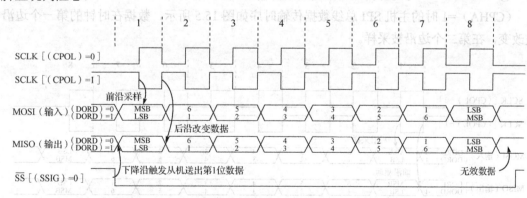

图 15.2　（CPHA）=0 时的从机 SPI 总线数据传输时序

②（CPHA）=1 时的从机 SPI 总线数据传输格式。

（CPHA）=1 时的从机 SPI 总线数据传输时序如图 15.3 所示，数据在时钟的第一个边沿被改变，在第二个边沿被采样。

③（CPHA）=0 时的主机 SPI 总线数据传输格式。

（CPHA）=0 时的主机 SPI 总线数据传输时序如图 15.4 所示，数据在时钟的第一个边沿被采样，在第二个边沿被改变。在通信过程中，主机将一个字节发送完毕，不再发送其他数

据时，时钟恢复至空闲状态，MOSI、MISO 两根线上均保持最后一位数据的状态。

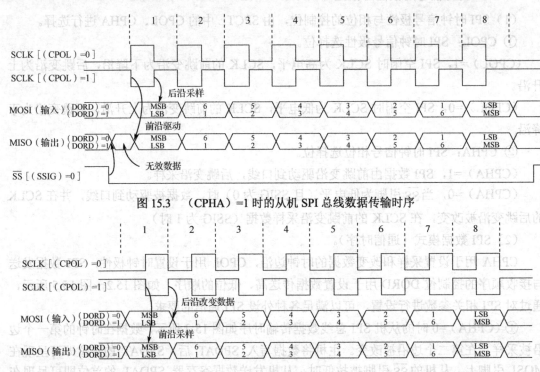

图 15.3　（CPHA）=1 时的从机 SPI 总线数据传输时序

图 15.4　（CPHA）=0 时的主机 SPI 总线数据传输时序

④（CPHA）=1 时的主机 SPI 总线数据传输格式。

（CPHA）=1 时的主机 SPI 总线数据传输时序如图 15.5 所示，数据在时钟的第一个边沿被改变，在第二个边沿被采样。

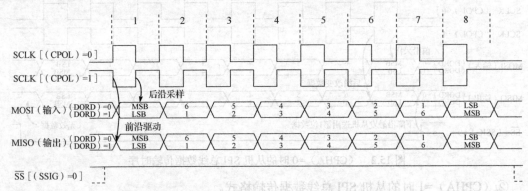

图 15.5　（CPHA）=1 时的主机 SPI 总线数据传输时序

3．SPI 的使能控制与配置

（1）SPI 的使能与配置控制位。

① SPEN：SPI 使能位。若（SPEN）=1，则 SPI 使能；若（SPEN）=0，则 SPI 被禁止，所有 SPI 信号引脚用作 I/O 口。

② SSIG：$\overline{SS}$ 引脚忽略控制位。若（SSIG）=1，则由 MSTR 确定元器件为主机还是从机，$\overline{SS}$ 引脚被忽略，并可配置为 I/O 口；若（SSIG）=0，则由 $\overline{SS}$ 引脚的输入信号确定元器件是主机还是从机。

③ DORD：SPI 数据发送与接收顺序控制位。若（DORD）=1，则 SPI 数据的传送顺序为由低电平到高电平；若（DORD）=0，则 SPI 数据的传送顺序为由高电平到低电平。

④ MSTR：SPI 主/从模式位。若（MSTR）=1，则为主机模式；若（MSTR）=0，则为从机模式。

（2）SPI 接口的配置。

SPI 接口的工作状态主要与 SPEN、 SSIG、MSTR 等控制位有关，具体配置方法如表 15.3 所示。

表 15.3　SPI 接口的配置

控制位			通信端口				SPI 的工作模式
SPEN	SSIG	MSTR	$\overline{SS}$	MISO	MOSI	SCLK	
0	x	x	x	x	x	x	关闭 SPI 功能，SPI 信号引脚均为普通 I/O 口
1	0	0	0	输出	输入	输入	从机模式，且被选中
1	0	0	1	高阻	输入	输入	从机模式，但未被选中
1	0	1→0	0	输出	输入	输入	不忽略 $\overline{SS}$ 且 MSTR 为 1 的主机模式。当 $\overline{SS}$ 引脚被拉为低电平时，MSTR 将被硬件自动清零，工作模式将被动设置为从机模式
1	0	1	输入	高阻	高阻	输入	主机模式，空闲状态
				输出	输出	输出	主机模式，激活状态
1	1	0	x	输出	输入	输入	从机模式
		1		输入	输出	输出	主机模式

4. SPI 的中断控制

SPI 的中断控制位主要包括 SPI 中断标志位，以及 SPI 中断的中断允许、中断优先级等控制位。

（1）SPI 中断标志位。

SPIF：SPI 传输完成标志位。当一次传输完成时，SPIF 置位，此时，如果 SPI 中断允许，则向 CPU 申请中断。当 SPI 处于主机模式且（SSIG）=0 时，如果 $\overline{SS}$ 为输入且为低电平，则 SPIF 也将置位，表示模式改变（由主机模式变为从机模式）。

SPIF 需要通过软件向其写"1"而清 0。

（2）SPI 中断允许。

SPI 中断允许由 IE2 中的 ESPI 进行控制。

ESPI：SPI 中断允许位。（ESPI）=1，允许 SPI 中断；（ESPI）=0，禁止 SPI 中断。

SPI 中断的中断向量是 004BH，中断号是 9。

（3）SPI 中断优先级。

SPI 中断优先级由 IP2H 中的 PSPIH 和 IP2 中的 PSPI 进行控制。

（PSPIH）（PSPI）=00，SPI 中断优先级为最低级（0 级）。

（PSPIH）（PSPI）=01，SPI 中断优先级为较低级（1 级）。

（PSPIH）（PSPI）=10，SPI 中断优先级为较高级（2 级）。

（PSPIH）（PSPI）=11，SPI 中断优先级为最高级（3 级）。

5. SPI 的写冲突标志

WCOL：SPI 写冲突标志。当有数据还在传输，同时向 SPDAT 中写入数据时，WCOL 被置位，以指示数据冲突。在这种情况下，当前发送的数据继续发送，而新写入的数据将丢失。WCOL 需要通过软件向其写"1"而清 0。

6. SPI 使用说明

（1）从机模式下的 SPI 使用说明。

① 当（CHPA）=0 时，SSIG 必须为 0，即不能忽略 $\overline{SS}$ 引脚。在每次串行字节开始发送前，$\overline{SS}$ 引脚的电平必须拉低，并且在串行字节发送完后需要重新设置为高电平。$\overline{SS}$ 引脚为低电平时不能对 SPDAT 执行写操作，否则会导致写冲突错误。

注意：（CHPA）=0 且（SSIG）=1 时的操作未定义。

② 当（CHPA）=1 时，SSIG 可以置 1，即可以忽略 $\overline{SS}$ 引脚。如果（SSIG）=0，$\overline{SS}$ 引脚可以在连续传输之间保持低电平。这种方式适用于单主单从系统。

（2）主机模式下的 SPI 使用说明。

在 SPI 中，传输总是由主机启动的。如果 SPI 使能并选择为主机模式时，主机对 SPDAT 的写操作将启动 SPI 时钟发生器和数据的传输。在数据写入 SPDAT 之后的半个到一个 SPI 位时间，数据将出现在 MOSI 引脚。写入主机 SPDAT 的数据从 MOSI 引脚移出发送到从机的 MOSI 引脚。同时从机 SPDAT 的数据从 MISO 引脚移出发送到主机的 MISO 引脚。

传输完 1 字节后，SPI 时钟发生器停止，置位 SPIF，如果 SPI 中断允许，则会产生一个 SPI 中断。主机和从机的 CPU 的 2 个移位寄存器可以看作一个 16 位的循环移位寄存器。在数据从主机移出发送到从机的同时，从机的数据也以相反的方向移入主机，这意味着在一个移位周期内，主机和从机的数据相互交换。

（3）通过 $\overline{SS}$ 改变模式。

如果（SPEN）=1、（SSIG）=0，且（MSTR）=1，并将 $\overline{SS}$ 引脚设置为仅为输入模式或准双向口模式，则 SPI 为主机模式。在这种情况下，另外一个主机可将 $\overline{SS}$ 引脚输入电平拉低，从而将该元器件选择为 SPI 从机并向其发送数据。为避免争夺总线，SPI 系统将该从机的 MSTR 清 0，MOSI 和 SCLK 强制变为输入模式，而 MISO 则变为输出模式，同时 SPSTAT 中的 SPIF 置 1。

用户软件必须一直对 MSTR 进行检测，如果该位被一个从机选择动作从而被动清 0，而用户想继续将该 SPI 作为主机，则必须重新设置 MSTR 为 1，否则将一直处于从机模式。

（4）写冲突。

SPI 接口在发送数据时为单缓冲器，在接收数据时为双缓冲器。这样在前一次数据发送尚未完成之前，不能将新的数据写入移位寄存器。当在数据发送过程中对 SPDAT 进行写操作时，WCOL 将被置 1，以表示发生写冲突错误。在这种情况下，当前发送的数据继续发送，而新写入的数据将丢失。

15.3　SPI 接口的通信方式

1. SPI 接口的数据通信方式

STC8A8K64S4A12 单片机 SPI 接口的数据通信有 3 种方式：单主机－单从机方式，一般简称为单主单从方式；双元器件方式，两个元器件可互为主机和从机，一般简称为互为主从方式；单主机－多从机方式，一般简称为单主多从方式。

（1）单主单从方式。

单主单从方式数据通信的连接如图 15.6 所示。主机将 SPCTL 中的 SSIG 及 MSTR 置 1，选择主机模式，此时主机可使用任何一个 I/O 口（包括 $\overline{\text{SS}}$ 引脚）来控制从机的 $\overline{\text{SS}}$ 引脚；从机将 SPCTL 中的 SSIG 及 MSTR 置 0，选择从机模式，当从机 $\overline{\text{SS}}$ 引脚被拉为低电平时，从机被选中。

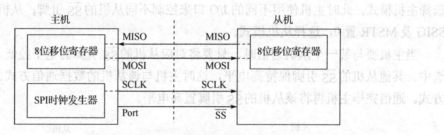

图 15.6　单主单从方式数据通信的连接

当主机向 SPDAT 写入 1 字节时，立即启动一个连续的 8 位数据移位通信过程：主机的 SCLK 引脚向从机的 SCLK 引脚发出一串脉冲，在这串脉冲的控制下，主机 SPDAT 写入的数据从主机的 MOSI 引脚移出，送到从机的 MOSI 引脚，同时之前写入从机 SPDAT 的数据从从机的 MISO 引脚移出，送到主机的 MISO 引脚。因此，主机既可主动向从机发送数据，又可主动读取从机中的数据；从机既可接收主机所发送的数据，又可在接收主机所发数据的同时向主机发送数据，但这个过程不可以由从机主动发起。

（2）互为主从方式。

互为主从方式数据通信的连接如图 15.7 所示，两个单片机可以互为主机或从机。初始化后，两个单片机都将各自设置成由 $\overline{\text{SS}}$（P1.2）引脚的输入信号确定的主机模式，即将各自的 SPCTL 中的 MSTR、SPEN 置 1，SSIG 位清 0，$\overline{\text{SS}}$（P1.2）引脚配置为准双向口（复位模式）并输出高电平。

当一方要向另一方主动发送数据时，先检测 $\overline{\text{SS}}$ 引脚的电平状态，如果 $\overline{\text{SS}}$ 引脚为高电平，就将自己的 SSIG 置 1，设置成忽略 $\overline{\text{SS}}$ 引脚的主机模式，并将 $\overline{\text{SS}}$ 引脚的电平拉低，强制将对方设置为从机模式，这样就是单主单从数据通信方式。通信完毕，当前主机再次将 $\overline{\text{SS}}$ 引脚置高电平，将自己的 SSIG 位清 0，回到初始状态。

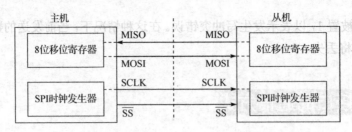

图 15.7 互为主从方式数据通信的连接

在将 SPI 设置为主机模式 [（MSTR）=1，（SPEN）=1]，并且将（SSIG）=0 设置为由 $\overline{\text{SS}}$ 引脚（P1.2）的输入信号确定主机或从机的情况下，$\overline{\text{SS}}$ 引脚可配置为输入或准双向口模式，只要 $\overline{\text{SS}}$ 引脚的电平被拉低，即可实现模式的转变，即 SPI 由主机变为从机，并将 SPSTAT 中的 SPIF 置 1。

注意：当 SPI 接口的数据通信方式为互为主从方式时，双方的 SPI 通信速率必须相同。如果使用外部晶振，那么双方的晶振频率也要相同。

（3）单主多从方式。

单主多从方式数据通信的连接如图 15.8 所示，主机将 SPCTL 中的 SSIG 及 MSTR 置 1，选择主机模式，此时主机使用不同的 I/O 口来控制不同从机的 $\overline{\text{SS}}$ 引脚；从机将 SPCTL 中的 SSIG 及 MSTR 置 0，选择从机模式。

当主机要与某一个从机通信时，只要将对应从机的 $\overline{\text{SS}}$ 引脚的电平拉低，该从机就会被选中。其他从机的 $\overline{\text{SS}}$ 引脚保持高电平，这时主机与该从机的数据通信方式已成为单主单从方式。通信完毕主机再将该从机的 $\overline{\text{SS}}$ 引脚置高电平。

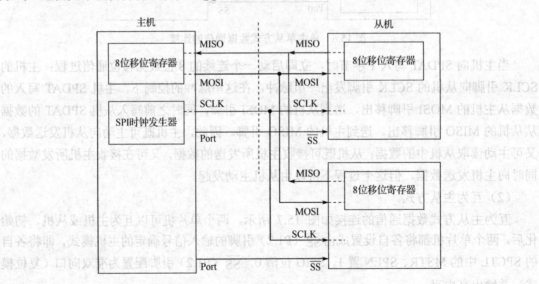

图 15.8 单主多从方式数据通信的连接

2．SPI 接口的数据通信过程

在 SPI 的 3 种通信方式中，$\overline{\text{SS}}$ 引脚的使用在主机模式和从机模式下是不同的。对于主机模式来说，当发送 1 字节数据时，只需要将数据写到 SPDAT 中即可启动发送过程，此时

$\overline{SS}$ 引脚不是必需的，并且 $\overline{SS}$ 引脚可作为普通的 I/O 口使用；但在从机模式下，$\overline{SS}$ 引脚必须在被主机驱动为低电平的情况下，才可进行数据传输，$\overline{SS}$ 引脚变为高电平时，表示通信结束。

在 SPI 串行数据通信过程中，传输总由主机启动。如果（SPEN）=1，则主机对 SPDAT 的写操作将启动 SPI 时钟发生器和数据的传输。在数据写入 SPDAT 之后的半个到一个 SPI 位时间，数据将出现在 MOSI 引脚。

写入主机 SPDAT 的数据从主机的 MOSI 引脚移出发送到从机的 MOSI 引脚，同时，从机 SPDAT 的数据从从机的 MISO 引脚移出发送到主机的 MISO 引脚。传输完 1 字节后，SPI 时钟发生器停止，SPIF 置位并向 CPU 申请中断（SPI 中断允许时）。主机和从机的 CPU 的两个移位寄存器可以看作一个 16 位循环移位寄存器。在数据从主机移出发送到从机的同时，从机的数据也以相反的方向移入主机，这意味着在一个移位周期中，主机和从机的数据相互交换。

SPI 接口在发送数据时为单缓冲器，在接收数据时为双缓冲器。在前一次数据发送尚未完成之前，不能将新的数据写入移位寄存器。当在数据发送过程中对 SPDAT 进行写操作时，WCOL 将被置 1，以表示发生写数据冲突错误。在这种情况下，当前发送的数据继续发送，而新写入的数据将丢失。在接收数据时，接收到的数据传送到一个并行读数据缓冲区，从而释放移位寄存器以进行下一次数据的接收，但必须在下一次数据完全移入之前，将接收的数据从 SPDAT 中读取，否则，前一次接收的数据将被覆盖。

15.4　SPI 接口的应用编程

SPI 接口工作在主机模式时可以与具有 SPI 兼容接口的元器件，如存储器、A/D 转换器、D/A 转换器、LED 驱动器或 LCD 驱动器等进行同步通信，可以很好地扩展外围元器件实现相应的功能。

SPI 串行通信初始化思路如下。

① 设置 SPCTL。设置 SPI 接口的主从工作模式等。

② 设置 SPSTAT。写入 0C0H，将 SPIF 和 WCOL 清 0。

③ 根据需要打开 SPI 中断 ESPI 和总中断 EA。

例 15.1　利用 STC8A8K64S4A12 单片机的 SPI 接口功能从串行 Flash 存储器 PM25LV040 中读取和写入数据，实现类似数码分段开关的功能，断电数据不丢失。具体过程为，第一次通电，打开 LED7（P1.7）；第二次通电，打开 LED8（P1.6）；第三次通电，打开 LED9（P4.7）；第四次通电，打开 LED10（P4.6）；第五次通电，回到第一次状态，依次类推。串行 Flash 存储器 PM25LV040 接口电路如图 15.9 所示。

解　串行 Flash 存储器 PM25LV040 是一个 512KB×8 位（4Mbit）的非挥发性（Non-Volatile）存储芯片，具有 SPI 接口，采用宽范围单电源供电，与按照字节擦除的 EEPROM 芯片不同，FLASH 芯片是按照块擦除的。

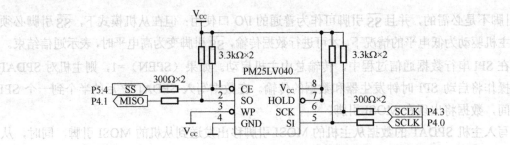

图 15.9 串行 Flash 存储器 PM25LV040 接口电路

C 语言源程序如下。

```
#include "stc8.h"                              //包含支持 STC8 系列单片机的头文件
sbit LED10 = P4^6;
sbit LED9  = P4^7;
sbit LED8  = P1^6;
sbit LED7  = P1^7;
sbit SS    = P5^4;                             //SPI 的 SS 引脚，连接到 Flash 的 CE
#define SPI_S0    0x04
#define SPI_S1    0x08
#define SPIF          0x80                      //SPSTAT.7
#define WCOL      0x40                          //SPSTAT.6
#define SSIG          0x80                      //SPCTL.7
#define SPEN      0x40                          //SPCTL.6
#define MSTR          0x10                      //SPCTL.4
#define TEST_ADDR     0                         //Flash 测试地址
#define BUFFER_SIZE   1                         //缓冲区大小
unsigned char xdata g_Buffer[BUFFER_SIZE];     //Flash 读写缓冲区
bit g_fFlashOK;                                 //Flash 状态
//函数声明
void InitSpi();                                 //SPI 初始化
unsigned char SpiShift(unsigned char dat);      //使用 SPI 方式与 Flash 进行数据交换
bit FlashCheckID();                             //检测 Flash 是否准备就绪
bit IsFlashBusy();                              //检测 Flash 的忙状态
void FlashWriteEnable();                        //使能 Flash 写指令
void FlashErase();                              //擦除整片 Flash
void FlashRead(unsigned long addr, unsigned long size, unsigned char
*buffer);                                       //从 Flash 中读取数据
void FlashWrite(unsigned long addr, unsigned long size, unsigned char
*buffer);                                       //写数据到 Flash 中

void main()                                     //主程序
{
    int i=0;
    P1M1=0x00;
    P1M0=0x00;
    g_fFlashOK = 0;                             //初始化 Flash 状态
    InitSpi();                                  //初始化 SPI
    FlashCheckID();                             //检测 Flash 状态
```

```
    FlashRead(TEST_ADDR, BUFFER_SIZE, g_Buffer);//读取测试地址的数据
    if(g_Buffer[0]>3)  {g_Buffer[0]=0;}           //0~3 共 4 种状态
    g_Buffer[0]=g_Buffer[0]+1;                     //当前状态加 1
    FlashErase( );                                 //擦除 Flash
    FlashWrite(TEST_ADDR, BUFFER_SIZE, g_Buffer);//将缓冲区的数据写到 Flash 中
    while (1)
    {
        if(g_Buffer[0]==1) {LED7=0;LED8=1;LED9=1;LED10=1;}   //状态 1 开 LED7
        if(g_Buffer[0]==2) {LED7=1;LED8=0;LED9=1;LED10=1;}   //状态 2 开 LED8
        if(g_Buffer[0]==3) {LED7=1;LED8=1;LED9=0;LED10=1;}   //状态 3 开 LED9
        if(g_Buffer[0]==4) {LED7=1;LED8=1;LED9=1;LED10=0;}   //状态 4 开 LED10
    }
}

void InitSpi( )                    //SPI 初始化
{
    ACC = P_SW1;                    //切换到第三组 SPI 引脚
    ACC &= ~(SPI_S0 | SPI_S1);     // (SPI_S0)=0, (SPI_S1)=1
    ACC |= SPI_S1;    //(P5.4/SS_3, P4.0/MOSI_3, P4.1/MISO_3, P4.3/SCLK_3)
    P_SW1 = ACC;

    SPSTAT = SPIF | WCOL;           //清除 SPI 状态
    SS = 1;
    SPCTL = SSIG | SPEN | MSTR;     //设置 SPI 为主机模式
}

unsigned char SpiShift(unsigned char dat)    //使用 SPI 方式与 Flash 进行数据交换
{
    //入口参数 dat 是准备写入的数据，出口参数是从 Flash 中读出的数据
    SPDAT = dat;                    //触发 SPI 发送
    while (!(SPSTAT & SPIF));        //等待 SPI 数据传输完成
    SPSTAT = SPIF | WCOL;           //清除 SPI 状态
    return SPDAT;
}

bit FlashCheckID( )                //检测 Flash 是否准备就绪
{
    //返回 0 表示没有检测到正确的 Flash，返回 1 表示 Flash 准备就绪
    unsigned char dat1, dat2;
    SS = 0;
    SpiShift(0xAB);                 //发送读取 ID 指令
    SpiShift(0x00);                 //空读 3 个字节
    SpiShift(0x00);
    SpiShift(0x00);
    dat1 = SpiShift(0x00);          //读取制造商 ID1
    SpiShift(0x00);                 //读取设备 ID
    dat2 = SpiShift(0x00);          //读取制造商 ID2
    SS = 1;
```

```
        //检测是否为 PM25LVxx 系列的 Flash
        g_fFlashOK = ((dat1 == 0x9d) && (dat2 == 0x7f));
        return g_fFlashOK;
    }

    bit IsFlashBusy( )                  //检测 Flash 的忙状态
    {
        //0 表示 Flash 处于空闲状态，1 表示 Flash 处于忙状态
        unsigned char dat;
        SS = 0;
        SpiShift(0x05);                 //发送读取状态指令
        dat = SpiShift(0);              //读取状态
        SS = 1;
        return (dat & 0x01);            //状态值的 Bit0 为忙标志
    }

    void FlashWriteEnable( )            //使能 Flash 写指令
    {
        while (IsFlashBusy());          //Flash 忙检测
        SS = 0;
        SpiShift(0x06);                 //发送写使能指令
        SS = 1;
    }

    void FlashErase( )                  //擦除整片 Flash
    {
        if (g_fFlashOK)
        {
            FlashWriteEnable();         //使能 Flash 写指令
            SS = 0;
            SpiShift(0xC7);             //发送片擦除指令
            SS = 1;
        }
    }
    //从 Flash 中读取数据
    void FlashRead(unsigned long addr, unsigned long size, unsigned char *buffer)
    {
        // addr：地址参数。size：数据块大小。buffer：缓冲从 Flash 中读取的数据
        if (g_fFlashOK)
        {
            while (IsFlashBusy());                      //Flash 忙检测
            SS = 0;
            SpiShift(0x0B);                             //使用快速读取指令
            SpiShift(((unsigned char *)&addr)[1]);     //设置起始地址
            SpiShift(((unsigned char *)&addr)[2]);
            SpiShift(((unsigned char *)&addr)[3]);
            SpiShift(0);                                //需要空读 1 字节
```

```
        while (size)
        {
            *buffer = SpiShift(0);                    //自动连续读取并保存
            addr++;
            buffer++;
            size--;
        }
        SS = 1;
    }
}

void FlashWrite(unsigned long addr, unsigned long size, unsigned char
*buffer)                                              //写数据到 Flash 中
{
    // addr：地址参数。size：数据块大小。buffer：缓冲需要写入 Flash 的数据
    if (g_fFlashOK)
    while (size)
    {
        FlashWriteEnable();                           //使能 Flash 写指令
        SS = 0;
        SpiShift(0x02);                               //发送页编程指令
        SpiShift(((unsigned char *)&addr)[1]);        //设置起始地址
        SpiShift(((unsigned char *)&addr)[2]);
        SpiShift(((unsigned char *)&addr)[3]);
        while (size)
        {
            SpiShift(*buffer);                        //连续页内写
            addr++;
            buffer++;
            size--;
            if ((addr & 0xff) == 0) break;
        }
        SS = 1;
    }
}
```

 本章小结

STC8A8K64S4A12 单片机集成了 SPI 接口。SPI 接口既可以和其他 CPU 进行通信，也可以与具有 SPI 兼容接口的元器件（如存储器、A/D 转换器、D/A 转换器、LED 驱动器或 LCD 驱动器等）进行同步通信。SPI 接口有两种操作模式：主机模式和从机模式。SPI 接口工作在主机模式时支持高达 3Mbit/s 的速率；但工作在从机模式时速度无法太快，频率在 $f_{SYS}/4$ 以内较好。此外，SPI 接口还具有传输完成标志位和写冲突标志位保护功能。

STC8A8K64S4A12 单片机的 SPI 接口共有 3 种通信方式，即单主单从方式、互为主从方式、单主多从方式，主要用于 2 个或多个单片机之间数据的传输。

习题与思考题

一、填空题

1. SPI 是一种_____的高速同步通信总线。STC8A8K64S4A12 单片机的 SPI 接口提供了两种操作模式：主机模式和_____。

2. 与 STC8A8K64S4A12 单片机的 SPI 接口有关的特殊功能寄存器有 SPSTAT、SPCTL 和 SPDAT，SPSTAT 是_____寄存器，SPCTL 是_____寄存器，SPDAT 是_____寄存器。

3. SPI 的通信方式通常有 3 种：单主单从、互为主从和_____。

4. SPI 中断的中断向量是_____，中断号是_____。

二、选择题

1. SPI 接口的使能控制位是_____。

A. $\overline{SS}$　　　　　B. SSIG　　　　　C. SPEN　　　　　D. MSTR

2. SPI 接口主机模式的设置是置位_____。

A. $\overline{SS}$　　　　　B. SSIG　　　　　C. SPEN　　　　　D. MSTR

3. SPI 数据传输的缓冲情况是_____。

A. 发送时为单缓冲、接收时为双缓冲　　　　　B. 发送时为双缓冲、接收时为单缓冲

C. 发送、接收时都为单缓冲　　　　　D. 发送、接收时都为双缓冲

三、判断题

1. SPI 接口工作在主机模式、从机模式时都支持高达 3Mbit/s 的速率。（　　）

2. 任何 SPI 控制寄存器的改变都将复位 SPI 接口，并清除相关寄存器。（　　）

3. SPI 接口由 MOSI、MISO、SCLK 和 $\overline{SS}$ 这 4 根信号线构成，任何模式下，都必须用到这 4 根信号线。（　　）

4. SCLK 是 SPI 时钟信号线，SPI 时钟信号由主元器件提供。（　　）

5. $\overline{SS}$ 是从机选择信号，主元器件用它来选择处于从机模式的 SPI 模块。（　　）

6. SPI 接口的中断优先级是固定的最低中断优先级。（　　）

四、问答题

1. STC8A8K64S4A12 单片机 SPI 接口的数据通信有哪几种工作方式？简述各种工作方式的异同点。

2. 简述 STC8A8K64S4A12 单片机 SPI 接口的数据通信过程。

五、设计题

设计一个一主机四从机的 SPI 接口系统。主机从 4 路模拟信号输入通道输入数据，实现定时巡回检测，并将 4 路检测数据分别送入 4 个从机，要求从 P2 口输出，用 LED 显示检测数据。要求画出电路原理图，并编写程序。

第 16 章

STC8A8K64S4A12 单片机的 I²C 的串行总线和 I²C 通信接口

🔍内容提要：

I²C 串行总线（Inter-Integrated Circuit）是一种由 PHILIPS 公司开发的两线式串行总线，是具备多主机系统所需的包括总线仲裁和高低速元器件同步功能的高性能串行总线，用于连接 CPU 及其外设。

本章介绍 STC8A8K64S4A12 单片机 I²C 通信接口的控制，以及主机模式、从机模式的应用编程，着重介绍 I²C 通信接口主机模式的应用编程。

16.1 I²C 串行总线

I²C 串行总线是一种由 PHILIPS 公司开发的两线式串行总线，用于连接 CPU 及其外设。I²C 串行总线最初为音频和视频设备开发，如今主要在服务器管理中使用，其中包括单个组件状态的通信。例如，管理员可对各个组件进行查询，以管理系统的配置或掌握组件的功能状态，如电源和系统风扇。使用 I²C 串行总线可随时监控内存、硬盘、网络、系统温度等多个参数，增加了系统的安全性，方便了管理。

1. I²C 串行总线的基本特性

I²C 串行总线具有如下基本特性。

（1）I²C 串行总线只有两根双向信号线：一根是数据线 SDA，另一根是时钟线 SCL。所有连接到 I²C 串行总线上的元器件的数据线都接到 SDA 上，各元器件的时钟线均接到 SCL 上。I²C 串行总线的基本结构如图 16.1 所示。

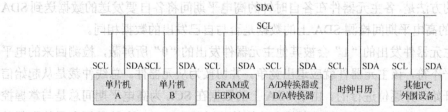

图 16.1　I²C 串行总线的基本结构

（2）I²C 串行总线是一个多主机总线，总线上可以有一个或多个主机，总线的运行由主机控制。这里所说的主机是指启动数据的传送（发起始信号）、发出时钟信号、传送结束时发出终止信号的元器件。通常，主机由各种单片机或其他 CPU 充当。被主机寻访的元器件称为从机，它可以是各种单片机或其他 CPU，也可以是其他元器件，如存储器、LED 驱动器或 LCD 驱动器、A/D 转换器或 D/A 转换器、时钟日历等。

（3）I²C 串行总线的 SDA 和 SCL 是双向的，均通过上拉电阻接电源正极。

I²C 串行总线接口电路结构如图 16.2 所示，当 I²C 串行总线空闲时，两根线均为高电平。连到 I²C 串行总线上的元器件（相当于节点）的输出级必须是漏极或集电极开路的，任一元器件输出的低电平信号都将使 I²C 串行总线信号的电平变低，即各元器件的 SDA 及 SCL 都是"线与"关系。SCL 上的时钟信号对 SDA 上各元器件间数据的传输起同步作用。SDA 上数据的起始、终止及数据的有效性均要根据 SCL 上的时钟信号来判断。

在标准 I²C 模式下，数据的传输速率为 100Kbit/s，在高速模式下可达 400Kbit/s。I²C 串行总线上连接的元器件越多，电容值越大，I²C 串行总线上允许连接的元器件数以 I²C 串行总线上的电容量不超过 400pF 为限。

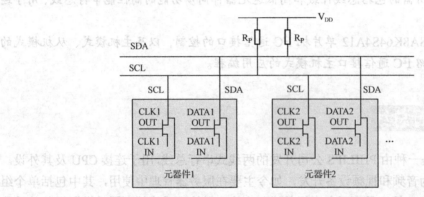

图 16.2　I²C 串行总线接口电路结构

（4）I²C 串行总线的总线仲裁。每个接到 I²C 串行总线上的元器件都有唯一的地址。主机与其他元器件间的数据传送可以由主机发送数据到其他元器件，这时主机为发送器，从 I²C 串行总线上接收数据的元器件则为接收器。

在多主机系统中，可能同时有多个主机企图启动 I²C 串行总线传送数据。为了避免混乱，I²C 串行总线要通过总线仲裁决定由哪一台主机控制 I²C 串行总线。首先，不同主元器件（欲发送数据的元器件）分别发出的时钟信号在 SCL 上"线与"产生系统时钟（SCL 上的低电平时间为周期最长的主元器件的低电平时间，高电平时间则是周期最短主元器件的高电平时间）。总线仲裁的方法是，各主元器件在各自时钟的高电平期间将各自要发送的数据送到 SDA 上，并在 SCL 的高电平期间检测 SDA 上的数据是否与自己发出的数据相同。

由于某个主元器件发出的"1"会被其他主元器件发出的"0"所屏蔽，检测回来的电平就与发出的电平不符，该主元器件就应退出竞争，并切换为从元器件。总线仲裁是从起始信号后的第一位开始，并逐位进行的。由于 SDA 上的数据在 SCL 为高电平期间总是与掌握控制权的主元器件发出的数据相同，所以在整个总线仲裁过程中，SDA 上的数据和最终取得总线控制权的主机发出的数据完全相同。在 8051 单片机应用系统的 I²C 串行总线扩展中，经常遇到的是以 8051 单片机为主机、其他接口元器件为从机的单主机情况。

2．I²C 串行总线的数据传送

1）数据位的有效性规定

在 I²C 串行总线上，每一位数据位的传送都与时钟脉冲相对应，逻辑"0"和逻辑"1"的信号电平取决于相应电源的电压（这是因为 I²C 串行总线适用于不同的半导体制造工艺，如 CMOS、NMOS 等各种类型的电路都可以进入 I²C 串行总线）。

I²C 串行总线在进行数据传送时，时钟信号处于高电平期间，SDA 上的数据必须保持稳定。只有在 SCL 上的时钟信号处于低电平期间，SDA 上的高电平或低电平状态才允许变化，如图 16.3 所示。

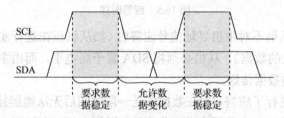

图 16.3　数据位的有效性规定

2）起始信号和终止信号

根据 I²C 串行总线协议的规定，SCL 处于高电平期间，SDA 由高电平向低电平的变化表示起始信号；SCL 处于高电平期间，SDA 由低电平向高电平的变化表示终止信号。起始信号和终止信号如图 16.4 所示。

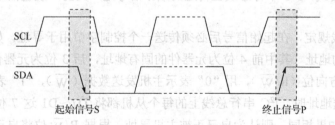

图 16.4　起始信号和终止信号

起始信号和终止信号都是由主机发出的，在起始信号产生后，I²C 串行总线就处于被占用的状态；在终止信号产生后，I²C 串行总线就处于空闲状态。

连接到 I²C 串行总线上的元器件，若具有 I²C 串行总线的硬件接口，则很容易检测到起始信号和终止信号。对于不具备 I²C 串行总线硬件接口的单片机来说，为了检测起始信号和终止信号，必须保证在每个时钟周期内对 SDA 取样两次。

接收器在接收到一个完整的数据字节后，有可能需要完成一些其他工作，如处理内部中断服务等，可能无法立刻接收下一个字节，这时接收器可以将 SCL 拉成低电平，从而使主机处于等待状态。直到接收器准备好接收下一个字节时，再释放 SCL 使之为高电平，从而使数据传送可以继续进行。

3）数据传送格式

（1）字节传送与应答。在利用 I²C 串行总线进行数据传送时，传送的字节数是没有限制的，但是每一个字节必须保证是 8 位长度。在进行数据传送时，先传送最高位（MSB），每一个被传送的字节后面都必须跟随一位应答位（一帧共有 9 位），如图 16.5 所示。

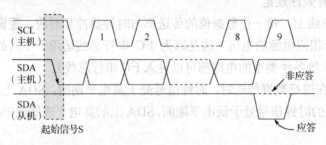

图 16.5 应答时序

当由于某种原因从机不对主机寻址信号应答时（如从机正在进行实时性的处理工作而无法接收 I²C 串行总线上的数据），从机必须将 SDA 置于高电平，而由主机产生一个终止信号以结束 I²C 串行总线的数据传送。

如果从机对主机进行了应答，但在数据传送一段时间后无法继续接收更多的数据，从机可以通过对无法接收的第一个数据字节"非应答"通知主机，主机则应发出终止信号以结束数据的继续传送。

当主机接收数据时，它接收到最后一个数据字节后，必须向从机发出一个结束传送的信号。这个信号是通过对从机"非应答"来实现的。然后，从机释放 SDA，以允许主机产生终止信号。

（2）数据帧格式。I²C 串行总线上传送的数据信号是广义的，既包括地址信号，又包括真正的数据信号。

I²C 串行总线规定，在起始信号后必须传送一个控制字节用于寻址，如图 16.6 所示。D7～D1 为从机的地址（其中前 4 位为元器件的固有地址，后 3 位为元器件引脚地址），D0 位是数据的传送方向位（R/$\overline{W}$），用"0"表示主机发送数据（$\overline{W}$），"1"表示主机接收数据（R）。主机在发送地址时，I²C 串行总线上的每个从机都将 D7～D1 这 7 位地址码与自己的地址进行比较，如果相同，则认为自己正被主机寻址，根据 R/$\overline{W}$ 位将自己确定为发送器或接收器。

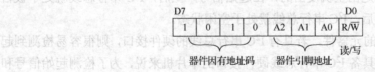

图 16.6 控制字节格式

数据传送总是由主机产生的终止信号结束的。但是，若主机希望继续占用 I²C 串行总线进行新的数据传送，则可以不产生终止信号，立即再次发出起始信号对另一从机进行寻址。

（3）I²C 串行总线数据传输的组合方式。

① 主机向无子地址从机发送数据。

S	从机地址	0	A	数据	A	P

注意：有阴影部分表示数据由主机向从机传送，无阴影部分表示数据由从机向主机传送。A 表示应答，$\overline{A}$ 表示非应答（高电平）。S 表示起始信号，P 表示终止信号。

② 主机从无子地址从机读取数据。

S	从机地址	1	A	数据	$\overline{A}$	P

③ 主机向有子地址从机发送多个数据。

S	从机地址	0	A	子地址	A	数据	A	…	数据	A	P

④ 主机从有子地址从机读取多个数据。在数据传送过程中，当需要改变传送方向时，起始信号和从机地址都被重复产生一次，但两次读/写方向位正好反向。

S	从机地址	0	A	子地址	A	S	从机地址	1	A	数据	A	…	数据	$\overline{A}$	P

由以上格式可见，无论哪种方式，起始信号、终止信号和地址均由主机发送，数据字节的传送方向则由寻址字节中的方向位规定，每个字节的传送都必须有应答位（A 或 $\overline{A}$）相随。

3. I²C 串行总线的时序特性

为了保证数据传送的可靠性，标准 I²C 串行总线的数据传送有严格的时序要求。典型信号时序图如图 16.7 所示。

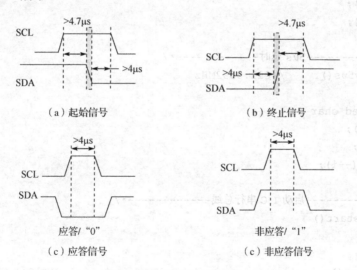

图 16.7　典型信号时序图

对于一个新的起始信号，要求起始前 I²C 串行总线的空闲时间 T_{BUF} 大于 4.7μs，而对于一个重复的起始信号，要求建立时间 $T_{SU:STA}$ 大于 4.0μs。图 16.7 中的起始信号适用于数据模拟传送中任何情况下的起始操作。起始信号至第一个时钟脉冲的时间间隔应大于 4.0μs。

对于终止信号，要保证信号建立时间 $T_{SU:STA}$ 大于 4.0μs。当终止信号结束时，要释放 I²C 串行总线，使 SDA、SCL 维持在高电平上，在 4.7μs 后才可以进行第一次起始操作。在单主机系统中，为防止非正常传送，终止信号后 SCL 可以设置在低电平。

对于发送应答位、非应答位来说，与发送数据“0”和“1”的信号定时要求完全相同。只要满足在时钟高电平大于 4.0μs 期间，SDA 上有确定的电平状态即可。

4．模拟 I²C 函数程序文件：I2C.c

```
sbit SCL=P1^0;
sbit SDA=P1^1;
bit ack;
void Delay1us();                    //延时 1μs
void Delay5us();                    //延时 5μs
void I2C_start();                   //起始函数
void I2C_stop();                    //终止函数
void I2C_ack();                     //应答
void I2C_nack();                    //非应答
void I2C_send(uchar dat);           //发送一个字节
uchar I2C_receive();                //接收一个字节
uchar I2C_nsend(uchar SLA,uchar SUBA,uchar *pdat,uchar n);    //发送 n 个字节
uchar I2C_nreceive(uchar SLA,uchar SUBA,uchar *pdat,uchar n);//接收 n 个字节
/*---------------1μs 延时------------*/
void Delay1us()        //@11.0592MHz
{
    _nop_();
    _nop_();
    _nop_();
}
/*---------------5μs 延时------------*/
void Delay5us()        //@11.0592MHz
{
    unsigned char i;
    _nop_();
    i = 11;
    while (--i);
}
/*---------------启动 I²C 串行总线------------*/
void I2C_start()
 {
    SDA=1;
    Delay1us();
    SCL=1;
    Delay5us();
    SDA=0;
    Delay5us();
    SCL=0;
    Delay5us();
}
/*---------------结束 I²C 串行总线------------*/
 void I2C_stop()
 {
    SDA=0;
```

```
    Delay1us();
    SCL=1;
    Delay5us();
    SDA=1;
    Delay5us();
    SCL=0;
    Delay5us();
}
/*---------------发送应答信号-------------*/
void I2C_ack()
{
    SDA=0;
    Delay5us();
    SCL=1;
    Delay5us();
    SCL=0;
    Delay5us();
}
/*---------------发送非应答信号-------------*/
void I2C_nack()
{
    SDA=1;
    Delay5us();
    SCL=1;
    Delay5us();
    SCL=0;
    Delay5us();
}
/*---------------发送字节数据-------------*/
void I2C_send(uchar dat)
{
    uchar i;
    bit check;
    SCL=0;
    for(i=0;i<8;i++)
    {
        check=(bit)(dat&0x80);
        if(check)
            SDA=1;
        else
            SDA=0;
        dat=dat<<1;
        SCL=1;
        Delay5us();
        SCL=0;
```

```
        Delay5us();
    }
    SDA=1;
    Delay5us();
    SCL=1;
    Delay5us();
    if(SDA==1)  //有应答，应答标志 ack 为 1；无应答，应答标志 ack 为 0
        ack = 0;
    else
        ack = 1;
    SCL=0;
    Delay5us();
}
/*---------------接收字节数据-------------*/
uchar I2C_receive()
{
    uchar rec_dat;
    uchar i;
    SDA=1;
    Delay1us();
    for(i=0;i<8;i++)
    {
        SCL=0;
        Delay5us();
        SCL=1;
        rec_dat=rec_dat<<1;
        if(SDA==1)
            rec_dat=rec_dat+1;
        Delay5us();
    }
    SCL=0;
    Delay5us();
    return(rec_dat);
}
/*---------------向有子地址元器件发送 n 字节数据------------*/
uchar I2C_nsend(uchar SLA,uchar SUBA,uchar *pdat,uchar n)
{
    uchar s;
    I2C_start();
    I2C_send(SLA);
    if(ack==0)   return 0;
    I2C_send(SUBA);
    if(ack==0)   return 0;
    for(s=0;s<n;s++)
    {
```

```
            I2C_send(*pdat);
            if(ack==0)  return 0;
            pdat++;
        }
    I2C_stop();
    return(1);
    }
/*---------------从有子地址元器件读取 n 字节数据------------*/
 uchar I2C_nreceive(uchar SLA,uchar SUBA,uchar *pdat,uchar n)
    {
    uchar s;
    I2C_start();
    I2C_send(SLA);
    if(ack==0)    return 0;
    I2C_send(SUBA);
    if(ack==0)    return 0;
    I2C_start();
    I2C_send(SLA+1);
    if(ack==0)    return 0;
    for(s=0;s<n-1;s++)
    {
        *pdat=I2C_receive();
        I2C_ack();
        pdat++;
    }
    *pdat=I2C_receive();
    I2C_nack();
    I2C_stop();
    return 1;
    }
```

16.2　I²C 通信接口

　　STC8A8K64S4A12 单片机集成了 I²C 串行总线控制器，可以提供主机模式和从机模式两种操作模式。对于 SCL 和 SDA 通信端口，可通过设置 P-SW2 切换到不同的 I/O 口，默认端口是 P1.5 和 P1.4。

　　STC8A8K64S4A12 单片机 I²C 串行总线控制器与标准 I²C 协议相比，忽略了如下两种机制：发送起始信号后不进行仲裁；时钟信号停留在低电平时不进行超时检测。

1. I²C 通信接口的控制

　　I²C 通信接口的特殊功能寄存器如表 16.1 所示。

表 16.1　I^{2}C 通信接口的特殊功能寄存器

符号	名称	地址	B7	B6	B5	B4	B3	B2	B1	B0	复位值
I2CCFG	I^{2}C 配置寄存器	FE80H	ENI2C	MSSL	MSSPEED[6:1]						0000 0000
I2CMSCR	I^{2}C 主机控制寄存器	FE81H	EMSI	—	—	—	MSCMD[3:0]				0xxx 0000
I2CMSST	I^{2}C 主机状态寄存器	FE82H	MSBUSY	MSIF					MSACKI	MSACKO	00xx xx00
I2CSLCR	I^{2}C 从机控制寄存器	FE83H	—	ESTAI	ERXI	ETXI	ESTOI			SLRST	x000 0xx0
I2CSLST	I^{2}C 从机状态寄存器	FE84H	SLBUSY	STAIF	RXIF	TXIF	STOIF	TXING	SLACKI	SLACKO	0000 0000
I2CSLADR	I^{2}C 从机地址寄存器	FE85H	SLADR[6:0]							MA	0000 0000
I2CTXD	I^{2}C 数据发送寄存器	FE86H									0000 0000
I2CRXD	I^{2}C 数据接收寄存器	FE87H									0000 0000
I2CMSAUX	I^{2}C 主机辅助控制寄存器	FE88H	—							WDTA	xxxx xxx0
IP2H	中断优先级控制寄存器 2（高位）	B6H	—	PI2CH	PCMPH	PX4H	PPWMFDH	PPWHM	PSPIH	PS2H	x000 0000
IP2	中断优先级控制寄存器 2（低位）	B5H	—	PI2C	PCMP	PX4	PPWMFD	PPWM	PSPI	PS2	x000 0000

（1）I^{2}C 配置寄存器：I2CCFG。

ENI2C：I^{2}C 功能使能控制位。（ENI2C）=0，禁止 I^{2}C 功能；（ENI2C）=1，允许 I^{2}C 功能。

MSSL：I^{2}C 工作模式选择位。（MSSL）=0，选择从机模式；（MSSL）=1，选择主机模式。

MSSPEED[6:1]：I^{2}C 串行总线速度（等待时钟数）控制位。I^{2}C 串行总线等待时钟数 =2×MSSPEED[6:1]+1

只有当 I^{2}C 模块工作在主机模式时，MSSPEED[6:1]参数才有效，主要适配主机模式工作信号的 T_{SSTA}、T_{HSTA}、T_{SSTO}、T_{HSTO}、T_{HCKL}、T_{HCKH}，如图 16.8 所示。

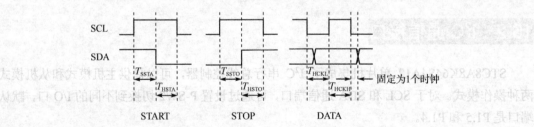

图 16.8　I^{2}C 模块主机模式下的信号图

（2）I^{2}C 主机控制寄存器：I2CMSCR。

EMSI：主机模式中断允许控制位。（EMSI）=0，关闭主机模式中断；（EMSI）=1，允许主机模式中断。

MSCMD[3:0]：主机指令位。

主机指令功能表如表 16.2 所示。

表 16.2　主机指令功能表

指令数据	指令含义	指令数据	指令含义	指令数据	指令含义
0000	待机，无动作	0101	发送 ACK 指令，将 MSACKO（I2CMSST.0）中的数据发送到 SDA 端口	1000	保留
0001	发送 START（起始）信号	0100	接收数据指令，接收数据保存到 I2CRXD 中	1001	起始指令+发送数据+接收 ACK 指令
0010	发送数据指令	0101	发送 ACK 指令，将 MSACKO（I2CMSST.0）中的数据发送到 SDA 端口	1010	发送数据指令+接收 ACK 指令
0011	接收 ACK 指令，保存到 MSACKI（I2CMSST.1）中	0110	发送停止信号	1011	接收数据指令+ACK（0）指令
0100	接收数据指令	0111	保留	1100	接收数据指令+NAK（1）指令

（3）I²C 主机辅助控制寄存器：I2CMSAUX。

WDTA：主机模式时 I²C 数据自动发送允许位。（WDTA）=0，禁止 I²C 数据自动发送；（WDTA）=1，允许 I²C 数据自动发送。当自动发送功能被允许，且 MCU 执行完成对 I2CTXD 的写操作后，I²C 控制器自动触发"1010"指令，即自动发送数据并接收 ACK 信号。

（4）I²C 主机状态寄存器：I2CMSST。

MSBUSY：主机模式时，I²C 控制器状态位（只读位）。（MSBUSY）=0，I²C 控制器处于空闲状态；（MSBUSY）=1，I²C 控制器处于忙碌状态。

MSIF：主机模式的中断请求标志位。当处于主机模式的 I²C 控制器执行完 I2CMSCR 中的 MSCMD[3:1]指令后产生中断信号，硬件自动将此位置 1，向 CPU 申请中断，中断响应后 MSIF 位必须使用软件清 0。

MSACKI：主机模式时，发送"0011"指令到 I2CMSCR 中的 MSCMD 后所接收到的 ACK 数据。

MSACKO：主机模式时，准备将要发送出去的 ACK 信号。当发送"0101"指令到 I2CMSCR 中的 MSCMD 后，I²C 控制器会自动读取此位数据并将其当作 ACK 信号发送到 SDA。

（5）I²C 从机控制寄存器：I2CSLCR。

ESTAI：从机模式时，接收到 START 信号中断允许位。（ESTAI）=0，禁止从机模式下接收到 START 信号时发生中断；（ESTAI）=1，允许从机模式下接收到 START 信号时发生中断。

ERXI：从机模式时，接收到 1 字节数据后中断允许位。（ERXI）=0，禁止从机模式时接收到 1 字节数据后发生中断；（ERXI）=1，允许从机模式时接收到 1 字节数据后发生中断。

ETXI：从机模式时，发送 1 字节数据后中断允许位。（ETXI）=0，禁止从机模式时发送 1 字节数据后发生中断；（ETXI）=1，允许从机模式时发送 1 字节数据后发生中断。

ESTOI：从机模式时，接收到 STOP 信号中断允许位。（ESTOI）=0，禁止从机模式下接收到 STOP 信号时发生中断；（ESTOI）=1，允许从机模式下接收到 STOP 信号时发生中断。

SLRST：复位从机模式位。

（6）I²C 从机状态寄存器：I2CSLST。

SLBUSY：从机模式时，I²C 控制器状态位。（SLBUSY）=0，I²C 控制器处于空闲状态；（SLBUSY）=1，I²C 控制器处于忙碌状态。

STAIF：从机模式时，I²C 控制器接收到 START 信号中断请求位。当 I²C 控制器接收到 START 信号后，硬件会自动将此位置 1 并向 CPU 发出中断请求，中断响应后，必须使用软件将 STAIF 清 0。

RXIF：从机模式时，I²C 控制器接收到 1 字节数据后中断请求位。当 I²C 控制器接收到 1 字节数据后，硬件会自动将此位置 1 并向 CPU 发出中断请求，中断响应后，必须使用软件将 RXIF 清 0。

TXIF：从机模式时，I²C 控制器发送 1 字节数据后中断请求位。当 I²C 控制器发送 1 字节数据后，硬件会自动将此位置 1 并向 CPU 发出中断请求，中断响应后，必须使用软件将 TXIF 清 0。

STOIF：从机模式时，I²C 控制器接收到 STOP 信号中断请求位。当 I²C 控制器接收到 STOP 信号后，硬件会自动将此位置 1 并向 CPU 发出中断请求，中断响应后，必须使用软件将 STOIF 清 0。

SLACKI：从机模式时，接收到的 ACK 数据。

SLACKO：从机模式时，准备要发送出去的 ACK 数据。

（7）I²C 从机地址寄存器：I2CSLADR。

SLADR[6:0]：从机设备地址。

MA：从机设备地址匹配控制位。（MA）=0，设备地址与 SLADR[6:0]继续匹配；（MA）=1，忽略 SLADR[6:0]中的设置而匹配所有设备地址。

（8）I²C 数据发送寄存器：I2CTXD。

（9）I²C 数据接收寄存器：I2CRXD。

（10）中断优先级控制寄存器 2：IP2H、IP2。

PI2CH 和 PI2C：I²C 中断优先级控制位。（PI2CH）（PI2C）=00，I²C 中断优先级为 0 级（最低级）；（PI2CH）（PI2C）=01，I²C 中断优先级为 1 级；（PI2CH）（PI2C）=10，I²C 中断优先级为 2 级；（PI2CH）（PI2C）=11，I²C 中断优先级为 3 级（最高级）。

I²C 中断的中断向量是 00C3H，中断号是 24。

2．I²C 通信接口主机模式的 C 语言应用编程

例 15.1 对 AT24C256 芯片的 0000H、0001H 单元写入数据 56H、65H，并从芯片的 0000H、0001H 单元读出数据送至 LED 数码管进行显示。

解 采用官方 STC8 学习板，直接使用 LED 数码管显示函数；采用中断方式 C 语言编程，参考程序如下。

```
#include<stc8.h>
#include<intrins.h>
#include<display.h>
#define uchar unsigned char
#define uint unsigned int
 bit busy;
void I2C_Isr() interrupt 24 using 1
{
    _push_(P_SW2);
    P_SW2 |= 0x80;
    if (I2CMSST & 0x40)
    {
        I2CMSST &= ~0x40;                    //清 0 中断标志位
        busy = 0;
    }
    _pop_(P_SW2);
}

void Start()
{
    busy = 1;
    I2CMSCR = 0x81;                          //发送 START 指令
    while (busy);
}

void SendData(char dat)
{
    I2CTXD = dat;                            //写数据到数据缓冲区
    busy = 1;
    I2CMSCR = 0x82;                          //发送 SEND 指令
    while (busy);
}

void RecvACK()
{
    busy = 1;
    I2CMSCR = 0x83;                          //发送读 ACK 指令
    while (busy);
}

char RecvData()
{
    busy = 1;
    I2CMSCR = 0x84;                          //发送 RECV 指令
    while (busy);
    return I2CRXD;
}
```

```c
void SendACK()
{
    I2CMSST = 0x00;                      //设置 ACK 信号
    busy = 1;
    I2CMSCR = 0x85;                      //发送 ACK 指令
    while (busy);
}
void SendNAK()
{
    I2CMSST = 0x01;                      //设置 NAK 信号
    busy = 1;
    I2CMSCR = 0x85;                      //发送 ACK 指令
    while (busy);
}
void Stop()
{
    busy = 1;
    I2CMSCR = 0x86;                      //发送 STOP 指令
    while (busy);
}
void Delay()
{
    int i;
    for (i=0; i<3000; i++)
    {
        _nop_();
        _nop_();
        _nop_();
        _nop_();
    }
}

void main()
{
    uchar x,y;
P_SW2 = 0x80;
    I2CCFG = 0xe0;                       //使能 I²C 主机模式
    I2CMSST = 0x00;
    EA = 1;
    Start();                             //发送起始指令
    SendData(0xa0);                      //发送设备地址+写指令
    RecvACK();
    SendData(0x00);                      //发送存储地址高字节
    RecvACK();
    SendData(0x00);                      //发送存储地址低字节
    RecvACK();
```

```
    SendData(0x56);                          //写测试数据 1
    RecvACK();
    SendData(0x65);                          //写测试数据 2
    RecvACK();
    Stop();                                  //发送停止指令
    Delay();                                 //等待设备写数据
    Start();                                 //发送起始指令
    SendData(0xa0);                          //发送设备地址+写指令
    RecvACK();
    SendData(0x00);                          //发送存储地址高字节
    RecvACK();
    SendData(0x00);                          //发送存储地址低字节
    RecvACK();
    Start();                                 //发送起始指令
    SendData(0xa1);                          //发送设备地址+读指令
    RecvACK();
    x = RecvData();                          //读取数据 1
    SendACK();
    y= RecvData();                           //读取数据 2
    SendNAK();
    Stop();                                  //发送停止指令
    P_SW2 = 0x00;
    Dis_buf[0]=x&0x0f;
Dis_buf[1]=x>>4;
Dis_buf[3]=y&0x0f;
Dis_buf[4]=y>>4;
    while (1)display();
}
```

3. I²C 通信接口从机模式的 C 语言应用编程

参考程序如下。

```
#include "stc8.h"
#include "intrins.h"
sbit    SDA   =   P1^4;
sbit    SCL   =   P1^5;
bit isda;                                    //设备地址标志
bit isma;                                    //存储地址标志
unsigned char addr;
unsigned char pdata buffer[256];

void I2C_Isr() interrupt 24 using 1
{
    _push_(P_SW2);
    P_SW2 |= 0x80;

    if (I2CSLST & 0x40)
    {
```

```
        I2CSLST &= ~0x40;                    //处理 START 事件
    }
    else if (I2CSLST & 0x20)
    {
        I2CSLST &= ~0x20;                    //处理 RECV 事件
        if (isda)
        {
            isda = 0;                        //处理 RECV 事件（RECV DEVICE ADDR）
        }
        else if (isma)
        {
            isma = 0;                        //处理 RECV 事件（RECV MEMORY ADDR）
            addr = I2CRXD;
            I2CTXD = buffer[addr];
        }
        else
        {
            buffer[addr++] = I2CRXD;         //处理 RECV 事件（RECV DATA）
        }
    }
    else if (I2CSLST & 0x10)
    {
        I2CSLST &= ~0x10;                    //处理 SEND 事件
        if (I2CSLST & 0x02)
        {
            I2CTXD = 0xff;
        }
        else
        {
            I2CTXD = buffer[++addr];
        }
    }
    else if (I2CSLST & 0x08)
    {
        I2CSLST &= ~0x08;                    //处理 STOP 事件
        isda = 1;
        isma = 1;
    }

    _pop_(P_SW2);
}

void main()
{
    P_SW2 = 0x80;
```

```
    I2CCFG = 0x81;              //使能 I²C 从机模式
    I2CSLADR = 0x5a;           //设置从机设备地址为 5AH
    I2CSLST = 0x00;
    I2CSLCR = 0x78;            //使能从机模式中断
    EA = 1;

    isda = 1;                  //用户变量初始化
    isma = 1;
    addr = 0;
    I2CTXD = buffer[addr];

    while (1);
}
```

工程训练 16.1　I²C 通信接口的应用

一、工程训练目标

（1）理解 STC8A8K64S4A12 单片机 I²C 通信接口的电路结构与工作特性。

（2）掌握 PCF8563 日历时钟的工作特性。

（3）掌握 STC8A8K64S4A12 单片机与 PCF8563 日历时钟的接口电路与应用编程。

二、PCF8563 日历时钟的工作特性

PCF8563 日历时钟是一款由 PHILIPS 公司生产的低功耗、带有 256 字节的 CMOS 实时时钟/日历的芯片，它提供一个可编程时钟输出，一个中断输出和掉电检测器，所有的地址和数据通过 I²C 串行总线接口串行传递，最大总线速度为 400Kbit/s，每次读写数据后，内嵌的字地址寄存器会自动增加。

1. PCF8563 日历时钟的接口特性

PCF8563 日历时钟采用 I²C 串行总线接口，从机地址：读，A3H；写，A2H。

2. PCF8563 日历时钟的引脚特性

PCF8563 日历时钟引脚图如图 16.9 所示，其引脚功能定义如表 16.3 所示。

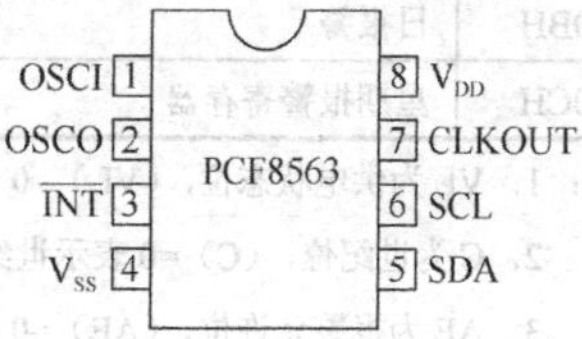

图 16.9　PCF8563 日历时钟引脚图

表 16.3　PCF8563 日历时钟引脚功能定义

引脚号	符　号	功能描述
1	OSCI	振荡器输入
2	OSCO	振荡器输出
3	INT	中断输出（开漏：低电平有效）
4	Vss	电源地

续表

引脚号	符 号	功能描述
5	SDA	串行数据 I/O
6	SCL	串行时钟输入
7	CLKOUT	时钟输出（开漏）
8	V_DD	电源正极

3. PCF8563 日历时钟的工作寄存器

PCF8563 日历时钟的控制与操作都是通过访问其内部工作寄存器来实现的，PCF8563 日历时钟的工作寄存器一览表如表 16.4 所示。

表 16.4　PCF8563 日历时钟的工作寄存器一览表

地址	寄存器名称	B7	B6	B5	B4	B3	B2	B1	B0
00H	控制/状态寄存器 1	TEST	0	STOP	0	TESTC	0	0	0
01H	控制/状态寄存器 2	0	0	0	TI/TP	AF	TF	AIE	TIE
0DH	CLKOUT 频率寄存器	FE	—	—	—	—	—	FD1	FD0
0EH	定时器控制寄存器	TE	—	—	—	—	—	TD1	TD0
0FH	定时器倒计数数值寄存器	定时器倒计数数值							
02H	秒寄存器	VL	00～59BCD 码格式数						
03H	分钟寄存器	–	00～59BCD 码格式数						
04H	小时寄存器			00～23 BCD 码格式数					
05H	日期寄存器			01～31BCD 码格式数					
06H	星期寄存器						0～6		
07H	月/世纪寄存器	C			01～12BCD 码格式数				
08H	年寄存器	00～99BCD 码格式数							
09H	分钟报警寄存器	AE	00～59BCD 码格式数						
0AH	小时报警	AE	—	00～23BCD 码格式数					
0BH	日报警	AE	—	01～31BCD 码格式数					
0CH	星期报警寄存器	AE	—	—	—	—	0～6		

注：1. VL 为供电状态位，（VL）=0 表示供电正常；（VL）=1 表示供电不足。

2. C 为世纪位，（C）=0 表示世纪数为 20XX；（C）=1 表示世纪数为 19XX。

3. AE 为报警允许位，（AE）=0 表示报警有效；（AE）=1 表示报警无效。

三、任务功能与参考程序

1. 任务功能

利用 STC8A8K64S4A12 单片机 I²C 通信接口与 PCF8563 日历时钟设计一个计算机时钟。

2. 硬件设计

PCF8563 日历时钟与 STC8A8K64S4A12 单片机 I²C 通信的接口电路如图 16.10 所示。计算机时钟的时、分、秒信号采用 LED 数码管进行显示。

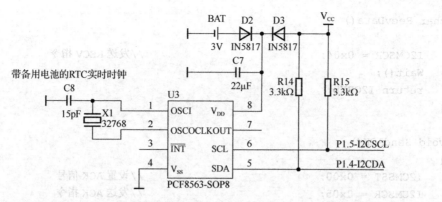

图 16.10　PCF8563 日历时钟与 STC8A8K64S4A12 单片机 I²C 通信的接口电路

3. 参考程序（C 语言版）

（1）程序说明。

将 STC8A8K64S4A12 单片机 I²C 通信的工作函数建成一个独立的文件，命名为 I2C.h。
设置计算机时钟的初始值为 12 时 00 分 00 秒。

（2）I2C.h 参考程序。

```c
sbit    SDA       =    P1^4;
sbit    SCL       =    P1^5;

void Wait()
{
    while (!(I2CMSST & 0x40));
    I2CMSST &= ~0x40;
}

void Start()
{
    I2CMSCR = 0x01;                    //发送 START 指令
    Wait();
}

void SendData(char dat)
{
    I2CTXD = dat;                      //写数据到数据缓冲区
    I2CMSCR = 0x02;                    //发送 SEND 指令
    Wait();
}

void RecvACK()
{
    I2CMSCR = 0x03;                    //发送读 ACK 指令
    Wait();
}
```

```
char RecvData()
{
    I2CMSCR = 0x04;                                         //发送 RECV 指令
    Wait();
    return I2CRXD;
}

void SendACK()
{
    I2CMSST = 0x00;                                         //设置 ACK 信号
    I2CMSCR = 0x05;                                         //发送 ACK 指令
    Wait();
}

void SendNAK()
{
    I2CMSST = 0x01;                                         //设置 NAK 信号
    I2CMSCR = 0x05;                                         //发送 ACK 指令
    Wait();
}

void Stop()
{
    I2CMSCR = 0x06;                                         //发送 STOP 指令
    Wait();
}


void I2C_nsend(uchar SLA,uchar SUBA,uchar *pdat,uchar n)
{
    uchar s;
    Start();                                               //发送起始指令
    SendData(SLA);                                         //发送设备地址+写指令
    RecvACK();
    SendData(SUBA);                                         //发送子地址
    RecvACK();
    for(s=0;s<n;s++)
    {
        SendData(*pdat);                                   //发送数据
        RecvACK();
        pdat++;
    }
    Stop();
}
void I2C_nreceive(uchar SLA,uchar SUBA,uchar *pdat,uchar n)
{
    uchar s;
```

```
    Start();                              //发送起始指令
    SendData(SLA);                        //发送设备地址+写指令
    RecvACK();
    SendData(SUBA);                       //发送存储地址
    RecvACK();
    Start();                              //发送起始指令
    SendData(SLA+1);                      //发送设备地址+读指令
    RecvACK();
    for(s=0;s<n-1;s++)
    {
        *pdat = RecvData();               //读取数据
        SendACK();
        pdat++;
    }
    *pdat = RecvData();                   //读取最后一个数据
    SendNAK();
    Stop();
}
```

（3）主函数参考程序：工程训练 161.c。

```
#include <stc8.h>                         //包含支持 STC8 系列单片机的头文件
#include <intrins.h>
#define uchar unsigned char
#define uint  unsigned int
#include<I2C.h>
#include<LED_display.h>
uchar time_data[ ]={0x00,0x30,0x12};//12:30:00

void main()
{
    P_SW2 = 0x80;
    I2CCFG = 0xe0;                        //使能 I²C 主机模式
    I2CMSST = 0x00;
    I2C_nsend(0xa2,0x02,time_data,3);     //设置时、分、秒初始值
    while (1)
    {
        I2C_nreceive(0xa2,0x02,time_data,3); //读时、分、秒
        Dis_buf[0]=time_data[0]&0x0f;     //BCD 码转十进制，取秒的低位
        //BCD 码转十进制，高位右移 4 位，取秒的高位
        Dis_buf[1]=(time_data[0]&0x7f)>>4;
        Dis_buf[2]=time_data[1]&0x0f;     //取分的低位
        Dis_buf[3]=time_data[1]>>4;       //取分的高位
        Dis_buf[4]=time_data[2]&0x0f;     //取时的低位
        Dis_buf[5]=time_data[2]>>4;       //取时的高位
        LED_display();
    }
}
```

四、训练步骤

（1）分析"工程训练 161.c"程序文件。

（2）用 Keil μVision4 集成开发环境编辑、编译用户程序，生成机器代码文件"工程训练161.hex"。

（3）将 STC8 学习板（甲机）连接计算机。

（4）利用 STC-ISP 在线编程软件将"工程训练 161.hex"文件下载到 STC8 学习板中。

（5）观察 LED 数码管的显示情况，是否正常计时。

五、训练拓展

（1）设置 2 个按键 key1 和 key2，key1 为功能键，用于切换时钟的调整位；key2 为数字增加键，用于在调整位对应的范围内循环。

（2）改为用 LCD12864 显示，增加年、月、日计时。

 本章小结

I²C 串行总线是一种由 PHILIPS 公司开发的两线式串行总线，用于连接 CPU 及其外设。I²C 串行总线的两根信号线是 SDA 和 SCL，SDA 是数据线，SCL 是信号线。按照约定有起始信号、终止信号、数据信号和应答信号等信号类型。传送数据时先由主机发出起始信号、从机地址与数据传送方向，传送数据与应答，数据传送完毕，由主机发出终止信号。一般 MCU 不具备 I²C 串行总线接口，但可以用软件模拟 I²C 串行总线接口。

STC8A8K64S4A12 单片机集成了 I²C 串行总线接口，既可用作主机，也可用作从机。I²C 通信接口的特殊功能寄存器包括 I²C 配置寄存器（I2CCFG）、I²C 主机控制寄存器（I2CMSCR）、I²C 主机状态寄存器（I2CMSST）、I²C 从机控制寄存器（I2CSLCR）、I²C 从机状态寄存器（I2CSLST）、I²C 从机地址寄存器（I2CSLADR）、I²C 数据发送寄存器（I2CTXD）、I²C 数据接收寄存器（I2CRXD）与 I²C 主机辅助控制寄存器（I2CSAUX）等。

 思考与提高题

一、填空题

1. I²C 串行总线有 2 根双向信号线，一根是_____，另一根是_____。

2. I²C 串行总线是一个_____总线，总线上可以有一个或多个主机，总线运行由_____控制。

3. I²C 串行总线的 SDA 和 SCK 是双向的，连接时均通过_____接正电源。

4. 根据 I²C 串行总线协议的规定，SCL 处于高电平期间，SDA 由高电平向低电平的变化表示_____信号；SCL 处于高电平期间，SDA 由低电平向高电平的变化表示_____信号。

5. I²C 串行总线在进行数据传输时，时钟信号处于高电平期间，SDA 上的数据必须保持_____。

6. I²C 串行总线协议规定，在起始信号后必须传送一个控制字节，高 7 位为_____的地址，最低位表示数据的传送方向，用_____表示主机发送数据，用_____表示主机接收数据。无论是主机，还是从机，接收完一个数据字节后，都需要向对方发送一个_____信号，_____表示应答。

7. STC8A8K64S4A12 单片机 I²C 串行总线接口工作模式选择控制位是_____。

8. STC8A8K64S4A12 单片机 I²C 串行总线接口允许控制位是_____。

9. PCF8563 日历时钟 03H 寄存器存储的数据是_____，数据格式是_____。

10. PCF8563 日历时钟 02H 寄存器存储的数据是秒数据，其中最高位为 1 时表示_____。

11. PCF8563 日历时钟 09H 寄存器存储的数据是_____，其中最高位用于_____。

二、选择题

1. STC8A8K64S4A12 单片机 I²C 串行总线接口的配置寄存器是_____。

A. I2CCFG　　　　B. I2CMSCR　　　　C. I2CSLCR　　　　D. I2CSLADR

2. STC8A8K64S4A12 单片机 I²C 串行总线接口的从机地址寄存器是_____。

A. I2CCFG　　　　B. I2CMSCR　　　　C. I2CSLCR　　　　D. I2CSLADR

3. STC8A8K64S4A12 单片机 I²C 串行总线接口的主机控制寄存器是_____。

A. I2CCFG　　　　B. I2CMSCR　　　　C. I2CSLCR　　　　D. I2CSLADR

4. STC8A8K64S4A12 单片机 I²C 中断的中断号是_____。

A. 22　　　　　　B. 23　　　　　　C. 24　　　　　　D. 25

5. PCF8563 日历时钟 02H 寄存器是秒信号单元，当读取 02H 单元内容为 95H 时，说明秒信号值为_____。

A. 21s　　　　　　B. 15s　　　　　　C. 95s　　　　　　D. 149s

6. PCF8563 日历时钟 09H 寄存器是分报警信号存储单元，当写入 95H 时，代表的含义是_____。

A. 允许报警，分报警时间是 15min　　　　B. 禁止分报警

C. 允许报警，分报警时间是 21min　　　　D. 允许报警，分报警时间是 14min

7. PCF8563 日历时钟 07H 寄存器是月/世纪存储单元，08H 寄存器是年存储单元，当读取 07H、08H 单元内容分别为 86H、15H 时，代表的含义是_____。

A. 2015 年 6 月　　　B. 1915 年 6 月　　　C. 2021 年 6 月　　　D. 1921 年 6 月

三、判断题

1. I²C 串行总线适用于多主机系统。（　　　）

2. STC8A8K64S4A12 单片机 I²C 串行总线接口既可用作主机，也可用作从机。（　　　）

3. 用于选择 STC8A8K64S4A12 单片机 I²C 串行总线接口工作模式的寄存器是 I2CSLCR。（　　　）

4. 每个 I²C 串行总线元器件都有一个唯一的地址。（　　　）

四、简答题

1. 描述 I²C 串行总线主机向无子地址从机发送数据的工作流程。
2. 描述 I²C 串行总线主机从无子地址从机读取数据的工作流程。
3. 描述 I²C 串行总线主机向有子地址从机发送数据的工作流程。
4. 描述 I²C 串行总线主机从有子地址从机读取数据的工作流程。
5. 描述 I²C 串行总线起始信号、终止信号、有效传输数据信号的时序要求。
6. STC8A8K64S4A12 单片机 I²C 串行总线接口主机模式发送数据的工作流程。
7. STC8A8K64S4A12 单片机 I²C 串行总线接口主机模式读取数据的工作流程。
8. STC8A8K64S4A12 单片机 I²C 串行总线接口从机模式的工作流程。

五、设计题

1. 利用 STC8A8K64S4A12 单片机 I²C 串行总线接口和 PCF8563 元器件，编程实现整点报时功能。

2. 利用 STC8A8K64S4A12 单片机 I²C 串行总线接口和 PCF8563 元器件，编程实现秒信号输出功能。

3. 利用 STC8A8K64S4A12 单片机 I²C 串行总线接口和 PCF8563 元器件，编程实现倒计时秒表的功能，并且回零时声光报警。倒计时时间用 LED 数码管进行显示。

第 **17** 章

STC8A8K64S4A12 单片机的低功耗设计
与可靠性设计

🔍**内容提要：**

嵌入式系统的低功耗设计与可靠性设计是智能电子设备性能要求的重要组成部分。STC8A8K64S4A12 单片机的低功耗设计是指让单片机工作在慢速模式、空闲模式与掉电模式三种模式，从而达到节省能源的目的；STC8A8K64S4A12 单片机的可靠性设计是指系统防程序跑飞的可靠性保障措施，简称 WDT，俗称看门狗。

本章介绍 STC8A8K64S4A12 单片机空闲模式与掉电模式的进入、状态与退出方法，以及 STC8A8K64S4A12 单片机 WDT 控制寄存器、WDT 溢出时间的计算、WDT 的应用编程方法。

17.1　低功耗设计

单片机应用系统的低功耗设计越来越重要，在电池供电的手持设备电子产品中尤其重要。STC8A8K64S4A12 单片机可以工作于正常模式、慢速模式、空闲模式和掉电模式，一般后 3 种模式称为省电模式，也就是低功耗设计的重要体现。

普通的单片机应用系统使用正常模式即可；如果系统对速度要求不高时，可对系统时钟进行分频，让单片机工作在慢速模式；电源电压为 5V 的 STC8A8K64S4A12 单片机的典型工作电流为 2.7～7mA。对于电池供电的手持设备电子产品，不管是工作在正常模式还是工作在慢速模式，均可以根据需要进入空闲模式或掉电模式，从而大大降低单片机的工作电流。在空闲模式下，STC8A8K64S4A12 单片机的工作电流典型值为 1.8mA；在掉电模式下，STC8A8K64S4A12 单片机的工作电流小于 0.1μA。

1. STC8A8K64S4A12 单片机的慢速模式

STC8A8K64S4A12 单片机的慢速模式由时钟分频器 CLKDIV（地址为 FE01H，复位值为 0000 0100B）控制，可以对系统时钟进行分频，使单片机在较低频率下工作，减小单片机工作电流。时钟分频器 CLKDIV 的格式在 2.6 节已有过介绍，此处不再赘述。

系统时钟频率=主时钟频率/CLKDIV 值

2．系统电源管理（空闲模式与掉电模式）

STC8A8K64S4A12 单片机的系统电源管理由 PCON 和 VOCTRL 两个特殊功能寄存器进行管理，具体如表 17.1 所示。PCON 用于 STC8A8K64S4A12 单片机的空闲模式与掉电模式的管理，VOCTRL 用于系统的静态电流控制。

表 17.1　STC8A8K64S4A12 单片机的系统电源管理控制寄存器

符号	描述	地址	位地址与位符号								复位值
			B7	B6	B5	B4	B3	B2	B1	B0	
PCON	电源控制寄存器	87H	SMOD	SMOD0	LVDF	POF	GF1	GF0	PD	IDL	0011 0000
VOCTRL	电压控制寄存器	BBH	SCC	—	—	—	—	—	0	0	0xxx xx00

1）空闲模式

（1）空闲模式的进入。

空闲模式由 PCON 中的 IDL 控制，置位 IDL 进入空闲模式，当单片机被唤醒后该位由硬件自动清 0。

（2）空闲模式的状态。

单片机进入 IDLE 模式，只有 CPU 停止工作，其他外设依然在运行。

（3）空闲模式的退出。

有以下两种方式可以退出空闲模式。

① 外部复位引脚 RST 硬件复位，将复位引脚电平拉高，产生复位。这种拉高复位引脚电平来产生复位的信号源需要被保持 24 个时钟+20μs，才能产生复位，再将复位引脚电平拉低，结束复位，单片机从用户程序 0000H 处开始进入正常工作模式。

② 外部中断、定时器中断、低电压检测中断及 A/D 转换中断中的任何一个中断的产生都会引起 IDL/PCON.0 被硬件清 0，从而退出空闲模式。任何一个中断的产生都可以将单片机唤醒，单片机被唤醒后，CPU 将继续执行进入空闲模式语句的下一条指令，之后将进入相应的中断服务子程序。

2）掉电模式

（1）掉电模式的进入。

掉电模式由 PCON 中的 PD 控制，置位 PD 进入掉电模式，当单片机被唤醒后该位由硬件自动清 0。

（2）掉电模式的状态。

单片机进入掉电模式后，CPU 及全部外设均停止工作。

（3）掉电模式的退出。

有以下 5 种方式可以退出空闲模式。

① 外部复位引脚 RST 硬件复位，可退出掉电模式。复位后，单片机从用户程序 0000H 处开始进入正常工作模式。

② 外部中断 INT0、INT1、$\overline{\text{INT2}}$、$\overline{\text{INT3}}$、$\overline{\text{INT4}}$ 和 CCP 中断 CCP0、CCP1、CCP2 可

唤醒单片机。其中，INT0、INT1 上升沿或下降沿中断均可，$\overline{INT2}$、$\overline{INT3}$、$\overline{INT4}$ 仅可下降沿中断。单片机被唤醒后，CPU 将继续执行进入掉电模式语句的下一条指令，然后执行相应的中断服务子程序。

③ 定时器 T0、T1、T2 中断可唤醒单片机。如果定时器 T0、T1、T2 中断在进入掉电模式前被设置为允许，则进入掉电模式后，定时器 T0、T1、T2 的外部引脚如果发生由高到低的电平变化，可以将单片机从掉电模式唤醒。单片机被唤醒后，如果主时钟使用的是内部时钟，单片机在等待 64 个时钟后，将时钟供给 CPU 工作；如果主时钟使用的是外部晶体时钟，单片机在等待 1024 个时钟后，将时钟供给 CPU 工作。CPU 获得时钟后，程序从设置单片机进入掉电模式语句的下一条语句开始往下执行，不进入相应定时器的中断服务子程序。

④ 串行接口中断可唤醒单片机。如果串行接口 1、串行接口 2 中断在进入掉电模式前被设置为允许，则进入掉电模式后，串行接口 1、串行接口 2 的数据接收端 RXD、RXD2 若发生由高到低的电平变化，可以将单片机从掉电模式唤醒。单片机被唤醒后，如果主时钟使用的是内部时钟，单片机在等待 64 个时钟后，将时钟供给 CPU 工作；如果主时钟使用的是外部晶体时钟，单片机在等待 1024 个时钟后，将时钟供给 CPU 工作。CPU 获得时钟后，程序从设置单片机进入掉电模式语句的下一条语句开始往下执行，不进入相应串行接口的中断服务子程序。

⑤ 使用内部掉电唤醒专用定时器可唤醒单片机。STC8A8K64S4A12 单片机掉电唤醒专用定时器由特殊功能寄存器 WKTCH 和 WKTCL 进行管理和控制。

特别需要注意的是，当单片机进入空闲模式或掉电模式后，如果中断使得单片机再次被唤醒，CPU 将继续执行进入省电模式语句的下一条指令，当下一条指令执行完毕后，是继续执行下一条指令还是进入中断还是有一定区别的，因此建议在设置单片机进入省电模式的语句后加几条 _nop_ 语句（空语句）。

（4）掉电唤醒专用定时器。

STC8A8K64S4A12 单片机掉电唤醒专用定时器由特殊功能寄存器 WKTCH 和 WKTCL 进行管理和控制。WKTCH 不可位寻址，地址为 ABH，复位值为 0111 1111B，其各位的定义如表 17.2 所示。

表 17.2 WKTCH 位的定义

位号	B7	B6	B5	B4	B3	B2	B1	B0
位名称	WKTEN	15 位定时器计数值低 7 位						

WKTCL 不可位寻址，地址为 AAH，复位值为 1111 1111B，其各位的定义如表 17.3 所示。

表 17.3 WKTCL 位的定义

位号	B7	B6	B5	B4	B3	B2	B1	B0
位名称	15 位定时器计数值高 8 位							

WKTEN：掉电唤醒专用定时器的使能控制位。（WKTEN）=1，允许掉电唤醒专用定时器工作；（WKTEN）=0，禁止掉电唤醒专用定时器工作。

掉电唤醒专用定时器是由 WKTCH 的低 7 位和 WKTCL 的高 8 位构成的一个 15 位的定

时器，定时时间从 0 开始计数，最大计数值是 32768。

STC8A8K64S4A12 单片机除增加了 WKTCH 和 WKTCL，还设计了两个隐藏的特殊功能寄存器 WKTCH_CNT 和 WKTCL_CNT，用来控制内部掉电唤醒专用定时器。WKTCL_CNT 和 WKTCL 共用一个地址 AAH，WKTCH_CNT 和 WKTCH 共用一个地址 ABH，WKTCH_CNT 和 WKTCL_CNT 是隐藏的，对用户不可见。WKTCH_CNT 和 WKTCL_CNT 实际上用作计数器，而 WKTCH 和 WKTCL 用作比较器。当用户对 WKTCH 和 WKTCL 写入内容时，该内容只写入 WKTCH 和 WKTCL；当用户读取 WKTCH 和 WKTCL 中的内容时，实际上读取的是 WKTCH_CNT 和 WKTCL_CNT 中的实际计数内容，而不是 WKTCH 和 WKTCL 中的内容。

通过软件将 WKTCH 中的 WKTEN 置 1，允许掉电唤醒专用定时器工作，单片机一旦进入掉电模式，WKTCH_CNT 和 WKTCL_CNT 就从 7FFFH 开始计数，直到与 WKTCH 的低 7 位和 WKTCL 的高 8 位共 15 位寄存器所设定的计数值相等，就让系统时钟开始振荡。如果主时钟使用的是内部时钟，单片机在等待 64 个时钟后，将时钟供给 CPU 工作；如果主时钟使用的是外部晶振时钟，单片机在等待 1024 个时钟后，将时钟供给 CPU 等各个功能模块。CPU 获得时钟后，程序从设置单片机进入掉电模式语句的下一条语句开始往下执行，不进入相应的中断服务子程序。掉电唤醒后可通过读 WKTCH 和 WKTCL 中的内容（实际上读的是 WKTCH_CNT 和 WKTCL_CNT 中的实际计数内容）来读出单片机在掉电模式所等待的时间。

内部掉电唤醒定时器计数一次的时间大约是 488.28μs，那么定时时间为 WKTCH 的低 7 位和 WKTCL 的高 8 位共 15 位寄存器所设定的计数值加 1 再乘以 488.28μs。因此，掉电唤醒专用定时器最小计数时间约为 488.28μs，掉电唤醒专用定时器最长计数时间约为 488.28μs× 32768≈16（s）。

例 17.1　LED 以一定时间闪烁，按下按键，单片机进入空闲模式或掉电模式，LED 停止闪烁并停留在当前亮或灭状态，按键 SW18 连接单片机的 P3.3 引脚，LED10 连接单片机的 P4.6 引脚。

解　C 语言程序如下：

```
#include "stc8.h"                   //包含单片机头文件
#include"intrins.h"
sbit SW18 = P3^3;                   //定义按键接口
sbit LED10 = P4^6;                  //定义 LED 接口
void Delay10ms()                    //@12.000MHz
{
    unsigned char i, j;

    _nop_();
    _nop_();
    i = 156;
    j = 213;
    do
    {
```

```
        while (--j);
    } while (--i);
}
void DelayX10ms(unsigned char x)      //@12.000MHz
{
    unsigned char i;
    for(i=0;i<x;i++)

    {
        Delay10ms();
    }
}


void main( )
{
    while(1)
    {
        LED10 = ~LED10;                //进行按键功能处理
        delayms(3000);
        if(SW18 ==0)                   //检测按键是否按下出现低电平
        {
            delayms(1);                //调用延时子程序进行软件去抖
            if(SW18 ==0)               //再次检测按键是否确实按下出现低电平
            {
                while(SW18 ==0);       //等待按键松开
                PCON|=0x01;            //将 IDL 置 1，单片机将进入空闲模式
                //PCON|=0x02;          //将 PD 置 1，单片机将进入掉电模式
                _nop_;_nop_;_nop_;_nop_;
            }
        }
    }//while
}//main
```

例 17.2　采用内部掉电唤醒定时器唤醒单片机的掉电状态，唤醒时间为 500ms。

解　唤醒时间为 500ms，则需要计数值 X=500ms/488μs≈400H，所以 WKTCH 和 WKTCL 的设定值为 400H 减 1，即 3FFH，即（WKTCH）=03H，（WKTCL）= FFH。

C 语言源程序如下。

```
#include "stc8.h"                      //包含单片机头文件
void main(void)
{
    WKTCH=0x03;
    WKTCL=0xFF;

    ……
}
```

3）电压控制寄存器 VOCTRL

VOCTRL 主要用于选择系统的静态保持电流控制线路。

SCC：静态电流控制位。

（SCC）=0，选择内部静态保持电流控制线路，静态电流一般为 1.5μA 左右。

（SCC）=1，选择外部静态保持电流控制线路，选择此模式时功耗更低。此模式下 STC8A8K 系列单片机的静态电流一般在 0.15μA 以下；STC8F2K 系列单片机的静态电流一般为 0.1μA 以下。需要注意的是，选择此模式进入掉电模式后，V_{CC} 引脚的电压不能有较大波动，否则可能会对 MCU 内核有不良影响。

[B1:B0]：内部测试位，必须写入 0。

17.2 可靠性设计

单片机应用系统在各行各业的应用非常广泛，其可靠性越来越显示出其重要性，特别是在工业控制、汽车电子、航空航天等需要高可靠性的单片机应用系统的领域中。为了防止外部电磁干扰或自身程序设计等异常情况，导致电子系统中单片机程序跑飞，进而引起系统长时间无法正常工作，一般情况下需要在系统中设计一个硬件看门狗定时器电路。硬件看门狗定时器电路的基本作用是监视 CPU 的运行。如果 CPU 在规定的时间内没有按要求访问看门狗定时器，就认为 CPU 处于异常状态，看门狗定时器就会强迫 CPU 复位，使系统重新从头开始按规律执行用户程序。当 CPU 正常工作时，单片机可以通过一个 I/O 引脚定时向看门狗定时器脉冲输入端输入脉冲（定时时间只要不超出看硬件看门狗定时器的溢出时间即可）。系统一旦死机，单片机就会停止向看门狗定时器脉冲输入端输入脉冲，超过一定时间后，硬件看门狗定时器电路就会发出复位信号，将系统复位，使系统恢复正常工作。

1. 看门狗定时器寄存器与计算

传统 8051 单片机一般需要外置一片看门狗定时器专用集成电路来实现硬件看门狗定时器电路，STC8A8K64S4A12 单片机内部集成了看门狗定时器，使单片机应用系统的可靠性设计变得更加方便、简洁。通过设置和控制看门狗定时器控制寄存器 WDT_CONTR（地址为 C1H，复位值为 xx00 0000B）来使用看门狗定时器功能。WDT_CONTR 各位的定义如表 17.4 所示。

表 17.4 WDT_CONTR 各位的定义

位号	B7	B6	B5	B4	B3	B2	B1	B0
位名称	WDT_FLAG	—	EN_WDT	CLR_WDT	IDLE_WDT	PS2	PS1	PS0

（1）WDT_FLAG：看门狗定时器溢出标志位，当溢出时，该位由硬件置 1，可用软件将其清 0。

（2）EN_WDT：看门狗定时器允许位。（EN_WDT）=1，看门狗定时器启动；（EN_WDT）=0，看门狗定时器不起作用。

（3）CLR_WDT：看门狗定时器清 0 位。当将此位设置为 1 时，看门狗定时器将重新计数。硬件将自动清 0 此位。

（4）IDLE_WDT：看门狗定时器 IDLE 模式（空闲模式）位。（IDLE_WDT）=1，看门狗

定时器在空闲模式也计数；（IDLE_WDT）=0，看门狗定时器在空闲模式不计数。

（5）PS2、PS1、PS0：看门狗定时器预分频系数控制位。

看门狗定时器溢出时间计算方法如下：

$$看门狗定时器溢出时间=(12×预分频系数×32768)/晶振时钟频率$$

例如，当晶振时钟频率为 12MHz，（PS2）=0，（PS1）=0，（PS0）=1 时，看门狗定时器溢出时间=(12×4×32768)/12000000s=131.0ms。

常用预分频系数设置和看门狗定时器溢出时间如表 17.5 所示。

表 17.5　常用预分频系数设置和看门狗定时器溢出时间

PS2	PS1	PS0	预分频系数	看门狗定时器溢出时间 /ms（11.0592MHz）	看门狗定时器溢出时间 /ms（12MHz）	看门狗定时器溢出时间 /ms（20MHz）
0	0	0	2	71.1	65.5	39.3
0	0	1	4	142.2	131.0	78.6
0	1	0	8	284.4	262.1	157.3
0	1	1	16	568.8	524.2	314.6
1	0	0	32	1137.7	1048.5	629.1
1	0	1	64	2275.5	2097.1	1250
1	1	0	128	4551.1	4194.3	2500
1	1	1	256	9102.2	8388.6	5000

2. 看门狗定时器的使用

当启用看门狗定时器后，用户程序必须周期性地复位看门狗定时器，以表示程序还在正常运行，并且复位周期必须小于看门狗定时器的溢出时间。如果用户程序在一段时间之后（超出看门狗定时器的溢出时间）不能复位看门狗定时器，看门狗定时器就会溢出，将强制 CPU 自动复位，从而确保程序不会进入死循环，或者执行到无程序区。复位看门狗定时器的方法是重写看门狗定时器控制寄存器的内容，让看门狗定时器计数器重新计数。

例 17.3　看门狗定时器的使用主要涉及看门狗定时器控制寄存器的设置，以及看门狗定时器的定期复位。

解　使用看门狗定时器的 C 语言程序如下：

```
#include "stc8.h"        //包含支持 STC8 系列单片机的头文件
void main(void)
{
    ......                //其他初始化代码
    //看门狗定时器初始化，即 0011 1100B。（EN_WDT）=1，开启看门狗定时器；（CLR_WDT）=1，
看门狗定时器重新计数；（IDLE_WDT）=1，看门狗定时器在空闲模式时也计数。（PS2）=1，（PS1）=0，
（PS0）=0，设置预分频系数为 32
    WDT_CONTR = 0x3c;
    while(1)
    {
        display( );         //显示子程序
```

```
        keyboard( );           //键盘子程序
        ......                  //其他程序代码
        WDT_CONTR=0x3c;         //复位看门狗定时器
    }
}
```

3. 看门狗定时器的应用实例

例 17.4　单片机接有一个按键 key 和一个 LED，LED 以时间间隔 t0 闪烁，设置看门狗定时器时间大于 t0，程序正常运行。当按下按键 key，t0 逐渐变大，LED 闪烁变慢，按下按键 key 若干次后 t0 大于看门狗定时器时间，以此模拟程序跑飞，迫使系统自动复位，单片机重新运行程序，LED 以时间间隔 t0 闪烁。要求应用看门狗定时器来实现。

解　假设单片机频率为 12MHz，当按键 key 被按下时，单片机运行时间为一次按键工作时间加上 LED 闪烁间隔 t0，根据表 17.5 将看门狗定时器时间设置为 2.0971s，即 (PS2) = 1，(PS1) =0，(PS0) =1，(WDT_CONTR) =0x3D，C 语言源程序如下：

```
#include "stc8.h"                //包含单片机头文件
sbit key = P3^3;                 //定义按键接口
sbit led = P4^6;                 //定义 LED 接口
delayms(unsigned  int t)         //延时
{
    unsigned int i,j;
    for(i=0;i<t;i++)
    for(j=0;j<120;j++);
}
void main(void)
{
    unsigned int t0=1000;
    WDT_CONTR=0x3D;              //看门狗定时器初始化
    while(1)
    {
        led = ~ led;
        delayms(t0);
        if(key == 0)
        {
            delayms(1);
            if(key==0)
            {
                t0=t0+5000;      //t0 变大直至程序跑飞
                while(key ==0);  //等待按键松开
            }
        }
        WDT_CONTR=0x3D;         //复位看门狗定时器
    }
}
```

本章小结

STC8A8K64S4A12 单片机的空闲模式通过置位 PCON 中的 IDL 来实现，进入空闲模式后，只有 CPU 停止工作，其他外设依然在运行。外部复位引脚 RST 复位、外部中断、定时器中断、低电压检测中断及 A/D 转换中断中的任何一个中断的产生都会引起 IDL/PCON.0 被硬件清 0，从而使单片机退出空闲模式。单片机被中断唤醒后，CPU 将继续执行进入空闲模式语句的下一条指令，之后将进入相应的中断服务子程序。

STC8A8K64S4A12 单片机的掉电模式通过置位 PCON 中的 PD 来实现，单片机进入掉电模式，CPU 及全部外设均停止工作。可通过外部复位引脚 RST 复位、外部中断、定时中断、串行接口中断及内部掉电唤醒定时器唤醒单片机，使其退出掉电模式。单片机若被中断唤醒后，CPU 将继续执行进入空闲模式语句的下一条指令，之后将根据不同的唤醒方式，判断是否进入相应的中断服务子程序。

STC8A8K64S4A12 单片机的看门狗定时器的设计由 WDT_CONTR 进行设置，包括看门狗定时器允许控制、看门狗定时器清零，以及看门狗定时器预分频系数的选择。在应用看门狗定时器时，要注意单片机程序的最大循环时间要小于看门狗定时器的溢出时间，在循环程序内安排重置看门狗定时器计数的语句（实际上是清零看门狗定时器）即可。

习　题

一、填空题

1．STC8A8K64S4A12 单片机工作的典型功耗是_____，空闲模式下典型功耗是_____，掉电模式下典型功耗是_____。

2．STC8A8K64S4A12 单片机的低功耗设计是指通过编程让单片机工作在_____、空闲模式和_____。

3．STC8A8K64S4A12 单片机在空闲模式下，除_____不工作，其余模块仍继续工作。

4．STC8A8K64S4A12 单片机在空闲模式下，任何中断的产生都会引起_____被硬件清 0，从而退出空闲模式。

5．STC8A8K64S4A12 单片机在掉电模式下，单片机所使用的时钟停振，CPU、看门狗定时器、计数器、串行接口、A/D 转换等功能模块停止工作，但_____继续工作。

6．STC8A8K64S4A12 单片机进入掉电模式后，除了可以通过外部中断及其他中断的外部引脚进行唤醒，还可以通过内部_____唤醒 CPU。

7．STC8A8K64S4A12 单片机的可靠性设计是指启动单片机中的_____定时器。

8．STC8A8K64S4A12 单片机是通过设置_____特殊功能寄存器实现看门狗定时器功能的。

二、选择题

1. 当（PCON）=25H 时，STC8A8K64S4A12 单片机进入_____。

A. 空闲模式　　　　　B. 掉电模式　　　　　C. 低速模式

2. 当（PCON）=22H 时，STC8A8K64S4A12 单片机进入_____。

A. 空闲模式　　　　　B. 掉电模式　　　　　C. 低速模式

3. 当（PCON）=81H 时，STC8A8K64S4A12 单片机进入_____。

A. 空闲模式　　　　　B. 掉电模式　　　　　C. 低速模式

4. 当 f_{osc}=12MHz、（CLKDIV）=01H 时，STC8A8K64S4A12 单片机的系统时钟频率为_____。

A. 12MHz　　　　B. 6MHz　　　　C. 3MHz　　　　D. 1.5MHz

5. 当 f_{osc}=18MHz、（CLKDIV）=02H 时，STC8A8K64S4A12 单片机的系统时钟频率为_____。

A. 18MHz　　　　B. 9MHz　　　　C. 4.5MHz　　　　D. 3MHz

6. 当（WKTCH）=81H、（WKTCL）=55H 时，STC8A8K64S4A12 单片机内部掉电专用唤醒定时器的定时时间为_____。

A. 341×488μs　　　B. 85×488 μs　　　C. 129×488 μs　　　D. 33109×488 μs

7. 当系统时钟频率为 20MHz、（WDT_CONTR）=35H 时，STC8A8K64S4A12 单片机看门狗定时器的溢出时间为_____。

A. 629.1ms　　　　B. 1250ms　　　　C. 1048.5ms　　　　D. 2097.1ms

8. 若系统时钟频率为 12MHz，用户程序中周期性最大循环时间为 500ms，对看门狗定时器设置正确的是_____。

A. （WDT_CONTR）=0x33　　　　　　　B. （WDT_CONTR）=0x3C

C. （WDT_CONTR）=0x32　　　　　　　D. （WDT_CONTR）=0xB3

三、判断题

1. 若 CLKDIV 为 02H，则 f_{SYS}=f_{osc}/2。（　　　）

2. 若 CLKDIV 为 03H，则 f_{SYS}=f_{osc}/8。（　　　）

3. 当 STC8A8K64S4A12 单片机处于空闲模式时，任何中断都可以唤醒 CPU，从而退出空闲模式。（　　　）

4. 当 STC8A8K64S4A12 单片机处于空闲模式时，若外部中断未被允许，其中断请求信号并不能唤醒单片机。（　　　）

5. 当 STC8A8K64S4A12 单片机处于掉电模式时，除外部中断，其他允许中断的外部引脚信号也可唤醒单片机，使其退出掉电模式。（　　　）

6. STC8A8K64S4A12 单片机内部专用掉电唤醒定时器的定时时间与系统时钟频率无关。（　　　）

7. STC8A8K64S4A12 单片机看门狗定时器溢出时间的大小与系统频率无关。（　　　）

8. STC8A8K64S4A12 单片机 WDT_CONTR 的 CLR_WDT 是看门狗定时器的清零位，

当设置为 0 时，看门狗定时器将重新计数。（　　　）

四、问答题

1. STC8A8K64S4A12 单片机的低功耗设计有哪几种工作模式？如何设置？

2. STC8A8K64S4A12 单片机如何进入空闲模式？在空闲模式下，STC8A8K64S4A12 单片机的工作状态是怎样的？

3. STC8A8K64S4A12 单片机如何进入掉电模式？在掉电模式下，STC8A8K64S4A12 单片机的工作状态是怎样的？

4. STC8A8K64S4A12 单片机在空闲模式下如何唤醒？退出空闲模式后，单片机执行指令的情况是怎样的？

5. STC8A8K64S4A12 单片机在掉电模式下如何唤醒？退出掉电模式后，单片机执行指令的情况是怎样的？

6. 在 STC8A8K64S4A12 单片机程序的设计中，如何选择看门狗分频器的预分频系数？如何设置 WDT_CONTR，实现看门狗定时器功能？

ASCII 码表

附录表 A.1　ASCII 码表

B3B2B1B0 \ B6B5B4	000	001	010	011	100	101	110	111
0000	NUL	DLE	SP	0	@	P	`	p
0001	SOH	DC1	!	1	A	Q	a	q
0010	STX	DC2	"	2	B	R	b	r
0011	ETX	DC3	#	3	C	S	c	s
0100	EOT	DC4	$	4	D	T	d	t
0101	ENQ	NAK	%	5	E	U	e	u
0110	ACK	SYN	&	6	F	V	f	v
0111	BEL	ETB	,	7	G	W	g	w
1000	BS	CAN	(	8	H	X	h	x
1001	HT	EM	)	9	I	Y	i	y
1010	LF	SUB	*	:	J	Z	j	z
1011	VT	ESC	+	;	K	[	k	{
1100	FF	FS	,	<	L	\	l	|
1101	CR	GS	-	=	M	]	m	}
1110	SO	RS	.	>	N	↑	n	~
1111	SI	US	/	?	O	←	o	DEL

ASCII 码表中各控制字符的含义如下。

NUL	空字符	VT	垂直制表符	SYN	空转同步
SOH	标题开始	FF	换页	ETB	信息组传送结束
STX	正文开始	CR	回车	CAN	取消
ETX	正文结束	SO	移位输出	EM	介质中断
EOY	传输结束	SI	移位输入	SUB	替换
ENQ	请求	DLE	数据链路转义	ESC	溢出
ACK	确认	DC1	设备控制 1	FS	文件分隔符
BEL	响铃	DC2	设备控制 2	GS	组分隔符
BS	退格	DC3	设备控制 3	RS	记录分隔符
HT	水平制表符	DC4	设备控制 4	US	单元分隔符
LF	换行	NAK	拒绝接收	DEL	删除
SP	空格				

附录 B

STC8A8K64S4A12 系列单片机指令系统表

附表 B.1　STC8A8K64S4A12 系列单片机指令系统表

指　令	功　能　说　明	机　器　码	字节数	指令执行时间（系统时钟数）
数据传送类指令				
MOV A,Rn	寄存器送累加器	E8~EF	1	1
MOV A,direct	直接地址单元内容送累加器	E5（direct）	2	1
MOV A,@Ri	间接 RAM 送累加器	E6~E7	1	1
MOV A,#data	立即数送累加器	74（data）	2	1
MOV Rn,A	累加器送寄存器	F8~FF	1	1
MOV Rn,direct	直接地址单元内容送寄存器	A8~AF（direct）	2	1
MOV Rn,#data	立即数送寄存器	78~7F（data）	2	1
MOV direct,A	累加器送直接地址单元	F5（direct）	2	1
MOV direct,Rn	寄存器送直接地址单元	88~8F（direct）	2	1
MOV direct1,direct2	直接地址单元 2 内容送直接地址单元 1	85（direct1）（direct2）	3	1
MOV direct,@Ri	间接 RAM 送直接地址单元	86~87（direct）	2	1
MOV direct,#data	立即数送直接地址单元	75（direct）（data）	3	1
MOV @Ri,A	累加器送间接 RAM	F6~F7	1	1
MOV @Ri,direct	直接地址单元内容送间接 RAM	A6~A7（direct）	2	1
MOV @Ri,#data	立即数送间接 RAM	76~77（data）	2	1
MOV DPTR,# data16	16 位立即数送数据指针	90（data15~8）（data7~0）	3	1
MOVC A,@A+DPTR	以 DPTR 为变址寻址的程序存储器读操作	93	1	4
MOVC A,@A+PC	以 PC 为变址寻址的程序存储器读操作	83	1	3
MOVX A,@Ri	外部 RAM（8 位地址）读操作	E2~E3	1	3①
MOVX A,@ DPTR	外部 RAM（16 位地址）读操作	E0	1	2①
MOVX @Ri,A	外部 RAM（8 位地址）写操作	F2~F3	1	3①
MOVX @ DPTR,A	外部 RAM（16 位地址）写操作	F0	1	2①
PUSH direct	直接地址单元内容进栈	C0（direct）	2	1
POP direct	直接地址单元内容出栈	D0（direct）	2	1
XCH A,Rn	交换累加器和寄存器	C8~CF	1	1

指　　令	功　能　说　明	机　器　码	字节数	指令执行时间（系统时钟数）
数据传送类指令				
XCH　A,direct	交换累加器和直接字节	C5（direct）	2	1
XCH　A,@Ri	交换累加器和间接 RAM	C6~C7	1	1
XCHD　A,@Ri	交换累加器和间接 RAM 的低 4 位	D6~D7	1	1
SWAP　A	半字节交换	C4	1	1
算术运算指令				
ADD　A,Rn	寄存器加到累加器	28~2F	1	1
ADD　A,direct	直接地址单元内容加到累加器	25（direct）	2	1
ADD　A,@Ri	间接 RAM 加到累加器	26~27	1	1
ADD　A,#data	立即数加到累加器	24（data）	2	1
ADDC　A,Rn	寄存器带进位加到累加器	38~3F	1	1
ADDC　A,direct	直接地址单元内容带进位加到累加器	35（direct）	2	1
ADDC　A,@Ri	间接 RAM 带进位加到累加器	36~37	1	1
ADDC　A,#data	立即数带进位加到累加器	34（data）	2	1
SUBB　A,Rn	累加器带进位减寄存器内容	98~9F	1	1
SUBB　A,direct	累加器带借位减去直接地址单元内容	95（direct）	2	1
SUBB　A,@Ri	累加器带借位减去间接 RAM	96~97	1	1
SUBB　A,#data	累加器带借位减去立即数	94（data）	2	1
MUL　AB	A 乘以 B	A4	1	2
DIV　AB	A 除以 B	84	1	6
INC　A	累加器加 1	04	1	1
INC　Rn	寄存器 1	08~0F	1	1
INC　direct	直接地址单元内容加 1	05（direct）	2	1
INC　@Ri	间接 RAM 加 1	06~07	1	1
INC　DPTR	数据指针加 1	A3	1	1
DEC　A	累加器减 1	14	1	1
DEC　Rn	寄存器减 1	18~1F	1	1
DEC　direct	直接地址单元内容减 1	15（direct）	2	1
DEC　@Ri	间接 RAM 减 1	16~17	1	1
DA　A	十进制调整	D4	1	3
逻辑运算				
ANL　A,Rn	Rn 与 A 相与，结果送 A	58~5F	1	1
ANL　A,direct	直接地址单元内容与累加器相与，结果送 A	55（direct）	2	1
ANL　A,@Ri	间接 RAM 与 A 相与，结果送 A	56~57	1	1
ANL　A,#data	立即数与 A 相与，结果送 A	54（data）	2	1
ANL　direct,A	A 与直接地址单元内容相与，结果送直接地址单元	52（direct）	2	1

指　令	功　能　说　明	机　器　码	字节数	指令执行时间（系统时钟数）
逻辑运算				
ANL direct,#data	立即数与直接地址单元内容相与，结果送直接地址单元	53（direct）（data）	3	1
ORL A,Rn	R.n 与 A 相或，结果送 A	48~4F	1	1
ORL A,direct	直接地址单元内容与累加器相或，结果送 A	45（direct）	2	1
ORL A,@Ri	间接 RAM 与 A 相或，结果送 A	46~47	1	1
ORL A,#data	立即数与 A 相或，结果送 A	44（data）	2	1
ORL direct,A	A 与直接地址单元内容相或，结果送直接地址单元	42（direct）	2	1
ORL direct,#data	立即数与直接地址单元内容相或，结果送直接地址单元	43（direct）（data）	3	1
XRL A,Rn	R.n 与 A 相异或，结果送 A	68~6F	1	1
XRL A,direct	直接地址单元内容与累加器相异或，结果送 A	65（direct）	2	1
XRL A,@Ri	间接 RAM 与 A 相异或，结果送 A	66~67	1	1
XRL A,#data	立即数与 A 相异或，结果送 A	64（data）	2	1
XRL direct,A	A 与直接地址单元内容相异或，结果送直接地址单元	62（direct）	2	1
XRL direct,#data	立即数与直接地址单元内容相异或，结果送直接地址单元	63（direct）（data）	3	1
CLR A	累加器清零	E4	1	1
CPL A	累加器取反	F4	1	1
移位操作				
RL A	循环左移	23	1	1
RLC A	带进位循环左移	33	1	1
RR A	循环右移	03	1	1
RRC A	带进位循环右移	13	1	1
位操作指令				
MOV C, bit	直接地址位送进位位	A2（bit）	2	1
MOV bit, C	进位送直接地址位	92（bit）	2	1
CLR C	进位位清零	C3	1	1
CLR bit	直接地址位清零	C2（bit）	2	1
SETB C	进位位置 1	D3	1	1
SETB bit	直接地址位置 1	D2（bit）	2	1
CPL C	进位位取反	B3	1	1
CPL bit	直接地址位取反	B2（bit）	2	1
ANL C,bit	直接地址位与 C 相与，结果送 C	82（bit）	2	1

指　　　令	功　能　说　明	机　器　码	字节数	指令执行时间（系统时钟数）
位操作指令				
ANL　C,/bit	直接地址位的取反值与 C 相与，结果送 C	B0（bit）	2	1
ORL　C,bit	直接地址位与 C 相或，结果送 C	72（bit）	2	1
ORL　C,/bit	直接地址位的取反值与 C 相或，结果送 C	A0（bit）	2	1
控制转移指令				
LJMP　addr16	长转移	02addr15~0	3	3
AJMP　addr11	绝对转移	addr10~800001 addr7~0	2	3
SJMP　rel	短转移	80（rel）	2	3
JMP　@A+DPTR	间接转移	73	1	4
JZ　rel	累加器为零转移	60（rel）	2	1/3[②]
JNZ　rel	累加器不为零转移	70（rel）	2	1/3[②]
CJNE　A,direct,rel	A 与直接地址单元内容比较，不相等转移	B5（direct）（rel）	3	2/3[③]
CJNE　A,#data,rel	A 与立即数比较，不相等转移	B4（data）（rel）	3	1/3[②]
CJNE　Rn,#data,rel	Rn 与立即数比较，不相等转移	B8~BF（data）（rel）	3	2/3[③]
CJNE　@Ri,#data,rel	间接 RAM 与立即数比较，不相等转移	B6~B7（data）（rel）	3	2/3[③]
DJNZ　Rn,rel	寄存器内容减 1，不为零转移	D8~DF（rel）	2	2/3[③]
DJNZ　direct,rel	直接地址单元内容减 1，不为零转移	D5（direct）（rel）	3	2/3[③]
JC　rel	进位位为 1 转移	40（rel）	2	1/3[②]
JNC　rel	进位位为 0 转移	50（rel）	2	1/3[②]
JB　bit,rel	直接地址位为 1 转移	20（bit）（rel）	3	1/3[②]
JNB　bit,rel	直接地址位为 0 转移	30（bit）（rel）	3	1/3[②]
JBC　rel	直接地址位为 1 转移并清零该位	10（bit）（rel）	3	1/3[②]
LCALL　addr16	长子程序调用	12addr15~0	3	3
ACALL　addr11	绝对子程序调用	addr10~810001 addr7~0	2	3
RET	子程序返回	22	1	3
RETI	中断返回	32	1	3
NOP	空操作	00	1	1

注：① 访问外部扩展 RAM 时，指令的执行周期与寄存器 BUS_SPEED 中的 SPEED[1:0]有关。

② 条件跳转语句的执行时间会依据条件是否满足而不同。当条件不满足时，不会发生跳转而继续执行下一条指令，此时条件跳转语句的执行时间为 1 个时钟；当条件满足时，则会发生跳转，此时条件跳转语句的执行时间为 3 个时钟。

③ 条件跳转语句的执行时间会依据条件是否满足而不同。当条件不满足时，不会发生跳转而继续执行下一条指令，此时条件跳转语句的执行时间为 2 个时钟；当条件满足时，则会发生跳转，此时条件跳转语句的执行时间为 3 个时钟。

附录 C

STC8 系列单片机特殊功能寄存器一览表

附表 C.1　STC8 系列单片机特殊功能寄存器表（一）

符号	寄存器名称	地址	位地址与符号								复位值
			B7	B6	B5	B4	B3	B2	B1	B0	
P0	P0 端口	80H									1111 1111
SP	堆栈指针	81H									0000 0111
DPL	数据指针（低字节）	82H									0000 0000
DPH	数据指针（高字节）	83H									0000 0000
S4CON	串口 4 控制寄存器	84H	S4SM0	S4ST4	S4SM2	S4REN	S4TB8	S4RB8	S4TI	S4RI	0000 0000
S4BUF	串口 4 数据寄存器	85H									0000 0000
PCON	电源控制寄存器	87H	SMOD	SMOD0	LVDF	POF	GF1	GF0	PD	IDL	0011 0000
TCON	定时器控制寄存器	88H	TF1	TR1	TF0	TR0	IE1	IT1	IE0	IT0	0000 0000
TMOD	定时器模式寄存器	89H	GATE	C/T	M1	M0	GATE	C/T	M1	M0	0000 0000
TL0	定时器 0 低 8 为寄存器	8AH									0000 0000
TL1	定时器 1 低 8 为寄存器	8BH									0000 0000
TH0	定时器 0 高 8 为寄存器	8CH									0000 0000
TH1	定时器 1 高 8 为寄存器	8DH									0000 0000
AUXR	辅助寄存器 1	8EH	T0x12	T1x12	UART_M0x6	T2R	T2_C/T	T2x12	EXTRAM	S1ST2	0000 0001
INT_CLKO	中断与时钟输出控制寄存器	8FH	—	EX4	EX3	EX2	—	T2CLKO	T1CLKO	T0CLKO	x000 x000
P1	P1 端口	90H									1111 1111
P1M1	P1 口配置寄存器 1	91H									0000 0000
P1M0	P1 口配置寄存器 0	92H									0000 0000
P0M1	P0 口配置寄存器 1	93H									0000 0000
P0M0	P0 口配置寄存器 0	94H									0000 0000
P2M1	P2 口配置寄存器 1	95H									0000 0000
P2M0	P2 口配置寄存器 0	96H									0000 0000
AUXR2	辅助寄存器 2	97H	—			TXLNRX		—	—	—	000x 0000
SCON	串口 1 控制寄存器	98H	SM0/FE	SM1	SM2	REN	TB8	RB8	TI	RI	0000 0000

符号	寄存器名称	地址	位地址与符号								复位值
			B7	B6	B5	B4	B3	B2	B1	B0	
SBUF	串口 1 数据寄存器	99H									0000 0000
S2CON	串口 2 控制寄存器	9AH	S2SM0	—	S2SM2	S2REN	S2TB8	S2RB8	S2TI	S2RI	0100 0000
S2BUF	串口 2 数据寄存器	9BH									0000 0000
P2	P2 端口	A0H									1111 1111
BUS_SPEED	总线速度控制寄存器	A1H	RW_S[1:0]						SPEED[1:0]		00xx xx00
P_SW1	外设端口切换寄存器 1	A2H	S1_S[1:0]		CCP_S[1:0]		SPI_S[1:0]		0	—	0000 000x
IE	中断允许寄存器	A8H	EA	ELVD	EADC	ES	ET1	EX1	ET0	EX0	0000 0000
SADDR	串口 1 从机地址寄存器	A9H									0000 0000
WKTCL	掉电唤醒定时器低字节	AAH									1111 1111
WKTCH	掉电唤醒定时器高字节	ABH	WKTEN								0111 1111
S3CON	串口 3 控制寄存器	ACH	S3SM0	S3ST3	S3SM2	S3REN	S3TB8	S3RB8	S3TI	S3RI	0000 0000
S3BUF	串口 3 数据寄存器	ADH									0000 0000
TA	DPTR 时序控制寄存器	AEH									0000 0000
IE2	中断允许寄存器 2	AFH	—	ET4	ET3	ES4	ES3	ET2	ESPI	ES2	x000 0000
P3	P3 端口	B0H									1111 1111
P3M1	P3 口配置寄存器 1	B1H									1000 0000
P3M0	P3 口配置寄存器 0	B2H									0000 0000
P4M1	P4 口配置寄存器 1	B3H									0000 0000
P4M0	P4 口配置寄存器 0	B4H									0000 0000
IP2	中断优先级控制寄存器 2	B5H	—	PI2C	PCMP	PX4	PPWMFD	PPWM	PSPI	PS2	x000 0000
IP2H	高中断优先级控制寄存器 2	B6H	—	PI2CH	PCMPH	PX4H	PPWMFDH	PPWMH	PSPIH	PS2H	x000 0000
IPH	高中断优先级控制寄存器	B7H	PPCAH	PLVDH	PADCH	PSH	PT1H	PX1H	PT0H	PX0H	0000 0000
IP	中断优先级控制寄存器	B8H	PPCA	PLVD	PADC	PS	PT1	PX1	PT0	PX0	0000 0000
SADEN	串口 1 从机地址屏蔽寄存器	B9H									0000 0000
P_SW2	外设端口切换寄存器 2	BAH	EAXFR	—	I2C_S[1:0]		CMPO_S	S4_S	S3_S	S2_S	0x00 0000
VOCTRL	电压控制寄存器	BBH	SCC	—			—	—	0	0	0xxx xx00

符号	寄存器名称	地址	B7	B6	B5	B4	B3	B2	B1	B0	复位值
ADC_CONTR	A/D 转换控制寄存器	BCH	ADC_POWER	ADC_START	ADC_FLAG	—	ADC_CHS[3:0]				000x 0000
ADC_RES	A/D 转换结果高位寄存器	BDH									0000 0000
ADC_RESL	A/D 转换结果低位寄存器	BEH									0000 0000
P4	P4 端口	C0H	P4[7:0]								1111 1111
P4	P4 端口 注：STC8A 系列单片机没有 P45~P47	C0H	—	—	—	P4[4:0]					1111 1111
WDT_CONTR	看门狗控制寄存器	C1H	WDT_FLAG	—	EN_WDT	CLR_WDT	IDL_WDT	WDT_PS[2:0]			0x00 0000
IAP_DATA	IAP 数据寄存器	C2H									1111 1111
IAP_ADDRH	IAP 高地址寄存器	C3H									0000 0000
IAP_ADDRL	IAP 低地址寄存器	C4H									0000 0000
IAP_CMD	IAP 指令寄存器	C5H	—	—	—	—	—	—	CMD[1:0]		xxxx xx00
IAP_TRIG	IAP 触发寄存器	C6H									0000 0000
IAP_CONTR	IAP 控制寄存器	C7H	IAPEN	SWBS	SWRST	CMD_FAIL	—	IAP_WT[2:0]			0000 x000
P5	P5 端口	C8H									xx11 1111
P5M1	P5 口配置寄存器 1	C9H									xx11 1111
P5M0	P5 口配置寄存器 0	CAH	—	—							xx11 1111
P6M1	P6 口配置寄存器 1	CBH									0000 0000
P6M0	P6 口配置寄存器 0	CCH									0000 0000
SPSTAT	SPI 状态寄存器	CDH	SPIF	WCOL	—	—	—	—	—	—	00xx xxxx
SPCTL	SPI 控制寄存器	CEH	SSIG	SPEN	DORD	MSTR	CPOL	CPHA	SPR[1:0]		0000 0100
SPDAT	SPI 数据寄存器	CFH									0000 0000
PSW	程序状态字寄存器	D0H	CY	AC	F0	RS1	RS0	OV	—	P	0000 00x0
T4T3M	定时器 4/3 控制寄存器	D1H	T4R	T4_C/T	T4x12	T4CLKO	T3R	T3_C/T	T3x12	T3CLKO	0000 0000
T4H	定时器 4 高字节	D2H									0000 0000
T4L	定时器 4 低字节	D3H									0000 0000
T3H	定时器 3 高字节	D4H									0000 0000
T3L	定时器 3 低字节	D5H									0000 0000
T2H	定时器 2 高字节	D6H									0000 0000
T2L	定时器 2 低字节	D7H									0000 0000
CCON	PCA 控制寄存器	D8H	CF	CR	—	—	CCF3	CCF2	CCF1	CCF0	00xx 0000
CMOD	PCA 模式寄存器	D9H	CIDL	—	—	—	CPS[2:0]			ECF	0xxx 0000
CCAPM0	PCA 模块 0 模式控制寄存器	DAH	—	ECOM0	CCAPP0	CCAPN0	MAT0	TOG0	PWM0	ECCF0	x000 0000

符号	寄存器名称	地址	B7	B6	B5	B4	B3	B2	B1	B0	复位值
						位地址与符号					
CCAPM1	PCA 模块 1 模式控制寄存器	DBH	—	ECOM1	CCAPP1	CCAPN1	MAT1	TOG1	PWM1	ECCF1	x000 0000
CCAPM2	PCA 模块 2 模式控制寄存器	DCH	—	ECOM2	CCAPP2	CCAPN2	MAT2	TOG2	PWM2	ECCF2	x000 0000
CCAPM3	PCA 模块 3 模式控制寄存器	DDH	—	ECOM3	CCAPP3	CCAPN3	MAT3	TOG3	PWM3	ECCF3	x000 0000
ADCCFG	ADC 配置寄存器	DEH	—	—	RESFMT	—	SPEED[3:0]				xx0x 0000
ACC	累加器	E0H									0000 0000
P7M1	P7 口配置寄存器 1	E1H									0000 0000
P7M0	P7 口配置寄存器 0	E2H									0000 0000
DPS	DPTR 指针选择器	E3H	ID1	ID0	TSL	AU1	AU0	—		SEL	0000 0xx0
DPL1	第二组数据指针（低字节）	E4H									0000 0000
DPH1	第二组数据指针（高字节）	E5H									0000 0000
CMPCR1	比较器控制寄存器 1	E6H	CMPEN	CMPIF	PIE	NIE	PIS	NIS	CMPOE	CMPRES	0000 0000
CMPCR2	比较器控制寄存器 2	E7H	INVCMPO	DISFLT	LCDTY[5:0]						0000 0000
P6	P6 端口	E8H									1111 1111
CL	PCA 计数器低字节	E9H									0000 0000
CCAP0L	PCA 模块 0 低字节	EAH									0000 0000
CCAP1L	PCA 模块 1 低字节	EBH									0000 0000
CCAP2L	PCA 模块 2 低字节	ECH									0000 0000
CCAP3L	PCA 模块 3 低字节	EDH									0000 0000
AUXINTIF	扩展外部中断标志寄存器	EFH	—	INT4IF	INT3IF	INT2IF	—	T4IF	T3IF	T2IF	x000 x000
B	B 寄存器	F0H									0000 0000
PWMCFG	增强型 PWM 配置寄存器	F1H	CBIF	ETADC	—	—	—	—	—	—	00xx xxxx
PCA_PWM0	PCA0 的 PWM 模式寄存器	F2H	EBS0[1:0]		XCCAP0H[1:0]		XCCAP0L[1:0]		EPC0H	EPC0L	0000 0000
PCA_PWM1	PCA1 的 PWM 模式寄存器	F3H	EBS1[1:0]		XCCAP1H[1:0]		XCCAP1L[1:0]		EPC1H	EPC1L	0000 0000
PCA_PWM2	PCA2 的 PWM 模式寄存器	F4H	EBS2[1:0]		XCCAP2H[1:0]		XCCAP2L[1:0]		EPC2H	EPC2L	0000 0000
PCA_PWM3	PCA3 的 PWM 模式寄存器	F5H	EBS3[1:0]		XCCAP3H[1:0]		XCCAP3L[1:0]		EPC3H	EPC3L	0000 0000

续表

符号	寄存器名称	地址	位地址与符号								复位值
			B7	B6	B5	B4	B3	B2	B1	B0	
PWMIF	增强型 PWM 中断标志寄存器	F6H	C7IF	C6IF	C5IF	C4IF	C3IF	C2IF	C1IF	C0IF	0000 0000
PWMFDCR	PWM 异常检测控制寄存器	F7H	INVCMP	INVIO	ENFD	FLTFLIO	EFDI	FDCMP	FDIO	FDIF	0000 0000
P7	P7 端口	F8H									1111 1111
CH	PCA 计数器高字节	F9H									0000 0000
CCAP0H	PCA 模块 0 高字节	FAH									0000 0000
CCAP1H	PCA 模块 1 高字节	FBH									0000 0000
CCAP2H	PCA 模块 2 高字节	FCH									0000 0000
CCAP3H	PCA 模块 3 高字节	FDH									0000 0000
PWMCR	PWM 控制寄存器	FEH	ENPWM	ECBI	—						00xx xxxx
RSTCFG	复位配置寄存器	FFH	—	ENLVR	—	P54RST	—	—	LVDS[1:0]		0000 0000

附表 C.2 STC8 系列单片机特殊功能寄存器表（二）

符号	寄存器名称	地址	位地址与位符号								复位值
			B7	B6	B5	B4	B3	B2	B1	B0	
PWMCH	PWM 计数器高字节	FFF0H	—								x000 0000
PWMCL	PWM 计数器低字节	FFF1H									0000 0000
PWMCKS	PWM 时钟选择	FFF2H				SELT2	PWM_PS[3:0]				xxx0 0000
TADCPH	触发 A/D 转换计数值高字节	FFF3H	—								x000 0000
TADCPL	触发 A/D 转换计数值低字节	FFF4H									0000 0000
PWM0T1H	PWM0T1 计数值高字节	FF00H	—								x000 0000
PWM0T1L	PWM0T1 计数值低字节	FF01H									0000 0000
PWM0T2H	PWM0T2 数值高字节	FF02H	—								x000 0000
PWM0T2L	PWM0T2 数值低字节	FF03H									0000 0000
PWM0CR	PWM0 控制寄存器	FF04H	ENC0O	C0INI	—	C0_S[1:0]		EC0I	EC0T2SI	EC0T1SI	00x0 0000
PWM0HLD	PWM0 电平保持控制寄存器	FF05H	—	—	—	—	—	—	HC0H	HC0L	xxxx xx00
PWM1T1H	PWM1T1 计数值高字节	FF10H	—								x000 0000
PWM1T1L	PWM1T1 计数值低字节	FF11H									0000 0000
PWM1T2H	PWM1T2 数值高字节	FF12H	—								x000 0000
PWM1T2L	PWM1T2 数值低字节	FF13H									0000 0000
PWM1CR	PWM1 控制寄存器	FF14H	ENC1O	C1INI	—	C1_S[1:0]		EC1I	EC1T2SI	EC1T1SI	00x0 0000
PWM1HLD	PWM1 电平保持控制寄存器	FF15H	—	—	—	—	—	—	HC1H	HC1L	xxxx xx00
PWM2T1H	PWM2T1 计数值高字节	FF20H	—								x000 0000
PWM2T1L	PWM2T1 计数值低字节	FF21H									0000 0000
PWM2T2H	PWM2T2 数值高字节	FF22H	—								x000 0000
PWM2T2L	PWM2T2 数值低字节	FF23H									0000 0000

续表

符号	寄存器名称	地址	B7	B6	B5	B4	B3	B2	B1	B0	复位值
						位地址与位符号					
PWM2CR	PWM2 控制寄存器	FF24H	ENC2O	C2INI	—	C2_S[1:0]		EC2I	EC2T2SI	EC2T1SI	00x0 0000
PWM2HLD	PWM2 电平保持控制寄存器	FF25H	—	—	—	—	—	—	HC2H	HC2L	xxxx xx00
PWM3T1H	PWM3T1 计数值高字节	FF30H	—								x000 0000
PWM3T1L	PWM3T1 计数值低字节	FF31H									0000 0000
PWM3T2H	PWM3T2 数值高字节	FF32H	—								x000 0000
PWM3T2L	PWM3T2 数值低字节	FF33H									0000 0000
PWM3CR	PWM3 控制寄存器	FF34H	ENC3O	C3INI	—	C3_S[1:0]		EC3I	EC3T2SI	EC3T1SI	00x0 0000
PWM3HLD	PWM3 电平保持控制寄存器	FF35H	—	—	—	—	—	—	HC3H	HC3L	xxxx xx00
PWM4T1H	PWM4T1 计数值高字节	FF40H	—								x000 0000
PWM4T1L	PWM4T1 计数值低字节	FF41H									0000 0000
PWM4T2H	PWM4T2 数值高字节	FF42H									x000 0000
PWM4T2L	PWM4T2 数值低字节	FF43H									0000 0000
PWM4CR	PWM4 控制寄存器	FF44H	ENC4O	C4INI	—	C4_S[1:0]		EC4I	EC4T2SI	EC4T1SI	00x0 0000
PWM4HLD	PWM4 电平保持控制寄存器	FF45H	—	—	—	—	—	—	HC4H	HC4L	xxxx xx00
PWM5T1H	PWM5T1 计数值高字节	FF50H	—								x000 0000
PWM5T1L	PWM5T1 计数值低字节	FF51H									0000 0000
PWM5T2H	PWM5T2 数值高字节	FF52H	—								x000 0000
PWM5T2L	PWM5T2 数值低字节	FF53H									0000 0000
PWM5CR	PWM5 控制寄存器	FF54H	ENC5O	C5INI	—	C5_S[1:0]		EC5I	EC5T2SI	EC5T1SI	00x0 0000
PWM5HLD	PWM5 电平保持控制寄存器	FF55H	—	—	—	—	—	—	HC5H	HC5L	xxxx xx00
PWM6T1H	PWM6T1 计数值高字节	FF60H	—								x000 0000
PWM6T1L	PWM6T1 计数值低字节	FF61H									0000 0000
PWM6T2H	PWM6T2 数值高字节	FF62H									x000 0000
PWM6T2L	PWM6T2 数值低字节	FF63H									0000 0000
PWM6CR	PWM6 控制寄存器	FF64H	ENC6O	C6INI	—	C6_S[1:0]		EC6I	EC6T2SI	EC6T1SI	00x0 0000
PWM6HLD	PWM6 电平保持控制寄存器	FF65H	—	—	—	—	—	—	HC6H	HC6L	xxxx xx00
PWM7T1H	PWM7T1 计数值高字节	FF70H	—								x000 0000
PWM7T1L	PWM7T1 计数值低字节	FF71H									0000 0000
PWM7T2H	PWM7T2 数值高字节	FF72H	—								x000 0000
PWM7T2L	PWM7T2 数值低字节	FF73H									0000 0000
PWM7CR	PWM7 控制寄存器	FF74H	ENC7O	C7INI	—	C7_S[1:0]		EC7I	EC7T2SI	EC7T1SI	00x0 0000
PWM7HLD	PWM7 电平保持控制寄存器	FF75H	—	—	—	—	—	—	HC7H	HC7L	xxxx xx00
I2CCFG	I²C 配置寄存器	FE80H	ENI2C	MSSL	MSSPEED[6:1]						0000 0000

符号	寄存器名称	地址	位地址与位符号								复位值
			B7	B6	B5	B4	B3	B2	B1	B0	
I2CMSCR	I²C 主机控制寄存器	FE81H	EMSI	—	—	—	MSCMD[3:0]				0xxx 0000
I2CMSST	I²C 主机状态寄存器	FE82H	MSBUSY	MSIF	—	—	—	—	MSACKI	MSACKO	00xx xx00
I2CSLCR	I²C 从机控制寄存器	FE83H	—	ESTAI	ERXI	ETXI	ESTOI	—	—	SLRST	x000 0xx0
I2CSLST	I²C 从机状态寄存器	FE84H	SLBUSY	STAIF	RXIF	TXIF	STOIF	TXING	SLACKI	SLACKO	0000 0000
I2CSLADR	I²C 从机地址寄存器	FE85H	SLADR[6:0]							MA	0000 0000
I2CTXD	I²C 数据发送寄存器	FE86H									0000 0000
I2CRXD	I²C 数据接收寄存器	FE87H									0000 0000
I2CMSAUX	I²C 主机辅助控制寄存器	FE88H	—	—	—	—	—	—	—	WDTA	xxxx xxx0
P0PU	P0 口上拉电阻控制寄存器	FE10H									0000 0000
P1PU	P1 口上拉电阻控制寄存器	FE11H									0000 0000
P2PU	P2 口上拉电阻控制寄存器	FE12H									0000 0000
P3PU	P3 口上拉电阻控制寄存器	FE13H									0000 0000
P4PU	P4 口上拉电阻控制寄存器	FE14H									0000 0000
P5PU	P5 口上拉电阻控制寄存器	FE15H									0000 0000
P6PU	P6 口上拉电阻控制寄存器	FE16H									0000 0000
P7PU	P7 口上拉电阻控制寄存器	FE17H									0000 0000
P0NCS	P0 口施密特触发控制寄存器	FE18H									0000 0000
P1NCS	P1 口施密特触发控制寄存器	FE19H									0000 0000
P2NCS	P2 口施密特触发控制寄存器	FE1AH									0000 0000
P3NCS	P3 口施密特触发控制寄存器	FE1BH									0000 0000
P4NCS	P4 口施密特触发控制寄存器	FE1CH									0000 0000
P5NCS	P5 口施密特触发控制寄存器	FE1DH									0000 0000
P6NCS	P6 口施密特触发控制寄存器	FE1EH									0000 0000
P7NCS	P7 口施密特触发控制寄存器	FE1FH									0000 0000
CKSEL	时钟选择寄存器	FE00H	MCLKODIV[3:0]				MCLKO_S	—	MCKSEL[1:0]		0000 0000
CLKDIV	时钟分频寄存器	FE01H									0000 0100
IRC24MCR	内部 24M 振荡器控制寄存器	FE02H	ENIRC24M	—	—	—	—	—	—	IRC24MST	1xxx xxx0
XOSCCR	外部晶振控制寄存器	FE03H	ENXOSC	XITYPE	—	—	—	—	—	XOSCST	00xx xxx0
IRC32KCR	内部 32K 振荡器控制寄存器	FE04H	ENIRC32K	—	—	—	—	—	—	IRC32KST	0xxx xxx0

附录 D

STC8 单片机学习板模块电路

1．STC8A8K64S4A12 单片机最小系统

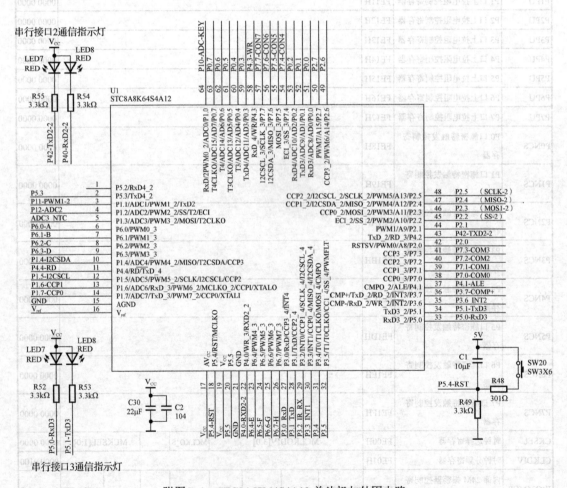

附图 D.1　STC8A8K64S4A12 单片机与外围电路

2. 电源控制电路

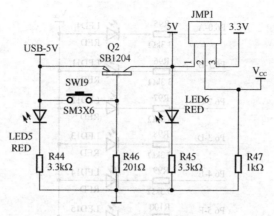

附图 D.2　电源控制电路

3. USB 转串口驱动电路

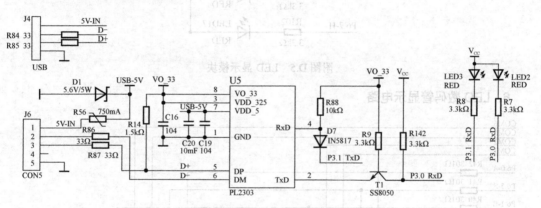

附图 D.3　USB 转串口驱动电路

4. 独立键盘电路

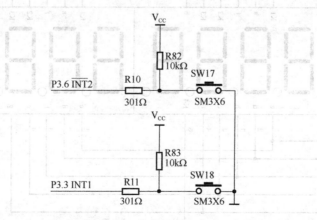

附图 D.4　独立键盘电路

5. LED 显示电路

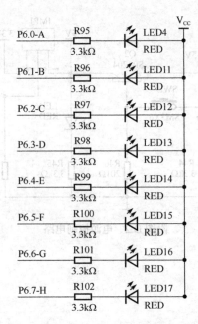

附图 D.5　LED 显示模块

6. LED 数码管显示电路

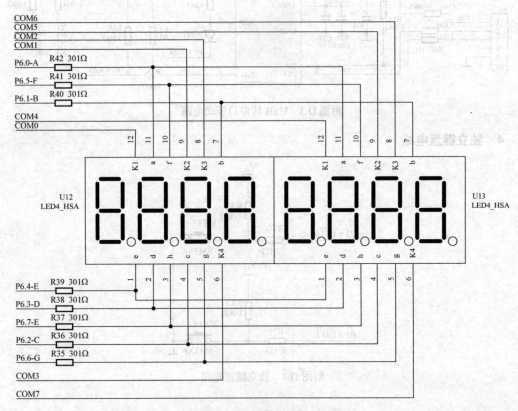

附图 D.6　LED 数码管显示电路

7. LED 数码管位驱动电路

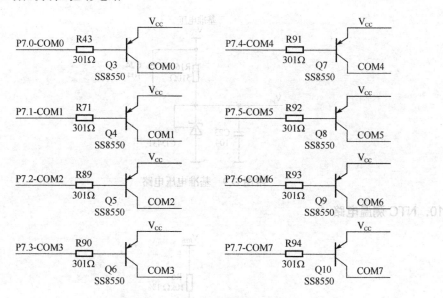

附图 D.7 LED 数码管位驱动电路

8. 矩阵键盘电路

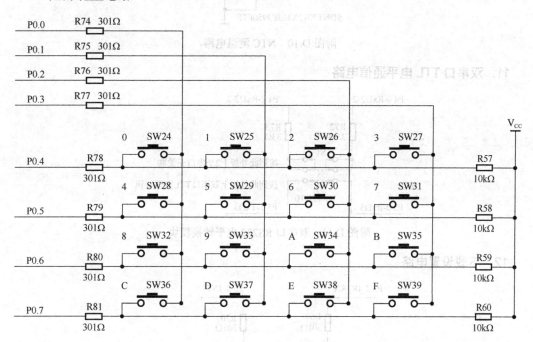

附图 D.8 矩阵键盘电路

9. 基准电压模块

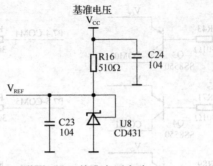

附图 D.9　基准电压电路

10. NTC 测温电路

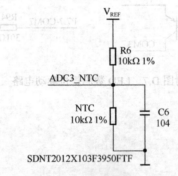

附图 D.10　NTC 测温电路

11. 双串口 TTL 电平通信电路

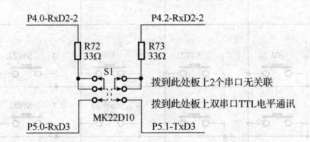

附图 D.11　双串口 RS232 电平转换模块

12. 下载设置电路

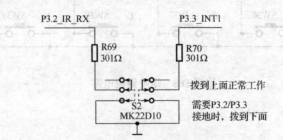

附图 D.12　下载设置电路

13. 红外遥控发射模块

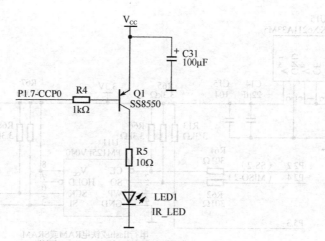

附图 D.13 红外遥控发射模块

14. 红外遥控接收电路

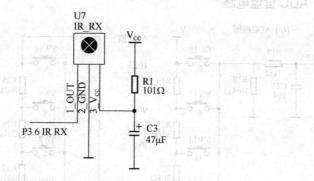

附图 D.14 红外遥控接收电路

15. PCF8563 电子时钟电路

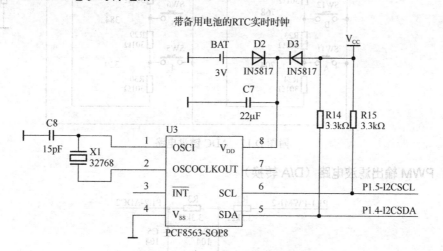

附图 D.15 PCF8563 电子时钟模块

16．SPI 接口实验电路

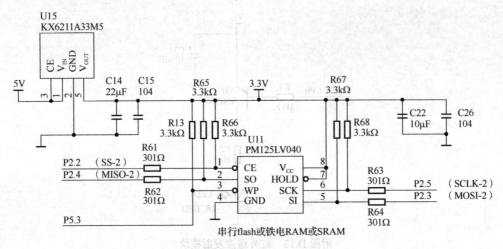

附图 D.16　SPI 接口实验电路

17．ADC 键盘电路

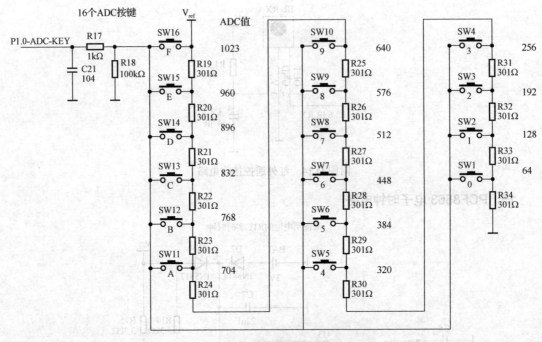

附图 D.17　ADC 键盘电路

18．PWM 输出滤波电路（D/A 转换）

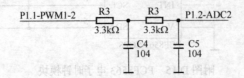

附图 D.18　PWM 输出滤波电路（D/A 转换）

19. 掉电检测实验电路

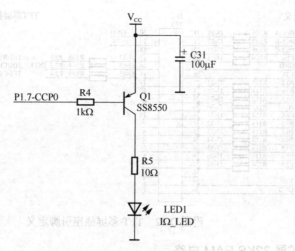

附图 D.19 掉电检测实验电路

20. CCP1 测试 CCP0 电路

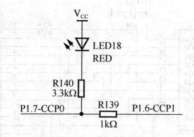

附图 D.20 CCP1 测试 CCP0 电路

21. DIP40 插座引脚定义

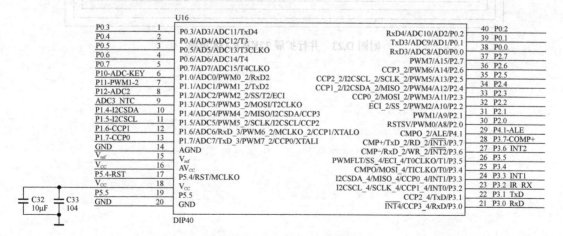

附图 D.21 DIP40 插座引脚定义

22. TFT 彩屏插座引脚定义

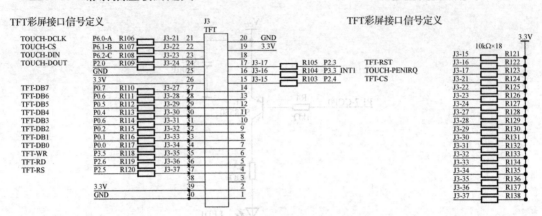

附图 D.22　TFT 彩屏插座引脚定义

23. 并行扩展 32KB RAM 电路

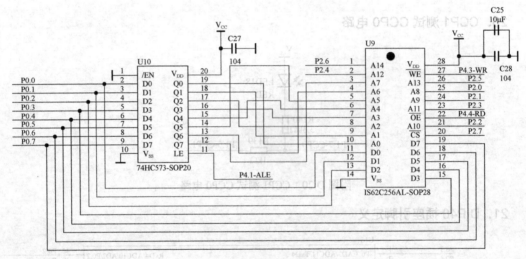

附图 D.23　并行扩展 32KB RAM 电路

附录 E

STC8A8K64S4A12 单片机内部接口硬件切换控制

STC8 系列单片机的特殊外设串行接口 1、串行接口 2、串行接口 3、串行接口 4、SPI、PCA、PWM、I²C 及总线控制引脚可以在多个 I/O 口直接进行切换，以实现一个外设当作多个设备进行分时复用。

1.1.1 功能引脚切换相关寄存器

附表 E.1 功能引脚切换相关寄存器

符号	描述	地址	位位置与位符号								复位值
			B7	B6	B5	B4	B3	B2	B1	B0	
BUS_SPEED	总线速度控制寄存器	A1H	RW_S[1:0]		—	—	—	—	SPEED[1:0]		00xx xx00
P_SW1	外设端口切换寄存器 1	A2H	S1_S[1:0]		CCP_S[1:0]		SPI_S[1:0]		0		0000 000x
P_SW2	外设端口切换寄存器 2	BAH	EAXFR	—	I2C_S[1:0]		CMPO_S	S4_S	S3_S	S2_S	0x00 0000
PWM0CR	PWM0 控制寄存器	FF04H	ENC0O	C0INI	—	C0_S[1:0]	EC0I	EC0T2SI	EC0T1SI		00x0 0000
PWM1CR	PWM1 控制寄存器	FF14H	ENC1O	C1INI	—	C1_S[1:0]	EC1I	EC1T2SI	EC1T1SI		00x0 0000
PWM2CR	PWM2 控制寄存器	FF24H	ENC2O	C2INI	—	C2_S[1:0]	EC2I	EC2T2SI	EC2T1SI		00x0 0000
PWM3CR	PWM3 控制寄存器	FF34H	ENC3O	C3INI	—	C3_S[1:0]	EC3I	EC3T2SI	EC3T1SI		00x0 0000
PWM4CR	PWM4 控制寄存器	FF44H	ENC4O	C4INI	—	C4_S[1:0]	EC4I	EC4T2SI	EC4T1SI		00x0 0000
PWM5CR	PWM5 控制寄存器	FF54H	ENC5O	C5INI	—	C5_S[1:0]	EC5I	EC5T2SI	EC5T1SI		00x0 0000
PWM6CR	PWM6 控制寄存器	FF64H	ENC6O	C6INI	—	C6_S[1:0]	EC6I	EC6T2SI	EC6T1SI		00x0 0000
PWM7CR	PWM7 控制寄存器	FF74H	ENC7O	C7INI	—	C7_S[1:0]	EC7I	EC7T2SI	EC7T1SI		00x0 0000
CKSEL	时钟选择寄存器	FE00H	MCLKODIV[3:0]				MCLKO_S	MCKSEL[1:0]			0000 0000

1. 总线读引脚和写引脚的切换

总线读引脚和写引脚的切换由总线速度控制寄存器 BUS_SPEED 的 B7 位、B6 位控制。如下所示：

符号	地址	B7	B6	B5	B4	B3	B2	B1	B0
BUS_SPEED	A1H	RW_S[1:0]		—	—	—	—	SPEED[1:0]	

RW_S[1:0]：外部总线 RD/WR 控制线选择位。

RW_S[1:0]	RD	WR
00	P4.4	P4.3
01	P3.7	P3.6
10	P4.2	P4.0
11	保留	

2. 串行接口 1、PCA、SPI 接口引脚的切换

串行接口 1 串行发送引脚、串行接收引脚的切换由外设端口切换控制寄存器 1（P_SW1）的 B7 位、B6 位控制；PCA 模块的引脚切换由外设端口切换控制寄存器 1（P_SW1）的 B5 位、B4 位控制；SPI 模块的引脚切换由外设端口切换控制寄存器 1（P_SW1）的 B3 位、B2 位控制。如下所示：

符号	地址	B7	B6	B5	B4	B3	B2	B1	B0
P_SW1	A2H	S1_S[1:0]		CCP_S[1:0]		SPI_S[1:0]		0	—

S1_S[1:0]：串口 1 功能脚选择位。

S1_S[1:0]	RxD	TxD
00	P3.0	P3.1
01	P3.6	P3.7
10	P1.6	P1.7
11	P4.3	P4.4

CCP_S[1:0]：PCA 功能脚选择位。

CCP_S[1:0]	ECI	CCP0	CCP1	CCP2	CCP3
00	P1.2	P1.7	P1.6	P1.5	P1.4
01	P2.2	P2.3	P2.4	P2.5	P2.6
10	P7.4	P7.0	P7.1	P7.2	P7.3
11	P3.5	P3.3	P3.2	P3.1	P3.0

SPI_S[1:0]：SPI 功能脚选择位。

SPI_S[1:0]	SS	MOSI	MISO	SCLK
00	P1.2	P1.3	P1.4	P1.5
01	P2.2	P2.3	P2.4	P2.5
10	P7.4	P7.5	P7.6	P7.7
11	P3.5	P3.4	P3.3	P3.2

3. 串行接口 2、串行接口 3、串行接口 4、比较器、I²C 接口引脚的切换

串行接口 2、串行接口 3、串行接口 4 外部引脚的切换分别由外设端口切换控制寄存器 2（P_SW2）的 B0 位、B1 位、B2 位控制；比较器输出引脚的切换由外设端口切换控制寄存器 2（P_SW2）的 B3 位控制；I²C 接口外部的引脚切换由外设端口切换控制寄存器 2（P_SW2）的 B5 位、B4 位控制。具体如下所示：

符号	地址	B7	B6	B5	B4	B3	B2	B1	B0
P_SW2	BAH	EAXFR	—	I2C_S[1:0]		CMPO_S	S4_S	S3_S	S2_S

I2C_S[1:0]：I²C 功能脚选择位。

I2C_S[1:0]	SCL	SDA
00	P1.5	P1.4
01	P2.5	P2.4
10	P7.7	P7.6
11	P3.2	P3.3

CMPO_S：比较器输出脚选择位。

CMPO_S	CMPO
0	P3.4
1	P4.1

S4_S：串口 4 功能脚选择位。

S4_S	RxD4	TxD4
0	P0.2	P0.3
1	P5.2	P5.3

S3_S：串口 3 功能脚选择位。

S3_S	RxD3	TxD3
0	P0.0	P0.1
1	P5.0	P5.1

S2_S：串口 2 功能脚选择位。

S2_S	RxD2	TxD2
0	P1.0	P1.1
1	P4.0	P4.2

4. 串行接口 2、串行接口 3、串行接口 4、比较器、I²C 接口引脚的切换

主时钟输出引脚的切换由时钟选择寄存器（CKSEL）的 B3 位进行控制，如下所示：

符号	地址	B7	B6	B5	B4	B3	B2	B1	B0
CKSEL	FE00H	MCLKODIV[3:0]				MCLKO_S	—	MCKSEL[1:0]	

MCLKO_S：主时钟输出引脚选择位。

MCLKO_S	MCLKO
0	P5.4
1	P1.6

5. 增强型 PWM 输出引脚的切换

增强型 PWM 输出通道 0～增强型 PWM 输出通道 7 输出引脚的切换分别由增强型 PWM 控制寄存器 PWM0CR、PWM1CR、PWM2CR、PWM3CR、PWM4CR、PWM5CR、PWM6CR、PWM7CR 的 B4 位、B3 位控制。具体如下所示：

符号	地址	B7	B6	B5	B4	B3	B2	B1	B0
PWM0CR	FF04H	ENC0O	C0INI	—	C0_S[1:0]		EC0I	EC0T2SI	EC0T1SI
PWM1CR	FF14H	ENC1O	C1INI	—	C1_S[1:0]		EC1I	EC1T2SI	EC1T1SI
PWM2CR	FF24H	ENC2O	C2INI	—	C2_S[1:0]		EC2I	EC2T2SI	EC2T1SI

符号	地址	B7	B6	B5	B4	B3	B2	B1	B0
PWM3CR	FF34H	ENC3O	C3INI	—	C3_S[1:0]		EC3I	EC3T2SI	EC3T1SI
PWM4CR	FF44H	ENC4O	C4INI	—	C4_S[1:0]		EC4I	EC4T2SI	EC4T1SI
PWM5CR	FF54H	ENC5O	C5INI	—	C5_S[1:0]		EC5I	EC5T2SI	EC5T1SI
PWM6CR	FF64H	ENC6O	C6INI	—	C6_S[1:0]		EC6I	EC6T2SI	EC6T1SI
PWM7CR	FF74H	ENC7O	C7INI	—	C7_S[1:0]		EC7I	EC7T2SI	EC7T1SI

C0_S[1:0]：增强型 PWM 通道 0 输出引脚选择位。

C0_S[1:0]	PWM0
00	P2.0
01	P1.0
10	P6.0
11	保留

C1_S[1:0]：增强型 PWM 通道 1 输出引脚选择位。

C1_S[1:0]	PWM1
00	P2.1
01	P1.1
10	P6.1
11	保留

C2_S[1:0]：增强型 PWM 通道 2 输出引脚选择位。

C2_S[1:0]	PWM2
00	P2.2
01	P1.2
10	P6.2
11	保留

C3_S[1:0]：增强型 PWM 通道 3 输出引脚选择位。

C3_S[1:0]	PWM3
00	P2.3
01	P1.3
10	P6.3
11	保留

C4_S[1:0]：增强型 PWM 通道 4 输出引脚选择位。

C4_S[1:0]	PWM4
00	P2.4
01	P1.4
10	P6.4
11	保留

C5_S[1:0]：增强型 PWM 通道 5 输出脚选择位。

C5_S[1:0]	PWM5
00	P2.5
01	P1.5
10	P6.5
11	保留

C6_S[1:0]：增强型 PWM 通道 6 输出引脚选择位。

C6_S[1:0]	PWM6
00	P2.6
01	P1.6
10	P6.6
11	保留

C7_S[1:0]：增强型 PWM 通道 7 输出引脚选择位。

C7_S[1:0]	PWM7
00	P2.7
01	P1.7
10	P6.7
11	保留

C51 常用头文件与库函数

1. stdio.h（输入/输出函数）

附表 F.1　stdio.h 表

函数名	函数原型	功能	返回值	说明
clearerr	void clearerr(FILE * fp);	使 fp 所指文件的错误、标志和文件结束标志置 0	无返回值	
close	int close(int fp);	关闭文件	成功则返回 0，不成功则返回-1	非 ANSI 标准
creat	int creat(char * filename, int mode);	以 mode 所指定的方向建立文件	成功则返回正数，否则返回-1	非 ANSI 标准
eof	inteof(int fd);	检查文件是否结束	遇到文件结束符返回 1，否则返回 0	非 ANSI 标准
fclose	int fclose(FILE * fp);	关闭 fp 所指的文件，释放文件缓冲区	有错误返回非 0，否则返回 0	
feof	int feof(FILE * fp);	检查文件是否结束	遇到文件结束符返回非 0，否则返回 0	
fgetc	int fgetc(FILE * fp);	从 fp 所指定的文件中取得下一个字符	返回所得到的字符，若读入出错，返回 EOF	
fgets	char *fgets(char * buf,int n,FILE * fp);	从 fp 指向的文件中读取一个长度为 (n-1)的字符串，存入起始地址为 buf 的空间	返回地址 buf，若遇到文件结束或出错，返回 NULL	
fopen	FILE * fopen(char * filename, char * mode);	以 mode 指定的方式打开名为 filename 的文件	成功则返回一个文件指针（文件信息区的起始地址），否则返回 0	
fprintf	int fprintf(FILE *fp,char * format,args,……);	把 args 的值以 format 指定的格式输出到 fp 所指定的文件中	返回实际输出的字符数	
fputc	int fputc(char ch,FILE * fp);	将字符 ch 输出到 fp 指向的文件中	成功则返回该字符，否则返回非 0	
fputs	int fputs(char * str,FILE * fp);	将 str 指向的字符串输出到 fp 所指定的文件	成功则返回 0，若出错返回非 0	
fread	int fread(char * pt, unsigned size, unsigned n,FILE *fp);	从 fp 所指定的文件中读取长度为 size 的 n 个数据项，存到 pt 所指向的内存区	返回所读的数据项个数，若遇到文件结束或出错返回 0	
fscanf	int fscanf(FILE * fp,char format,args,……);	从 fp 指定的文件中按 format 给定的格式将输入数据送到 args 所指向的内存单元（args 是指针）	返回已输入的个数	

续表

函数名	函数原型	功能	返回值	说明
fseek	int fseek(FILE * fp,long offset,int base);	将 fp 所指向的文件的位置指针移到以 base 所指出的位置为基准、以 offset 为位移量的位置	返回当前位置，否则，返回-1	
ftell	long ftell(FILE * fp);	返回 fp 所指向的文件中的读写位置	成功则返回fp 所指向的文件中的读写位置	
fwrite	int fwrite(char * ptr, unsigned size,unsigned n, FILE * fp);	把 ptr 所指向的 n×size 个字节输出到 fp 所指向的文件中	成功则返回写到fp 文件中的数据项的个数	
getc	int getc(FILE * fp);	从 fp 所指向的文件中读取一个字符	成功则返回所读的字符，若文件结束或出错，返回 EOF	
getchar	int getchar(void);	从标准输入设备读取下一个字符	成功则返回所读字符，若文件结束或出错，返回-1	
getw	int getw(FILE * fp);	从 fp 所指向的文件中读取下一个字（整数）	成功则返回输入的整数，若文件结束或出错，返回-1	非 ANSI 标准函数
open	int open(char * filename, int mode);	以 mode 指定的方式打开已存在的名为 filename 的文件	成功则返回文件号（正数），若打开失败，返回-1	非 ANSI 标准函数
printf	int printf(char * format, args,……);	按 format 指向的格式字符串所规定的格式，将输出表列 args 的值输出到标准输出设备	成功则返回输出字符的个数，若出错，返回负数。format 可以是一个字符串，也可以是一个字符数组的起始地址	
putc	int putc(int ch,FILE *fp);	把一个字符 ch 输出到 fp 所指定的文件中	成功则返回输出的字符 ch，若出错，返回 EOF	
putchar	int putchar(char ch);	把字符 ch 输出到标准输出设备	成功则返回输出的字符 ch，若出错，返回 EOF	
puts	int puts(char * str);	把 str 指向的字符串输出到标准输出设备	成功则返回换行符，若失败，返回 EOF	
putw	int putw(int w,FILE *fp);	将一个整数 w（一个字）写到 fp 指向的文件中	返回输出的整数，若出错，返回 EOF	非 ANSI 标准函数
read	int read(int fd,char * buf,unsigned count);	从文件号 fd 所指示的文件中读取 count 个字节到由 buf 指示的缓冲区中	返回真正读取的字节个数，若遇到文件结束返回 0，若出错返回-1	非 ANSI 标准函数
rename	int rename(char * oldname, char * newname);	把由 oldname 所指定的文件名改为由 newname 所指向的文件名	成功则返回 0，若出错返回-1	
rewind	void rewind(FILE * fp);	将 fp 指示的文件中的位置指针置于文件开头位置，并清除文件结束标志和错误标志	无返回值	
scanf	int scanf(char * format,args,……);	从标准输入设备按 format 指向的格式字符串所规定的格式,输入数据给 args 所指向的单元；读取赋给 args 的数据个数。args 为指针	遇到文件结束返回 EOF，若出错返回 0	
write	int write(int fd,char * buf,unsigned count);	从 buf 指示的缓冲区输出 count 个字符到 fd 所标志的文件中	返回实际输出的字节数，若出错返回-1	非 ANSI 标准函数

2. math.h（数学函数）

附表 F.2　math.h 表

函数名	函数原型	功能	返回值	说明
abs	int abs(int x);	求整数 x 的绝对值	返回计算结果	
acos	double acos(double x);	计算 $\cos^{-1}(x)$ 的值，x 应在 -1 到 1 范围内	返回计算结果	
asin	double asin(double x);	计算 $\sin^{-1}(x)$ 的值，x 应在 -1 到 1 范围内	返回计算结果	
atan	double atan(double x);	计算 $\tan^{-1}(x)$ 的值	返回计算结果	
atan2	double atan2(double x,double y);	计算 $\tan^{-1}(x/y)$ 的值	返回计算结果	
cos	double cos(double x);	计算 $\cos(x)$ 的值，x 的单位为弧度	返回计算结果	
cosh	double cosh(double x);	计算 x 的双曲余弦 $\cosh(x)$ 的值	返回计算结果	
exp	double exp(double x);	求 e^x 的值	返回计算结果	
fabs	duoble fabs(fouble x);	求 x 的绝对值	返回计算结果	
floor	double floor(double x);	求出不大于 x 的最大整数	返回该整数的双精度实数	
fmod	double fmod(double x,double y);	求整除 x/y 的余数	返回该余数的双精度	
frexp	double frexp(double x, double *eptr);	把双精度数 val 分解为数字部分（尾数）x 和以 2 为底 n 的指数，即 $val=x \times 2^n$，n 存放在 eptr 指向的变量中，$0.5 \leq x < 1$	返回数字部分 x	
log	double log(double x);	求 $\log_e x$，即 lnx	返回计算结果	
log10	double log10(double x);	求 $\log_{10} x$	返回计算结果	
modf	double modf(double val,double *iptr);	把双精度数 val 分解为整数部分和小数部分，把整数部分存到 iptr 指向的单元	返回 val 的小数部分	
pow	double pow(double x,double *iprt);	计算 xy 的值	返回计算结果	
rand	int rand(void);	产生 -90 到 32767 之间的随机整数	返回随机整数	
sin	double sin(double x);	计算 sinx 的值，x 单位为弧度	返回计算结果	
sinh	double sinh(double x);	计算 x 的双曲正弦函数 $\sinh(x)$ 的值	返回计算结果	
sqrt	double sqrt(double x);	计算 $\sqrt{x}$，$x \geq 0$	返回计算结果	
tan	double tan(double x);	计算 $\tan(x)$ 的值，x 单位为弧度	返回计算结果	
tanh	double tanh(double x);	计算 x 的双曲正切函数 $\tanh(x)$ 的值	返回计算结果	

3. ctype.h（字符函数）

附表 F.3　ctype.h 表

函数名	函数原型	功能	返回值	说明
isalnum	int isalnum(int c)	判断字符 c 是否为字母或数字	当 c 为数字 0~9 或字母 a~z 及 A~Z 时，返回非 0，否则返回 0	
isalpha	int isalpha(int c)	判断字符 c 是否为英文字母	当 c 为英文字母 a~z 或 A~Z 时，返回非 0，否则返回 0	
iscntrl	int iscntrl(int c)	判断字符 c 是否为控制字符	当 c 为 0x00~0x1F 或等于 0x7F(DEL) 时，返回非 0，否则返回 0	

函数名	函数原型	功能	返回值	说明
isxdigit	int isxdigit(int c)	判断字符 c 是否为十六进制数字	当 c 为 A~F，a~f 或 0~9 的十六进制数字时，返回非 0，否则返回 0	
isgraph	int isgraph(int c)	判断字符 c 是否为除空格外的可打印字符	当 c 为可打印字符（0x21~0x7e）时，返回非 0，否则返回 0	
islower	int islower(int c)	检查 c 是否为小写字母	是，返回 1；不是，返回 0	
isprint	int isprint(int c)	判断字符 c 是否为含空格的可打印字符		
ispunct	int ispunct(int c)	判断字符 c 是否为标点符号。标点符号指那些既不是字母数字，也不是空格的可打印字符	当 c 为标点符号时，返回非 0 值，否则返回 0	
isspace	int isspace(int c):	判断字符 c 是否为空白符。空白符指空格、水平制表、垂直制表、换页、回车和换行符	当 c 为空白符时，返回非 0，否则返回 0	
isupper	int isupper(int c)	判断字符 c 是否为大写英文字母	当 c 为大写英文字母（A~Z）时，返回非 0，否则返回 0	
isxdigit	int isxdigit(int c)	判断字符 c 是否为十六进制数字	当 c 为 A~F，a~f 或 0~9 之间的十六进制数字时，返回非 0，否则返回 0	
tolower	int tolower (int c)	将字符 c 转换为小写英文字母	如果 c 为大写英文字母，则返回对应的小写字母；否则返回原来的值	
toupper	int toupper(int c)	将字符 c 转换为大写英文字母	如果 c 为小写英文字母，则返回对应的大写字母；否则返回原来的值	
toascii	int toascii(int c)	将字符 c 转换为 ASCII 码，toascii 函数将字符 c 的高位清零，仅保留低七位	返回转换后的数值	

4．string.h（字符串函数）

附表 F.4 string.h 表

函数名	函数原型	功能	返回值	说明
memset	void *memset(void *dest, int c, size_t count)	将 dest 前面 count 个字符置为字符 c	返回 dest 的值	
memmove	void *memmove(void *dest, const void *src, size_t count)	从 src 复制 count 字节的字符到 dest。如果 src 和 dest 出现重叠，函数会自动处理	返回 dest 的值	
memcpy	void *memcpy(void *dest, const void *src, size_t count)	从 src 复制 count 字节的字符到 dest。与 memmove 功能一样，只是不能处理 src 和 dest 出现重叠问题	返回 dest 的值	
memchr	void *memchr(const void *buf, int c, size_t count)	在 buf 前面 count 字节中查找首次出现字符 c 的位置，找到了字符 c 或已经搜寻了 count 字节，查找即停止	操作成功则返回 buf 中首次出现 c 的位置指针，否则返回 NULL	

函数名	函数原型	功能	返回值	说明
memccpy	void *_memccpy(void *dest, const void *src, int c, size_t count)	从 src 复制 0 个或多字节的字符到 dest,当字符 c 被复制或 count 个字符被复制时,复制停止	如果字符 c 被复制,函数返回这个字符后面紧挨一个字符位置的指针,否则返回 NULL	
memcmp	int memcmp(const void *buf1, const void *buf2, size_t count)	比较 buf1 和 buf2 前面 count 字节大小	返回值<0,表示 buf1 小于 buf2;返回值为 0,表示 buf1 等于 buf2;返回值>0,表示 buf1 大于 buf2	
memicmp	int memicmp(const void *buf1, const void *buf2, size_t count)	比较 buf1 和 buf2 前面 count 字节,与 memcmp 不同的是,它不区分大小写	返回值<0,表示 buf1 小于 buf2;返回值为 0,表示 buf1 等于 buf2;返回值>0,表示 buf1 大于 buf2	
strlen	size_t strlen(const char *string)	获取字符串长度,字符串结束符 NULL 不计算在内	没有返回值指示操作错误	
strrev	char *strrev(char *string)	将字符串 string 中的字符顺序颠倒过来,NULL 结束符位置不变	返回调整后的字符串的指针	
_strupr	char *_strupr(char *string)	将字符串 string 中所有小写字母替换成相应的大写字母,其他字符保持不变	返回调整后的字符串的指针	
_strlwr	char *_strlwr(char *string)	将字符串 string 中所有大写字母替换成相应的小写字母,其他字符保持不变	返回调整后的字符串的指针	
strchr	char *strchr(const char *string, int c)	查找字符 c 在字符串 string 中首次出现的位置,NULL 结束符也包含在查找中	返回一个指针,指向字符 c 在字符串 string 中首次出现的位置,如果没有找到,则返回 NULL	
strrchr	char *strrchr(const char *string, int c)	查找字符 c 在字符串 string 中最后一次出现的位置,也就是对 string 进行反序搜索,包含 NULL 结束符	返回一个指针,指向字符 c 在字符串 string 中最后一次出现的位置,如果没有找到,则返回 NULL	
strstr	char *strstr(const char *string, const char *strSearch)	在字符串 string 中查找 strSearch 子串	返回子串 strSearch 在 string 中首次出现位置的指针。如果没有找到子串 strSearch,则返回 NULL;如果子串 strSearch 为空串,函数返回 string	
strdup	char *strdup(const char *strSource)	函数运行中会自动调用 malloc 函数为复制字符串 strSource 分配存储空间,然后将字符串 strSource 复制到分配到的空间中。注意要及时释放这个分配的空间	返回一个指针,指向为复制字符串分配的空间;如果分配空间失败,则返回 NULL 值	
strcat	char *strcat(char *strDestination, const char *strSource)	将源串 strSource 添加到目标串 strDestination 后面,并在得到的新串后面加上 NULL 结束符。源串 strSource 的字符会覆盖目标串 strDestination 后面的结束符 NULL。在字符串的复制或添加过程中没有溢出检查,所以要保证目标串空间足够大。本函数不能处理源串与目标串重叠的情况	返回 strDestination 值	

函数名	函数原型	功能	返回值	说明
strncat	char *strncat(char *strDestination, const char *strSource, size_t count)	将源串 strSource 开始的 count 个字符添加到目标串 strDest 后。源串 strSource 的字符会覆盖目标串 strDestination 后面的结束符 NULL。如果 count 大于源串长度，则会用源串的长度值替换 count，得到的新串后面会自动加上 NULL 结束符。与 strcat 函数一样，本函数不能处理源串与目标串重叠的情况	返回 strDestination 值	
strcpy	char *strcpy(char *strDestination, const char *strSource)	复制源串 strSource 到目标串 strDestination 所指定的位置，包含 NULL 结束符。本函数不能处理源串与目标串重叠的情况	返回 strDestination 值	
strncpy	char *strncpy(char *strDestination, const char *strSource, size_t count)	将源串 strSource 开始的 count 个字符复制到目标串 strDestination 所指定的位置。如果 count 小于或等于 strSource 串的长度，不会自动在目标串中添加 NULL 结束符；而当 count 大于 strSource 串的长度时，则用 NULL 结束符填充 strSource 串，即补齐 count 个字符，并将这 count 个字符复制到目标串中。不能处理源串与目标串重叠的情况	返回 strDestination 值	
strset	char *strset(char *string, int c)	将 string 串的所有字符设置为字符 c，遇到 NULL 结束符停止	返回内容调整后的 string 指针	
strnset	char *strnset(char *string, int c, size_t count)	将 string 串开始的 count 个字符设置为字符 c，如果 count 大于 string 串的长度，将用 string 的长度替换 count	返回内容调整后的 string 指针	
size_t strspn	size_t strspn(const char *string, const char *strCharSet)	查找任何一个不包含在 strCharSet 串中的字符（字符串结束符 NULL 除外）在 string 串中首次出现的位置序号	返回一个整数值，指定在 string 中全部由 characters 中的字符组成的子串的长度。如果 string 以一个不包含在 strCharSet 中的字符开头，函数将返回 0	
size_t strcspn	size_t strcspn(const char *string, const char *strCharSet)	查找 strCharSet 串中任何一个字符在 string 串中首次出现的位置序号，包含字符串结束符 NULL	返回一个整数值，指定在 string 中全部由非 characters 中的字符组成的子串的长度。如果 string 以一个包含在 strCharSet 中的字符开头，函数将返回 0	

函数名	函数原型	功能	返回值	说明
strspnp	char *strspnp(const char *string, const char *strCharSet)	查找任何一个不包含在 strCharSet 串中的字符（字符串结束符 NULL 除外）在 string 串中首次出现的位置指针	返回一个指针，指向非 strCharSet 串中的字符在 string 串中首次出现的位置	
strpbrk	char *strpbrk(const char *string, const char *strCharSet)	查找 strCharSet 串中任何一个字符在 string 串中首次出现的位置，不包含字符串结束符 NULL	返回一个指针，指向 strCharSet 串中任一字符在 string 串中首次出现的位置。如果两个字符串参数不含相同字符，则返回 NULL 值	
strcmp	int strcmp(const char *string1, const char *string2)	比较字符串 string1 和 string2 大小	返回值< 0，表示 string1 串小于 string2 串； 返回值为 0，表示 string1 串等于 string2 串； 返回值> 0，表示 string1 串大于 string2 串	
stricmp	int stricmp(const char *string1, const char *string2)	比较字符串 string1 和 string2 大小，和 strcmp 不同，比较的是它们的小写字母版本	返回值< 0，表示 string1 串小于 string2 串； 返回值为 0，表示 string1 串等于 string2 串； 返回值> 0，表示 string1 串大于 string2 串	
strcmpi	int strcmpi(const char *string1, const char *string2)	等价于 stricmp 函数		
strncmp	int strncmp(const char *string1, const char *string2, size_t count)	比较字符串 string1 和 string2 的大小，只比较前面 count 个字符。比较过程中，任何一个字符串的长度小于 count，则 count 将被较短的字符串的长度取代。此时如果两串前面的字符都相等，则较短的串要小	返回值< 0，表示 string1 串的子串小于 string2 串的子串； 返回值为 0，表示 string1 串的子串等于 string2 串的子串； 返回值> 0，表示 string1 串的子串大于 string2 串的子串	
strnicmp	int strnicmp(const char *string1, const char *string2, size_t count)	比较字符串 string1 和 string2 的大小，只比较前面 count 个字符。与 strncmp 不同的是，比较的是它们的小写字母版本	返回值与 strncmp 相同	
strtok	char *strtok(char *strToken, const char *strDelimit)	在 strToken 串中查找下一个标记，strDelimit 字符集则指定了在当前查找调用中可能遇到的分界符	返回一个指针，指向在 strToken 串中找到的下一个标记。如果找不到标记，就返回 NULL 值。每次调用都会修改 strToken 内容，用 NULL 字符替换遇到的每个分界符	

5. malloc.h（或 stdlib.h，或 alloc.h，动态存储分配函数）

附表 F.5　malloc.h 表

函数名	函数原型	功能	返回值	说明
calloc	void *calloc(unsigned int num, unsigned int size);	按所给数据个数和每个数据所占字节数开辟存储空间	分配内存单元的起始地址，若不成功返回 0	
free	void free(void *ptr);	将以前开辟的某内存空间释放	无	
malloc	void *malloc(unsigned int size);	开辟指定大小的存储空间	返回该存储区的起始地址，若内存不够返回 0	
realloc	void *realloc(void *ptr, unsigned int size);	重新定义所开辟内存空间的大小	返回指向该内存空间的指针	

6. reg51.h（C51 函数）

该头文件对标准 8051 单片机的所有特殊功能寄存器及可寻址的特殊功能寄存器位进行了地址定义，在 C51 编程中，必须包含该头文件，否则，8051 单片机的特殊功能寄存器符号及可寻址位符号不能直接使用。

7. intrins.h（C51 函数）

附表 F.6　intrins.h 表

函数名	函数原型	功能	返回值	说明
crol	unsigned char _crol_ (unsigned char val,unsigned char n);	将 char 字符循环左移 n 位	char 字符循环左移 n 位后的值	
cror	unsigned char _cror_(unsigned char val,unsigned char n);	将 char 字符循环右移 n 位	char 字符循环右移 n 位后的值	
irol	unsigned int _irol_(unsigned int val,unsigned char n);	将 val 整数循环左移 n 位	val 整数循环左移 n 位后的值	
iror	unsigned int _iror_(unsigned int val,unsigned char n);	将 val 整数循环右移 n 位	val 整数循环右移 n 位后的值	
lrol	unsigned int _lrol_(unsigned int val,unsigned char n);	将 val 长整数循环左移 n 位	Val 长整数循环左移 n 位后的值	
lror	unsigned int _lror_(unsigned int val,unsigned char n);	将 val 长整数循环右移 n 位	Val 长整数循环右移 n 位后的值	
nop	void _nop_(void);	产生一个 NOP 指令	无	
testbit	bit _testbit_ (bit x);	产生一个 JBC 指令，该函数测试一个位，如果该位置为 1，则将该位复位为 0。_testbit_只能用于可直接寻址的位；在表达式中使用是不允许的	当 x 为 1 时返回 1，否则返回 0	

C 语言编译常见错误信息一览表

附表 G.1　C 语言编译常见错误信息一览表

序号	错误信息	错误信息说明
1	Bad call of in-line function	内部函数非法调用，在使用一个宏定义的内部函数时，没能正确调用
2	Irreducible expression tree	不可约表达式树，这种错误指的是文件行中的表达式太复杂，使得代码生成程序无法为它生成代码
3	Register allocation failure	存储器分配失败，这种错误指的是文件行中的表达式太复杂，代码生成程序无法为它生成代码
4	#operator not followed by maco argument name	"#"后没跟宏变量名称，在宏定义中，"#"用于标识一宏变串。"#"后必须跟一个宏变量名称
5	'xxxxxx' not an argument	"xxxxxx"不是函数参数，在源程序中将该标识符定义为一个函数参数，但此标识符没有在函数中出现
6	Ambiguous symbol 'xxxxxx'	二义性符"xxxxxx"，两个或多个结构的某一域名相同，但具有的偏移、类型不同
7	Argument # missing name	参数#名丢失。参数名已脱离用于定义函数的函数原型。如果函数以原型定义，该函数必须包含所有的参数名
8	Argument list syntax error	参数表出现语法错误，函数调用的参数间必须以逗号隔开，并以一个右括号结束。若源文件中含有一个其后不是逗号也不是右括号的参数，则出错
9	Array bounds missing	数组的界限符"]"丢失。在源文件中定义了一个数组，但此数组没有以右方括号结束
10	Array size too large	数组太大。定义的数组太大，超过了可用内存空间
11	Assembler statement too long	汇编语句太长。内部汇编语句最长不能超过 480 字节
12	Bad configuration file	配置文件不正确。TURBOC.CFG 配置文件中包含的不是合适指令行选择项的注解文字。配置文件指令选择项必须以一个短横线开始
13	Bad file name format in include directive	包含指令中文件名格式不正确，包含文件名必须用引号或尖括号括起来，否则将产生本类错误。如果使用了宏，则产生的扩展文本也不正确，因为没有引号无法识别
14	Bad ifdef directive syntax	ifdef 指令语法错误，#ifdef 必须以单个标识符（只此一个）作为 ifdef 指令的体

序号	错误信息	错误信息说明
15	Bad ifndef directive syntax	ifndef 指令语法错误，#ifndef 必须以单个标识符(只此一个)作为 ifdef 指令的体
16	Bad undef directive syntax	undef 指令语法错误，#undef 必须以单个标识符(只此一个)作为 undef 指令的体
17	Bad file size syntax	位字段长语法错误，一个位字段长必须是 1~16 位的常量表达式
18	Call of non-function	调用未定义函数，正被调用的函数无定义，通常由不正确的函数声明或函数名拼错造成
19	Cannot modify a const object	不能修改一个常量对象。对定义为常量的对象进行不合法操作（如常量赋值）引起本错误
20	Case outside of switch	case 语句出现在 switch 语句外。编译程序发现 case 语句出现在 switch 语句之外，这类故障通常是由括号不匹配造成的
21	Case statement missing	case 语句漏掉，case 语句必须包含一个以冒号结束的常量表达式，如果漏了冒号或在冒号前多了其他符号，则会出现此类错误
22	Character constant too long	字符常量太长，字符常量的长度通常只能是一个或两个字符长，超过此长度则会出现这种错误
23	Compound statement missing	漏掉复合语句，编译程序扫描到源文件末时，未发现结束符号（大括号），此类故障通常是由大括号不匹配导致的
24	Conflicting type modifiers	类型修饰符冲突。对于同一指针，只能指定一种变址修饰符（如 near 或 far）；而对于同一函数，也只能给出一种语言修饰符（如 Cdecl、pascal 或 interrupt）
25	Constant expression required	需要常量表达式。数组的大小必须是常量，本错误通常由 #define 常量的拼写错误引起
26	Could not find file 'xxxxxx.xxx'	找不到"xxxxxx.xx"文件。编译程序找不到指令行上给出的文件
27	Declaration missing	漏掉了说明。当源文件中包含一个 struct 或 union 域声明，而后面漏掉了分号，则会出现此类错误
28	Declaration needs type or storage class	说明必须给出类型或存储类。正确的变量说明必须指出变量类型，否则会出现此类错误
29	Declaration syntax error	说明出现语法错误。在源文件中，若某个说明丢失了某些符号或输入多余的符号，则会出现此类错误
30	Default outside of switch	default 语句在 switch 语句外出现。这类错误通常是由括号不匹配引起的
31	Define directive needs an identifier	define 指令后面必须有一个标识符。#define 后面的第一个非空格符必须是一个标识符，若该位置出现其他字符，则会出现此类错误
32	Division by zero	除数为零。当源文件的常量表达式出现除数为零的情况，则会出现此类错误
33	Do statement must have while	do 语句中必须有 while 关键字，若源文件中包含了一个无 while 关键字的 do 语句，则出现本错误

序号	错误信息	错误信息说明
34	DO while statement missing(	do while 语句中漏掉了符号"(", 在 do 语句中。若 while 关键字后无左括号, 则出现本错误
35	Do while statement missing;	do while 语句中掉了分号。在 do 语句的条件表达式中, 若右括号后面无分号则出现此类错误
36	Duplicate Case	case 情况不唯一。switch 语句的每个 case 必须有一个唯一的常量表达式值, 否则会出现此类错误
37	Enum syntax error	enum 语法错误。若 enum 说明的标识符表格式不对, 将会引起此类错误
38	Enumeration constant syntax error	枚举常量语法错误。若赋给 enum 类型变量的表达式值不为常量, 则会出现此类错误
39	Error Directive : xxxx	error 指令: xxxx。源文件处理#error 指令时, 显示该指令指出的信息
40	Error Writing output file	写输出文件错误。这类错误通常是由磁盘空间已满, 无法进行写入操作造成的
41	Expression syntax error	表达式语法错误。本错误通常是由出现两个连续的操作符、括号不匹配、缺少括号、前一语句漏掉了分号引起的
42	Extra parameter in call Extra parameter in call to xxxxxx	调用时出现多余参数。在调用函数时, 其实际参数个数多于函数定义中的参数个数 调用 xxxxxx 函数时出现了多余参数
43	File name too long	文件名太长。#include 给出的文件名太长, 致使编译程序无法处理, 则会出现此类错误
44	For statement missing)	for 语句缺少")"。在 for 语句中, 如果控制表达式后缺少右括号, 则会出现此类错误
45	For statement missing(	for 语句缺少"("
46	For statement missing;	for 语句缺少";"
47	Function call missing)	函数调用缺少")"。如果函数调用的参数表漏掉了右括号或括号不匹配, 则会出现此类错误
48	Function definition out of place	函数定义位置错误
49	Function doesn't take a variable number of argument	函数不接受可变的参数个数
50	Goto statement missing label	goto 语句缺少标号
51	If statement missing	if 语句缺少"("
52	If statement missing)	if 语句缺少")"
53	Illegal initialization	非法初始化
54	Illegal octal digit	非法八进制数
55	Illegal pointer subtraction	非法指针相减
56	Illegal structure operation	非法结构操作
57	Illegal use of floating point	浮点运算非法
58	Illegal use of pointer	指针使用非法
59	Improper use of a typedef symbol	typedef 符号使用不当
60	Incompatible storage class	不相容的存储类型

序号	错误信息	错误信息说明
61	Incompatible type conversion	不相容的类型转换
62	Incorrect command line argument:xxxxxx	不正确的指令行参数：xxxxxx
63	Incorrect command file argument:xxxxxx	不正确的配置文件参数：xxxxxx
64	Incorrect number format	不正确的数据格式
65	Incorrect use of default	default 不正确使用
66	Initializer syntax error	初始化语法错误
67	Invaild indirection	无效的间接运算
68	Invalid macro argument separator	无效的宏参数分隔符
69	Invalid pointer addition	无效的指针相加
70	Invalid use of dot	点使用错误
71	Macro argument syntax error	宏参数语法错误
72	Macro expansion too long	宏扩展太长
73	Mismatch number of parameters in definition	定义中参数个数不匹配
74	Misplaced break	break 位置错误
75	Misplaced continue	位置错
76	Misplaced decimal point	十进制小数点位置错
77	Misplaced else	else 位置错
78	Misplaced else driective	else 指令位置错
80	Misplaced endif directive	endif 指令位置错
81	Must be addressable	必须是可编址的
82	Must take address of memory location	必须是内存一地址
83	No file name ending	无文件终止符
84	No file names given	未给出文件名
85	Non-portable pointer assignment	对不可移植的指针赋值
86	Non-portable pointer comparison	不可移植的指针比较
87	Non-portable return type conversion	不可移植的返回类型转换
88	Not an allowed type	不允许的类型
89	Out of memory	内存不够
90	Pointer required on left side of	操作符左边需要是一指针
91	Redeclaration of 'xxxxxx'	"xxxxxx" 重新定义
92	Size of structure or array not known	结构或数组大小不定
93	Statement missing;	语句缺少 ";"
94	Structure or union syntax error	结构或联合语法错误
95	Structure size too large	结构太大
96	Subscription missing]	下标缺少 "]"
97	Switch statement missing (	switch 语句缺少 "("
98	Switch statement missing)	switch 语句缺少 ")"
99	Too few parameters in call	函数调用参数太少
	Too few parameter in call to'xxxxxx'	调用 "xxxxxx" 时参数太少
100	Too many cases	case 太多

序号	错误信息	错误信息说明	序号
101	Too many decimal points	十进制小数点太多	
102	Too many default cases	defaut 太多	
103	Too many exponents	阶码太多	
104	Too many initializers	初始化太多	
105	Too many storage classes in declaration	说明中存储类型太多	
106	Too many types in decleration	说明中类型太多	
107	Too much auto memory in function	函数中自动存储太多	
108	Too much global define in file	文件中定义的全局数据太多	
109	Type mismatch in parameter #	参数 "#" 类型不匹配	
110	Type mismatch in parameter # in call to 'XXXXXXX'	调用 "XXXXXXX" 时参数 "#" 类型不匹配	
111	Type missmatch in parameter 'XXXXXXX'	参数 "XXXXXXX" 类型不匹配	
112	Type mismatch in parameter 'XXXXXXXX' in call to 'YYYYYYYY'	调用 "YYYYYYYY" 时参数 "XXXXXXXX" 数据类型不匹配	
113	Type mismatch in redeclaration of 'XXX'	重新定义类型不匹配	
114	Unable to creat output file 'XXXXXXXXX.XXX'	不能创建输出文件 "XXXXXXXXX.XXX"	
115	Unable to create turboc.lnk	不能创建 turboc.lnk	
116	Unable to execute command 'xxxxxxxx'	不能执行 "xxxxxxxx" 指令	
117	Unable to open inputfile 'xxxxxxx.xxx'	不能打开输入文件 "xxxxxxx.xxx"	
118	Undefined label 'xxxxxxx'	标号 "xxxxxxx" 未定义	
119	Undefined structure 'xxxxxxxxx'	结构 "xxxxxxxxx" 未定义	
120	Undefined symbol 'xxxxxxx'	符号 "xxxxxxx" 未定义	
121	Unexpected end of file in comment started on line #	源文件在某个注释中意外结束	
122	Unexpected end of file in conditional stated on line #	源文件在 "#" 行开始的条件语句中意外结束	
123	Unknown preprocessor directive 'xxx'	不认识的预处理指令："xxx"	
124	Untermimated character constant	未终结的字符常量	
125	Unterminated string	未终结的串	
126	Unterminated string or character constant	未终结的串或字符常量	
127	User break	用户中断	
128	Value required	赋值请求	
129	While statement missing (	while 语句漏掉 "("	
130	While statement missing)	while 语句漏掉 ")"	
131	Wrong number of arguments in of 'xxxxxxxx'	调用 "xxxxxxxx" 时参数个数错误	

附录 H

C51 的模块化编程与 C51 库函数的制作

在开发单片机时广泛采用 C 语言进行编程，通常会将一些常用功能函数，如 LED 数码管显示函数、LCD1602 显示函数等独立出来，单独存储在一个文件中，文件扩展名可为".c"或".h"。初学 C 语言时，为了更直观，一般直接在主函数中采用包含的方法，把调用函数所在的文件包含到主函数文件中，使用时直接调用即可。

为了更好地对源程序进行管理，一般采用模块化方式编程；有时，为了保护自己的劳动成果、保护自己的知识产权，可对自定义的函数进行加密，将自定义的功能函数进行封装，制作属于自己的库函数。下面介绍 C51 的模块化编程与 C51 库函数的制作。

一、C51 的模块化编程

1. 模块化编程思想

模块化编程思想其实就是将程序分为一个个模块来使用，一个模块分为两个部分：一个是功能模块源程序.c 文件；另一个是调用模块的.h 头文件。

2. 模块化编程

下面以 LED 数码管显示为例来说明模块化编程的方法。

通用独立的 LED 数码管显示功能函数的文件如附图 H.1 所示，该文件可以存储为".c"或".h"格式文件，如"display.c"或"display.h"，供主函数文件包含以及调用。当进行模块化编程时，需要分别设计功能模块源程序.c 文件和调用模块的.h 头文件。

1).c 文件的设计

.c 文件一般为函数主体文件，用于实现具体功能。与如附图 H.1 所示的文件的格式是一致的，但为了便于后期更好地对.c 文件进行调用及将.c 文件封装成库函数，可对上述.c 文件做如下处理。

① 将涉及 I/O 引脚的定义抽取出来，放到.c 文件对应的.h 头文件（如 display.h）中。

② 将常用的宏定义放到.c 文件对应的.h 头文件（如 display.h）中。

```
01  #include<stc15.h>
02  #include<intrins.h>
03  #define font_PORT  P0              //定义字形码输出端口
04  #define position_PORT  P2          //定义位控制码输出端口
05  uchar code  SEG7[]={0x3f,0x06,0x5b,0x4f,0x66,0x6d,0x7d,0x07,0x7f,0x6f,0x77,
06                      0x7c,0x39,0x5e,0x79,0x71,0x00,0xbf,0x86,0xdb,0xcf,0xe6,
07                      0xed,0xfd,0x87,0xff,0xef };
08      //定义"0、1、2、3、4、5、6、7、8、9", "A、B、C、D、E、F"以及"灭"的字形码
09      //定义"0、1、2、3、4、5、6、7、8、9"(含小数点)的字形码
10  uchar code  Scan_bit[]={0xfe,0xfd,0xfb,0xf7,0xef,0xdf,0xbf, 0x7f};    //定义扫描位控制码
11  uchar data  Dis_buf[]={0,16,16,16,16,16,16,16};    //定义显示缓冲区, 最低位显示"0", 其它为"灭"
12  /*———————延时函数———————*/
13  void Delay1ms()        //@11.0592MHz
14  {
15      unsigned char i, j;
16      _nop_();
17      _nop_();
18      _nop_();
19      i = 11;
20      j = 190;
21      do
22      {
23          while (--j);
24      } while (--i);
25  }
26  /*———————显示函数———————*/
27  void display(void)
28  {
29      uchar i;
30      for(i=0;i<8;i++)
31      {
32          position_PORT =0xff; font_PORT =SEG7[Dis_buf[i]]; position_PORT = Scan_bit[i]; Delay1ms ();
33      }
34  }
```

附图 H.1　通用独立的 LED 数码管显示功能函数的文件

模块化编程的"display.c"如附图 H.2 所示。

```
01  #include <stc15.h>                  //包含支持IAP15W4K58S4单片机的头文件
02  #include <intrins.h>
03  #include<display.h>
04  uchar code  SEG7[]={0x3f,0x06,0x5b,0x4f,0x66,0x6d,0x7d,0x07,0x7f,
05                      0x6f,0x77,0x7c,0x39,0x5e,0x79,0x71,0x00,0xbf,
06                      0x86,0xdb,0xcf,0xe6,0xed,0xfd,0x87,0xff,0xef}
07      //定义"0、1、2、3、4、5、6、7、8、9", "A、B、C、D、E、F"以及"灭"的字形码
08      //定义"0、1、2、3、4、5、6、7、8、9"(含小数点)的字形码
09  uchar code  Scan_bit[]={0xfe,0xfd,0xfb,0xf7,0xef,0xdf, 0x7f};    //定义扫描位控制码
10  uchar data  Dis_buf[]={0,16,16,16,16,16,16,16};    //定义显示缓冲区, 最低位显示"0", 其它为"灭"
11  /*———————延时函数———————*/
12  void Delay1ms()        //@11.0592MHz
13  {
14      unsigned char i, j;
15      _nop_();
16      _nop_();
17      _nop_();
18      i = 11;
19      j = 190;
20      do
21      {
22          while (--j);
23      } while (--i);
24  }
25  /*———————显示函数———————*/
26  void display(void)
27  {
28      uchar i;
29      for(i=0;i<8;i++)
30      {
31          position_PORT =0xff; font_PORT =SEG7[Dis_buf[i]]; position_PORT = Scan_bit[i]; Delay1ms();
32      }
33  }
```

附图 H.2　模块化编程的"display.c"

由附图 H.2 可以看到模块化编程的"display.c"的宏定义不见了, 而是放在.h 头文件中, 在此为"display.h"。

2）.h 头文件的设计

在设计.h 头文件的时候需要将.c 文件中端口的定义及一些宏定义放在.h 头文件中, 以方

便之后修改。

.h 头文件总的原则是：不该让外界知道的信息就不要出现在.h 头文件里，而外界调用模块内接口函数或接口变量所必需的信息一定要出现在.h 头文件里，否则外界就无法正确调用。因而为了让外部函数或文件调用接口功能，就必须包含接口描述文件（.h 头文件）。同时，提供接口功能的模块也需要包含.h 头文件，因为其包含了.c 文件中所需的宏定义或端口定义。

（1）.h 头文件的编写格式。

在编写.h 头文件之前，首先需要预防重复定义，通常使用条件编译指令#ifndef--#endif 实现。若要建立声明.h 头文件的.c 文件的名称是 time.c，则其对应的声明头文件的名称为 time.h，其编写格式为

```
#ifndef  TIME_H
#define  TIME_H
......          //宏定义及一些端口定义
               //函数的外部声明与全局变量定义
#endif
```

#define FILENAME_H 为基本格式，其中 FILENAME_H 为头文件名称，字母全部为大写的，"." 改为 "_"，使用单下画线后紧跟一个 H 表明是头文件。

（2）"display.h" 对应的声明头文件。

"display.h" 对应的声明头文件如附图 H.3 所示。

```
01 #ifndef DISPLAY_H
02 #define DISPLAY_H
03 #define font_PORT   P0        //定义字形码输出端口
04 #define position_PORT  P2     //定义位控制码输出端口
05 #define uchar unsigned char
06 #define uint  unsigned int
07 extern void display(void);
08 extern uchar data  Dis_buf[]; //定义显示缓冲区，最低位显示"0"，其它为"灭"
09 #endif
```

附图 H.3　"display.h" 对应的声明头文件

3）调用模块化文件中的功能函数

（1）在调用主文件中，使用包含指令（#include）将被调函数文件所在文件（display.c）的声明头文件（display.h）包含进去即可。

（2）在利用 Keil C 集成开发环境进行调试时，除要添加主函数文件以外，还要将 "display.h" 对应的 "display.c" 添加到工程项目中。

二、C51 库函数的制作

模块化编程的.c 函数，经过调试无误后就可以进行库函数封装，封装方法如下。

（1）移走不需要封装的.c 文件。

若要封装 LED 数码管显示文件（display.c），则除此文件外，其他文件移走，如附图 H.4 所示。

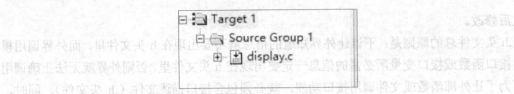

附图 H.4　保留的封装文件

注意：在封装成库时，可以将多个.c 文件封装成一个库文件，但在每个.c 文件中都必须包含该库的.h 头文件。

（2）进行 keil 设置。

执行"Project"→"Options for Target"命令，在弹出的"Options for Target 'Target 1'"对话框中单击"Create Library"（创建库函数）单选按钮，并将库文件名修改为与封装文件名相同的名字，或其他指定的名字，具体设置如附图 H.5 所示。完成后，单击"OK"按钮。

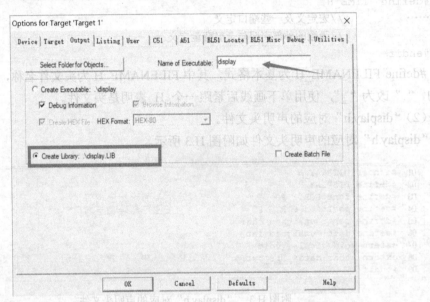

附图 H.5　"Options for Target 'Target 1'"对话框

（3）编译。

单击"编译"按钮，完成后即可生成库文件。库文件存放在当前的项目文件夹中，其后缀名为.lib。这时，可以删除对应的.c 文件 display.c。

三、C51 库函数的调用

库函数的调用很简单，一是在调用的主程序文件中用包含指令将库函数对应的声明头文件包含进来；二是将被调用函数（如 display()）的库文件（如 display.lib）添加到工程项目中，在主程序文件中直接调用。当然原被封装的.c 文件（display.c）也就不用添加到工程项目中，实际就不需要存在了。

注意：在主程序文件编写完成后需要编译时，需要单击附图 H.5 中的"Create Executable"（创建可执行文件）单选按钮。